U0257877

东北亚研究丛书

渐进与突破：
俄罗斯远东萨哈林地区的油气开发

ADVANCE AND BREAKTHROUGH:
OIL AND GAS DEVELOPMENT OF
RUSSIA'S FAR EAST SAKHALIN REGION

王绍章　著

社会科学文献出版社
SOCIAL SCIENCES ACADEMIC PRESS (CHINA)

本书是吉林大学 2014 年基本科研业务费 （450060502126）、吉林大学 2008 年基本科研业务费 （421020930438）、吉林大学东北亚研究院资助哲学社会科学科研启动基金项目的成果。

摘　要

俄罗斯远东联邦区发展油气产业的支点在萨哈林地区，而其"主角"是萨哈林岛。萨哈林岛引人注目之处不仅在于其悠久的油气开发历史，而且在于其油气开发现状的日新月异。

本书在借鉴国内外已有成果的基础上，将有关萨哈林岛油气开发的历史和现实碎片置于一个分析框架之中，而这个框架就是俄罗斯资源战略和地缘战略的组合。

本书准备解决以下三个问题。

第一，以石油工业产业链的形成为线索，勾勒出萨哈林岛百年油气开发的基本轮廓。从时间上看，它跨越了俄罗斯的三个不同历史时期；从空间上看，它经历了从萨哈林岛陆上向萨哈林岛大陆架延伸的空间变化；从经营内容上看，它先是经营石油，之后又增加了天然气业务；从参与方看，国内、国际两股力量的互动贯穿其间。

第二，作为俄罗斯远东油气开发的试验场，萨哈林岛先后实施过租让、产品分成等特殊政策。这些政策都是从与西方的合作起步，其间经历过热与紧缩交替的时期，直至由俄罗斯主导萨哈林岛的油气开发。其背后反映了俄罗斯的对外战略考虑，大致以冷战结束为界，此前，俄罗斯侧重于地缘政治利益，之后，俄罗斯则兼顾经济利益，两者从另一个侧面展示了俄罗斯开发萨哈林岛油气的政治动因：石油开发为俄罗斯在外交中实施大国制衡战略提供了机会，油气并举开发则为俄罗斯推行外交多元化提供了筹码。它输出的是资源，换回的是时间，留给当地的是完善的基础设施。这就是俄罗斯的退一步、进两步。

第三，萨哈林岛为俄罗斯远东油气开发构筑了弹性空间。这个弹性空间的构建是从一个点开始的，其中，奥哈市的成长见证了北萨哈林岛陆上油气开发的成就。连点成线的进程与之并行，萨哈林岛同哈巴罗夫斯克、共青城在石油领域形成了开采与加工的合作关系。南萨哈林斯克的崛起更多地与萨哈林岛大陆架的开发有关。海、陆开发互为补充，构建了萨哈林岛石油经济的骨架，再加上千岛群岛的能源资源潜力，都预示着萨哈林州将变成一个碳化氢社会。同时，油气开发收益也由此在俄罗斯远东扩散，而扩散的主要纽带便是天然气化，管道、铁路和海洋运输继续为此提供支持。

Abstract

Sakhalin Region is the pivot of development of oil and gas industry in Russia's Far East federal district and Sakhalin Island is the protagonist. It's striking not only lies in the long history of oil and gas development but also the changes of current situation.

This book, based on the research results at home and abroad for reference, will put the history and reality fragments of Sakhalin oil and gas development in an analysis framework. The framework is the combination of Russian resource strategy and geopolitical strategy.

Three problems are been solved as following:

First, draw a basic outline of oil and gas development of Sakhalin Island in one century by taking the oil industry chain as a clue. From the time, it spans three different historical periods in Russia; from the space, it expands from lands of Sakhalin Island to continental shelf of Sakhalin Island; from the content of management, gas first, oil after; from participants, two forces both domestic and international interact each other.

Second, as Russia's Far East oil and gas development proving ground, Sakhalin Island went through renting, product sharing and some other special policies. They all started cooperating with the west, experienced overheating and tightening alternate scenarios, until Russia dominated the development. Behind it reflects Russian foreign strategic considerations. The end of the cold war is a boundary approximately. Before it, geopolitical interests were the focus. After that, both economic interests and geopolitical interests have been taken into consideration. They reflect, from the other side, the political momentum of the

Sakhalin oil and gas development: oil development offers Russia opportunities for diplomatic checks and balances while gas development offers diversities of its diplomatic advantage. Its output is a kind of resource, switching back time and leaving the local infrastructure. For Russia, this is one step back, while two steps forward.

Third, Sakhalin Island provided constructed elastic space for oil and gas development in Russia's Far East. Its construction began with a single point. The Okha city witnessed the oil and gas development achievement of northern Sakhalin onshore. Connecting the dots process was in parallel with it, in the mining and processing of oil field, Sakhalin Island, Khabarovsk and Komsomolsk formed the cooperative relationship. The rise of Yuzhno – Sakhalinsk connected more with Sakhalin continental shelf. Sea and land developments complement each other, building the framework of Sakhalin oil economy. With the potential of energy resources of the Kuril Islands, it predicts Sakhalin a hydrocarbon society. Oil and gas development benefits spread over Russia's Far East and natural gasifying is the bond. Tunnels, railways and ocean transportation will continue be supportive.

目　录

Contents

前　言

俄罗斯远东联邦区属于俄罗斯的欠发达地区，一直走资源开发之路。目前，在俄罗斯支持开发其远东地区的呼声很高。社会和商界精英对政府的献策集中在两个方面，即充分利用国内资源和加大投资、搭亚太地区一体化的便车。萨哈林岛的石油、天然气资源开发无法被人们忽略。

萨哈林岛的中文名称是"库页岛"，日文名称是"桦太岛"。其油气开发的背后有一段长长的历史。它从俄罗斯帝国时期的石油勘探环节起步，中经苏联的工业化奠基，再到发展为当今俄罗斯的油气出口基地，最终形成了完整的产业链，成为俄罗斯远东油气产业的"支点"。

如此成就自然引起国内外学者的注意，相关研究成果主要通过历史和现状这两个棱镜展开。无论是历史叙述，还是动态追踪，大多散见于各种材料和数据之中，显得琐碎而繁杂，真正将这些资料有机联系起来并整合在一起的著作并不多见。本书试图在借鉴国内外已有成果的基础上对此有所突破。

国外研究状况。俄罗斯、苏联学者的成果最重要，可分成专题研究和相关研究两类，本书择其要点说明如下。

专题研究以论文为主。一类论文是关于长时间段的产业史研究。其中就包括 Ш. Г. 安娜托尔耶夫娜的学位论文《1879～1945 年萨哈林岛石油工业的形成与发展》[1]，两篇题目相同、发表时间相隔 23 年的综述文章《萨哈林岛石油》[2]，以及俄罗斯"萨哈林 - 千岛群岛"网站上的系列纪念

---

[1]　Шалкус Галина Анатольевна. История становления и развития нефтяной промышленности на Сахалине（1879 – 1945 гг.）：Дис... канд. ист. наук. Владивосток，2004.

[2]　И. Ф. Панфилов. Нефть Сахалина//Вопросы истории. №8，1977. М. С. Высоков. Сахалинская нефть//Московский журнал，http：//ruskline. ru/monitoring ＿ smi/2000/08/01/sahalinskaya ＿ neft.

文章①。

另一类论文是关于特定时段的开发政策研究。萨哈林岛先后试点了石油租让、煤炭租让和油气产品分成政策。在这类论文中，《萨哈林岛石油租让：过去和现在》②《1918～1925年美国与日本在北萨哈林岛的石油利益冲突》③《作为苏联外交手段的日本北萨哈林岛租让》④ 探讨了租让政策出台的背景。而关于产品分成的作品就很多了，中国学者的相关研究也可以与其保持同步。

专著以《萨哈林岛石油与萨哈林人》⑤《萨哈林地区油气地质》⑥ 为代表，资料汇编有《萨哈林岛石油大事记》⑦。

上述研究中，俄罗斯学者的看法更加客观，他们谈到了其中存在的问题；苏联学者则突出成就，他们在见证历史的同时也在想象着历史。

相关研究呈现"碎片化"的特征，可归纳如下。

俄苏学者研究本国油气工业的著作都要涉及萨哈林岛。如 M. B. 斯拉夫金娜的《1939～2008年国家现代化中的油气因素》⑧、A. K. 索科洛夫的《1921～1945年的苏联石油经济》⑨、A. A. 伊戈尔金的"苏联石油工业与政策"系列丛书⑩、A. A. 马特维丘克等人的《俄罗斯石油之源》⑪、B. A. 库尔任的

① 《Керосин – вода》 с острова，http：//sakhvesti. ru/？ div = spec&id = 92.

② Лукьянова Тамара. Нефтяные концессия на Сахалине：прошлое и настоящее. приложение к 《Вестнику ДФО》，《Новый Дальний Восток》 12 июня 2008.

③ Левина А. Ю. Столкновение нефтяных интересов США и Японии на Северном Сахалине （1918 – 1925）//Великобритания и США в XIX – XX веках：политика，дипломатия，историография （межвузовский сборникнаучных статей），Уссурийск，2009. С. 65 – 75.

④ Булатов В. Японские концессии на Северном Сахалине как инструмент советской внешней политики//Власть. №11，2008.

⑤ Нефть и люди Сахалина：ОАО 《НК – 〈Роснефть〉 – Сахалинморнефтегаз》 – 75 лет. Хабаровск：Издательский дом 《Приамурские ведомости》，2003.

⑥ В. В. Харахинов. Нефтегазовая геология Сахалинского региона. М.：Научный мир，2010.

⑦ Ремизовский В. И. Хроника Сахалинской нефти. Хабаровск，1999.

⑧ Славкина М. В. Нефтегазовый фактор отечественной модернизации 1938 – 2008. Издательство 《Весь Мир》，2015.

⑨ А. К. Соколов. Советская нефтяное хозяйство. 1921 – 1945 гг. М.，2013.

⑩ А. А. Иголкин. ①Советская нефтяная промышленность в 1921 – 1928 годах. М.：РГГУ，1999；②Нефтяная политика СССР в 1928 – 1940 – м годах. М.，2005；③Советская нефтяная политика в 1940 – м – 1950 – м годах. М.，2009.

⑪ Матвейчук А. А.，Фукс И. Г. Истоки российской нефти. Исторические очерки. М.：Древохранилище，2008.

《新地缘政治条件下俄罗斯的海洋利益》①，还有被中国引进的《俄罗斯石油：过去、现在与未来》《俄罗斯能源外交》② 等。И. А. 谢钦科专攻萨哈林岛和千岛群岛开发问题，石油勘探只是其著作《萨哈林岛和千岛群岛开发史》《萨哈林岛和千岛群岛史：17~20 世纪的俄日关系问题》③ 中的一部分。

俄罗斯远东的出版物。特别是萨哈林岛所在的萨哈林州通过各种手段宣传其油气开发成就。地方报纸有《苏维埃萨哈林》《萨哈林能源投资公司新闻》，网站包括"萨哈林 1 号"项目、"萨哈林能源投资公司"等；出版机构还出版了各种材料，如本州各年大事记、图册《1910 年的俄国钻塔：萨哈林州文化遗产项目》④、1995 年大地震纪念文集⑤等。

互联网和数据库的发展，对纸质材料形成有力的补充。"俄罗斯大全"数据库、"萨哈林－千岛群岛"网站以及《生意人报》《俄罗斯报》《独立报》等报纸的网站，提供了有关萨哈林岛油气开发的大量报道、数据和背景，成为追踪萨哈林岛油气开发动态的便捷方式。

美国、英国、日本、韩国是已经或者正在参加萨哈林岛油气开发的国家，这些国家的学者的有关成果以视野开阔见长，主要关注现状问题。在他们看来，萨哈林岛油气开发往往是机遇和挑战的集合。这些学者包括美国的丹尼尔·耶金⑥、塞恩·古斯塔夫森⑦、迈克尔·伊科诺米迪斯等⑧，英国的

---

① В. А. Корзун. Интересы России в мировом океане в новых геополитических условиях. М. : Наука，2005.

② 〔俄〕В. Ю. 阿列克佩罗夫：《俄罗斯石油：过去、现在与未来》，石泽译审，人民出版社，2012；〔俄〕С. З. 日兹宁：《俄罗斯能源外交》，王海运 、石泽译审，人民出版社，2006。

③ И. А. Сенченко. ①Сахалин и Курилы : история освоения и развития. М. : Моя Россия : Кучково поле，2006；②История Сахалина и Курильских островов : к проблеме русско － японских отношений в XVII － XX веках. М. : Экслибрис － Пресс，2005.

④ И. А. Самарин. Министерство культуры Сахалинской области. Русская нефтяная вышка 1910 года : объекты культурного наследия Сахалинской области. Южно － Сахалинск : Сахалинская областная типография，2011.

⑤ Нефтегорск : трагедия и больСахалина : книга памяти. Хабаровск : Издательский дом 《Приамурские ведомости》，2001.

⑥ 〔美〕丹尼尔·耶金：《能源重塑世界》，朱玉犇、阎志敏译，石油工业出版社，2012。

⑦ 〔美〕塞恩·古斯塔夫森：《财富轮转：俄罗斯石油、经济和国家的重塑》，朱玉犇、王青译，石油工业出版社，2014。

⑧ 〔美〕迈克尔·伊科诺米迪斯、唐纳·马里·达里奥：《石油的优势：俄罗斯的石油政治之路》，徐洪峰等译，华夏出版社，2009。

汤姆·鲍尔①，日本的木村泛②，韩国的白根旭③，他们的相关著作也已经引进中国。

国内研究状况。中国学者的相关研究可分成论文、译作、著作等。

论文集中在《国际石油经济》《俄罗斯中亚东欧市场》《俄罗斯东欧中亚研究》等杂志上，如《资源、经济与政治：萨哈林油气项目全景式扫描》《俄罗斯〈产品分成法〉评述》《俄产品分割协议机制发展态势分析》等。可以查到的学位论文有《萨哈林盆地VENI工区中新统沉积相研究与地震储层预测》④。

除前述译作外，还有《壳牌的失败》《萨哈林东北陆架的油气潜力》等译文。

"博客"有《"点线面管理模式"：萨哈林项目维宁3井钻井生产管理体系侧记》《俄罗斯为什么再次修改产品分成协议法》《飞向美丽库页岛》等。⑤

著作以《俄罗斯萨哈林海洋钻井总承包工程》⑥为代表。《日苏关系史》《中国新疆和俄罗斯东部石油业发展的历史与现状》《俄罗斯与东北亚能源合作多样化进程》等著作中包含了相关内容。

石油工业的形成是萨哈林岛油气开发的标志性成果。但是，国内外能够提供其完整的形成过程的作品并不多见。

中俄两国在俄罗斯远东地区的能源、基础设施合作已经启动。通过系统剖析萨哈林地区油气开发历程，可加深中国对俄罗斯远东地区开发环境的思考。

本书在借鉴国内外已有成果的基础上，将有关萨哈林岛油气开发的历史和

① 〔英〕汤姆·鲍尔：《能源博弈：21世纪的石油、金钱与贪婪》，杨汉峰译，石油工业出版社，2011。
② 〔日〕木村泛：《普京的能源战略》，王炜译，社会科学文献出版社，2013。
③ 〔韩〕白根旭：《中俄油气合作：现状与启示》，丁晖、赵娜译，石油工业出版社，2013。
④ 田院生：《萨哈林盆地VENI工区中新统沉积相研究与地震储层预测》，硕士学位论文，中国石油大学，2009。
⑤ 刘任远：《"点线面管理模式"：萨哈林项目维宁3井钻井生产管理体系侧记》，http：//blog.sina.com.cn/s/blog_6722e29d0100hw72.html；《俄罗斯为什么再次修改产品分成协议法》，http：//blog.sina.com.cn/s/blog_6ce629c70100ldjg.html；人生如水：《飞向美丽库页岛》，http：//blog.sina.com.cn/s/blog_4d068f7d0101hdfd.html。
⑥ 路保平、李国华主编《俄罗斯萨哈林海洋钻井总承包工程》，中国石油大学出版社，2009。

现实碎片置于一个分析框架之中，这个框架就是资源战略和地缘战略的组合。

帝俄时期的起步、苏联时期的奠基、当今俄罗斯的再发展，构成萨哈林岛油气开发的成长三部曲。

萨哈林岛北部陆上是油气开发的重点地带。帝俄时期，在这个地区的石油勘探环节是重点，虽然这一时期在这里只打出了少量的石油。

苏联时期是承前启后的油气开发阶段。从勘探范围上看，这一时期石油工作者的足迹遍及全岛并且延伸到萨哈林岛大陆架；更重要的是，苏联远东的石油资源在这一时期被列入其国家的燃料平衡表当中，萨哈林岛成为苏联的"远东巴库"。这一切实际上是其国家工业化向东推进的结果。

如果说前两个时期以陆上油气开发为主，当今俄罗斯则接过了海上油气开发的接力棒。俄罗斯的再工业化继续为萨哈林岛的油气开发提供动力。

俄罗斯东部一直承受着两个方面的压力：一方面，它需要在国内采取更有力的行动；另一方面，它在国际上却有一种危机感。这样，一些积极的尝试行动便应运而生。

萨哈林岛先后试点了租让和产品分成两种政策。在冷战结束以前，地缘政治利益都是俄罗斯外交的重点，俄罗斯采用双边油气合作的手段实行大国之间的制衡，这些大国包括日本、英国、美国。随着中国、越南、印度、韩国的加入，俄罗斯的合作对象国更趋多元化。世界上的海洋和陆地两大力量正齐聚萨哈林岛。适当地借助他国，可以给俄罗斯更多的选择。其外交开始更多地从区域角度出发，兼顾地缘经济、政治利益。

在研究方法上，本书主要采用历史分析法。对萨哈林岛油气开发历程的考察，只有放到特定的历史背景中，才能了解其演进脉络。本书还拟借鉴国际政治学的方法，以补充历史分析法的不足。另外，本书适当地运用了比较分析法。

在叙述萨哈林岛油气开发历程时，俄罗斯国内和世界舞台上都有重大事件不断涌现，这为本书的叙述增加了困难。因此，本书的叙述不能严格地按照时间顺序进行。

第一章

萨哈林岛北部石油的发现和初期勘探
（1879 ~ 1917 年）

萨哈林岛位于亚洲大陆的东北部、太平洋的西北岸，西隔鞑靼海峡同大陆相望，南隔拉彼鲁兹海峡（宗谷海峡）同日本北海道相对，东部和北部濒临鄂霍次克海。其地形狭长，最宽的地方是 160 公里，最窄的地方仅 27 公里。岛的西北端只以不宽的维涅尔斯科伊海峡与大陆相隔。岛的南端距大陆最远，有 900 公里远。这里有超过 6000 条河流及 1600 个湖泊。冬季持续 7 ~ 8 个月，夏季通常凉爽多风。

自古以来，尼夫赫人、鄂温克人、鄂罗奇人就在这个岛上生活。他们以放牧驯鹿、捕获海豹、打鱼为生。[①] 此后，阿伊努人、雅库特人的到来壮大了当地的居民群。

第一节 熟视无睹者与有心人

在日常生活中，萨哈林岛居民不乏与石油打交道的例子。

尼夫赫猎人多次看到过油湖并留下了传闻。其中的一个传闻与驯鹿有关。驯鹿是世界上最大的鹿，也是唯一一种雌性个体也会长角的鹿。对于这些土著居民来说，驯鹿意味着食物、交通工具和衣服。

有一次，猎人埃文和雅库特在长满地衣的山脚下发现了驯鹿群。选定目标后，他们悄悄接近猎物并开枪。一只驯鹿应声倒下，余者四散奔逃，有

---

① 《Керосин - вода》с острова，http：//sakhvesti. ru/？ div = spec&id = 92.

1

图 1-1　萨哈林岛的土著居民（20 世纪初）

资料来源：А. А. Матвейчук，И. Г. Фукс. Истоки российской нефти. Исторические очерки. М.：Древохранилище，2008，С. 385。

一只还掉进了深坑里。两人用砍下来的树杈把它弄出来。那只鹿的身上沾满了有特殊气味的油状液体。[①] 这是自然露头的石油，人们称之为"煤油水"。

另一个传闻是关于萨满教的"神水"。每天繁忙劳作之后，萨哈林岛居民喜欢围着篝火取乐。如果谁想听萨满教歌曲，就要用开水热身。但是水中总有一种怪味。原来，该岛北部的河流里漂浮着一层彩虹膜。走在山谷中还能遇到带有黑色、恶臭液体的坑。行人、动物都要绕道而行。这些液体，普通人是不用的，只有萨满巫师去收集并用它来加旺篝火。

岛上的油湖近在咫尺，居民对它的认识却少得可怜。正所谓"睫在眼前长不见，道非身外更何求"。只有萨满"神水"为人类利用石油的历史增加了一个注脚。

在古代中东，沥青被用于建筑、筑路、照明和治病。中国北宋时期的科学家沈括发现了一种褐色液体，当地人称之为"石漆""石脂"，可用于做饭、点灯和取暖。沈括给它取了一个新名字，叫石油。自中世纪以来，在欧洲的许多地方人们都观察到石油渗出现象并有过记述。

古代石油的使用基本上是直接使用矿物油本身，而非石油的加工制成品，且使用范围局限在石油产地及周边地区，对社会生活的影响力还比较小，没有形成产业化的应用。

[①]　И. Ф. Панфилов. Нефть Сахалина//Вопросы истории，№ 8，1977，С. 107.

萨哈林岛石油的发现与一个商人的名字联系在一起，这个商人名叫A. E. 伊万诺夫。19世纪以来，走南闯北的商人从阿穆尔河口的尼古拉耶夫斯克哨卡来到萨哈林岛，在那里找到了能赚钱的东西：当地人用珍贵的皮草、驯鹿皮和鱼换取食盐、日用器皿和布匹。这些商人见过世面，也有石油知识，伊万诺夫就是其中的一员，他还雇用了一个雅库特人菲利普·巴甫洛夫。巴甫洛夫在后来的"奥哈油田"附近意外发现了一个油坑，还收集了一瓶煤油水。[①]

1879年，一个装有油状液体的瓶子通过寄送贵重物品的方式运到尼古拉耶夫斯克。伊万诺夫接待了前来送货的巴甫洛夫，向他询问了关于这种液体的所有细节：在哪里取样？布里亚特人（当时对萨哈林岛居民的称谓）看到的黑水坑多不多？有彩虹膜的河流在哪里，叫什么？巴甫洛夫并不隐瞒，他只是希望得到奖赏。他发誓说，该说的都说了，那条河的名字叫奥哈。

巴甫洛夫是否如愿不得而知，伊万诺夫却很快付诸行动了。他很可能听说过巴库的石油开发，也了解煤油的属性，因此有抢占商业先机的意识。

俄国石油工业是以高加索地区的巴库、格罗兹尼、迈科普等地为中心发展起来的。巴库的地位最突出，它的石油储量早已被发现，但在诺贝尔兄弟到来以前处于未开发状态。

问题出在俄国政府的石油政策和巴库的地理封闭性上。里海形似一头卧着的海豹，是世界上最大的封闭性内陆海。巴库则位于一个伸入里海的半岛上，其石油从手掘的小坑中收集而来（见图1-2）。阿普歇伦半岛的石油产量不算多。俄国国家资产部里海国家资产局在1842年的报告中说，该半岛共有136口油井，年开采量23万普特（3760吨）。这里出产的石油多被运往波斯。随着油井数量的增加，石油产量有所提高，但仍然不到30万普特。这种局面持续了10年。地方当局试图扭转颓势，在比比-埃伊巴特采用钻井开采的方式进行油气开发，但是无果而终。[②]

---

① A. A. Матвейчук, И. Г. Фукс. Истоки российской нефти. Исторические очерки. М.: Древохранилище, 2008, С. 385.

② 〔俄〕B. Ю. 阿列克佩罗夫：《俄罗斯石油：过去、现在与未来》，石泽等译，人民出版社，2012，第46页。

图 1 - 2 19 世纪巴库的手工采油

资料来源：Золотые страницы нефтегазового комплекса России：люди，события，факты. М.：《ИАЦЭнергия》，2008，С. 13。

法国人德·托克维尔的名著《美国的民主》用寥寥数语提出俄国、美国崛起的论题。他的预言首先出现在石油领域，俄美都是从开发本国的石油资源起步的。

一般认为，美国是现代石油工业的发源地。其重要标志就是 1859 年的德雷克井的出现。这是世界上第一口用机器钻成的，并且用机器抽油的油井。此后，随着世界各地钻井工程的发展，现代石油工业迅速成长起来。

如果说美国在机械钻井方面领先，俄国则在非机械钻井方面占据优势。两国的共同之处是钻井不深，"即使在 19 世纪中叶，在巴库附近的里海和宾夕法尼亚发现了油田之后，石油的生产量仍然很小——其中的部分原因是早期的'石油大王'并没有把油井钻得太深，但主要的原因是他们根本不知道石油为何物，或者来自何处。1000 英尺的厚度超过了以往任何人所钻油井的深度。比如，在巴库和宾夕法尼亚的油井很少有超过几百英尺的，因为钻井人所使用的钻井技术十分过时，就像是使用掌上型风钻将尖尖的钻头使劲往泥土和岩石里凿一样"。[①] 例如，美国宾夕法尼亚州的泰特斯维尔地区因渗出的可见浅层石油而被称为"油溪"。

包税制在俄国盛行，是对国家无力经营阿普歇伦半岛石油的修正，它

---

① 〔美〕保罗·罗伯茨：《石油的终结：濒临危险的新世界》，吴文忠译，中信出版社，2005，第 14～15 页。

一度发挥了积极作用。有"包税沙皇"之称的瓦西里·亚历山德罗维奇·科科列夫致富后，成为俄国石油工业的先驱者之一。[①] 1857年，他在苏拉哈尼创建了第一家石油化工厂，从石油中提炼照明用油，后来又创办了巴库石油公司。1862年，巴库石油公司的产品"发光萘"荣获伦敦世界博览会银奖。1863年，科科列夫邀请彼得堡大学化学副教授德米特里·门捷列夫前往巴库。这位俄国未来的著名学者建议用钻井替代挖井，得到科科列夫的赞同，却遭到另一位包税人伊万·米尔佐耶夫的强烈抵制。米尔佐耶夫的注意力不局限于阿普歇伦半岛，还有格罗兹尼。[②]

随着时间的推移，包税制的负面作用日益明显。俄国政府每年从中得到的收入仅10万卢布。1872年，俄国煤油总产量还不足2.5万吨。[③] 包税制的弊端还表现在包税人重视短期利益而忽视长远利益，以及垄断价格的做法上。由此出现了"怪现象"：尽管国内石油资源丰富，但19世纪60年代初，圣彼得堡、莫斯科和其他城市的街道路灯照明用的煤油却是从美国进口的。

部分学者支持"美国是现代石油工业发源地说"的理由包括：第一，由于德雷克井的出现，美国成为世界上实现石油开采系统化和工业化的第一个国家；第二，美国是世界上支持"地下资源所有权属于地面所有者"的唯一的国家；第三，资本主义制度和整个经济的发展极大地促进了大规模的石油工业的发展，使得石油工业迅速地越出了本国界线。[④]

现在，美国是拥有世界霸权的超级经济强国。但从历史上看，大规模开采自然资源曾经极大地推动了美国经济的发展，为美国提供了工业发展所需的主要燃料来源、基本的建筑材料和重要的化工原料，以及难得的工业材料，特别是世界进入"石油时代"之后，大规模开采自然资源对美国经济发展的推动作用更甚了。

---

① 〔俄〕帕·阿·布雷什金：《莫斯科商人秘史》，谷兴亚译，东方出版社，2012，第136页。

② 〔俄〕B. Ю. 阿列克佩罗夫：《俄罗斯石油：过去、现在与未来》，石泽等译，人民出版社，2012，第50～52页。

③ 〔瑞典〕H. 舒克、R. 索尔曼：《诺贝尔传》，闵任译，北京图书馆出版社，2001，第26页。

④ 〔比〕让－雅克·贝雷比：《世界战略中的石油》，时波等译，新华出版社，1980，第88页。

公司制度推动了美国石油工业的突飞猛进，而美国的政治、经济体制又有利于公司制度的发展。关于这点，中国学者有一段精彩解说：美国历史上虽然继承了欧洲自由经济制度，但是却没有欧洲那样坚固的贵族等级传统。因此，当公司制度在美国萌发时，虽然也带有一些政府特许经营的色彩，然而在美国独立后近百年的时间里，联邦政府却没有取得足够的权威以限制公司制度的发展，各州从自身利益出发，竞相放松对公司的管制，公司如雨后春笋般破土而出，迅速发展和成长。英国学者认为，提供公司稳定基础最重要的一点可以归结到一个很简单的论点：公司让美国更富足。① 大企业的作用对美国来说更是举足轻重。美国学者奥康诺的《石油帝国》一书中有两段名言："世界上没有任何国家像美国这样和石油所提供的力量紧密地连在一起"；"任何人要想了解美国，就必须了解大企业；但要了解大企业，人们就必须了解石油工业。石油工业就是大企业的化身"。

约翰·D. 洛克菲勒和标准石油公司是研究美国石油史的两个典型符号，美国在世界石油市场上的地位也与两者密不可分。面对美国石油工业发展初期的混乱局面，洛克菲勒产生了将油田生产和炼油、市场一体化的经营理念。不仅如此，他一开始就把石油的加工处理建立在能利用规模经济潜力的基础上，从而在石油市场上形成近乎垄断的地位。这种规模经济将单位成本从每加仑 5 美分多降到不足 3 美分。② 一体化的理念、对规模经济的追求，构建了一个标准石油公司帝国。通过这个帝国，洛克菲勒几乎控制了美国所有的石油开采、加工、精炼、销售和配运，这种全方位的控制使得这个标准石油公司高效运作，成本大大降低，从而有能力与竞争对手进行价格战。

当然，俄美两国在石油工业发展方面也有交流。在俄国，石油的传统开采方式是用吊桶，或者干脆用水桶把"黑色金子"提到地面上来，然后再装进油槽车和油槽。③ 19 世纪中叶以后，以宾夕法尼亚州的设备为蓝本

① 杜连功：《合作，还是对抗：解读国际石油大棋局》，中国经济出版社，2013，第 95 页；〔英〕约翰·米克勒斯维特、阿德里安·伍尔德里奇：《公司的历史》，夏荷立译，安徽人民出版社，2012，第 80 页。

② 〔美〕小艾弗雷德·D. 钱德勒：《企业规模经济与范围经济：工业资本主义的原动力》，张逸人译，中国社会科学出版社，1999，第 109 页。

③ 〔苏〕B. C. 列利丘克：《苏联的工业化：历史、经验、问题》，闻一译，商务印书馆，2004，第 85 页。

建造的钻井设备开始在俄国使用。1865 年，俄国矿业工程师根纳季·罗曼诺夫斯基中校出国考察的主要目的是研究美国石油工业的经验。

1872 年，俄国废除了已成"千夫指"的包税制。并于当年出台了《关于油田和煤油生产消费税之规定》和《关于把实行包税制的高加索和外高加索边疆区之国有石油产地转给私人经营之规定》。据此，俄国从 1873 年 1 月 1 日起取消了油田包税制，含油地块通过一次性付款的公开拍卖方式交给私人经营。任何人均可到俄国从事这项冒险的事业。《规定》中交代了主管部门：私人油田由财政部总监督，矿业局集中管理。① 这样，俄国石油工业走上了资本主义方式经营的道路，也吸引了大批外国投资者到俄国开发石油，办炼油厂。

与西欧相比，俄国的欧洲部分气候大陆性特征明显，还缺少出海口。在 18 世纪，俄国先后打通了波罗的海和黑海出海口。但是，受冬季封冻和枯水期的影响，俄国对外贸易受到限制。直到 19 世纪中叶前，俄国所靠近的海洋不利于本国同主要商道发生联系：北冰洋不利于海上航行，黑海是内海，与最活跃的海上通道相隔甚远。

水路对巴库石油的运输非常重要。巴库位于里海边，而流入里海的伏尔加河在冬季冰冻封航。在巴库－巴统铁路建成以前，巴库对世界各地的交通是完全阻塞的。就是这样的地理条件把石油封锁在俄国境内。

煤油因为能够满足人们的照明需要而成为大宗商品。1782 年，法国人发明了煤油灯，为石油的使用开创了一个新纪元，但直到 1850 年，照明用油仍依靠动植物油。在德雷克井出现后不到十年的时间，煤油已经成为美国人民的照明选择。对此，查尔斯·莫里斯在《掌控力：卡内基、洛克菲勒、古尔德和摩根创造美国超级经济》一书中有段精彩描写：美国小说家哈姆林·加兰讲述了自己在大平原农场上贫穷的童年故事。1869 年，他从田里回到家，惊奇地发现餐桌上多了一盏煤油灯。他们很快改变了每日作息，以利用延长的"白天"。也是在这一年，史杜威姐妹在《美国妇女之家》中告诉读者，煤油提供了"最完美的照明"，建议大家使用"书桌台灯"用于在夜晚学习。煤油灯无处不在，普通人使用简单的煤油灯，富贵

---

① 〔俄〕B. Ю. 阿列克佩罗夫：《俄罗斯石油：过去、现在与未来》，石泽等译，人民出版社，2012，第 81 页。

人家使用精心装饰的煤油灯。煤油也很常见，在药店和杂货店都能买到。标准石油公司的亮蓝色 5 加仑煤油罐世界闻名，在欧洲、俄国、中国拥有同美国类似的市场份额。

19 世纪 60 年代初，美国率先吹响了进军欧洲煤油市场的号角。1873～1882 年，俄国一直从美国进口煤油。标准石油公司进军欧洲煤油市场的敲门砖包括技术优势、销售技巧、价格低廉，这三者与煤油照明的广泛使用不期而遇。而俄国政府最失当的措施是征收煤油出口税，这一措施一直延续到 1877 年。

俄国的大石油资本有三个来源：第一个来自巴库，第二个来自俄国国内其他经济部门，第三个来自西欧资本主义国家。1873 年，诺贝尔兄弟进入俄国石油领域。路德维格·诺贝尔除在圣彼得堡拥有机械制造厂外，还与其兄罗伯特在 1879 年创建了 "诺贝尔兄弟石油开采有限责任公司" （以下称 "诺贝尔公司"）。公司的资本如下：路德维格·诺贝尔——161 万卢布，阿尔弗雷德·诺贝尔——11.5 万卢布，罗伯特·诺贝尔——10 万卢布，彼得·比尔德林——93 万卢布，亚历山大·比尔德林——5 万卢布，伊万·扎贝尔斯基——13.5 万卢布，弗里茨·布隆伯格——2.5 万卢布，米哈伊尔·别利亚敏——2.5 万卢布，A. 山德连——5000 卢布，贝诺·班德里赫——5000 卢布。[①] 巴库石油开发从诺贝尔公司成立起便改头换面了。

要勘探石油，首先要拿到土地。1880 年 6 月 6 日，伊万诺夫向阿穆尔州总督提出申请，请求批准其开发北萨哈林岛的油泉。 "在北萨哈林岛东岸汇入鄂霍次克海的一端，勘探出油泉。山的两侧都有油眼，右边的山称为乌拉甘山，左边的叫穆尔贡山。两座山之间的小河称为奥哈河。这些山和河的名称都是从往来于岛上的外族人那里得知的"。[②]

伊万诺夫虽然拨开了萨满 "神水" 的神秘面纱，却出师未捷，在 1881 年逝世。此后，伊万诺夫家族继承了他的未竟事业。

---

① 〔俄〕B. Ю. 阿列克佩罗夫：《俄罗斯石油：过去、现在与未来》，石泽等译，人民出版社，2012，第 91 页。

② 〔俄〕B. Ю. 阿列克佩罗夫：《俄罗斯石油：过去、现在与未来》，石泽等译，人民出版社，2012，第 122 页。

第二节　1906 年前的石油勘探

万事开头难。以当时的条件看，在萨哈林岛开发石油仅仅是一个具有浪漫色彩的梦想，一个只有少数理想主义者才抱有希望的梦想。

1883 年，地方管理当局在北萨哈林岛奥哈开采区附近拨给伊万诺夫的孀妇——A. E. 伊万诺娃 1000 俄亩的地块，为期 5 年，她每年需要向国库支付每亩 10 卢布的费用。[①] A. E. 伊万诺娃虽然获得了开发权，却一直没有着手进行必要的工作。

1886 年，萨哈林岛亚历山德罗夫斯克区的长官费奥多尔·林代尔奥乌姆勘察了伊万诺夫申请书里指出的地方，并把几十公斤萨哈林石油寄往圣彼得堡俄国皇家技术学会的实验室。他在附函中写道："从吉里亚克人的波莫尔村向北直线距离大约 26.5 公里、萨哈林岛北端最狭窄的地带富含石油。"[②]

1888 年，伊万诺娃的女婿 Г. И. 佐托夫来到奥哈开采区。佐托夫（1851~1907 年），出身于官吏家庭，就读于圣彼得堡海洋士官武备学校，毕业后曾在喀琅施塔特、远东服役。1874 年，佐托天以中尉官衔退休并开始经商，他曾担任远东第一艘客货两用船"巴拉特科"号的船长，还捕过鱼（包括萨哈林岛沿岸地区）。

觉察到奥哈存在石油的迹象后，佐托夫动身前往圣彼得堡。他懂得向俄国的欧洲部分"取经"以增强信心，还解决了奥哈用地的继承权问题。

俄国石油工业化经营的进程一经启动，便呈现不可阻挡的势头。从1873 年起，俄国石油产量的增速超过了美国。到 1888 年，其石油的绝对产量已经接近美国。[③] 这是国内外因素相互作用的结果。这些国内外因素主要包括解放农奴、特别重视铁路和交通的发展，以及政府偶然尝试设计

① В. И. Ремизовский. Хроника сахалинской нефти 1878 – 1940 гг, http：//okha – sakh. narod. ru/hronika. htm.

② 〔俄〕В. Ю. 阿列克佩罗夫：《俄罗斯石油：过去、现在与未来》，石泽等译，人民出版社，2012，第 122 页。

③ И. А. Дьяконова. Нефть и уголь в энергетике царской России в международных сопоставлениях. М. : Российская политическая энциклопедия, 1999, С. 44, 51.

了一个连贯一致的经济战略，这个战略鼓励俄国石油工业的发展，鼓励在立法方面进行大幅度的重写游戏规则的变革。①

俄国包税制与农奴制的关系密切，其废除是在 1861 年农奴制改革以后。自彼得一世以来，俄国盛行使用契约性强迫工业劳动力，也就是国有农民被束缚于一家工厂，被迫在私人或国家企业中长时间艰苦劳动。农奴主也可以用契约把他们的农奴派至非贵族的生产者手中，但这种做法在 19 世纪 20 年代早期被禁止。从 19 世纪 30 年代开始，棉纺织业的雇工数量上升。俄国的工业机械的生产者仍然没什么发展，绝大多数工业劳动力仍然是手工劳动，而且常常是户外劳动。② 1861 年农奴制改革从法律上肯定了农奴的人身自由。美国学者兰德斯指出："1861～1866 年对农奴的总体解放通常被认为是经济方面的巨大分水岭。但是它对人力的供应究竟有多大的影响，不是很清楚。然而它迫使企业雇用自由的挣工资的劳力，这就强制改善了劳力的待遇，并且为采用新工艺和更高标准开辟了道路。"③ 从此，巴库石油开发得到了更多的雇佣劳动力：1873 年是 680 人，1890 年为 6000 人，1901 年达 2.8 万人。④

与之并进的是俄国工业革命的进展。以蒸汽为动力的工厂、轮船、铁路交通，逐渐成为俄国日常生活的组成部分。巴库的石油开发，除了储量丰富外，更得益于使用蒸汽抽水机、炼油蒸馏器、油轮、油罐车厢等。在俄国石油钻探历史中，1878～1900 年，使用蒸汽机的数量由 97 台增加到 2637 台，增加了 27 倍。⑤

外资以产业资本的形式进入企业，而有外资注入的企业是俄国经济不可分割的一部分。这在石油领域得到充分反映，最有名的是诺贝尔家族和罗斯柴尔德家族。

---

① 〔美〕迈克尔·伊科诺米迪斯：《石油的优势：俄罗斯的石油政治之路》，徐洪峰等译，华夏出版社，2009，第 41 页。

② 〔美〕尼古拉·梁赞诺夫斯基、马克·斯坦伯格：《俄罗斯史》，杨烨等译，上海人民出版社，2013，第 327 页。

③ 〔美〕戴维·S. 兰德斯：《国富国穷》，门洪华等译，新华出版社，2007，第 261 页。

④ Монополистический капитал в нефтяной промышленности России（1883–1914）. Документы и материалы. Издательство академии наук СССР Москва·Ленинград，1961，С. 9.

⑤ А. М. Соловьева. Промышленная революция в России в XIX в. М.：Наука，1990，С. 232.

　　诺贝尔公司经过几番技术改良，很快就凌驾于其他各厂之上。例如，阿尔弗雷德·诺贝尔发明了专用于比重较高的油类的特种燃油器和挥发油的连续蒸馏方法。[①]

　　罗斯柴尔德家族有"欧洲第六王朝"之称。1883 年，这个家族出资修筑了一条铁路将巴统与巴库连接起来，目的是为其在欧洲的炼油厂获取石油。巴统因此成为西方市场获取巴库石油的第一个港口。1884 年，从巴统出口的石油和石油产品有 374.6 万普特，包括 275.3 万普特煤油、63.4 万普特润滑油、35.2 万普特油渣、5430 普特原油。[②] 1886 年，罗斯柴尔德家族成立了"里海和黑海石油公司"。

　　巴库－巴统铁路建成以后，因机车的功率不大，一次只能拉 6 个油罐车穿越格鲁吉亚山区。后来诺贝尔公司提出了一个解决办法：他们利用巴黎阿尔弗雷德公司协助提供的 400 吨甘油炸药于 1889 年在大山中开辟了一条隧道，铺设了一条 70 公里长的钢管。这是本地区的第一条输油管道。

　　此后，俄美两国在欧洲煤油市场上的地位发生了变化。俄国从依赖美国的煤油供应转向与之竞争。诺贝尔公司借助俄国关税保护政策将美国煤油逐出俄国国内市场，并从 1881 年起向国外出口俄国煤油。"从 19 世纪 80 年代开始，俄国巨大的石油储藏对美国石油公司来说，既是一种威胁，又是一种引诱，在往后的 50 年中也仍然如此。"[③] 双方各有所长：俄国有靠近欧洲的地理位置优势，美国有规模经济的长处。诺贝尔家族和罗斯柴尔德家族在俄国国内互为对手，罗斯柴尔德在巴统建起了自己的储油库和销售设备，诺贝尔立即效仿，但是他们在反对美国石油资本这件事情上态度一致。

　　石油工业是一个涉及勘探、开采、加工、运输、炼制、出口环节的产业链。高加索油区代表着俄国石油潜力的现实，萨哈林岛则代表着俄罗斯石油发展的希望。前者的开发带动了后者的起步，佐托夫以勘探环节为重点，为此耗费了大量的时间和精力。

　　1889 年，佐托夫组建"Г. И. 佐托夫萨哈林石油公司"（以下称"佐

---

① 〔瑞典〕H. 舒克、R. 索尔曼：《诺贝尔传》，闵任译，北京图书馆出版社，2001，第 115 页。

② 〔俄〕B. Ю. 阿列克佩罗夫：《俄罗斯石油：过去、现在与未来》，石泽等译，人民出版社，2012，第 136 页。

③ 〔英〕安东尼·桑普森：《七姊妹：大石油公司及其创造的世界》，伍协力译，上海译文出版社，1979，第 91 页。

托夫公司"），这是萨哈林岛的第一家公司。为了满足手工钻探的需要，他从圣彼得堡把所需的设备运到尼古拉耶夫斯克。他还与"古布金继承人"贸易公司达成人事安排：聘请 А. Д. 斯塔尔采夫、М. Г. 舍韦列夫为商业顾问，邀请恰克图的商人 И. Ф. 托克马科夫、И. Д. 西尼岑、Н. П. 巴宾采夫等人入伙。以此招募合伙人、扩大筹资途径。М. Г. 舍韦列夫坐镇海参崴①。为了开发北萨哈林岛距离良格里村 47.7 公里处的油田，佐托夫公司租赁了 1090 公顷的土地准备勘探。

1889 年，第一次勘探拉开序幕。由佐托夫率领，成员有矿业工程师 Л. Ф. 巴采维奇、阿穆尔边疆区研究会的 В. П. 马尔卡利托夫。他们在奥哈开采区挖了许多探坑，钻出了 8 口浅井（最深达 21 米）。他们的主要收获有三：证实了石油产地的存在；巴采维奇首次对产地加以地质描述；佐托夫绘制出第一张矿产图（见图 1 - 3）。②

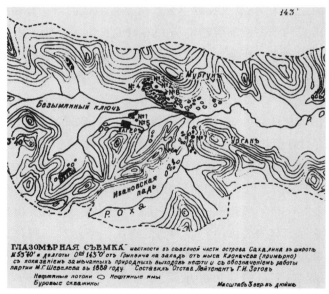

图 1 - 3　佐托夫的矿产图③

---

① 它的俄文名称是符拉迪沃斯托克。下文除引文外，均用海参崴。
② В. И. Ремизовский. Хроника сахалинской нефти 1878 - 1940 гг, http：//okha - sakh. narod. ru/hronika. htm.
③ Трудная нефть Сахалина - часть1，http：//okha. sakh. com/news/okha/83616/。按照国内的学术规范，上图中应当标出汉语。此处是为了保留该图原貌。

1890 年，巴采维奇进行第二次勘探。这次他将勘探地点转到卡达格里－纳比里－诺格利基，并在那里打了几个探坑，后来他又在《矿业杂志》上发表了报告《萨哈林油田概述》。巴采维奇强调："我们发现了黏土层和沙土层交替的现象。我认为，位于不透水地层之间最后的岩层，是聚集矿物油最好的天然油槽。"由此，他得出结论："有关大量天然油苗和油砂矿床的所有事实、它们的扩散、昼夜产量以及其他情况，都会促使人很有把握地推测，下面的地层里在一定程度上存在着很大的石油蕴藏量。"[1]

1892 年，由佐托夫牵头，以工头 C. O. 马斯连尼科夫为助手的第三次勘探开始。他们将地点选在诺格利基，并在此钻出了两口井，深度分别是 96 米、44 米，但没有找到石油。马斯连尼科夫非常沮丧，甚至怀疑继续找油的前景。在他看来，这里是钻探者的伤心之地。

对俄国石油工业来说，1892 年是个特殊的年份。废除包税制的历史进程首先从高加索油区开始，至于其他产油地区，直到 1892 年俄国政府颁布《关于在外里海州实行在国有空闲土地上私营工业规定之命令》后才废除包税制。

1893 年，佐托夫公司解体。佐托夫只能拿出自己的钱组织勘探，在上一年到过的地方继续 1 号井钻探，打到 137 米深时仍然没有找到石油。[2]

1895 年，佐托夫回顾了他过去的勘探工作，在北萨哈林岛和东海岸发现了存在石油的迹象。有兴趣者可以查阅巴采维奇、马斯连尼科夫分别在 1890 年、1894 年提交的报告。但由于缺少资金，他们的勘探工作无法向该岛的南部推进。[3]

应当指出，佐托夫 1892 年的勘探工作促进了奥哈居民点的出现。[4] 帝俄时期，俄国政府把乌拉尔以东的全部领土统称为西伯利亚，但是在行政区划和管理上又把西伯利亚分成三部分：西西伯利亚、东西伯利亚和远东。萨哈林岛曾被当作罪犯无法逃脱的天然监狱。它是北太平洋上介于鞑靼海峡和鄂霍次克海之间的一个长条形岛屿，四面环水，气候寒冷。1869

---

①　〔俄〕В·Ю·阿列克佩罗夫：《俄罗斯石油：过去、现在与未来》，石泽等译，人民出版社，2012，第 122 页。

②　В. И. Ремизовский. Хроника сахалинской нефти 1878－1940 гг, http：//okha－sakh. narod. ru/hronika. htm.

③　《Керосин－вода》сострова, http：//sakhvesti. ru/? div＝spec&id＝92.

④　Оха－как населенный пункт, http：//okha－sakh. narod. htm/about. htm.

年 4 月，根据沙皇发布的命令，该岛成为流放顽固罪犯的场所，当年便安置罪犯 800 人。此后，每年都有成百名罪犯及部分家属被流放至此。1880 年，欧俄与远东之间的海上航线开通，越来越多的流放犯和苦役犯至此。1886 年，萨哈林岛又被辟为政治流放地。① 当时，俄国民间把这里称为"受苦和流泪的地方"。

这些人的到来，改变了萨哈林岛的居民成分，形成外来人口占据优势的局面。根据 1897 年帝俄人口普查的资料，全岛有 28113 人。苦役犯、流放犯占据了多数，尼夫赫、阿伊努等土著居民占 25.6%（7421 人）。在亚历山大罗夫斯克区、特莫夫斯科耶区、科尔萨科沃区，男性居民有 20472 人、女性居民有 7421 人。从识字率上看，男性达到 30.6%、女性达到 12.7%；从等级上看，世袭贵族和非世袭贵族有 180 人，神职人员有 61 人，荣誉公民、商人、自由民将近有 400 人，农民和哥萨克有 500 多人；宗教信仰上该岛居民以东正教徒为多，超过了 19000 人。

他们还为当地提供了现成的劳动力。1897 年人口普查显示，岛上有 5664 个私人小企业（人数在 2～11 人），70 个国家企业，其中包括救济院、孤儿院、军营、学校，这些企业共雇用了 6352 人。②

俄国大作家契诃夫留下了这样的记录："苦役犯和流放移民，除了少数例外，一般都可以在街上自由行走，不戴镣铐，没有人看押，因此你每走一步都会遇到成群结伙的或单个的苦役犯。在民户的庭院里也有这种人，他们充当车夫、看门人、厨师、厨娘和保姆。"

在苦役犯、流放犯当中不乏有头有脸的人。契诃夫在岛上认识的第一个人是诗人。他写过暴露性诗篇《萨哈林诺》。只要有机会，他总是喜欢让人知道自己虽然是十四等文官，却身居十等官的要职。③

佐托夫的石油勘探费时、费力、费钱，他不可能使用犯人，只能雇用自由人。加上俄国幅员之大，交通、通信能力的限制，使得政府无法对各地有周密的了解。此外，此时的俄国忙于其欧洲部分的现代化进程，没有时间善待囚犯。尽管萨哈林岛近乎没有受到农奴制的影响，但是苦役和流放制对当事人来说是一种折磨。服刑期间，他们不仅要适应当地气候寒冷

---

① 王晓菊：《沙皇时代的西伯利亚流放》，《西伯利亚研究》2004 年第 3 期。

② В. Борисова. Две тетради с цифирью//Советский Сахалин, № 102, 11 сентября 2013.

③ 〔俄〕契诃夫：《萨哈林旅行记》，刁邵华等译，湖南人民出版社，2013，第 24、18 页。

的自然条件，还要忍受单调的社会
生活所带来的心理寂寞之苦。有些
犯人在流放期满后可以转为国有农
民，有些犯人还被准许重返大陆，
但是不能回归原籍，有些犯人只能
一辈子守在岛上。

对俄国财政大臣维特伯爵来
说，利用外资是一种手段，可以加
速俄国的工业化进程，进而富国强
兵。1893 年，他的第一份预算递交
到政府，在这份预算中，他将自己

图 1－4　安·巴·契诃夫（1860～1904 年）
资料来源：透视俄罗斯网站。

的目标描述为"消除阻碍国家经济发展的不利条件"和"激发健康的企业
精神动力"。① 受此影响，外资流入俄国的势头不减。例如，钢铁、煤炭工
业中的法国、比利时资本，高加索石油工业中的英国资金等。

俄国石油领域依然受到外资的追捧。巴库的石油潜力得以释放，其石
油产量从 1890 年的 2. 26 亿普特增加到 1900 年的 6 亿普特。在 1895 年巴
库的 3. 77 亿普特石油总产量中，诺贝尔公司、什巴耶夫公司、里海和黑海
公司分别占 20%、26% 和 43% 的份额。② 随着石油管道的建立和油轮的建
造，以及通过油槽列车利用铁路运输，俄国的石油运输问题得到了解决。
诺贝尔公司、里海和黑海公司把俄国石油带到欧洲市场，英荷壳牌公司
（由英国壳牌石油公司和荷兰皇家石油公司合并而成）也紧随其后。
1894～1901 年，在帝俄石油工业的外资总额增加了 29 倍，从 260 万卢布
增加到 8340 万卢布。20 世纪初，在正常条件下，石油每年可为俄国带来
巨额的收入。③

垄断组织逐渐控制了俄国的经济领域。19 世纪末 20 世纪初，俄国产

① 〔美〕杰里·本特利、赫伯特·齐格勒：《新全球史：文明的传承与交流. 1750 年至今》，
　 魏凤莲译，北京大学出版社，2014，第 135 页。

② 〔英〕M. M. 波斯坦主编《剑桥欧洲经济史》（第 6 卷），王春法译，经济科学出版社，
　 2002，第 765 页。

③ А. А. Фурсенко. С. Ю. Витте и экономическое развитие России в конце XIX – началеXX
　 в//Новая и Новейшаяистория，№6，1999，С. 8，15.

生了大的垄断性联合。在西方，这个进程一般是逐渐进行的，并且是经过长期的自由竞争才产生的。但在俄国，垄断组织的形成和自由竞争的过程常常相互重叠在一起，这是俄国政府干预的结果。

大企业对俄国石油工业的控制尤其明显。罗斯柴尔德家族的巴黎银行与彼得堡国际银行合作，在俄罗斯成立重油公司。罗斯柴尔德家族在1903年又与诺贝尔家族签订合作协议。这个被称作"诺贝尔 - 重油"的协议具有明显的卡特尔性质，它计划在俄罗斯国内市场实行统一的贸易政策。

20世纪初，人们曾经产生了俄国石油将会枯竭的疑虑。高加索油区的石油开采在1901年达到年产量900万吨的顶峰后，其年产量开始以每年大约20%的速度递减。[①] 于是钻井工人便试图寻找新的油井。

当巴库的油田产量趋于下降时，人们在北高加索地区发现了新的油田。格罗兹尼、迈科普等地掀起了"石油狂热"，阿普歇伦半岛老油田的衰竭问题有所缓解。可以说新油田对俄国的汽油生产意义重大。

萨哈林岛也加入到此轮大潮当中。本书在前面已提到佐托夫在岛上石油勘探过程中遇到的困难。而产生这些困难的更深层原因是沙皇政府无力组织移民和开发，首先是在解决北萨哈林岛的法律地位上久拖不决，不愿为其开发投入资金。[②] 西伯利亚大铁路于1887年开始修筑，西起乌拉尔山以东的车里雅宾斯克，东至太平洋沿岸的海参崴，全长9311公里。1896年，《中俄密约》使俄国获得了修筑中东铁路的权益，俄国实现了他利用西伯利亚铁路东线穿越中国领土的计划。西伯利亚铁路将俄国的欧洲部分和亚洲部分相连接，方便俄国开垦其东部地区、运输劳动力以及巩固本国的军事战略地位。直至十月革命前，西伯利亚的政治、经济和文化中心都集中在西伯利亚大铁路沿线。

这就为外资的进入提供了机会。1898年，德国工程师Φ.克莱开始在纳比里、巴达西诺的开采区活动。他的支持者是成立于伦敦、固定资本100万英镑的"萨哈林和阿穆尔石油采矿辛迪加公司"。但这个辛迪加经历

---

① 〔英〕M.M.波斯坦主编《剑桥欧洲经济史》（第6卷），王春法译，经济科学出版社，2002，第785页。

② Шалкус Галина Анатольевна. История становления и развития нефтяной промышленности на Сахалине（1879 - 1945 гг.），http：//www.disserr.com/contents/66235.html.

了近 10 年的运作也没有找到工业油流。①

报纸和杂志为外资进入俄国进行石油勘探开发活动发挥了推波助澜的作用。1899 年的《现代技术》杂志刊出简讯：“萨哈林岛北岸和东岸的油田已经开发了好几年了，它们应该向北部延伸近 424 公里。但是所进行的勘察没有取得特别有力的结果。从试验井和钻井里获取的石油至今都非常少量，而且质量一般。”1900 年 3 月 3 日的《石油业》报宣布：“据报道萨哈林岛上发现丰富的石油矿床。勘探工作是由外国矿业工程师完成的，目前正在向政府申请授予其开发矿床的权力。”②

1902 年，巴库石油企业家的代表、矿业工程师 K. C. 普拉东诺夫来到萨哈林岛的努托夫斯克开采区。③

1903 年，在萨哈林和阿穆尔石油采矿辛迪加公司的支持下，英国地质学家诺尔曼·博特率领一支装备精良的勘探队来到萨哈林岛。这次勘探的结果再次证实了巴采维奇的结论。不过，公司并未决定对当地的石油开发进行投资。

1904 年日俄战争后，英国资本对俄国石油领域的投资明显增加。

围绕英国公司活动的炒作成为一道风景。这也没有什么可奇怪的。美国宾夕法尼亚州在石油开发初期也出现过类似的情况。从发现石油开始，原油的价格在短短几个月内就暴涨 9 倍，达到了前所未有的水平。经纪人立刻把办公室内的矿石标本和鉴定证书都请了出去，重新摆上油桶模型、装着石油的玻璃瓶以及镶了框的油田土地契约。石油交易所在 1865 年 10 月开张营业，35 家公司相继上市，这不过是采矿狂热的重演而已：新公司几乎不花什么成本就成立了，之后就谎称拥有储量丰富的油田，然后大肆操纵公司的股价；在石油泡沫破裂之前，石油股的价格一路飞涨，达到了令人眼晕的程度。④

形形色色的人都在拼命追求迅速发财的机会。围绕英国公司活动

---

① M. C. Высоков. Сахалинская　нефть，http：//ruskline. ru/monitoring ＿ smi/2000/08/01/sahalinskaya＿ neft.

② 〔俄〕В. Ю. 阿列克佩罗夫：《俄罗斯石油：过去、现在与未来》，石泽等译，人民出版社，2012，第 123 页。

③ В. И. Ремизовский. Хроника сахалинской нефти 1878 – 1940 гг，http：//okha – sakh. narod. ru/hronika. htm.

④ 〔英〕爱德华·钱塞勒：《金融投机史》，姜文波译，机械工业出版社，2013，第 154 页。

的炒作引发了企业家们关注萨哈林岛的新浪潮。在圣彼得堡，"萨哈林第一辛迪加"成立，股东们都是皇室成员。1904 年，在哈尔科夫成立了俄罗斯萨哈林石油公司，旨在大规模地开发油田。在该公司的广告书上甚至有这样的语句："石油储量超过了在美国所有已开发的油田。"①同年，C. A. 伊拉里奥诺夫成立俄罗斯萨哈林石油公司，并向政府提出在该岛东北部经营石油的请求。

第三节　俄国地质委员会介入

1906 年 8 月，有关萨哈林岛的矿业发展会议在亚历山大德罗夫斯克举行。

亚历山大德罗夫斯克从前是一个哨所，后来成为城市。19 世纪 50 年代初期，青年尉官沙什尼亚克在此附近发现了煤层。1890 年，契诃夫到过此地，他在城里住过的房子仍然存在。后来亚历山大德罗夫斯克成了管理流放犯的行政中心。日俄战争中，本城居民组成游击队同日军作战。②

图 1 - 5　萨哈林岛的亚历山大德罗夫斯克哨所（20 世纪初）

资料来源：А. А. Матвейчук，И. Г. Фукс. Истоки российской нефти. Исторические очерки. М. : Древохранилище，2008，С. 386。

这次会议提出如下建议：废除 1901 年的关于在萨哈林岛建立私有矿业

---

① 〔俄〕В. Ю. 阿列克佩罗夫：《俄罗斯石油：过去、现在与未来》，石泽等译，人民出版社，2012，第 123 页。
② 〔苏〕А. Б. 玛尔果林：《苏联远东》，东北师范大学外国问题研究所苏联问题研究室译，吉林人民出版社，1984，第 267 页；А. Дворкин. Лейтенат，открывший уголь Сахалина// Советский Сахалин，№59，4 марта 2002。

的禁令；维持现有的萨哈林岛煤炭工业法令并将其推广到石油和其他矿业领域；由于岛上缺少劳动力准许雇用外国工人；设定石油勘探证件有效期限；希望允许俄国臣民与外国资本建立股份公司，但条件是俄国人持股不少于 50%；动用公款在亚历山大德罗夫斯克建设港口，等等。①

人们从这次会议中可以感觉到一种新的气象正在他们的周围潜滋暗长。这种新气象的产生与岛上废除苦役和流放制度的努力几乎同步。如果说巴库石油开发得益于废除包税制，萨哈林岛石油勘探的新高潮则得益于废除苦役和流放制。推动废除萨哈林岛苦役和流放制的原因有三：第一，地方当局越来越为养活众多的苦役犯和流放犯而犯难，缺少监狱、警力不足、牢房生活条件差；第二，俄国政府在日俄战争后的新考虑；第三，俄国 1905 年革命的影响。俄国地质委员会正是在这个时候加大了对萨哈林岛石油勘探的介入力度。

图 1－6　俄国地质委员会的研究员，1885 年

资料来源：Золотые страницы нефтегазового комплекса России：люди, события, факты. М.：《ИАЦ《Энергия》，2008，С. 14。

俄国地质委员会成立于 1882 年，是俄国矿业局的下属机构，目的是"满足国家对地质学和矿山业务的需要"。② 它云集了大批著名学者，如俄国地质学家格雷戈里·格利梅尔森、尼古拉·科什卡罗夫、瓦西里·叶罗费耶夫、亚历山大·卡尔宾斯基，他们的研究引起了世界各国许多科研、

①　И. А. Сенченко. Сахалин и Курилы：история освоения и развития. М.：Моя Россия：Кучково поле，2006，С. 109.

②　Валентина Патранова. ГЕОЛКОМ：от царя до советов//Новости Югры，№ 25，26 февраля 2009.

工程机构的高度关注。1882～1891年，俄国地质委员会已经与196个境外地质学机构和学术团体建立了刊物交流。它在各个国际展览会上获得的奖章也证明了它的专业水平。在1893年芝加哥世界博览会、1897年布鲁塞尔世界展览会和1900年巴黎世博会上，俄国地质委员会的地质图和出版刊物被授予荣誉证书和金质奖章。①

1906～1910年，俄国地质委员会向萨哈林岛派出了三支勘探队，带队者分别是 К. Н. 图利钦斯基、Э. Э. 阿涅尔特、П. И. 波列沃伊。

1906年8月，图利钦斯基一行奔赴北萨哈林岛。在8月16日的地方最高当局会议上，图利钦斯基谈到了他们此行的目的，就是要确定岛上石油的工业储量。② 图利钦斯基在岛上发现了5个油矿。③ 1907年，图利钦斯基的著作《俄罗斯萨哈林岛矿物概论》出版，书中收录了他们这次石油勘察的结果。

1907年，阿涅尔特的勘探队出发了。勘察路线从亚历山大德罗夫斯克开始，经过卡梅舍夫山脉，进入特米河河谷，之后到达河口，再乘船向北前进。沿东岸的路线包括了维尼河－达吉湾－柴沃湾－瓦拉河－汉杜扎河－博阿塔辛石油地区的所有油眼。阿涅尔特在整个路线上进行了地形测量。按照他的勘察结果，这次勘察发现的油田数量增加到了18个，有力地支持了对萨哈林岛石油进行更大规模的勘探、开发的建议。

波列沃伊的考察继续深入。他的初期路线是沿纳比利河考察首次在地图上标出的其他河流。这次勘察对油区的含量进行了分析，并首次绘制了10俄里比例尺的俄罗斯萨哈林岛地图，发现了几十个不同的矿种，重新绘制了北萨哈林岛的地图。1909年5月24日，波列沃伊在圣彼得堡的地质委员会就勘察结果所做的报告，得到了科学院院士亚历山大·卡尔宾斯基等人的高度评价。④

上述地质考察活动发生在日俄战争结束后，其特点是国家组织专业人

---

① 〔俄〕В. Ю. 阿列克佩罗夫：《俄罗斯石油：过去、现在与未来》，石泽等译，人民出版社，2012，第130页。

② И. Ф. Панфилов. Нефть Сахалина//Вопросы истории, №8, 1977, С. 108－109.

③ В. И. Ремизовский. Хроника сахалинской нефти 1878－1940 гг, http://okha-sakh. narod. ru/hronika. htm.

④ 〔俄〕В. Ю. 阿列克佩罗夫：《俄罗斯石油：过去、现在与未来》，石泽等译，人民出版社，2012，第124页。

士有步骤地进行活动。此前的考察主要是企业家、地质学家的个人行为。

1914 年，俄国地质委员会出版了第一张北萨哈林岛地质图及其说明，绘图人就是波列沃伊。[①] 1915 年，俄国地质委员会又出版了冯·吉尔维斯的著作《北萨哈林岛的结晶盐》，该书吸纳了图利钦斯基、阿涅尔特、波列沃伊、H. H. 图霍诺维奇等人的成果。

这样，俄国地质委员会不仅在萨哈林岛发现了大量油田，而且对其地质结构也已有所了解。

萨哈林岛矿业发展会议的召开、萨哈林岛苦役和流放制的废除，加速了该岛经济"松绑"的进程，激发了人们的创业热情。这当中，既有俄国人也有外国人。

佐托夫的身影又出现了。他的理想是在北萨哈林岛生产出煤油。俄国石油工业的形势、提升萨哈林岛的国内地位使然。

美国学者奥康诺曾经把石油的历史划分成煤油时代、燃料油时代、汽油时代、生产受"限制"的时代。[②] 在煤油时代，为满足人们照明的需要，煤油成为大宗贸易产品。洛克菲勒石油帝国进占欧洲煤油市场时首先遇到帝俄的竞争。临近 19 世纪末期，煤油时代在美国开始消失。随着斯宾德托普油田的出现，燃料油时代开始。当美国发生这些变化时，煤油仍然是帝俄的主要出口产品，但是燃料油已经在其燃料结构中占据一席之地。煤油在提炼过程中会产生废料，俄国称之为"奥斯塔基"，俄国在里海上航行的轮船首先成功地使用过这种废油作燃料。有学者提出，最早的商业性实用石油发动机很可能是从 19 世纪 70 年代以后在俄国使用的那些机器，它们燃烧在制造煤油和灯油时蒸馏巴库原油所产生的奥斯塔基废气。根据伦格的观点，"实际上，在俄国南部的所有蒸汽机，不论是工厂用的还是内海和河流上航行用的"，在 1910 年时都是使用奥斯塔基燃料推动的。[③]

1904～1905 年，战争和革命使俄国石油和石油产品出口量大幅下降。俄国的能源结构也出现了煤炭代替石油的现象。部分原因在于巴库受到

---

① А. А. Матвейчук，И. Г. Фукс. Истокироссийской нефти. Исторические очерки. М.：Древохранилище，2008，С. 391.

② 〔美〕哈维·奥康诺：《石油帝国》，郭外合译，世界知识出版社，1958，第 10 页。

③ 〔英〕M. M. 波斯坦主编《剑桥欧洲经济史》（第 6 卷），王春法译，经济科学出版社，2002，第 483～484 页。

1905 年革命的冲击，中小企业大批倒闭，行业垄断的趋势减缓。于是，企业纷纷用煤炭供热。巴库的石油产量在 1905 年出现下降，随后 5 年中都无法恢复到原有的水平。

与巴库相比，萨哈林岛的石油开发却随着限制的放松而在火热进行中。自 1905 年以来，从官方往来的书信、社会上流行的矿业杂志中可知，岛上的石油、煤炭已处在备受关注的地位上。

1906 年，佐托夫再访圣彼得堡。他此行的目的是就炼油和资金问题游说矿务局。诺贝尔公司闻讯后向他开出了极其优惠的条件来换取佐托夫所拥有的奥哈地块，遭拒绝后扬言："这些地方早晚都是我们的"。佐托夫的回答斩钉截铁："你们错了。这些石油不是我个人的，而是属于俄国的，也将只能属于我的祖国。"[1] 最终，双方不欢而散。

石油勘探取得的成果刺激了人们的发财欲望，主要表现在人们纷纷开办公司和呈交开发萨哈林岛的申请书两个方面。

俄国政府非常照顾本国的臣民。1906 年 10 月 18 日，"俄罗斯萨哈林石油公司"的章程通过了政府审批。1908 年，加入俄国国籍的德国工程师 Ф·克莱得到了 18 块石油用地，他还在天津成立了"德中公司"，注资在努托沃、博阿塔辛沃钻井。

外国石油公司也想搞清楚到北萨哈林岛勘探能带来多大的收益。荷兰、英国、日本等国的公司，甚至大名鼎鼎的诺贝尔公司，都派出了地质学家。

1909 年 1 月，《矿业和金矿业新闻》报道，一家英国公司代表在彼得堡就将俄国萨哈林岛部分地区转让给该公司 5 年以"开发当地所发现的油层"之事与政府举行谈判。俄国政府对这家英国公司的要求表示了同意，条件是"公司要有俄国资本"。[2]

1909 年还有两件事：一件是佐托夫去世两年后，Г. И. 佐托夫公司的继承者萨哈林石油工业公司成立，再次去奥哈勘探油田。另一件是，布里涅尔库兹涅佐夫公司派出了矿业工程师 А. В. 米多夫为首的考察组前往北萨哈林岛勘察。

---

① И. Ф. Панфилов. Нефть Сахалина//Вопросы истории，№8，1977，С. 108.

② И. А. Сенченко. История Сахалина и Курильских островов：к проблеме русско - японских отношений вXVII – XX веках. М.：Эксlibrary – Пресс，2005，С. 231.

图 1－7　北萨哈林岛的一支考察队（20 世纪初）

资料来源：В. В. Харахинов. Нефтегазовая геология Сахалинского региона. М.：Научный мир，2010，С. 23。

企业家呈交开发萨哈林岛的申请书数量可观：1909 年呈交了 183 份申请，其中煤炭、石油申请分别为 37、140 份；政府发放了 52 份许可证，其中煤炭、石油许可证分别是 18、34 份。1910 年呈交的申请书数量继续走高，到 1910 年 9 月 1 日，政府收到了 361 份申请，其中煤炭、石油申请分别为 91、270 份。这一年政府发放了 32 份勘探煤炭许可证、76 份勘探石油许可证。从 1911 年起，申请书数量开始减少。1911 年收到 40 份申请，其中煤炭、石油申请分别为 24、12 份。当年政府发放了 7 份勘探煤炭许可证、6 份勘探石油许可证。[1] 1912 年，政府收到 174 份申请。[2]

申请大户包括 И. Ф. 彼德罗夫斯基、А. Л. 伊佐托夫、В. Е. 尼科耶维奇等人。大公司以萨哈林石油煤炭公司（彼得堡公司）为代表。1911 年，该公司拥有 265 份许可证，其中煤炭、石油许可证分别为 61、204 份。伊万·斯塔赫耶夫公司从俄国二月革命后就在北萨哈林岛积极开展活动，它的目标是垄断岛上含油地块的开发申请，组织大规模的采油[3]。

---

① И. А. Сенченко. Сахалин и Курилы：история освоения и развития. М.：Моя Россия：Кучково поле，2006，С. 112.

② 〔俄〕В. Ю. 阿列克佩罗夫：《俄罗斯石油：过去、现在与未来》，石泽等译，人民出版社，2012，第 124 页。

③ Матвейчук А. А.，Фукс И. Г. Истоки российской нефти. Исторические очерки. М.：Древохранилище，2008，С. 391.

奥哈成为开发者关注的热点。1912 年，佐托夫的传人、工程师卡津·基列伊成立新公司，向那里派出了勘探队。米多夫也来到这里，搭建起住房，钻出了一口 121 米深的井。[1]

萨哈林岛终于发现了工业油流并且钻出石油。1910 年，在奥哈，米多夫打至 91.5 米处（工作面为 123.5 米）时发现工业油流。[2] 米多夫钻孔用的井架因此被保存下来，称为"佐托夫钻塔"。1911 年 4 月，萨哈林和阿穆尔石油采矿辛迪加公司在努托沃河岸钻出了一口直径 12 英寸的油井。在达到 20 米深度时，每昼夜开采量 5 普特，在 30 米深度时昼夜采量达 50 普特。[3] 1912 年，克莱公司在奥哈开采出 900 普特的石油。[4]

为了摸清萨哈林岛的资源家底，开发者将重点放在北萨哈林岛勘探上，开采属于偶然现象。这与岛上的开发条件有很大关系。首先，萨哈林岛自然条件差，工业基础薄弱，基础设施欠缺。佐托夫所需要的设备只能到圣彼得堡去买。19 世纪末，佐托夫曾提出了修建萨哈林岛隧道的设想，但因为缺少资金、经济上不合理而未能实现。虽然俄国政府在欧俄与俄国远东之间开通了海上航线，但是它的主要目的是为了运送犯人。其次，俄国地质委员会的能力有限。它的地质勘探和调查只能"涵盖国内 10% 的地区"。[5] 最后，国际形势正在发生变化，第一次世界大战的阴云越来越浓重。俄国政府陷入内外交困之中，财政上左支右绌。

---

① 《Керосин - вода》с острова，http：//sakhvesti. ru/? div = spec&id = 92.

② В. И. Ремизовский. Хроника сахалинской нефти 1878 - 1940 гг，http：//okha - sakh. narod. ru/hronika. htm.

③ 〔俄〕В. Ю. 阿列克佩罗夫：《俄罗斯石油：过去、现在与未来》，石泽等译，人民出版社，2012，第 124 页。

④ И. А. Сенченко. История Сахалина и Курильских островов：к проблеме русско - японских отношений в XVII - XX веках. М.：Экслибрис - Пресс，2005，С. 229 - 230.

⑤ М. С. Волин. Организация изучения естественных ресурсов советской страны в 1917 - 1920 годах//Вопросы истории，№ 2，1956，С. 82.

第二章

萨哈林岛石油筹码

帝俄维系其欧亚帝国统治的手段不仅有战争和外交，而且有石油可以动用。萨哈林岛的石油开发受到国际环境的制约。

第一节 俄美煤油战与日俄战争

迟至 1883～1885 年，美国提炼的煤油 69% 用于出口，在出口的煤油中又有 70% 出口到欧洲，21.6% 出口到亚洲。①

从 1883 年起，俄国不仅将美国煤油逐出俄国市场，而且与之角逐欧洲乃至世界煤油市场的主导权。巴库－巴统铁路的建设标志着俄国石油工业的一次飞跃，它"打开了俄国石油销往西欧的大门，并由此开始了持续 30 年之久的俄美争夺世界石油市场的激烈斗争。"②

欧洲资本和技术的引进，提高了俄国在石油界争夺主导权的信心。诺贝尔公司在高加索开发了巨大的油田。公司在 1883 年 4 月全体股东大会上的报告中特别强调："与美国石油相比，我们有巴库油田的优势。……而且与俄罗斯接壤的国家里俄罗斯煤油具有广阔的销售范围。公司此前的任务是首先把美国煤油挤出俄罗斯市场，然后开始向国外出口煤油。……现在美国煤油已经被逐出了俄罗斯市场。而且，去年公司已经开始向奥地利和德国出口自己的产品。"巴库石油资本家在 1886 年 10 月 31 日写给高加

---

① 〔美〕小艾尔弗雷德·D. 钱德勒：《企业规模经济与范围经济：工业资本主义的原动力》，张逸人等译，中国社会科学出版社，1999，第 109 页。

② 〔美〕丹尼尔·耶金：《石油大博弈》（上），艾平译，中信出版社，2008，第 43 页。

索民事主管的信中说："巴库石油工业已经达到了这样的发展程度，即在没有阻碍的情况下，它不仅能够向俄罗斯，而且能够向欧洲的大部分地区提供其所需数量的照明油和润滑油。"① 诺贝尔公司通过铁路、石油管道和新的大型远洋油轮将其产品销往了欧洲北方市场。罗斯柴尔德家族在欧洲的银行不仅帮助俄国解决了财政问题，而且从巴库得到了给养。在里海和黑海公司的支持下，巴库建立起新炼油厂，油罐车把原油与精炼油运往欧洲的东南部、法国和西班牙。而俄国的石油产量为其出口提供了支撑。在1900 年前的 13 年间，俄国的石油产量比美国多 1.22 亿普特。②

为争夺市场份额，俄美都采用了倾销手段。在欧洲，标准石油公司动用其在当地的子公司网络进行销售反击。接着，标准石油公司通过提高自身的运输能力成立了一个控制更为紧密的国外营销组织。俄国的煤油出口可以在短期内对美国的地位形成冲击，但要动摇其根基谈何容易，于是迂回到亚洲寻找机会。

亚洲也是美国煤油的天下，其秘诀有四个：油源丰富、产量高，科技先进、销售手段高超，具有经营有方、实力雄厚的石油集团，强有力的石油外交政策。③ 英国壳牌石油公司的创始人马库斯·塞缪尔策划了对标准石油公司的"突袭"。1892 年，世界上第一艘现代油轮"骨螺号"在巴统装上俄国石油并经由苏伊士运河驶往新加坡和曼谷。它代表了俄国石油工业的另一次飞跃。塞缪尔还想到了用红色铁皮听包装替代标准石油公司的蓝色铁皮听包装的主意。1893 年，俄国向欧洲出口煤油 2200 万普特，向东方各国出口煤油 2800 万普特④。

俄国在亚洲煤油市场上挑战美国的背后是俄国影响力的无形扩张。众所周知，俄国实现其构建欧亚帝国的目标离不开战争。在其经历的 36 次主要对外战争中，对欧洲国家的战争占 30 次之多，而且多数战争具有军事行动规模大、持续时间长、争夺激烈的特点。由于欧洲是它的战略重点地

① 〔俄〕В. Ю. 阿列克佩罗夫：《俄罗斯石油：过去、现在与未来》，石泽等译，人民出版社，2012，第 136 ~ 137 页。

② И. В. Маевский. Экономика русской промышленности в условиях Первой мировой войны. М. : Дело, 2003, С. 8.

③ 张德明：《美国在亚洲的石油扩张（1860 ~ 1960）》，《世界历史》2006 第 4 期。

④ 〔俄〕В. Ю. 阿列克佩罗夫：《俄罗斯石油：过去、现在与未来》，石泽等译，人民出版社，2012，第 138 页。

区，对手多属强敌，因而俄国在欧洲经历的大规模战争特别多。俄国在亚洲经历的战争只有 6 次，更多属于小规模战争或军事行动。但就掠夺的土地面积来说，俄国在亚洲夺取的土地面积比在欧洲夺取的大得多。布鲁斯·林肯在《征服大陆：西伯利亚和俄罗斯》一书中曾写道："真正让俄罗斯变得庞大的，一直是它在亚洲的扩张。"

俄国付诸战争的方式易于招致欧洲列强的猜忌[①]；煤油出口则吸引了欧洲的资本和技术。俄国煤油在欧亚的出口及其地理伸张都有利于提升俄国的国际地位。

自 19 世纪 90 年代以来，俄国对外扩张的重点从中亚转移到东亚。横贯西伯利亚的大铁路的修建，为俄国提供了机会。俄国参加了"三国干涉还辽"行动，攫取了中东铁路特权，与清朝政府谈判租借包括旅顺在内的辽东半岛，趁八国联军入侵之机占领了中国东北。俄国的煤油出口攻势与其势力范围的推进同步。1897 年，俄国向远东市场供应了 3400 万普特煤油，出口欧洲的只有 1800 万普特；1901 年俄国向远东市场供应的煤油达 5200 万普特，1904 年达到 6040 万普特。在 7 年的时间里增长了 80%[②]。

俄美煤油战对两国关系产生了影响，它已经不是单纯的经济利益之争了。如果说双方在欧洲主要是争夺市场份额，在亚洲则是从战略层面上审视煤油的作用。从美国独立到克里木战争之前，两国关系基本处于友好状态，俄美各自致力于在本大陆的发展，双方的地缘利益冲突不多，况且还有一个共同的战略对手——英国。"阿拉斯加割让结束了俄美在美洲的争夺和 100 多年来的俄美友好，此后，双方的和谐与冲突转移到亚洲。"[③] 俄国西伯利亚大铁路的投入使用与美国的"门户开放"政策存在利益冲突，美国的解决办法是用日本制衡俄国。

俄国的扩张与日本的野心迎头相遇。日本在"明治维新"后日渐崛起，很快走上了对外扩张的道路。日本通过相距 10 年的两场战争——中日

---

① 美国战略家荷马·李在俄国的扩张中发现了一条特别的定律："俄国经常是在某一条侵略线上前进，而同时又在另一条侵略线上后退，其前进与后退程度之比为 3∶2，因此，无论为胜为败，俄国始终不断地在亚欧两洲扩张。"钮先钟：《历史与战略：中西军事史新论》，广西师范大学出版社，2003，第 137 页。

② 〔俄〕B. Ю. 阿列克佩罗夫：《俄罗斯石油：过去、现在与未来》，石泽等译，人民出版社，2012，第 139 页。

③ 董小川：《阿拉斯加割让问题研究》，《世界历史》1998 年第 4 期。

甲午战争和日俄战争——确立了其地区强国的地位。

为争夺对朝鲜半岛和中国东北的控制权，俄日兵戎相见。日本战前准备充分。通过与英国缔结同盟，日本得到两方面收益：一方面是改善了自身外交地位；另一方面是可以通过英国向欧美借款。英日同盟的建立是出于力量平衡的考虑。对英国来说，当时英国在东亚有着巨大的商业、领土和军事利益；对日本来说，通过英日同盟，日本在外交上多了一个朋友。战争是吞噬金钱的机器。欧洲银行家族沃伯格家族与美国的希夫家族沾亲，雅各布·希夫家族掌握着库恩·洛布公司。这不但使沃伯格家族进入快速增长的美国经济——尤其是进入庞大的美国铁路债券市场，而且还确保当日本政府在日俄战争期间进入国际金融市场时，沃伯格家族有能力比罗斯柴尔德家族捷足先登，后者比希夫更慢地看到日本的潜力，希夫的态度受到沙皇政权歧视犹太人和容忍反犹大屠杀的影响。①

1904 年 2 月 5 日，日本停止了与俄国的谈判，三天后，未经正式宣战进攻旅顺港②的俄国舰队。日俄战争爆发。

整个战争进程表现为日本一面在中国东北境内从南向北驱逐俄国而推进自己的势力，一面在朝鲜不断扩大自己的阵地。在战争的第一阶段，日军包围旅顺港，于 1904 年底占领了这座要塞。在随后的战役中，日军将俄军赶到沈阳以北，使俄军在离欧俄的工业中心数千公里远的地方作战，进而使横贯西伯利亚的单轨铁路完全不能满足俄军的供应需要。

战争期间，英、美、法、德等国宣告"中立"。但这只是意味着他们不直接介入战争。在此界限之外，它们或偏袒一方，或踌躇摇摆，或左右逢源。

日俄战争实际上是英日同盟的对俄战争。俄国决心从欧洲派遣第二太平洋舰队增援亚洲战场。英国宣布全面禁止向俄国海军提供威尔士无烟煤，并资助英国商人在沿海各大港口收购囤积煤炭，甚至迫使葡萄牙拒绝俄国舰队中途在安哥拉或莫桑比克加煤休整，让俄国舰队无法得到充足的动力来源。结果，俄国舰队不得不在军舰上满载劣质的德国煤炭，严重拖

---

① 〔英〕尼尔·弗格森：《顶级金融家》，阮东译，中信出版社，2012，第10页。

② 《明治 37~38 年日俄海战的绝密历史》披露：日俄海战本可能从仁川打响，而不是旅顺。参见：安娜·维克里奇《恢复历史原貌：史学界发现俄日仁川海战新史》，http://tsrus.cn/eshi/2015/01/15/39293.html。

累了舰队速度。①

在对马海峡战役中，俄国把仓促整修的波罗的海舰队派往日本。这支舰队沿着欧洲和非洲的整个西海岸往下航行，绕过好望角，然后穿过印度洋，向北沿东亚海岸驶向日本。1905 年 5 月 27 日，俄国舰队到达日本和朝鲜之间的对马海峡后便立刻遭到在数量和实力上均占优势的日本舰队的攻击。俄军再无还手之力。

当日俄战争在远东打响时，革命正在战线后面的俄国内部传播开来。革命的根源可以在农民、城市工人和中产阶级的长期不满中找到，这种不满由于与日本的战争而更趋严重。

在美国的斡旋下，俄日两国签署了《朴次茅斯条约》。俄方谈判代表维特伯爵最大限度地维护了自己国家的利益。根据这个条约，俄日共治萨哈林岛。维特的天才，在于他看准了妥协之无法避免；而他的成功，在于他善于调和各种矛盾。谈判的结果是日本不提战争赔款问题。但是维特无法阻止 1905 年俄国革命的发生。

日本因为国力的限制接受了《朴次茅斯条约》。学者肯尼迪分析道：即使那时，日本也不是一个羽翼丰满的大国。它很幸运地战胜了军事上层臃肿、因圣彼得堡和远东之间相距遥远而处境不利的俄国。此外，1902 年缔结的英日同盟也使日本得以在不受第三国干涉的情况下在自己熟悉的区域里作战。其海军依靠的是英国制造的战舰，其陆军依靠的是克虏伯制造的枪炮。最重要的是，日本发现自己的资源不可能在财政上负担战争的巨额费用，只能够依赖在英美筹措的贷款。其结果是，1905 年底在俄国进行和平谈判时，日本财政已处于崩溃的边缘。东京的公众对此可能感觉不太明显，他们对使俄国在最后达成的协议中得以摆脱困境的较为宽容的条件感到愤怒。但结果是，由于胜利已经肯定，日本军队感到自豪并受到了赞扬，其经济也在战后得以恢复，而且其大国地位（尽管是地区性的）通过这次战争得到了所有大国的承认。②

日俄战争对萨哈林岛石油开发产生了影响。日本丰富了自己的北萨哈林岛油田信息，致力于控制这个岛屿；俄国政府终于意识到这里确实有石

---

① 魏云峰、侯涛：《煤炭伴随英国国运数百年》，《环球时报》2015 年 12 月 22 日第 13 版。

② 〔英〕保罗·肯尼迪：《大国的兴衰》，陈景彪译，国际文化出版公司，2006，第 201 页。

油，并且对外国资本有很强的吸引力。① 还有一点，俄国在战后出于军事考虑不再向岛上发配苦役犯、流放犯。② 战前，双方对萨哈林岛（日本称之为桦太岛）的归属就有争议。1855 年，《俄日通好条约》规定，国后、择捉岛属日本领有。1875 年，《萨哈林千岛交换条约》规定，萨哈林岛属俄国领有。《朴次茅斯条约》签订后，形成了俄日共治萨哈林岛的局面，日本占领了该岛南部。

美国从日俄战争中得到了收益。首先是经济收益。战争期间，美国打起了煤油价格战，在欧洲煤油市场上挤压俄国。《石油业》报指出："灌装煤油在英国最主要进口港的零售价格从 1904 年 3 月的每加仑 5.75 便士跌到 2.5 便士。也就是说，在同年 6 月，1 普特价格是 43

图 2-1 横滨市街头，庆祝日本打败俄国，1905 年

资料来源：参见〔英〕尼克·雅普《照片里的 20 世纪全球史：1900 年代资本主义扩张》，赵思婷译，海峡书局，2015，第 44 页。

戈比……我们的锅炉用煤油 3 月份在巴库的平均牌价为 1 普特 29.3 戈比，在巴统价格为 1 普特 50.3 戈比。假定 1 普特煤油从巴库运到巴统的固定费用是 21 戈比。对比这些数字，很显然，我们的煤油完全无法与美国竞争。"俄国石油资本家对价格下降幅度的计算更吃惊：1904 年 8 月，出口煤油的牌价是 1 加仑 4.8 美分，而同期的原油价格是 5 美分，即原油比加工后的产品还要贵 0.2 美分。③ 俄国人也在考虑利用美国人的力量。1905

---

① В. И. Ремизовский. Хроника сахалинской нефти 1878 – 1940 гг, http: //okha – sakh. narod. ru/hronika. htm.

② И. А. Сенченко. Сахалин и Курилы: история освоения и развития. М.: Моя Россия: Кучково поле, 2006, С. 89.

③ 〔俄〕В. Ю. 阿列克佩罗夫：《俄罗斯石油：过去、现在与未来》，石泽等译，人民出版社，2012，第 140 页。

年3月中旬，俄国驻朝鲜武官涅奇沃洛上校提出让美国人克拉克森经营萨哈林岛全部渔业、矿产、林业和毛皮业的租让方案。俄国的目的是："倘若日本对美国承租者的权益提出异议，美国政府是会给予应有的支持的。"①

俄国对东亚的煤油出口减缓下来。巴库1905年"八月事件"的发生，继续加深了俄国石油工业的危机。因为出口危机，俄国失去了大部分东方市场，重新将煤油出口的目标锁定在欧洲。

俄国欧洲市场上又多了罗马尼亚这个竞争者。19世纪90年代，因为有匈牙利和奥地利银行的资本，加上现代技术，罗马尼亚的石油产量开始大增。20世纪初，美国、德国和英国的资本加入并且控制了罗马尼亚的石油工业。

1906年，德意志银行凭借其在罗马尼亚的石油生产同诺贝尔公司和罗斯柴尔德家族一起组成欧洲石油联盟。诺贝尔公司和罗斯柴尔德家族实现了联手，在联盟中分别占据20%、24%的份额。随后，欧洲石油联盟继续扩大，英荷壳牌公司，以及欧洲国家的其他公司陆续参加。经过两年多的时间，欧洲石油联盟与美国标准石油公司就欧洲市场的划分达成协议，美国拿走了市场的大头。②

与此同时，美国国内孕育着新的石油商机。临近19世纪末期，煤油时代在美国开始结束。1901年，燃料油时代开始。1911年，福特汽车大量生产，汽油时代开始。在机动车辆尤其是汽车出现以前，石油是各国照明设备的重要原料；而汽车出现之后，石油成了现代交通科技的必要投入要素，它不仅是柴油发动机和机动车的必要燃料，也是20世纪科技产品——飞机的必要燃料。

其次是地缘政治收益。美国在东亚的影响力得以继续扩大。日俄战争后，清朝政府为平抑日、俄势力，在东北三省贯彻"平均各国之势力、广辟商埠、实行开放"的政策，从而和积极觊觎中国东北市场的美国资本势

---

① 〔苏〕鲍里斯·罗曼诺夫：《俄国在满洲（1892～1906年）（专制政体在帝国主义时代的对外政策史纲）》，陶文钊等译，商务印书馆，1980，第465页。

② 〔美〕丹尼尔·耶金：《石油大博弈》（上），艾平译，中信出版社，2008，第90页；Брита Осбринк. Империя Нобелей：история о знаменитых шведах，бакинской нефти и революции в России. М.：Алгоритм，2014，С. 186－187。

力紧密结合起来。美国先后提出哈里曼计划、新法铁路计划、东三省币制改革计划、锦瑷铁路计划、满洲铁路中立化计划，企图从东北路权上首先打开一个突破口，进而取代日、俄在中国东北的地位。

国际关系上没有永远的朋友。美国在日俄战争中偏向日本，但是其上述计划无一不遭到日、俄的阻挠和破坏，而且，美国在东亚影响力的不断壮大推动着日、俄两国的妥协：1907 年，日俄缔结了第一次协约和密约；1910 年，日俄签订第二次协约和密约；1912 年，日俄缔结了第三次密约。

高加索油区支撑了俄国与美国的煤油战。1913 年，高加索油区的石油总产量占全俄石油总产量的 97%。① 虽然萨哈林岛尚处在俄国石油工业的"边缘"地带，重心在勘探环节，但萨哈林岛上石油的意义不在于产量的多少，而是在列强林立的条件下对俄国外交所起的间接支持作用。

第二节　俄国对英、日打出萨哈林岛石油牌

日俄战争结束后，日本加强了对萨哈林岛的控制和经营。1906 年，日本设置萨哈林民政署，1907 年，日本将萨哈林民政署升格为萨哈林厅（日本称之为桦太厅）。同时，日本积极从事渔业资源、森林资源和地下资源的开发。通过森林资源的成功开发，日本获得了低成本的纸浆原料，这成为明治以来受制于低廉进口洋纸的日本造纸业发展的契机。②

日本因为国内资源匮乏而致力于资源的国际化经营。在萨哈林岛，日本控制了南部地区，但是煤炭、石油资源集中在萨哈林岛北部。这对日本产生了极大的吸引力。1907 年，工程师 K. H. 杜尔钦斯基撰文督促俄国政府加快开采岛上的石油，否则"日本人将会为我们代劳"。这种观点在当地很有市场。③ 1914 年，日本地质学家到访北萨哈林岛的施密特岛。1916 年，日本商会的代表向俄国地质委员会提议，日本石油公司准备增

---

① 陆南泉、张础、陈义初：《苏联国民经济发展七十年》，机械工业出版社，1988，第 155 页。

② 〔日〕滨野洁等：《日本经济史：1600～2000》，彭曦等译，南京大学出版社，2010，第 132 页。

③ И. А. Сенченко. История Сахалина и Курильских островов：к проблеме русско‐японских отношений вXVII‐XX веках. М.：Экслибрис‐Пресс，2005，С. 231‐232.

加在北萨哈林岛的勘探、钻探活动，以便检验俄国地质委员会的数据。遭到俄方的断然拒绝。[①] 这表明，俄国担心日本在萨哈林岛石油开发中一家独大。

英国也在觊觎萨哈林岛的石油。前文已经提到过一些有关情况。从1909年起，与英国资本联系密切的萨哈林石油和煤炭公司，屡次组织考察队进行勘探和钻井作业，为此他们花费了数百万卢布。勘探发现，北萨哈林岛有近400俄里长的含油区。1914年，俄英两国达成英国"比尔森"公司、"维克尔斯"公司开采岛上石油资源的初步协议。但这两家英国公司于1916年和1917年相继放弃了开采计划。[②]

英国是在为保持"日不落帝国"的地位寻找外部石油来源。这种地位并非一朝一夕所成，是由于英国人"把制海权、财政信用、商业才能和结盟外交巧妙地结合起来的缘故。产业革命所做的，就是加强一个国家在18世纪产业革命前的重商主义斗争中已经取得的十分成功的地位，然后把它转变成另一种强国"。这种强国的形象是，"它的影响不能用军事霸权的传统标准去衡量。它的强大，表现在其他某些领域，英国人认为它们远比一支庞大而又花钱的常备陆军更有价值"。学者肯尼迪列举出的英国强项包括海军领域、日益扩大的殖民地帝国、财政领域。[③]

当时英国的军事力量无法与如今的美国相比。"软权力之父"约瑟夫·奈对此有一个三维棋盘的比喻：在棋盘的上部是军事力量，基本上是单极的，美国占有绝对优势；在棋盘的中部是经济力量，是多极的，美国不是单一大国；在棋盘的底部是跨国关系范畴，包括多种多样的行为者，力量非常分散。

学者恩道尔也有相似的观点。他认为："金融货币、国际贸易、原材料优势，构成了英帝国权力的三大支柱。"不过，恩道尔特别强调："第三大支柱便是英国对棉花、金属、咖啡、煤炭以及19世纪末新兴的'黑金'石油等世界主要原材料的地缘政治优势。随着时间的缓缓流逝，这一支柱

① В. И. Ремизовский. Хроника сахалинской нефти 1878 – 1940 гг, http：//okha – sakh. narod. ru/hronika. htm.

② А. А. Иголкин. Нефтяная политика СССР в 1928 – 1940 – м годах. М. , 2005, C. 211.

③ 〔英〕保罗·肯尼迪：《大国的兴衰》，陈景彪译，国际文化出版公司，2006，第147、150~152页。

33

显得越来越重要。"①

将石油作为海军的燃料，是英国维护其海军优势的重大举措。因为其他国家也在大力发展自己的舰队。1883年，英国战列舰的数量几乎与所有其他大国战列舰总和相当（38∶40）；而1897年，这种轻松的比例已经荡然无存（62∶96）。②英国海军在1898年已开始试验以石油作为燃料，并于1902年末在海军上将约翰·费希尔爵士主持下成立了油燃料委员会，以研究石油供给问题，希望将石油供应置于英国控制之下。③将石油作为舰队燃料的国家，并非只有英国。意大利于1890年也在军舰上安装了石油炉。

费希尔将石油作为英国舰队燃料的主张在英国国内招致一片反对之声，反对的理由主要有两个。一是石油价格比煤炭价格昂贵。在1900年前后的英国，石油价格一般达到煤炭价格的4~12倍。二是石油供应是否有保障还未可知。因为英国煤炭资源丰富，石油资源却几乎没有。

在波斯（后来的伊朗）奋斗多年之后，英国获得了基本的成功。1908年，英国在马斯基德苏莱曼发现了石油。英波石油公司也最终成立了。从英国海军部得到供应燃料油的合同，对这家公司的意义非同寻常。

转折点出现在1911年，这一年温斯顿·丘吉尔被任命为海军大臣。由于费希尔说服了丘吉尔，使他热心地支持以燃料油作为海军舰艇的动力。经过严格的论证，双方达成了共识。

英国向石油燃料转移是一次大赌博，因为这一行动本身就使他们放弃威尔士的高质量煤炭，转而依靠外部石油供应，但丘吉尔决定承担这一风险。在他的领导下，英国海军在1912~1914年连续启动了三项重大的海军变革方案，丘吉尔称之为"决定性的飞跃"，正是由于这一飞跃，英国海军从此便依赖石油了（见图2-2）。

丘吉尔有一句名言："石油的安全和稳定在于多样化，并且也只有多样化。"由此使英国成为世界上最早明确提出石油来源多样化战略的国度。

---

① 〔美〕威廉·恩道尔：《石油战争：石油政治决定世界新秩序》，赵刚等译，知识产权出版社，2008，第1、3页。
② 〔英〕保罗·肯尼迪：《英国海上主导权的兴衰》，沈志雄译，人民出版社，2014，第225页。
③ 〔英〕贝里·里奇：《石油王国：BP公司的奋斗与创新》，徐光东等译，华夏出版社，2000，第10页。

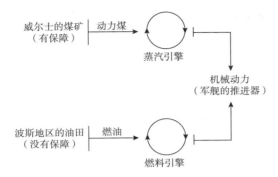

图 2-2 丘吉尔的战略选择：能源保障与 33% 的优势

资料来源：参见〔加〕彼得·特扎基安《每秒千桶——即将到来的能源转折点：挑战及对策》，李芳龄译，中国财政经济出版社，2009，第 37 页。

俄国是这个战略中的重要一环，英荷壳牌公司一马当先大举进入俄国石油工业。

马库斯·塞缪尔功成名就之后醉心于进入英国上流社会。工于心计的亨利·德特丁逐渐执掌了这家公司的帅印，加紧了对俄国石油工业的渗透。

英国资本大举进入俄国石油工业有以下几个原因。首先，是其在俄业务逐渐从轻工业领域转向冶金、矿业、石油、机械制造等领域。英国资本趁俄国经济高涨之际进行"资本的地理扩张"，在萨哈林、乌拉尔、格罗兹尼、塔曼、捷列克、迈科普地区找油。1908 年以来，英荷壳牌公司同俄国石油公司在一些亚洲国家的市场上曾合作运输、经营和销售阿普歇伦半岛的石油和石油产品，此外，英荷壳牌公司还致力于广泛参与格罗兹尼、迈科

图 2-3 亨利·德特丁（1866～1939 年）被称为"石油界的拿破仑"

资料来源：Р. Т. Чердабаев. Нефть：вчера，сегодня，завтра. М.：Альпина бизнес букс，2010，С. 144。

普等地的油田勘探，吸引资本向这些地区投资。其次，是法国资本的退出。1911 年，英荷壳牌公司同罗斯柴尔德家族就出售后者全部在俄国的石油企业事宜进行谈判。1912 年，双方达成协议。罗斯柴尔德家族退出俄国，由英荷壳牌公司接收其在当地的石油业务。同年，俄罗斯石油总公

司在英国伦敦注册成立。这是"一战"前夕俄国银行在国外开设的一家著名的控股公司。从19世纪初期到"一战"前夕，伦敦一直处于世界金融中心之首的位置，是国际结算和贸易体系的中心。俄国当然不会忽视这一点。英荷壳牌公司俄国分部起初完全由伦敦领导，从1914年开始，地区管理的大部分职能逐渐转移到"重油公司"。这家公司受英荷壳牌公司的委托，在"一战"期间对其旗下的俄国企业集团进行彻底改组。俄罗斯石油总公司的主角是圣彼得堡的两家银行——俄亚银行和国际银行，成员包括利阿诺佐夫公司、曼塔舍夫股份公司、莫斯科-高加索公司和里海公司。1914年，这家公司下辖20家公司、总股本超过1.35亿卢布。① 最后，英国要用石油燃料保持海军优势，压制德国的竞争。因为英德资本都在争夺俄国的石油。

英国政府、英国公司都从俄国得到了收益。英国政府增加了石油来源渠道，逐步建立了一个世界范围的储备供应网络，从而允许它在整个舰队中推广使用液体燃料。英国公司则获得了角逐世界石油市场的筹码。据统计，英荷壳牌公司一度至少控制了全部俄国石油生产的1/5。收购罗斯柴尔德家族的利益又使它的生产投资在全球分布更广——53%来自东印度，17%来自罗马尼亚，29%来自俄国。② 从俄国的欧洲部分到萨哈林岛，都有英国石油资本在活动。

俄国在萨哈林岛石油开发中用英国来平衡日本，主要有以下几点考虑。

第一，俄国外交的重点回到欧洲。此时欧洲的大国关系正在重组，俄英从对抗走向缓和直至结盟。1907年8月，俄国外交大臣亚历山大·伊兹

---

① 〔俄〕В. Ю. 阿列克佩罗夫：《俄罗斯石油：过去、现在与未来》，石泽等译，人民出版社，2012，第158页；Н. П. Ионичев. Иностранный капитал в экономике России（XVIII—начало ХХ в.）. М.：МГУП, 2002, С. 105, 172, 191. 尤瑟夫·凯西斯：《资本之都：国际金融中心变迁历史（1780～2009）》，陈晗译，中国人民大学出版社，2011，第71～73页。

② 〔美〕丹尼尔·耶金：《石油大博弈》（上），艾平译，中信出版社，2008，第90页。俄国十月革命胜利后，德特丁对于1914年收购罗斯柴尔德家族在俄国的石油资产感到后悔，因为俄国革命使他的公司遭受巨大损失，油井被没收了。德特丁确信罗斯柴尔德家族早就对这一切了如指掌，使他中了圈套。所以，直到去世他对罗斯柴尔德家族还耿耿于怀。参见居伊·罗特希尔德《奋斗：法国银行家居伊·罗特希尔德回忆录》，侯贵信等译，世界知识出版社，1987，第80页。

沃利斯基伯爵和英国大使阿瑟·尼科尔森爵士在圣彼得堡签订了一项秘密条约，划定了两个帝国在中亚的利益范围，俄国政府承认阿富汗属于英国的势力范围，伦敦则保证永远不再向沙皇对中亚其他地区的统治提出挑战。俄英大博弈自此宣告结束。随着俄国与德国的关系渐行渐远，俄国与奥匈帝国的关系也彻底破裂。同时，俄国与法国之间的友善关系却日益加深，而且英国与俄国之间建立起协约关系。

结盟外交，以及英、法两国资本大量涌入俄国，使俄英联盟更加稳固。石油因素开始影响国家之间的关系，如英、德、俄之间围绕波斯的斗争。"一战"前夕，为了打通通往阿拉伯湾的贸易通道，摆脱英国海军控制下的海上航线，德国修建了巴格达铁路。这使英国不能不考虑波斯的安全问题。与此同时，俄国也关注波斯，其外交部尝试协助铺设从巴库到波斯湾之间的石油管道。

在石油合作方面，俄英关系的密切程度超过俄日。日俄战争前，日本是萨哈林岛淘金队伍中的一员。战后，日本在萨哈林岛的优势明显加强。这是俄国不能容忍的，尤其是日本处心积虑地扩充武装，必须及时遏制。一方面，俄国要用与日本的妥协来缓和两国的矛盾进而为共治萨哈林岛留有余地。另一方面，俄国巴不得英国把石油开发的声势造得更大，让日本的优势大打折扣。俄国可以用欧洲结盟的余波来巩固其在亚洲的守势地位。

第二，用石油筹码来分化英日同盟比较合算。俄、英、日大国战略的目标是明确的，但是实施的过程是云诡波谲的。1902年，日本与英国结成同盟，1905年及1911年两国再次修正盟约。不过，日俄战争结束后，日英、日美之间的关系开始出现裂痕，而俄英关系开始改善。日本海军是在1906年10月得知英国海军舰船的燃料油情报后，决定在舰船上采用煤油混烧装置的，并从1908年4月开始把重油列为海军第二种消耗品。与此同时，日本海军在各个主要港口建筑大型储油库，1914年总库容量达到2.45万吨。[①] 同样作为岛国，英、日两国都重视发展海军，希望获得更多的外部石油供应，也都在觊觎萨哈林岛的石油资源。俄国选择的天平倾向于英国。用英国制约日本，可以使俄国的大国地位得到巩固，英国也不吃亏。

---

① 李凡：《日苏关系史（1917～1991）》，人民出版社，2005，第49页。

俄国的这种外交，其技巧不在于创造性而在于权衡轻重，在于将既定因素结合起来的能力。"石油的开发与利用进一步把地缘政治的重心吸引到石油资源的富集地，从而使掌握这些资源的国家轻而易举地加重了它们在世界政治天平上的砝码。"①

德国也参与到俄国石油领域的活动当中。例如，西门子兄弟在高加索经营过石油，业绩不错：开发"沙皇井""西门子兄弟页岩煤油厂的石油样品和产品""燃烧石油残渣储热器"图纸，使用沥青铺路，获得 1870 年圣彼得堡全俄工业展览会两项大奖。② 又如Ф. 克莱。西门子兄弟和Ф. 克莱均为德国人在俄国的杰出代表。"一战"前夕，在俄国的德国人有 250 万人，占俄国居民总数的 1.5%。从社会成分上看，这些德国人有 57.7% 从事农业、林业，21% 在工业部门，6.3% 为工人和职员。③ 克莱能够在萨哈林岛顺利勘探、开采，离不开英国资本的支持，更得益于他加入了俄国国籍。1909 年，在连接柴沃、鄂霍次克海的博塔海峡南侧的入口处，他自费建造了一座灯塔，取名"克莱之光"。1914 年，鉴于在努托沃、博阿塔森的工作进展不大，克莱放弃了努力，他也在这一年去世。④

"一战"期间，石油被用于战争，并大大提高了军队的机动性。1914年，法军只有 110 辆卡车、60 辆牵引车和 132 架飞机。到 1918 年，法军装备已经增加到了 7 万辆卡车和 1.2 万架飞机。同一时期，英国投入到战争中的装备包括 10.5 万辆卡车和 4000 多架飞机，这一数字包括了在战争的最后几个月里美国的投入。英、法、美在最后的西线进攻中每天消耗的石油达到 1.2 万桶。截至战争结束时，40% 的英国海军用石油作燃料。⑤

因此，石油供应成为"一战"交战双方关注的焦点。协约国的石油供应情况好于同盟国。英国因为拥有英荷壳牌公司、英波石油公司而得到一

---

① 舒源：《国际关系中的石油问题》，云南人民出版社，2010，第 249 页。

② 〔俄〕В. Ю. 阿列克佩罗夫：《俄罗斯石油：过去、现在与未来》，石泽等译，人民出版社，2012，第 73～77 页。

③ И. Ф. Максимычев. Россия и Германия. Война и мир. От мировых войн к европейской безопасности. М.: Научный мир, 2014, С. 43.

④ В. И. Ремизовский. Хроника сахалинской нефти 1878 – 1940 гг, http://okha – sakh. narod. ru/hronika. htm.

⑤ 〔美〕威廉·恩道尔：《石油战争：石油政治决定世界新秩序》，赵刚等译，知识产权出版社，2008，第 43～44 页。

定的石油储量，此外，英国与法国一道得到了美国的石油援助。俄国的石油生产状况要好于煤炭，这是巴库、格罗兹尼油田面积增加的结果。不过，俄国国家总体经济实力的下降制约着其石油产业的发展，突出表现在石油工业所需的金属短缺、费用上升。[①] 由于诺贝尔公司等外国石油资本的阻挠，俄国政府实施石油价格管制的计划阻力重重。

德国要在东、西两线作战的窘境中解决燃料短缺问题。当时欧洲的主要石油产地有三块：俄国的巴库、罗马尼亚和奥匈帝国的加里西亚。对德国来说，加里西亚可以解决一部分石油供应问题，罗马尼亚的石油对其更有价值。冯·麦肯森元帅率德军出征罗马尼亚，主要考虑就是要把以前分属于英国、荷兰、法国和罗马尼亚的炼油、生产和管道企业重组成一个大型联合企业。[②] 1918 年春，布加勒斯特再次实现了按照德国意旨的和平，罗马尼亚的石油、谷物和铁路也都交给了德国人，为期 99 年，罗马尼亚将继续被占领 5 年。[③] 同时，德国加强了对巴库的遏制。

对垒双方不仅争夺油田，还要确保各自的石油供应线畅通。德国首先动用了潜水艇破坏对方的石油运输航线。英国在达达内尔海峡的战役，是为了确保巴库的石油能够供给英法用于战争，此役在加里波里遭到惨败。土耳其则下达了禁运令，使俄国石油难以通过达达内尔海峡运出。英国在拿下伊拉克的巴士拉后，先发制人地占领了巴库，使德国失去了巴库的石油供应，从而对德国造成了沉重打击。

这也是前文所提的伊万·斯塔赫耶夫公司的计划难以实现的地缘政治现实——俄国把注意力放在了欧洲。

① И. В. Маевский. Экономика русской промышленности в условиях Первой мировой войны. М.：Дело，2003，С. 176.
② 〔美〕威廉·恩道尔：《石油战争：石油政治决定世界新秩序》，赵刚等译，知识产权出版社，2008，第 43 页。
③ 〔德〕艾米尔·路德维希：《德国人——一个民族的双重历史》，杨成绪等译，东方出版社，2006，第 403 页。

第三章
萨哈林石油公司的崛起

新生苏维埃政权推翻了俄国资产阶级临时政府的统治，也继承了俄国的石油遗产并且将其国有化。1918 年 6 月 20 日，苏俄人民委员会发布《关于石油企业的国有化》法令，宣布石油开采、石油加工、石油贸易、钻探和运输的企业及其全部动产和不动产为国有财产。法令还宣布石油和石油产品的贸易由国家垄断，由最高国民经济委员会燃料局的石油总委员会负责国有化工作。[①] 此前已出台商船国有化令。

苏俄东部地区的形势并不稳定。日本对北萨哈林岛的石油、煤炭虎视眈眈，并盯上了掌握 540 份石油开发申请的伊万·斯塔赫耶夫公司。日本久原矿业株式会社不仅与之接近，还派出了一支地质调查队到努托沃、博阿塔森、奥哈进行考察。[②] 1919 年，在日本政府支持下，"北辰会"组建。北辰会继承了久原所签合同的权利和义务。同年 6 月，北辰会派往该地区的从业人员为 200 人，日本海军省也派出五组地质调查队帮助勘探。1920年，日本占领北萨哈林岛。1921 年，日本开始在奥哈采油，还决定把北辰会改建为株式会社。1922 年，三井矿业、铃木商店也加入北辰会。1923 年2 月，日本海军省向政府上书，强调采油权在国防事业上的必要性。护宪三派内阁成立后，海军省仍上书，指出"现在世界上列强都对石油的各种权利的获得采取狂热态度，外交活动的一半是石油争夺战"，……为此海军方面不仅要求政府尽快与苏联缔结通商条约，而且还要尽快正式承认苏

---

① 〔苏〕康·契尔年科、米·斯米尔丘科夫：《苏联共产党和苏联政府经济问题决议汇编》（第 1 卷），梅明等译，中国人民大学出版社，1984，第 96 页。

② В. И. Ремизовский. Хроника сахалинской нефти 1878 – 1940 гг, http：//okha – sakh. narod. ru/hronika. htm.

维埃政府。①

　　1924 年，日本绘制出一张小型的岛上资源分布地图。1925 年，日本从萨哈林岛撤军前，已经在萨哈林岛打了 30 口井，采油 2.7 万吨。②

　　苏联对萨哈林岛石油的工业化经营始于 1925 年。③ 为此，苏联国家领导层酝酿成立国有公司"萨哈林石油"托拉斯（以下称"萨哈林石油公司"）。在苏联卫国战争结束以前，萨哈林岛上石油工业的发展可以分成三个阶段，即 20 世纪 20 年代的后 5 年、20 世纪 30 年代到苏联卫国战争爆发前夕、卫国战争时期。为了这个计划，苏联费尽了心力，从切入点的选择到人员配置，都竭尽所能。

第一节　1925～1930 年

　　20 世纪 20 年代的后 5 年是苏联成立萨哈林石油公司计划的起步阶段。这一阶段工作的重点在奥哈。当时，奥哈还是一个草木丛生的煤油村，除了森林和水源之外，别的什么都缺，像面粉、盐、火柴、锯、铲、斧之类的东西都需要外运而来。

　　1925 年 2 月 4 日，苏联成立接收北萨哈林岛全权委员会，领导人是 В. Я. 阿巴尔金。3 月中旬，该委员会奔赴接收地点。随行人员中有 П. И. 波列沃伊，他是苏联最高国民经济委员会地质勘探小组、萨哈林岛地质委员会的领导人，其任务是评估奥哈的日本油田情况。他们清点的物资除了钻塔以外，还有 51 所建筑，包括供员工居住的 30 所住房、车间和锅炉房等。此外，村子里还有水、电和电话，与外界保持联系的 12 千瓦广播电台。④

　　北萨哈林岛全权委员会立即着手建立基层组织、配套必要的设施。1925 年 4 月 16 日，建立了警察局。5 月，成立少先队和共青团组织、边防支队，创办《苏维埃萨哈林报》，建立北萨哈林岛卫生部、邮电局、话剧

①　李凡:《日苏关系史（1917～1991）》，人民出版社，2005，第 50～51 页。

②　Remizovski Victor I. Страницы истории сахалинской нефти. Revue des études slaves, Tome 71, fascicule 1, 1999, С. 114.

③　ОАО "Нефтяная компания" Роснефть " – Сахалинморнефтегаз": семидесятипятилетняя история, http://okha – sakh. narod. ru/histori_ oao. htm.

④　В. И. Ремизовский. Хроника Сахалинской нефти 1878 – 1940 гг, http://okha – sakh. narod. ru/ hronika. htm.

院。7 月，成立萨哈林农业委员会、苏联国家银行萨哈林支行、萨哈林图书中心、北萨哈林岛民选的工会局。同年，岛上出现了兽医。1925 年，Н. А. 胡加科夫受苏联最高国民经济委员会之托率领第一支萨哈林矿业勘探队出发。[①]

紧接着，解决劳动力问题。北萨哈林岛不仅缺少工程技术专家，而且缺少熟练劳动力。从 1926 年 5 月 1 日起，苏联开始向北萨哈林岛移民，并为此提供优惠政策。这些移民为当地带来了急需的劳动力。奥哈有 23 个居民点（包括 15 个宿营地），居民数量达到 692 人。[②] 在他们当中，有来自高加索油区的技术人员，有共青团员志愿者，还有一部分犯人。他们要在远离国家工业中心、与外界缺少联系的

图 3 - 1　П. И. 波列沃伊
（1873 ~ 1938 年）
资料来源：В. В. Харахинов.
Нефтегазовая геология Сахалинского
региона. М.：Научный мир，2010，
С. 23。

条件下工作。直到 1926 年 8 月，日本在当地拥有的基础设施只包括 6400 米蒸汽管道、10 公里铁路。[③] 1927 年，北辰会被北萨哈林石油公司取代。

还需要可靠的领导班子。1927 年，В. А. 米列尔、М. П. 波格丹诺维奇从格罗兹尼来到莫斯科，受到最高国民经济委员会主席 В. В. 古比雪夫的接见。

米列尔是在 1923 年 4 月 23 日被俄（共）布中央委员会从捷克斯洛伐克召回参加格罗兹尼石油托拉斯（以下称"格罗兹尼石油公司"）工作的。最初，米列尔担任区党委鼓动和宣传部主任，之后，出任格罗兹尼石油公

---

① сост. Н. Н. Толстякова，Чен Ден Сук. Календарь знаменательных и памятных дат по Сахалинской области на 2015 год. Южно - Сахалинск：ОАО 《 Сахалин. обл. тип. 》，2014，С. 45，51，53，68，70，71，74，75，.91，93，95，102，208，210 - 211。

② Оха - как населенный пункт，http：//okha - sakh. narod. ru/about. htm.

③ В. И. Ремизовский. Хроника Сахалинской нефти 1878 - 1940 гг，http：//okha - sakh. narod. ru/hronika. htm.

司副主席。正是在这里，米列尔认识了炼油厂厂长助理波格丹诺维奇。后者也是老布尔什维克党员，到萨哈林岛之后成为米列尔的得力助手。

古比雪夫向两人谈及北萨哈林岛的形势：在煤油村（后来的奥哈）这个不大的地方，苏、日在那里的租让地块已完成石油的勘探、钻探，当前的任务是要在阿穆尔河左岸建立一个军工前哨（后来的共青城），为此，萨哈林岛需要供应石油。[①] 这实际上是苏联领导层与未来的萨哈林石油公司领导人之间的一次谈话。

恩巴石油公司是此前北萨哈林岛石油事务的主管机关。此时，它已显出效率低下的迹象。1927 年 9 月，萨哈林石油公司办事处非正式成立。同年，恩巴石油公司也向奥哈派了石油专家工作组。

图 3 - 2　萨哈林石油公司的临时办事处（1927 年）

资料来源：Трест《Сахалиннефть》. Становление, http：//sakhvesti. ru/？div = spec&id = 110。

1928 年，苏联在萨哈林岛收获了第一桶黑金。同年 8 月 10 日，苏联劳动和国防委员会决定成立国家级的石油公司——萨哈林石油公司。9 月 7 日，苏联中央委员会、人民委员部将其纳入苏联最高国民经济委员会的下属企业。米列尔亲自组织钻井的前期准备工作：施工队用木柴为锅炉加热，还用马拉拖车上的圆桶从奥哈河取水。[②] 10 月 10 日，来自巴库的钻井技师 B. H. 尼基法罗夫、来自格罗兹尼的井架安装工组组长 E. C. 杜瓦洛

---

① И. Ф. Панфилов. Вацлав Миллер//Вопросы истории，№ 8，1990，С. 151.

② И. Ф. Панфилов. Вацлав Миллер//Вопросы истории，№ 8，1990，С. 152.

图 3 – 3 奥哈的第一批帐篷（1928 年）

资料来源：К 85 – летию ООО 《РН – Сахалинморнефтегаз》. Первая нефть треста，http：// www. sakhoil. ru/article_ 256_ 26. htm。

夫、来自迈科普的技术员 Н. В. 尤芬开始为公司打第一口井。11 月 6 日，他们在 191 米的深度发现了石油。几天后，油井交付使用。到 1928 年底，苏联的萨哈林石油公司出产了 296 吨优质油。日本的北萨哈林石油公司同年的产量是 10. 66 万吨。[1]

1929 年，萨哈林石油公司已有 11 口油井，年产量 2.6 万吨。[2] 这一年公司启用了电站，专家队伍也赶到了奥哈，他们来自巴库、格罗兹尼、迈科普，油田工作经验丰富，还有其他领域的专家，将近 1000 人。[3] 同年，萨哈林石油公司建成了第一个储油池，此外第一届萨哈林区苏维埃代表大会决定，在柴沃、贝加尔湾沿岸修建港口设施。

高加索油区再次为萨哈林岛石油开发提供了支持。这一切只有在高加索油区完成由乱而治后才有可能。

作为俄国和苏维埃政府早期最主要的石油生产基地，高加索油区自 1905 年以来一直处于动荡不安之中，"一战"和国内战争更加剧了这种动荡不安。对苏俄来说，这个油区的近期作用是帮助新生政权渡过燃料危机难关，长远看这个油区则关乎战后的经济重建。苏俄对这一油区采取的对

---

① К 85 – летию ООО 《РН – Сахалинморнефтегаз》. Первая нефть треста，http：// www. sakhoil. ru/article _ 256 _ 26. htm；Золотые страницы нефтегазового комплекса России：люди，события，факты. М. :《ИАЦ 《Энергия》，2008，С. 24.

② авт. – сост：Г. А. Бутрина и др. Время и события：календарь – справочник по Дальневосточному федеральному округу на 2013 г. Хабаровск：ДВГНБ，2012，С. 339.

③ Трест 《Сахалиннефть》. Становление，http：//sakhvesti. ru/? div = spec&id =110.

策有两步：第一步是保证石油运输航线畅通，主要调动巴库的石油；第二步是恢复、提高油区的产能。

里海和伏尔加河之间的石油运输对苏俄来说至关重要。为此，苏俄出台的政策主要强调权力集中和劳动军事化。根据1919年6月27日命令，石油总委员会的所有工人和工作人员不论年龄大小，一律被称为现役军人。此外，列宁多次发出指示，未经国家机关同意，任何人不得擅自动用燃料，否则严惩不贷。

苏俄政府强调关键的地方要配置能干、可靠的干部。А. П. 谢列布罗夫斯基（1884～1938年）正是这样的人选。他是帝俄时期培养出来的专家，从比利时回国后一路晋升。1903年，谢列布罗夫斯基加入布尔什维克党；是1905年革命、1917年革命的参加者；在红军供给特别委员会、石油总委员会等部门从事过管理工作，得到苏维埃政府的认可；他

图 3-4　谢列布罗夫斯基

资料来源：Шпотов Б. М. Американский бизнес и Советский Союз в1920－1930－е годы：Лабиринты экономическогосот－рудничества. М. ：Книжный дом 《ЛИБРОКОМ》，2013，C. 139.

还参与了组建格鲁吉亚苏维埃政权的工作。1920年4月，苏维埃军队进入了巴库，阿塞拜疆民主共和国被阿塞拜疆苏维埃社会主义共和国取代。5月20日，巴库石油工业再次国有化，涉及250多家私人企业。后来的阿塞拜疆石油托拉斯（以下称"阿塞拜疆石油公司"）正是在这些企业的基础上组建起来的。谢列布罗夫斯基成为这家公司的领导人，任期一直到1926年才结束。

列宁指出委派谢列布罗夫斯基前往巴库的理由是："他是一位经验丰富的组织者，熟悉巴库，了解在阿塞拜疆恢复和组织石油工业的地方条件。"[1] А. И. 米高扬在自己的回忆录中也称赞谢列布罗夫斯基是"一位经验丰富的工程师、有天赋的组织者"。[2]

1920年春，苏俄从古里耶夫、巴库、彼得罗夫斯克向阿斯特拉罕运送了

---

① Асланов С. Александр Серебровский（биографический очерк）. Баку. ：Азернешр，1974，C. 25.

② Микоян. А. И. Так было. Размышления о минувшем. М. ：ЗАО Издательство Центрполиграф，2014，C. 176.

1300 多万普特石油和石油产品，10 月时石油和石油产品运输量将近 1 亿普特。为保证运输，苏俄还从彼得堡向里海派来了波罗的海水兵和港务人员。① 其目的在于维持工业企业的运行、保障红军的燃料供应。当然，石油并非解决苏俄燃料短缺的唯一手段，苏俄还动用了木柴、煤炭、泥煤等。

随着内战的结束，石油产能问题被提上日程。这是国内形势使然。到 1921 年春，由于粮食和燃料严重短缺，农民组织了多起动乱和暴动，工人举行罢工和示威活动，喀琅施塔得的水兵也发动了反对苏维埃政权的叛乱。面对严重的政治经济危机，列宁提出了"新经济政策"。另外，苏维埃政权具备了统筹规划的条件，所有主要产油地区都在布尔什维克政府的重要影响之下。"托拉斯化"改革产生了三大国有石油公司，即阿塞拜疆石油公司、格罗兹尼石油公司和恩巴石油公司。它们都拥有石油开采、石油加工、服务和机械制造等企业，石油勘探都遵循"就近勘探"原则，不过与十月革命前的俄国石油公司或者与西方石油公司相比，它们没有产品销售权。

阿塞拜疆石油公司的基地在巴库，其生产起初只限于阿普歇伦半岛，后来逐渐延伸到里海近海的一些油田。苏联国家计划委员会 1924 年的档案中显示："无论从其规模、工作的复杂程度和多元化，还是从固定资本数量和产品价值来看，阿塞拜疆石油公司都是国内最大的托拉斯。1923 年 1 月 1 日，其固定资本达 2.913916 亿卢布，是南方制钢工业托拉斯的 1.8 倍。"②

供应不足也在推动企业规模扩大。"零件和部件的不确定供应和低质量是苏联大企业管理中存在的首要问题。"③ 这个问题只能在企业内部解决。由于不能如期、廉价地得到技术设备，阿塞拜疆石油公司不得不令其下属企业生产电工设备、泵、钉子、缆线、砖、锯材等。

在谢列布罗夫斯基看来，巴库石油工业需要改造，但要在国际范围内寻找解决办法，推行"美国经验"最重要。他的 1924 年美国之行收获颇丰：得到老洛克菲勒的信任，考察了美国的石油产区，更主要的是与美国

---

① Под флагом России. История зарождения и развития морского торгового флота. М. : Согласие，1995，C. 278.

② А. А. Иголкин. Советская нефтяная промышленность в 1921 – 1928 годах. М. : РГГУ，1999，C. 39.

③ 〔美〕A. D. 钱德勒主编《大企业和国民财富》，柳卸林主译，北京大学出版社，2004，第 428 页。

石油界建立了业务联系。回国后，谢列布罗夫斯基不仅提倡，而且坚持在巴库和格罗兹尼推行"美国经验"。

阿塞拜疆石油公司在其 1924～1925 年的技术生产报告中指出，因为使用了谢列布罗夫斯基购买的美国设备，深井泵和旋转钻井技术的利用位居前列。[①] 没有电动深井泵，是不可能发展旋转钻井的。阿塞拜疆经济因此受益颇多：采油量从 1920～1921 年的 240 万吨，增加到 1924～1925 年的 460 万吨；石油加工量从 200 多万吨增至 300 多万吨；人均采油量从 1923～1924 年的 196.3 吨，增长到 1924～1925 年的 236.9 吨。[②]

石油工业在阿塞拜疆战后的经济恢复中一枝独秀。C. M. 基洛夫在阿塞拜疆共产党第七次代表大会上的总结报告中指出，石油工业不只结束了恢复时期，而且先于整个国民经济进入了自己固定基金的改造和更新时期。[③]

苏联三大国有石油公司的产能任务实际上落在了阿塞拜疆石油公司、格罗兹尼石油公司身上。这已经不是第一次了，早在 20 世纪初，在石油开采方面格罗兹尼就是巴库的有力补充。以 20 世纪 20 年代中期为界，此前，苏联石油产量的 2/3 归阿塞拜疆石油公司，格罗兹尼石油公司所占的比重是 28%；后期，前者是 57%，后者升至 37%。[④] 阿塞拜疆石油公司弱在炼油环节，格罗兹尼石油公司则加工能力更强。至于恩巴石油公司，首先要提到恩巴油田。恩巴油田于 1920 年 1 月解放，当时是苏俄石油的唯一来源。1923 年底，恩巴油田转入哈萨克斯坦后成立了恩巴石油公司。但恩巴石油公司在铺设阿尔盖市到恩巴河油田铁路和输油管的项目停工后元气大伤。

巴库和格罗兹尼出现了以美国为师的"谢列布罗夫斯基派"。Ф. A. 卢斯塔姆别科夫是阿塞拜疆石油公司的技术骨干，他留意美国同行的工作，从中发现可供本公司借鉴的经验。他强调旋转钻探的作用，认为应当继续

---

① A. A. Матвейчук，Ю. B. Евдошенко. Американский опыт на страницах журнала 《Нефтяное хозяйство》：к вопросу о формировании стратегии научно－техническогоразвития нефтяной промышленности в 20－х годах XX века//Нефтяное хозяйство. № 9，2005. C. 37.

② Асланов С. Александр Серебровский（биографический очерк）. Баку.：Азернешр，1974，C. 66.

③ 苏联科学院经济研究所编《苏联社会主义经济史》（第二卷），唐朱昌译，生活·读书·新知三联书店，1980，第 350 页。

④ A. K. Соколов. Советская нефтяное хозяйство. 1921－1945 гг. M.，2013，C. 19.

向这种作业方式投入更多的钱充实其设备和保障所需之物，并推行使用深井泵，他认为应特别注意石油产品从油井到储油罐之间的保存问题，即对运送、储藏设备进行充分密封。他指出保障石油开采的能源问题，为此他援引了美国在油田使用天然气的例子。格罗兹尼石油公司的技术局局长И. Н. 斯特里若夫同样关心向美国学习。他提出派专家到美国学习的计划，出访专家可以在美国多处参观，但要深入研究具体问题。他还指出研究美国石油工业的 7 个方向。①

"谢列布罗夫斯基派"的实质是用美国的先进技术来加快苏联石油工业的发展，其影响在苏联工业化启动后尚存。1928~1929 年，旋转钻井在苏联石油工业中的使用率占据首位，在巴库的使用率是 86.7%，在格罗兹尼的使用率是 73.2%。钻井技术的变化使钻井速度加快了十多倍，同时降低了钻井成本。② 阿塞拜疆共产党中央书记 Л. И. 米尔佐扬在 1928 年联共（布）中央委员会全会第五次会议上提道："我们任何一个工业部门的价格都不如石油工业的价格降得低。石油工业是唯一一个价格低于战前水平的工业部门。在其他工业部门价格降幅很小，或者几乎没有下降的同时，我们石油工业实行了大幅降价。"③

高加索油区取得上述成就可归因于两点。第一，苏联政府的支持。新经济政策旨在支持苏俄、苏联的国内增长战略，为此试图培育能够容纳企业利益和国外投资的氛围。苏联工业化启动后初期延续了这种惯性。石油工业是政府优先发展的领域，有关的投入可资为证：1926~1927 年，苏联石油工业的固定资本总额达 6.65 亿卢布，煤炭工业的固定资本总额达 5.8659 亿卢布。世界同期的石油投资是 120 亿美元，煤炭投资 50 亿美元。④ 1923 年以来的 5 年间，苏联对巴库石油投入的 93% 用于钻探和

① Шпотов Б. М. Американский бизнес и Советский Союз в1920－1930－е годы：Лабиринты экономическогосотрудничества. М. ：Книжный дом 《ЛИБРОКОМ》，2013，С. 140－142.

② 〔俄〕В. Ю. 阿列克佩罗夫：《俄罗斯石油：过去、现在与未来》，石泽等译，人民出版社，2012，第 244 页。

③ 〔俄〕А. Н. 雅科夫列夫主编《新经济政策是怎样被断送的》（三），曲延明译，人民出版社，2007，第 169~170 页。

④ А. А. Иголкин. Советская нефтяная промышленность в 1921－1928 годах. М. ：РГГУ，1999，С. 144.

开采。伊里奇海湾油田的后续开发，则证实了海上采油的经济合理性：
1928 年 7 月 1 日的组织工作投入 2000 万卢布，得到油气的价值是 4980 万
卢布。① 在工业化开始后的两年里，苏联石油、天然气的产量按标准燃料
计算增长了 43%，而煤炭的开采量增加 38%。②

　　第二，技术进步在石油开采上的重要性不应被低估，因为依靠新技术
可以大大地提高石油的开采量。1923 年阿塞拜疆石油公司取得重大进展：
公司技术局副局长 M. 卡佩柳什尼科夫研制出世界上第一台带减速器的单
级涡轮钻机；公司发现伊里奇海湾油田；公司油井的电气化率达到 75%。③
1924 年，伊里奇海湾油田投产，它建在木桩之上，是石油开采向海洋延伸
的重要标志；卡佩柳什尼科夫用涡轮钻机在苏拉哈内钻出世界上第一口
600 米深的油井。1925 年，伊里奇海湾油田已经能够提供巴库石油总开采
量的 10%。④ "吊油法"最终退出了历史舞台，这种传统的开采方式在 20
世纪初几乎绝迹，之后由于十月革命前的严重石油危机又开始增加使用。
1913 年，它在俄国总开采中使用率所占的比重是 96.9%，到 1928 年减少
到 6.3%。⑤

　　从此，萨哈林石油公司背靠国内的支持，在萨哈林岛与日本北萨哈林石
油公司进行竞争与合作。米列尔提出 1928～1933 年五年计划设想后，萨哈林
石油公司要在 1933 年前成为拥有地方设施的大型油气企业，具体包括：石油
的钻探、开采和加工；天然气业务；社会文化建设；地质学研究工作。⑥

　　在萨哈林石油公司成立以前，苏联在萨哈林岛的石油勘探除了依靠地
质委员会过去积累的资料外，还与日本企业合作。在这个过程中，苏联

---

① Н. К. Байбаков. Дело жизни: Записка нефтяника. М. : Советская Россия，1984，C. 54，
52.
② 苏联科学院经济研究所编《苏联社会主义经济史》（第三卷），周邦新译，生活·读书·
新知三联书店，1982，第 241 页。
③ Мир - Бабаев М. Ф. Краткая история азербайджанской нефти. Баку. : Азернешр，2009，
C. 234.
④ 苏联科学院经济研究所编《苏联社会主义经济史》（第二卷），唐朱昌译，生活·读书·
新知三联书店，1980，第 349 页。
⑤ Иголкин АА. Нефтяная политика СССР в 1928 - 1940 - м годах. М. , 2005，C. 121.
⑥ авт. - сост: Г. А. Бутрина и др. Время и события: календарь - справочник по
Дальневосточному федеральному округу на 2013 г. Хабаровск: ДВГНБ，2012，
C. 339.

的地质学研究水平一直在不断提高。

地质学家 H. A. 胡加科夫深受米列尔的器重。他参加过"一战"和苏俄国内战争，并立过战功。根据苏日租让协议，苏俄租让给日本总面积 4807.12 俄亩（5252 公顷）的油田，开采期限 45 年。按照 H. A. 胡加科夫的安排，苏日两国的油田呈棋盘状分布。除了 1925 年的矿业勘探外，胡加科夫在 1926 年、1927 年、1929 年率队对北萨哈林岛进行地质考察。此外，他还参与了萨哈林石油公司和奥哈油田的创建工作，调节与日本租让企业的关系。1928 年，胡加科夫出任萨哈林石油公司的奥哈油田主管。1930 年，他首次在堪察加进行石油勘察。①

图 3 - 5　H. A. 胡加科夫
（1890 ~ 1939 年）
资料来源：Трест《Сахалиннефть》.
Становление，http：//sakhvesti.ru/？
div = spec&id = 110。

苏联的地质测量和勘探工作由石油地质勘探研究所负责。这个研究所是 1929 年从地质委员会分离出来的单位，萨哈林石油公司的专家也参加了这项地质测量和勘探工作。这项工作的重点是继续研究过去发现的背斜褶皱，做好开钻的准备。

第二节　1930 ~ 1941 年

1930 年，波格丹诺维奇接替了米列尔的职位。同时，萨哈林岛的第一所中等专业学校——石油技术学校——成立，它就是后来的燃料动力技术学校。同年，奥哈居民点的人口已经达到 7998 人。②

石油开采出来后需要储存、加工、运输等环节与之匹配。因此，基础设施建设意义重大。萨哈林石油公司建成的第一个储油池容量为 1 万吨。在 A. H. 巴拉辛领导下的奥哈油田，建成了一座半手工方式的炼油厂，可

①　сост. Н. Н. Толстякова，Чен Ден Сук. Календарь знаменательных и памятных дат по Сахалинской области на 2015 год. Южно - Сахалинск：ОАО《Сахалин. обл. тип.》，2014，С. 161.

②　Цифры и факты//Советский Сахалин，No. 148，22 августа 2003.

以生产索拉油、煤油和汽油，石油加工能力超过 2 万吨。由于迫切需要将其运往大陆，奥哈－莫斯卡利沃铁路开始建设。建设人员中除了奥哈的石油工人，还有近 3000 名的招募者和犯人，另有 100 名共青团员从哈巴罗夫斯克赶来帮忙。1931 年 11 月，这条线路上的拉古里河桥梁建设完成。需要指出的是，这是一条宽轨铁路。随后，苏联又启动了奥哈－莫斯卡利沃石油管道工程。① 因为在当时的牵引技术条件下，通过这条遍布沼泽、原始森林的铁路不是一件容易的事。石油管道工程不仅使利用船舶运输萨哈林岛石油的条件日益成熟，而且对港口终端的调度有利。

这些都离不开国家的资金投入。苏联对萨哈林石油公司的投资占其石油总投资的比重，从 1927～1928 年的 0.3% 增加到 1932 年的 4.4%。

1932 年 9 月，萨哈林岛出现第一口自喷油井。但是，这样的井并不多，所以萨哈林石油公司的采油成本每吨高达 31 卢布 65 戈比，同期全苏的成本是 6 卢布 35 戈比。② 当年，萨哈林石油公司的产量是 188889 吨，日本是 185435 吨。③ 在北萨哈林岛，两大企业的产量对比从此改变。哈巴罗夫斯克炼油厂也在这一年开始建设。

1933 年，萨哈林石油公司进行结构调整，有 76 人进入管理局总部。为了培养石油工人，萨哈林石油公司在奥哈建立了工厂学校。④ 日本租让企业的用人体制也刺激了萨哈林石油公司建立培训体系。根据苏日租让协议，日方可从外国人中招收所需工人的 25%、行政技术人员的 50%，余者应使用苏联公民。实际情况却非如此。日方觉得苏联公民受教育程度低、缺少训练。除此之外，日方认为员工应当多工作，不在报酬上斤斤计较，日本人在这方面比苏联人强。租让企业在 1932 年、1933 年的雇佣（不包括行政技术人员）资料显示：1932 年的雇佣者中，581 人来自海参崴，46 人来自萨哈林岛，790 人来自日本。1933 年的雇佣者中来自海参崴、萨哈林岛、日本的人数分别是 578 人、98 人和 805 人。⑤

---

①　Трудная нефть Сахалина－часть1，http：//vtcsakhgu.ru/？page_ id ＝707.

②　А. А. Иголкин. Нефтяная политика СССР в 1928－1940－м годах. М.，2005，С. 214－215.

③　Золотые страницы нефтегазового комплекса России：люди，события，факты. М.：《ИАЦ《Энергия》，2008，С. 24.

④　Цифры и факты//Советский Сахалин，No. 148，22 августа 2003.

⑤　Лукьянова Тамара. Нефтяные концессия на Сахалине：прошлое и настоящее. приложение к 《Вестнику ДФО》，《Новый Дальний Восток》12 июня 2008，С. 15－16.

日方手里还有一张牌，那就是在萨哈林岛的朝鲜人。由于开发矿山、采煤作业的需要，从朝鲜半岛经由日本内地，或从沿海地区来到萨哈林岛的朝鲜人增多。到1927年1月1日，朝鲜人在北萨哈林岛人口中所占的比重是2.8%①。

1933年，Л. И. 沃尔夫（1893～1937年）回顾了公司过去几年来的活动："钻井用去11000卢布，设备操作费5000卢布，储存和管道建设费7000卢布，电气化2000卢布，道路、运输和货栈花费3000卢布，住房和文化设施7000卢布，地质勘探120万卢布。"②

苏联的《新世界》杂志1934年第1、2期发表了彼得·斯廖托夫有关萨哈林岛的小说《二分点》的第一部。作者通过文学的形式刻画了许多20世纪20年代背井离乡参加萨哈林岛奥哈开采区建设的技术知识分子、责任心很强的党员经济工作者的形象。③

萨哈林岛石油开发是苏联工业化进程的组成部分。此时，斯大林赶超型的工业化已经成为国家主导战略。斯大林提出要"高速度"推进社会主义工业化。"高速度"是指比资本主义国家的发展速度更高的速度。为什么要高速度地发展，斯大林认为最重要的理由有两条：第一，从外部环境看，高速发展重工业首先是同资本主义展开经济竞争的需要；第二，从内部环境看，高速发展重工业，首先是解决工业品需求矛盾、巩固工农联盟的需要。高速度的提出，是与"赶超战略"联系在一起的，是后者的实现手段。④

苏联工业化进程又以五年计划来分序。到卫国战争爆发前夕，苏联实施了三个五年计划。第一个五年计划从1928年10月开始实行并于1933年1月提前完成，苏联从农业国变为工业国。从1933年起，苏联开始执行第二个五年计划。这个五年计划提前完成后，苏联工业总产值跃居欧洲第一，仅次于美国而居世界第二位。第三个五年计划由于德国的入侵被迫中断，但该五年计划指标大部分已完成。1928～1940年，苏联整个工业增长

① А. А. Иголкин. Нефтяная политика СССР в 1928－1940－м годах. М. , 2005, С. 218.

② Л. И. Вольф. Проблемы сахалинской нетфи（к пятилетию существования треста Сахалинефть）//Нефтяное хозяйство, № 8, 2005, С. 143.

③ Е. Иконникова. Советский Сахалин в русской литературе конца 1920－1930－х годов// Проблемы Дальнего Востока, №2, 2015, С. 146.

④ 向祖文：《苏联经济思想史：从列宁、斯大林到戈尔巴乔夫》，社会科学文献出版社，2013，第225～226页。

了 5.5 倍，年平均增长率高达 16.9%。其中，重工业增长了 9 倍，年平均增长率为 21.2%。这是世界工业发展史上所没有的。苏联工业化的成就不仅仅反映在发展速度方面，更为重要的是，苏联在较短的时间内，建立起了一个部门相当齐全的大工业体系，从而大大地增强了国家的经济实力和经济自立的能力。斯大林时期，苏联建立了 2.5 万个大型和超大型工业企业、23.53 万个集体农庄和 4000 个国营农场。这些工业企业包括第二次世界大战前的 1.12 万个、战时建成的 3500 个、重建的 7500 个，战后的 8200 个新企业。① 著名企业史学家钱德勒等人认为，苏联以很短的时间实现工业化，对这个过程的组织和技术支持，是大国通过大企业的努力实现的，这是一个杰出的成就。② 从此，苏联的兴衰就和这种高度集中的指令性计划经济紧密地结合在一起。苏联领导人雷日科夫有过这样一段话："硬性计划经济体制是 20 世纪 30 年代建立的，它顺利完成了工业化任务，并对战胜希特勒德国起到保证作用，使得在难以想象的短时期内恢复国民经济成为可能，而在'冷战'年代，则建立了同西方的军事优势。"③

苏联石油工业面临新的形势和新的任务。苏联计划经济的目标是在全国实现经济效益的最大化，而地区、社会以及经济发展必须以此为动力。为了实现这种效益最大化，苏联经济的产业集中度非常之高。根据党的指示，在 1930 年 1 月将国内所有的石油生产组织并入"苏联国家石油公司"。同年 11 月 15 日，联共（布）中央关于石油工业条例的决议表明，苏联在石油开采和加工方面无疑取得了巨大成就，它们技术经济指标的改善毕竟还不能保证石油开采量和石油制品生产的必要增长。继续扩大石油出口，满足国内的燃料需求都对苏联石油工业提出了挑战。为此，苏联需要提高开采指标。"中央委员会建议，苏联最高国民经济委员会将 1933 年的石油产量提高到 4500 万～4600 万吨，其中外高加索和北高加索地区的新老油田的产量应不少于 4000 万～4100 万吨……苏联最高国民经济委员

---

① В. М. Симчер. Развитие экономики России за 100 лет，1900 – 2000：ист. ряды，вековые тренды，институциональные циклы. М.：Наука，2006，С. 133 – 134，55.

② 〔美〕A·D·钱德勒主编《大企业和国民财富》，柳卸林主译，北京大学出版社，2004，第 431 页。

③ 〔俄〕尼·伊·雷日科夫：《大国悲剧：苏联解体的前因后果》，徐昌翰等译，新华出版社，2008，第 4 页。

会应特别重视苏联东部地区（乌拉尔、恩巴、萨哈林以及伏尔加河沿岸等地区）油田的调查和勘探工作。"① 1932 年，苏联成立重工业、轻工业和木材工业人民委员部，石油工业属于重工业人民委员部管辖。1939 年，3个人民委员部改组为 21 个人民委员部，其中包括石油工业人民委员部。②

以巴库为中心的高加索油区，是苏联的经营重点。从俄国十月革命胜利到苏联卫国战争结束，国家对当地的石油工业推行国有化和托拉斯化措施，形成了生产与地域相结合的集中管理体制。它从修复被"一战"和国内战争破坏的国民经济起步，历经 20 世纪 20 年代的改造、20 世纪 30 年代的对外交流，最终在卫国战争中成为军用燃料主要供给者等发展阶段。英国前驻莫斯科的外交官、作家费茨罗伊·麦克莱恩留下了他在 20 世纪30 年代后期去巴库的观感："在你抵达巴库之前，无数的油井架和到处弥漫的石油气味就会告诉你，你快到巴库了。石油是巴库的命脉，土壤里浸透了石油，里海海水在数海里之内都漂着一层厚厚的油沫。"③

从 1933 年起，苏联石油工业部门将工作重点放在加速新油田的开发和经营上。这不仅涉及苏联的南部地区，也包括伏尔加－乌拉尔地区。挖掘高加索油区潜力，使苏联解决了当时的石油生产问题。勘探伏尔加－乌拉尔油区，则关系到改变油田布局，解决石油工业长远发展所需资源的问题。И. М. 古布金指导并推动了这个地区的石油勘探。他把伏尔加－乌拉尔称为"第二巴库"。

古布金（1871～1939 年），苏联著名的石油地质学家，"石油学术"的创始人。1886 年毕业于圣彼得堡教育学院，1910 年毕业于圣彼得堡矿业学院。1910～1917 年对北高加索含油区地质进行研究，1917～1918 年赴美国科学考察，1918 年起担任石油总会副主席、页岩总会领导人，1920 年当选为莫斯科矿业学院教授，1922 年成为该学院的院长，1930 年任莫斯科石油研究所所长，1930 年被任命为苏联生产力研究会主席。他在探讨石油和

① 〔俄〕В. Ю. 阿列克佩罗夫：《俄罗斯石油：过去、现在与未来》，石泽等译，人民出版社，2012，第 262 页。

② Сост. В. И. Ивкин. Государственная власть СССР. Высшие органы власти и управления и их руководители. 1923 – 1991 гг. Историко – биографический справочник. М.：Российская политическая энциклопедия，1999，С. 67，68 – 71，84.

③ 〔英〕卢茨·克莱维曼：《新大牌局：亚洲腹地大国角力内幕》，王振西主译，新华出版社，2006，第 12 页。

油田的生成方面做了很多工作。

1934 年，全苏石油地质学大会在莫斯科召开。古布金将北萨哈林岛视为"非常有意思的、值得特别关注的含油区域"，"是可以成为远东边疆区工业化主要石油基地的区域"。①

图 3 - 6 古布金伏案工作

资料来源：Нефть: люди, которые изменили мир. М.: Манн, Иванов и Фербер, 2015，С. 172。

应当指出，伏尔加 - 乌拉尔地区石油开发的最初阶段，干部问题主要是依靠从格罗兹尼、克拉斯诺达尔、萨哈林和巴库等产油区有组织地向鞑靼自治共和国抽调人员来解决的。②

苏联的动机是实现石油储备的多样化。萨哈林岛的石油开发也受益于此。如果说它在"一五"期间的主要任务是建立新企业，到"二五"时期就是加大开发速度。苏联工业化的成果在逐步向岛上传播。

1934 年，米列尔以重工业人民委员部远东石油事务特派代表的身份来到哈巴罗夫斯克。为了增加石油储量，他立即与远东边疆区计划处等机关的工作人员一起投入地质勘查和钻探工作。米列尔走访了共青城、尼古拉耶夫斯克、亚历山大罗夫斯克和埃哈比，思考如何加快石油的开采，以及

① В. И. Ремизовский. Хроника Сахалинской нефти 1878 - 1940 гг, http://okha - sakh. narod. ru/hronika. htm.

② 〔俄〕В. Ю. 阿列克佩罗夫：《俄罗斯石油：过去、现在与未来》，石泽等译，人民出版社，2012，第 299 页。

石油的运输和储存问题。

地质学家 M. Г. 塔纳谢维奇有"智多星"之称，对推广地球物理勘探功不可没。从格罗兹尼来到北萨哈林岛后，他就意识到，"萨哈林石油对远东意义重大，在可见的将来它要向整个远东供应石油，不再依靠外运"。塔纳谢维奇呼吁政府、学术界关注萨哈林石油公司。他在公司里组建了两个实验室，此举早于公司后来成立的"远东石油勘探"办事处所用的方法。不过，地球物理勘探起初仅限于在老纳比尔湾运用。

1932 年，旋转钻井技术首次在奥哈使用，1934 年普遍推广。萨哈林岛上的作业方式得以改变，旋转钻井取代了冲击式钻探。

奥哈的建设继续前进。石油项目的"落户"为奥哈带来了新生，也为居民点带来了发展壮大的强劲动力。苏联在此收获了岛上的第一桶黑金。1935年 5 月，苏联在这里成立了第一所全日制中学，这所中学也在远东边疆地区位列前茅；终于，萨哈林石油技术学校有了首届毕业生。在奥哈，3 名石油工作者获得了劳动红旗勋章，他们是石油工程师 И. З. 安东诺夫、钻井手 А. Н. 苏尔霍夫、木工队队长 Н. И. 里斯托巴多夫。石油工业成了奥哈市的核心产业。同年，奥哈的地区委员会对开发萨哈林的突击队活动进行表彰，130 多人获奖。12 月，从奥哈到哈巴罗夫斯克、亚历山大罗夫斯克的搭客邮政航线试飞。到 1935 年底，奥哈已经有 15 所学校、1 所夜间师范学校和 1 个接纳 30 个孩子的幼儿园。医院也最终在奥哈落成，拥有外科部、内科部、外科手术部、理疗部、还有一个 X 光室。①

1935 年，萨哈林石油公司初具规模。它拥有奥哈、埃哈比、卡坦格利三大油田，下设 15 个独立核算的办事处为油田开发提供勘探、钻探、基建、运输、木材采运、电力等服务，此外，萨哈林石油公司还拥有两座容量为 30 万吨的油库，一座在东海岸的奥哈，另一座在西海岸的莫斯卡利沃，两者之间用石油管道连接。开采出来的石油由下阿穆尔河运轮船公司用驳船向大陆运送。②

1936 年 10 月，埃哈比有了自己的第一口轻质石油自喷井。萨哈林石油公司的第三块油田准备上马。这一年，萨哈林石油公司钻井数量已达到几十口，储油设施继续完善，拥有通向莫斯卡利沃港的铁路、奥哈－贝加尔湾石油管

① В. И. Ремизовский. Хроника Сахалинской нефти 1878 – 1940 гг，http：//okha – sakh. narod. ru/hronika. htm.

② А. К. Соколов. Советская нефтяное хозяйство. 1921 – 1945 гг. М.，2013，С. 192.

道，还有住房和厂房。"二五"时期，苏联修建了奥哈－埃哈比石油管道。[①]

我们还应当指出自喷井减少对苏联石油工业的影响。进入 20 世纪 30 年代，自喷井开采在苏联石油开采总量中的比重呈下降趋势：1930 年占比 46%，1931 年占比 42.4%，1932 年占比 23.8%。[②] 由于在完成采油计划过程中占油井总量 88.3% 的自喷井只提供了 27.4% 的石油，苏联石油开采总局计划由主要利用自喷井开采逐步向机械化开采转变。根据 1938 年 1 月的统计资料，苏联 35% 的油井停产。油井停产的原因之一是，对油井工作状况的评价是根据油田的一组油井或所有油井的有关指标做出的，而不是根据每口油井的实际情况。[③] 上述情况在高加索油区表现明显，但萨哈林岛的情况与之不同。前者要保存可持续发展潜力，后者无此限制；两者的技术条件也不一样，前者已经成熟，后者需要前者的支持且有成长空间。

从头两个五年计划期间的石油开采量和钻探进度可以看到萨哈林石油公司取得的成就（见表 3 - 1、表 3 - 2）[④]。

表 3 - 1　公司的石油开采量

单位：万吨，%

年　份	计划指标	实际完成	百分比	奥　哈	埃哈比
1928	—	0.0296	—	0.0296	—
1929	—	2.6065	—	2.6065	—
1930	9.67	9.6268	99.7	9.6268	—
1931	24	12.7678	53.2	12.7678	—
1932	30	18.8889	62.9	18.8889	—
1933	30	19.6398	65.4	19.6398	—
1934	30	24.1838	80.6	24.1838	—
1935	30	23.9315	79.8	23.9315	—
1936	30	30.7991	102.7	30.7991	—
1937	36	35.5541	94.5	28.1792	7.3749

---

① Трест 《Сахалиннефть》. Становление，http：//sakhvesti. ru/？ div = spec&id = 110.

② Из справки Госплана СССР об итогах капитального строительства и реконструкции топливной промышленности в период первой пятилетки，http：//www. great - country. ru/content/sssr_ stat/ind_ 1929 - 1932/ind_ 1929 - 1932 - 011. php.

③ 〔俄〕B. Ю. 阿列克佩罗夫：《俄罗斯石油：过去、现在与未来》，石泽等译，人民出版社，2012，第 273 页。

④ Remizovski Victor I. Страницы истории сахалинской нефти. Revue des études slaves, Tome 71，fascicule 1，1999，C. 115.

表 3 - 2　公司的钻探进度

单位：米

年　份	勘探井	钻探井	合　计
1928	—	483	483
1929	357	2244	2601
1930	1841	3490	5531
1931	2252	5853	8105
1932	5587	10367	16224
1933	8618	9645	18263
1934	11302	9491	20793
1935	12302	10605	22907
1936	21359	18033	39392
1937	18325	22289	40614

注：较原文图表有修改。

　　萨哈林岛的石油有两个输出方向。一部分送往大陆（主要是哈巴罗夫斯克炼油厂），另一部分出口到日本，后者在 20 世纪 30 年代上半期的收购量占萨哈林石油公司产量的 2/3 以上（1929～1937 年共计 74 万吨）。1937年后，因为政治原因萨哈林岛停止了对日本的石油出口。①

　　石油开发带来了一座城市的成长。1938 年，奥哈从工人村升格为城市。根据当年的城市普查数据，奥哈市的男性居民有 9424 人、女性居民有 8975人，有劳动能力的居民（18 岁及以上）数量达到 10377 人。市医院有了输血站。奥哈 - 埃哈比的 6.3 千瓦输电线路开通。工人受教育的程度和掌握专业技能的程度也大大提高。1939 年，奥哈石油技术学校有 35 名学生毕业，90名新生准备入学。毕业生数量创历史新高，1935 年，首届毕业生 16 名中有15 人去奥哈油田。这意味着，萨哈林石油公司可以自己培养干部了。它已经有能力向国内其他油区输送自己培养的人才，其中，有 10 名毕业生去了巴库、9 名毕业生去了格罗兹尼、5 名毕业生去了卡马河沿岸石油公司。②

　　这个时期正是社会主义作为人类历史上一种崭新的社会形态初露锋芒

---

① М. С. Высоков. Сахалинская　нефть，http：//ruskline. ru/monitoring ＿ smi/2000/08/01/ sahalinskaya＿ neft.

② В. И. Ремизовский. Хроника Сахалинской нефти 1878 - 1940 гг，http：//okha - sakh. narod. ru/ hronika. htm.

和生机勃勃的时期。西方学者承认："斯大林制定的工业发展计划在许多方面取得了令人惊异的成功""而且这种工业化比彼得大帝时期的任何设想都走得更远。"① 学者杰克逊的看法是两点论，既说问题又谈成就。关于前者，"在外国观察家的眼里，苏联几乎是一个革命热情、教条主义政治、试验性文化、低效率但非常感人的工业成就，为有聪明才智和雄心壮志的人提供上升阶梯，为妇女和非俄罗斯族提供越来越多机会，有严格纪律和警察无所不在的、不可思议和迷人的结合体。与此同时，它又是一个比沙皇帝国或当代任何一个欧洲专制国家都封闭的社会。"后者突出 1928 ~ 1936 年，"毕竟是一个在完成基本工业化的任务上取得巨大成就的时期。许多来自欧美、在五年计划指导下建设社会主义的青年左派（不一定是共产主义者）工人、学生和专家的回忆，都不谋而合地证明了这一点。"② 他们还用具体指标说明"苏联自给自足的经济计划在许多方面取得了惊人的成功"：现有的最准确的统计数字表明，1928 ~ 1937 年，工业生产增长 5 倍；钢铁产量从 300 万吨增加到 1300 万吨，煤产量从 3600 万吨增加到 12800 万吨；电力生产从 1927 年 50 亿千瓦/小时猛增到 1937 年的 360 亿千瓦/小时；1926 ~ 1939 年，农民人数从 6100 万人下降到 4800 万人，而工业、建筑和交通运输部门的工人人数从 600 万人增加到 2400 万人；农业工人在总劳动力中的比重从占 4/5 下降为 1/2，而工业工人以及与工业相关部门的工人从占 8% 上升到 26%；苏联在 10 年中实现了工业化，1928 ~ 1937 年，人均国内生产总值增加 57%；苏联的生活水平看来也有提高，根据某种估计，提高了 27%。③

工业化极大地激发了苏联人民的劳动热情，20 世纪 30 年代苏联社会的特点就是全民都处于热火朝天的建设中：工人处于这个伟大国家的生活的中心。在顿巴斯这个斯达汉诺夫运动和劳动突击队的发源地，最让中学生们感到骄傲的就是那些同乡的名字：矿工伊佐托夫和斯达汉诺夫、操作

① 〔美〕迈克·亚达斯、彼得·斯蒂恩、斯图亚特·史瓦兹：《喧嚣时代：20 世纪全球史》，大可等译，生活·读书·新知三联书店，2005，第 279 页。

② 〔美〕加布里埃尔·杰克逊：《文明与野蛮：20 世纪欧洲史》，余昌楷等译，东方出版社，2010，第 154 ~ 155 页。

③ 〔美〕杰弗里·弗里登：《20 世纪全球资本主义的兴衰》，杨宇光等译，上海人民出版社，2009，第 200 页。

工人克里沃诺斯，还有拖拉机手安格利娜。帕帕宁北极科考队的队员切卡托夫、格里佐杜博夫实现了跨越北极的飞行，他们的卓越功勋给人们带来了无限的欢乐。[①] 人们在其中寻找着事业、生活的支点。

在"二五"计划执行的过程中，斯大林提出了"干部决定一切"的口号。为此，苏联通过开展劳动竞赛来提高劳动生产率，斯达汉诺夫这样的典型就是从这些劳动竞赛中涌现出来的，他本人因此获得了巨大的的物质报酬和社会声望。这对普通工人产生了极大的吸引力。

学者韦南将斯达汉诺夫运动与泰勒主义加以比较：前者将工人视为个人英雄，后者力图将工人作为机器的一个无名齿轮，泰勒主义强调的是管理者、工程师和"专家"的权力，而斯达汉诺夫运动似乎部分用来削弱这部分人的权力，这些权力是在斯大林工业化的早期阶段所扩大起来的。[②]

斯达汉诺夫运动在苏联工人阶级中引起新变化。一项社会调查表明，在 1929 年以前，拿到最高工资的是年龄从 45 岁至 49 岁的工人。通常这都是最有专业技能的能工巧匠。1931～1938 年，较为年轻的，年龄在 30～34 岁的工人拿到的工资数额上升到了第一位。他们在进入工厂时就要有文化得多，技术学习对于他们来说也要容易得多，他们没有过时的观点和生产上保守的重荷。调查还表明，斯达汉诺夫运动在不小程度上是由工资制度所刺激起来的。在计时工中，斯达汉诺夫工作者只占比 8.4%，在计件工中占比 39.2%，在按累进计件支付工资的工人中却超过了 50%。[③]

萨哈林岛掀起了"我为祖国献石油"运动。萨哈林石油公司产量的提高是公司员工忘我劳动的结果。到 1936 年年底，斯达汉诺夫工作者在各个油田所占的比重达到 35.5%；公司各科室的这一比重是 15.7%，有 556 人。我们可以从政治面貌、年龄构成上分析这些斯达汉诺夫工作者的情况。联共（布）党员所占的比重是 3.4%，预备党员所占的比重是 2.2%，党员积极分子所占的比重是 2%；苏联列宁共产主义共青团团员所占的比重是 3.2%；无党派所占的比重是 89.2%。年龄构成上，1900 年出生的人

① 〔俄〕菲·博布科夫：《克格勃与政权：克格勃第一副主席的回忆》，王仲宣译，东方出版社，2008，第 2 页。
② 〔英〕理查德·韦南：《20 世纪欧洲社会史》，张敏等译，海南出版社，2012，第 167 页。
③ 〔苏〕В. С. 列利丘克：《苏联的工业化：历史、经验、问题》，闻一译，商务印书馆，2004，第 282 页。

占比 31.1%，1901～1905 年出生的人占比 25.7%，1906～1910 年出生的人占比 24.2%，1910 年后出生的人占比 19%。[1]

在萨哈林岛的石油开发中，既有如火如荼的建设场面，也有"大镇压"的阴影。

斯大林赶超型的工业化是一个政治意志压倒经济考虑的战略计划。它并不是侧重于逐步取代越来越复杂的工业品进口，而是侧重于发展那个时期最先进的重工业：动力、冶金、化学工业和机器制造业等，因为这些工业都是构成现代军事工业综合体的基础。因此，在能源领域出现了"重煤炭轻石油"的政治利益格局。国内建设的全面政治化无限放大了内部压力，并将之与国际压力结合起来，构成苏联认识国际环境和制定国际战略的基本依据，也引发了"大镇压"，使石油工业受到冲击。

国家对石油工业下达的生产指标不断提高。以苏联当时的财力、人力和国力，要执行这样一个逐步加码的超高指标计划，只有一种途径，那就是在政治上严厉反对和镇压一切持不同意见的人，就是推行"胡萝卜加大棒"[2] 的政策。它包括两个方面：一方面是表彰业绩突出的石油工作者，1931 年，格罗兹尼石油工业因为成绩突出而获得列宁奖章；另一方面由国家政治保卫总局监督执行，造成大量冤假错案，如阿塞拜疆石油公司的杰出领导人谢列布罗夫斯基等人先后成为被镇压的对象。镇压浪潮也降临到萨哈林岛，很多石油工作者成为牺牲品。仅在 1937～1938 年，苏联就有150 万人被捕，其中被处决的将近 80 万人。[3]

亚历山大罗夫斯克区的靶场因为是大规模惩治的场所被称为"萨哈林的卡廷"，萨哈林石油公司的各级领导也躲不过这一劫。例如，胡加科夫、М. И. 波格丹诺维奇、А. И. 拉夫连季耶夫、А. Н. 巴拉赫、Я. И. 吉普及其接班人沃尔夫和 М. В. 马克拉申、И. И. 瓦西里耶夫、Ф. С. 巴古什、М. Г. 塔纳谢维奇、М. И. 比尔菲利耶夫、Н. А. 沙霍夫、С. Г. 格里戈里耶夫及其继任者 М. Д. 德米特里耶夫、И. В. 拉克姆斯基及其接班人 А. А.

[1] Remizovski Victor I. Страницы истории сахалинской нефти. Revue des études slaves, Tome 71，fascicule 1，1999，С. 117.

[2] Александр Матвейчук. В тисках первой пятилетки，http：//www. oilru. com/nr/214/5271/oilru. com.

[3] Борис Сопельняк. Секретные архивы НКВД—КГБ. М.：Вече，2014，С. 3.

米亚戈科夫、Г. А. 瓦伊诺夫、В. П. 托比阿斯、И. Г. 布尔斯基等。由此，导致公司干部短缺。到 1937 年年底，各个岗位上没有一个专家，职位只能由钻井手、组长担当（比如，基建处经理由抹灰工组组长担任）。石油员工也在镇压之列，如奥哈油田作为萨哈林石油公司最大的部门，有 30 名杂工、21 名熟练工人、12 名钻探工、8 名会计师遇难。[①]

1937 年是苏联史上的一个特殊年份，它既有完成"二五"计划所带来的喜悦，又有"大镇压"的恐怖氛围笼罩。萨哈林石油公司也出现了纪律散漫的现象：各油田的无故旷工率从 1936 年的 0.14% 增加到 0.18%；建筑部门的情况更差，从 0.13% 增加到 0.25%。这还是示之以送交法庭甚至要枪毙的威胁之后的数据。斯达汉诺夫工作者的数量减少了一半。[②]"大镇压"期间，到萨哈林岛去工作是有风险的，很容易被戴上间谍的帽子。1937 年 11 月到 1938 年 4 月，租让企业有 200 多人被捕。苏联公民开始从岛上逃跑。[③]

苏联在实现工业化过程中采取了一些强制性的做法，如集体化时期强迫农民入社，对富农采取强制迁徙的做法，对党内不同意见采取镇压、甚至大规模镇压的手段；长期把重工业、军事工业置于优先地位，以致影响了轻工业和农业的发展和人民生活水平的提高；把工业化时期形成的高度集中的政治、经济体制固定化，等等。应当说，对苏联工业化、现代化发展中的这些弊端和教训是值得认真总结和汲取的，但不能因此全盘否定这段历史。

苏联的第三个五年计划是一个战时计划。"三五"期间，其石油开采量从 1937 年的 2850 万吨增长到 1940 年的 3110 万吨，即增长 9%。1940年，苏联采油量居世界第二位，仅次于美国。但其石油工业的发展比较缓慢，这是由于这几年里无论是在采油量占很大比重的老区（阿塞拜疆和格罗兹尼），或是新区，已勘明的油田数量已经不足。1940 年底，输油干管长度达到 4100 公里，货运量为 38 亿吨/公里。"三五"期间，苏联完成了

① Александр Матвейчук. На пике Большого террора//Нефтяные Ведомости, № 5 (230), 6 марта 2012.

② Remizovski Victor I. Страницы истории сахалинской нефти. Revue des études slaves, Tome 71, fascicule 1, 1999, C. 121.

③ А. К. Соколов. Советская нефтяное хозяйство. 1921 – 1945 гг. М., 2013, C. 266.

格罗兹尼－特鲁多瓦尼、马尔戈别克－格罗兹尼、哥里山－格罗兹尼输油管的建设。但乌拉尔－伏尔加地区没有完成"三五"计划规定的采油量，因为这个地区缺乏技术设备、工人流动性大、地质勘探和普查工作落后。[①]

　　萨哈林石油公司也不能脱离这个框架。首先，它要增加石油产量。1939 年，苏共下达的指标增加 50%。其次，它要扩大油田数量。除了奥哈、埃哈比，又增加了纳比利。再次，它要加快基础设施和炼油厂建设。前者包括奥哈－莫斯卡利沃石油管道、奥哈－阿穆尔河共青城石油管道、奥哈－莫斯卡利沃铁路；后者包括哈巴罗夫斯克炼油厂、阿穆尔共青城炼油厂。最后，它要准备开发天然气，以便节约石油。[②]

　　1939 年 1 月 24 日，苏联重工业人民委员部一分为六，萨哈林石油公司及其下属公司转归燃料工业人民委员部管辖。[③] 萨哈林石油公司开始内部整顿：油井的钻探与经营分离，成立了钻探处；建筑单位、供应单位、资源调动局、"动力流"办事处被分了出去，保留地质勘探处；组建油井大修处，管理炼油设备的商品处变成独立单位。如此，就业岗位明显增加，产油量回升（见表 3－3）[④]。

表 3－3　1938～1941 年萨哈林石油公司的开采和钻探
公司的石油开采量

单位：万吨，%

年　　份	计划指标	实际完成
1938	50	36.09
1939	60	47.34
1940	—	50.51
1941	—	49.3

注：较原文图表有修改。

---

① 苏联科学院经济研究所编《苏联社会主义经济史》第五卷，《伟大的卫国战争前夕和卫国战争时期的苏联经济（1938～1945 年）》，周邦新等译，生活・读书・新知三联书店，1984，第 67、91、72 页。

② Шалкус Галина Анатольевна. История становления и развития нефтяной промышленности на Сахалине（1879－1945 rr.），http：//www.disserr.com/contents/66235.html.

③ В. И. Ремизовский. Хроника Сахалинской нефти 1878－1940 rr，http：//okha－sakh.narod.ru/hronika.htm.

④ Remizovski Victor I. Страницы истории сахалинской нефти. Revue des études slaves, Tome 71, fascicule 1, 1999, C. 121.

表 3 - 4 公司的钻探进度

单位：米

年　　份	勘探井	钻探井	合　　计
1938	7885	17289	25174
1939	2677	15717	18394
1940	5194	8420	13614
1941	4023	15505	19528

萨哈林石油公司的增产努力遇到不少困难。俄罗斯学者提供了这方面的材料。1939 年，只有奥哈油田完成了任务，埃哈比完成了任务的 89%，卡坦格利只完成了 15% 的任务量。钻探也有问题，当年没有钻出新井。钻探方式也不科学，新机床经常出故障。埃哈比的情况稍好一些，各年度使用的 18 台机床中，8 台可用，实际只有 4 台工作，余者被堆到垃圾场。钻管、器具管理不当。"谁也不知道钻管用了多久，重大事故因此发生"。23 号井的事故在 5 个月内消除了，但是没人知道什么时候可以生产。小事故也不断。输油管、送水管在准备过冬时保暖不足，冬天来临就会结冰、无法正常运转。奥哈、埃哈比因此损失的石油分别有 6000 吨、8000 吨。结果就是大量油井闲置。奥哈有 64 口这样的闲井，井里清理不尽而满是沙子。他们缺少物资和机械，生产效率低下，随之而来的是工人收入的减少。储油库的锅炉工要把一半工作时间用于拖拉锅炉铁板上。劳动纪律执行不力。1939 年，因为迟到、旷工而被公司开除的工人超过员工总数的 25%，埃哈比的这个数字是 70%，奥哈是 50%。此外，还存在领导包庇下属的事情。油田工人的生活缺少保障。埃哈比工人有 70% 没有住房，要到离油田 12 公里外的奥哈租房，每天走 24 公里。领导人的家庭留在奥哈，自己却要住油田，但是每个房子都不大也不干净，要安置 5~6 个人住，放一张吊床都困难。多数复员军人的宿舍既冷又脏，睡觉时要戴上皮帽、穿上皮衣。卧具经常不换、用了 2~3 个月不洗都变成黑色了。此类情况在其他油田也存在。因此，员工的流动性很高。1939 年，有 2132 人到公司来工作，却有 2700 人离去。"一五"期间到奥哈工作的人中只有 29 人定居，"二五"期间是 161 人。根据季节变化向萨哈林岛输送劳动力很不合算。1939 年，根据 6 个月的合同从鞑靼、奥廖尔州向萨哈林岛输送了 774 人。公司不仅为他们花去了 100 多万卢布，而且合同上规定的时间大多被行程时间

所占用了。生产安全保障有待加强，否则员工伤病会给公司带来损失。1939年，萨哈林岛发生了 600 多起事故，因此损失了 6000 个工作日。[①]

1940 年，公司的领导人 А. Г. 布列茨金、钻探能手 Г. Т. 波特什瓦伊洛夫、奥哈油田经理 И. Д. 罗曼琴科荣获列宁勋章，另有 8 人获得劳动红旗勋章，25 人获得"名誉"勋章，13 人获得"生产贡献"奖章。[②] 但当年，萨哈林岛的石油产量在全苏石油总开采中的份额仅有 1.6%。[③]

埃哈比油田值得一提，这里的石油含有 40% ~ 50% 的汽油馏分，而且自喷井开采大有前途。无论是从石油数量还是从其质量上看，埃哈比油田对巩固苏联国防、发展苏联远东经济都具有重要意义。1940 年，它的采油量达到 31.68 万吨，占公司总产量的 60% 以上。[④]

第三节　苏联卫国战争时期

1941 年 6 月 22 日，德国实施"巴巴罗萨计划"，苏联卫国战争爆发。

在德军第 21 号指令中，希特勒谈到了他的作战设想："装甲部队应果敢作战，楔入敌深远纵深，歼灭部署在苏联西部的苏联陆军主力，阻止其有作战能力的部队撤至苏联纵深地区。然后，务必快速追击以形成这样一条战线：苏联空军从该线出发将不再能攻击德意志帝国的领土。作战的最终目标是，大致在伏尔加－阿尔汉格尔斯克一线，建立一道针对苏联亚洲部分的防线。这样，以后若有必要，可由空军来摧毁苏联残存的乌拉尔工业区。"[⑤] 这就是德国"闪击战"的苏联版本。

侵苏德军兵分三路：北方集团军群从东普鲁士发起进攻，并沿波罗的海从陆路向列宁格勒推进；中央集团军群向明斯克、斯摩棱斯克和莫斯科方向前进；乌克兰及其首府基辅是南方集团军群的兵锋所指。由于有备而

---

① А. К. Соколов. Советская нефтяное хозяйство. 1921 – 1945 гг. М., 2013, С. 193 – 195.

② Трест 《Сахалиннефть》. Становление, http://sakhvesti.ru/? div = spec&id = 110.

③ И. А. Сенченко. История Сахалина и Курильских островов: к проблеме русско – японских отношений в XVII – XX веках. М.: Экслибрис – Пресс, 2005. С. 8.

④ М. С. Высоков. Сахалинская нефть, http://ruskline.ru/monitoring _ smi/2000/08/01/sahalinskaya_ neft.

⑤ 〔联邦德国〕瓦尔特·胡巴奇编《希特勒战争密令全集（1939~1945）》，张元林译，军事科学出版社，1989，第 66 页。

来，德军占据了上风：在基本方向上都形成了 3 倍甚至 5 倍的优势，使苏联边境军区的军队陷于困难的境地①。根据苏联战俘的数量以及对其防线的摧毁程度，德军觉得胜利似乎就在眼前。

德国闪击战是其总参谋部针对本国的资源实际量身定制的一种空对地协同作战系统，贵速而不贵久。德军装甲部队的创始人古德里安指出："由于我们的资源有限，迫使总参谋部不得不考虑如何使战争尽快结束。于是，大量利用发动机的思想便应运而生。"② 问题也随之而来，这些军事装备离不开石油燃料。据统计，飞机出动一架次需要 1 ~ 3 吨航空汽油，坦克、自行火炮、牵引车、汽车每天也要消耗数万吨燃料。③ 而德国是个多煤、少油的国家。为此，希特勒战前实施的政策中包含增加德国燃料储备的内容。

到 1936 年，德国致力于通过外贸的方式开拓国外市场，对东南欧着力颇多，最主要的成果是得到罗马尼亚的石油。1937 年 12 月 9 日，德国与罗马尼亚签署条约，"明确地标志着德国对东南欧的经济攻势的新阶段，也表明了德国希望实现从罗马尼亚输入更大量的石油"。1938 年 8 月 13 日，罗马尼亚同意了对德国的额外石油供应。④ 在进攻苏联前夕，罗马尼亚普罗耶什蒂油田提供了德国所需石油的 58%。⑤

希特勒自然懂得"求人不如求己"的道理。他在 1936 年亲自起草了《四年计划备忘录》，支持"自给自足"的政策，即要更多地依赖国内生产来获得必要的战争资源，尤其是在人工合成材料方面。科学技术优势为德国实现燃料自给自足提供了依托。德国化学家在 1923 年就发明了合成燃料技术。与欧美石油界联系密切的法本公司率先接受国家的补贴开发合成燃料。1939 年 9 月 1 日，德国境内已有 14 座合成燃料厂开工，还有 6 座在施

---

① 苏联国防部军事历史研究所等编《第二次世界大战总结与教训》，张海麟等译，军事科学出版社，1988，第 70 页。

② 〔德〕海因茨·威廉·古德里安：《古德里安将军战争回忆录》，戴耀先译，解放军出版社，2005，第 416 页。

③ Андрей Соколов. Вклад отечественной нефтяной промышленности в победу над фашизмом в Великой Отечественной войне, http://www.oilru.com/nr/144/3002.

④ 〔美〕格哈特·温伯格：《希特勒德国的对外政策》下编（上册），何江译，商务印书馆，1997，第 303 页。

⑤ Андрей Соколов. Вклад отечественной нефтяной промышленности в победу над фашизмом в Великой Отечественной войне, http://www.oilru.com/nr/144/3002.

工。到 1940 年，合成燃料达到日产 7.2 万桶的水平，相当于德国全部石油供应的 46%。这些合成燃料为德国提供了全部航空汽油的 95%。① 1941 年，德国此类工厂已达 22 座，总生产能力为年产 610 万吨。②

实施"巴巴罗萨计划"前，德国不仅注意保护罗马尼亚这个欧洲"加油站"，而且用欧洲占领区的石油资源继续扩充它的燃料储备。

关注罗马尼亚石油战略地位的不仅是德国。在德国占领法国之前，英、法两国政府准备以 6000 万美元的代价换取罗马尼亚破坏其全部油田，以阻止那些油田被德国人利用，但是双方未能达成协议。③

1940 年 6 月 26 日，苏联向罗马尼亚提出返还比萨拉比亚、割让北布科维纳的要求。希特勒对此反应强烈，"因为那已经使苏联人非常接近罗马尼亚的油田，现在因为海外补给线已被切断，这个油田也就被希特勒认为是他的唯一补给来源"。7 月 29 日，希特勒与约德尔谈话时说过：假使苏联尝试夺占罗马尼亚的油田，德国就有和它开战的可能性。④ 德军第 25 号指令中规定："可前调在保加利亚和罗马尼亚尚可动用的所有兵力，从索菲亚地区向西北方向和从基恩斯滕迪尔—戈尔纳德尤马亚地区向西实施进攻，但必须保留大约 1 个师的兵力（不包括防空兵力）来保卫罗马尼亚油田。"⑤

德国闪击战主要依靠机械化部队的作战能力，并利用空军的力量对陆军实施支持。灭亡波兰、迫使英法"敦刻尔克撤退"、突破"马其诺防线"、在挪威、南斯拉夫和希腊速战速决，无不显示了这种战术的效力。其部分目的是要在燃料供应发生问题以前夺取决定性的胜利。一旦达到此目的，占领区的资源即可被"以战养战"。1941 年 6 月，德占区共有 93 个石油加工厂，年总加工能力 2650 万吨。德国从那里得到了 800 多万吨石油产品。⑥

———————————

① 〔美〕丹尼尔·耶金：《石油大博弈》（上），艾平译，中信出版社，2008，第 231 页。

② 〔俄〕B. Ю. 阿列克佩罗夫：《俄罗斯石油：过去、现在与未来》，石泽等译，人民出版社，2012，第 276 页。

③ 〔美〕丹尼尔·耶金：《石油大博弈》（上），艾平译，中信出版社，2008，第 254 页。

④ 〔英〕李德·哈特：《第二次世界大战战史》，钮先钟译，上海人民出版社，2009，第 140 页。

⑤ 〔联邦德国〕瓦尔特·胡巴奇：《希特勒战争密令全集（1939～1945）》，张元林译，军事科学出版社，1989，第 80 页。

⑥ 〔俄〕B. Ю. 阿列克佩罗夫：《俄罗斯石油：过去、现在与未来》，石泽等译，人民出版社，2012，第 276 页。

　　苏军对德国的"闪击战"措手不及，在卫国战争开始后的最初三个月里处于被动之地：德国空军一天就袭击了苏军的 66 个机场，摧毁了停在地面上的 900 架和在空中的另外 300 架苏联飞机。不到三个星期的时间，苏军的死亡人数就达到了 75 万人，而且还损失了 1 万辆坦克和 4000 架飞机。德国人三个月不到就占领了基辅，包围了列宁格勒，打到了莫斯科的门口。① 苏军的失利，导致国家重要经济区沦陷，那里生活着苏联居民总数的 40%，有 31850 个工业企业（其中包括 3000 多口油井）。②

　　苏联的忧虑不在于石油资源不足而是燃料短缺。1941 年，苏联石油工业只能保证国家当年战争所需航空汽油的 26.6%、柴油的 67.5%、航空润滑油的 11.1%。③ 这是由国内外的一系列因素所导致的。在国内，苏联形成了以煤炭为主的能源结构。1928 ~ 1940 年，苏联的采煤量增长了 3.7 倍，采油量增长 2.7 倍。铁路运输的强劲需求起了推动作用，因为苏联机车几乎都用煤炭为动力。另一个用油大户是汽车和拖拉机，两者的产量先升后降，但仍然快于采油量的增长，这在很大程度上与转向军工生产有关。1940 年，苏军的液体燃料消费量达到 110 万吨。为了满足军需燃料的需要，自 20 世纪 30 年代以来，苏联开始从煤炭中提取液体燃料，还在切列姆霍沃（伊尔库茨克州）、库兹巴斯设厂。④ 苏芬战争爆发后，美国对苏联的进口战略物资实行贸易禁运，禁运首先涉及高辛烷值航空汽油、坦克油料以及其他汽车设备的进口。

　　卫国战争爆发后，苏联的石油基地成为德军重点打击的目标。西乌克兰年产量达 35 万吨的油田遭到破坏，石油设备由于缺少维修、疏散的时间而被毁。⑤ 在最初的半年时间里，苏联共损失了 16 万吨用于日常补给的燃料和 30 万吨战时储备燃料，只有约 6 万吨燃料被疏散出去。⑥

---

① 〔英〕杰弗里·罗伯逊：《斯大林的战争》，李晓江译，社会科学文献出版社，2013，第 117 页。

② Г. А. Куманев. Война и эвакуация в СССР. 1941－1942 годы//Новая и Новейшая история，№ 6，2006. С. 8.

③ 〔俄〕В. Ю. 阿列克佩罗夫：《俄罗斯石油：过去、现在与未来》，石泽等译，人民出版社，2012，第 279 页。

④ А. А. Иголкин. Советская нефтяная политикав 1940－м－1950－м годах. М.，2009. С. 14－16.

⑤ Золотарёв В. А.，Соколов А. М.，Янович М. В. Нефть и безопасность России. М.：Оружие и технологии，2007，С. 126.

⑥ 〔俄〕В. Ю. 阿列克佩罗夫：《俄罗斯石油：过去、现在与未来》，石泽等译，人民出版社，2012，第 277 页。

为了保存实力，苏联政府提出"一切为了前线！一切为了胜利！"的口号，采取大规模的工业搬迁措施。它最充分地运用苏联的陆上地利，将关键性工业放置到德军鞭长莫及之处。高加索、伏尔加－乌拉尔、西西伯利亚，是苏联石油史上先后起关键作用的三个油区，其石油探明储量和开采量的地理分布有一个从西到东转移的过程。卫国战争开始前，苏联主要的石油探明储量和绝大部分原油产量集中在高加索，巴库在其中占据重要地位。

战争爆发后，苏德双方发动的许多重大战役都与石油有关。对于德军而言，破坏巴库和格罗兹尼的油田、炼油厂和石油加工厂，就意味着断掉苏联飞机和装甲车的燃油供应。苏德双方的战役展开与石油争夺相互交织，并因此而愈演愈烈。例如，斯大林格勒战役中的戈林和保卢斯之争。戈林认为必须不惜一切代价坚守阵地，尤其不能离开伏尔加河。保卢斯则要求火速放弃在斯大林格勒占领的阵地。戈林的根据是，占领伏尔加河南部，将阻止斯大林接近黑海的石油储备，也就阻止了他继续进行战争。戈林还保证，尽管气候条件十分恶劣，德国空军仍有可能支持在斯大林格勒作战的部队。最终，希特勒赞成戈林的意见并且决定，德军不能后退一步。结果，保卢斯在斯大林格勒被苏军包围。[1]

为了解决燃料供应问题，苏联政府加快了石油生产基地从高加索向伏尔加－乌拉尔转移的进程。由于工业企业和居民大批疏散到东部，以及铁路运输工作紧张程度一再提高，燃料消费中心在短时期内转移到了伏尔加河和乌拉尔附近地区。国民经济的燃料供应全部要由东部煤炭基地和石油基地负担，而在 1940 年，这些基地仅能提供全苏采煤量的 35.9% 和采油量的 11.7%。[2]

苏联人民迸发出巨大的爱国主义热情。在前线，他们为国家提供充足的人力资源，英勇作战；在后方，掀起劳动竞赛运动，为前线出力、出钱。目的只有一个：击败纳粹德国，保家卫国。

---

[1]　〔德〕罗胡斯·米施口述，〔法〕尼古拉·布尔西耶整理：《我曾是希特勒的保镖》，袁粮钢译，作家出版社，2006，第 106 页。

[2]　苏联科学院经济研究所编《苏联社会主义经济史》第五卷《伟大的卫国战争前夕和卫国战争时期的苏联经济（1938～1945 年）》，周邦新等译，生活·读书·新知三联书店，1984，第 359 页。

苏联女性的勇气和行动可圈可点。苏联国防部军事历史研究所的书中指出：在苏军的队伍中，曾吸收妇女用于补充后勤部队和机关，特别是医疗卫生勤务、通信部队和分队，以及防空兵。[①] 苏联科学院经济研究所的著作中记载，大部分男性居民应征到前线，大量的妇女被吸收参加国民经济建设。战前，妇女也积极参加了经济建设，战争还要求她们最大限度地参加物质生产。由于大量吸收妇女，她们在国民经济各部门职工中所占的比重从 1940 年的 38.4% 增加到 1944 年的 57.4%，东部地区石油工业的 6家企业中，1941 年 1 月 1 日妇女在全部工人中占 28.9%，而到 1943 年 1月 1 日妇女在全部工人中占比 48.5%。[②] 苏联申请参军的志愿者中有一半是女性。有 60 万 ~100 万女性在战争的不同时期参加过前线的战斗，其中有 8万名军官。女性在总数约为 7 万人的军医中占比 42%；外科医生中，女性占到了 43.4%。[③]

"一切为了前线！一切为了胜利！"是一个能使苏联人民团结起来的话题。萨哈林石油公司也不例外，它的 3500 名员工（占员工总数的 1/3）奔赴前线，他们空出的岗位由其妻子、儿女顶替，由此形成了一支占员工总数 45% 的劳动者队伍。[④]

苏联从地跨欧亚的广阔地理空间获得了力量，其欧洲部分之所失在亚洲部分得到补偿，两者是战争前线和战略大后方的关系。萨哈林岛因为没有战事的干扰，所以可以专心于石油生产。

奥哈市是该岛北部的"石油之都"，它在卫国战争爆发不久即进入战时状态。石油员工和居民在党组织的领导下忙于开采石油，生产前线急需的燃料。他们每天的工作时间长达 12 ~14 小时，有时候甚至更多。从他们中可以找到许多忘我劳动的典型，如丘尔科夫、伊万诺夫、塔拉索夫等。开采能手马卡罗夫倡议为降低生产成本而斗争，得到同行的响应。开采能手卡拉

---

① 苏联国防部军事历史研究所等编《第二次世界大战总结与教训》，张海麟等译，军事科学出版社，1988，第 410 页。

② 苏联科学院经济研究所编《苏联社会主义经济史》第五卷《伟大的卫国战争前夕和卫国战争时期的苏联经济（1938 ~ 1945 年）》，周邦新等译，生活·读书·新知三联书店，1984，第 256 ~ 257 页。

③ 《关于伟大卫国战争的 45 个事实》，载《透视俄罗斯》网站 2015 年 5 月 1 日、5 月 5 日。

④ А. Бедняк. Сахалинморнефтегаз: вчера, сегодня, завтра//Советский Сахалин, №158, 30 августа 2002.

斯尼科夫改进了油泵的构造，增加了石油产量。大部分工人、技术和经济工作人员离开原有的矿井和油田参军去了，前来接替他们工作的是一些不熟练的工作人员，而且往往是一些少年和妇女。由于劳动力构成发生的这种变化，致使这一部门劳动生产率下降和开采量减少。奥哈市的工厂培训学校变成培训员工的基地，它的 300 多名毕业生在战争爆发后的头两年走上工作岗位。① 1943 年，学校为萨哈林石油公司培养出 2110 名青年工人。②

国家没有忘记萨哈林岛。1942 年 2 月，苏联最高苏维埃主席团下令嘉奖萨哈林石油公司。开采能手 П. Д. 马卡罗夫被授予劳动红旗勋章，公司领导人 И. А. 卢奇科夫、钻塔木工 Н. Д. 维萨克博伊尼科夫、奥哈油田仓库管理员 Н. Ф. 巴耶夫等人获荣誉勋章，埃哈比油田的操作员 С. А. 费多谢耶夫、奥哈油田仓库管理员 Н. С. 丘尔科夫等人获生产贡献奖章。

图 3 – 7　萨哈林石油公司的光荣榜

资料来源：Трудная нефть Сахалина – часть1，http：//okha. sakh. com/news/okha/83616/。

1943 年，根据苏联人民委员会的决定，苏联在萨哈林石油公司地质勘探处的基础上成立了国家级的地质勘探处"远东石油勘探"。③

---

① Работали на пределе возможного//Советский Сахалин，№43，6 апреля 2010.

② Все для фронта，http：//sakhvesti. ru/？ div = spec&id = 129.

③ Я. Сафонов. Ю. Нагорный："наша задача – обеспечить север всем необходимым"//Советский Сахалин，№ 157，5 сентября 2003.

战争期间，萨哈林石油公司共生产了300万吨燃料，它几乎相当于战前10年的产量。[①] 为了提高油井的开采率，公司员工采用热化学处理、爆破的方法，开发天然气以节约液体燃料。1941年，萨哈林岛开始采气，接下来两年得到的是伴生气，直到1943年才采到游离气。[②] 苏联把这些天然气用于生产设施和住房的需要，节省了石油的消耗量。

石油的运输环节继续加强。萨哈林石油公司在战前就存在运输问题。1938年，萨哈林岛石油产量达36.1万吨，有一半石油运不出去，而运不出去的石油放在露天油池里会变质。为了改变这种状况，1940年，萨哈林石油公司向日本北萨哈林石油公司租借了10万吨石油容器，这又花去了国家的一大笔钱。油船因为缺煤经常抛锚。当时尚未给阿穆尔河共青城的炼油厂建造储油设施。因为无法保证石油供应，哈巴罗夫斯克炼油厂一年中要停工2~3个月。[③]

奥哈－索菲斯克－阿穆尔河共青城石油管道的一期工程是1940年定下来的，限期完成，石油通过能力每年可达150万吨。建设队伍中有内务部下阿穆尔劳改营派来的劳动力，还有萨哈林劳动集体和哈巴罗夫斯克边疆区的数十名专家。俄文数据显示：这条388公里长的管道分四个地段，岛上和大陆各为两个，第二、第三地段之间跨越涅维尔斯科伊海峡的通道占有特殊的地位。有8000人（另一说是1万人）参加建设[④]。劳动力有点靠不住，因为人手的短缺不得不使用犯人，不过军事纪律很快见到成效，施工速度达到了惊人的地步。1942年10月，政府委员会接收一期工程。11月6日，管道开始填充工作。经过测试后，1943年开始使用，这一管道为

---

① Сост. и ред. Г. А. Бутрина；авт. － сост：Г. А. Бутрина и др. Время и события：календарь － справочник по Дальневосточному федеральномуокругу на 2013г. Хабаровск：ДВГНБ，2012，С. 339.

② Юрий Щукин，Эдуард Коблов. "Гозовая окраина" России，http：//www. oilru. com/nr/ 139/2805/.

③ А. К. Соколов. Советская нефтяное хозяйство. 1921 － 1945 гг. М. ，2013，С. 195.

④ Строительство нефтепровода Оха － Софийск，http：//aleksandrovsk － sakh. ru/node/9367. 苏联学者曾有这样的描述："石油管道从遥远的萨哈林岛的奥哈敷设到共青城炼油厂。与一望无际的泰加林和山峦相比，输油管就像一条细线。"〔苏〕А·Б·玛尔果林：《苏联远东》，东北师范大学外国问题研究所苏联问题研究室译，吉林人民出版社，1984，第191页。阿穆尔河畔共青城1932年设市。由共青团在佩尔姆斯科耶村址建成。中国大百科全书出版社翻译：《苏联百科词典》，中国大百科全书出版社，1986，第32页。

图 3 - 8　敷设输油管道

资料来源：Трудная нефть Сахалина – часть1，http：//vtcsakhgu.ru/？ page_ id = 707。

哈巴罗夫斯克炼油厂、阿穆尔河共青城炼油厂提供了可靠的石油来源。从当年夏天起，人们可以随时从奥哈把石油汲取到大陆沿岸的索菲斯克村，再从那里用驳船把石油运往阿穆尔河共青城。

修建这条石油管道的历史，为苏联作家 B. H. 阿扎耶夫提供了创作素材。他在小说《远离莫斯科的地方》中刻画了一系列有血有肉的人物形象：局长巴特曼诺夫、架设电话线的丹妮娅、大胡子工程师别里捷、向往上前线的副总工程师阿历克赛，并歌颂了他们的忘我工作精神，描写了他们的痛苦与欢乐。书中还有对远东大自然的真实描写。1950 年，莫斯科电影制片厂将这部小说搬上银幕，主要剧情是，在苏联卫国战争时期，一支以巴特曼诺夫为首的石油工作者队伍，仅用 1 年时间就完成了原定 3 年才能完成的石油管道建设任务。

苏联远东主要有两家炼油厂：一家是哈巴罗夫斯克炼油厂，另一家是阿穆尔河共青城炼油厂。前者在战前即已投产，后者是出于战时的需要才投产的。

正是因为哈巴罗夫斯克炼油厂，远东得以列入苏联国内拥有炼油厂的地区之列。它的石油来源可以通过驳船运输方式解决，它能生产蒸馏石油、热裂重油、石油沥青、硫酸净化变压器油以供应边疆区的用油。它的问题在于，远离国家中部区和油区，石油来源不稳定。在鞑靼湾用船装萨哈林岛石油再运回来需要 4 个月，而岛上既没有合适的容器也没有工厂。因此，哈巴罗夫斯克炼油厂不能连续工作，只能将石油与重油、石油产品进行混合。

阿穆尔河共青城炼油厂用的是埃哈比石油。而哈巴罗夫斯克炼油厂用的是奥哈、卡坦格利重油，有时还使用阿穆尔河共青城炼油厂的重油。

1943 年，苏联在哈巴罗夫斯克组建了"远东石油"联合企业。1944

年，哈巴罗夫斯克炼油厂直接隶属于东方炼油总局。[1]

战争期间，奥哈－索菲斯克－阿穆尔河共青城石油管道共运送了130万吨石油。[2] 这使萨哈林岛的石油向大陆沿岸地带输送的状况得到改善，从而使远东的石油资源列入全国的燃料平衡表中。

1937～1945年，萨哈林岛的石油开采量与上述两家炼油厂的加工量，如表3－5所示[3]。

表3－5　1937～1945年萨哈林岛的石油开采量和加工量

单位：万吨

项目 \ 年份	1937	1940	1945
开采量	35.6	51.0	75.2
加工量	16.0	36.0	60.0

为了纪念这一段历史，俄罗斯在纪念苏联卫国战争胜利60周年时出版了《奥哈致前线》（右图是其俄文版的封面）。书中讲述了北萨哈林岛石油工作者在1941～1945年艰难岁月里的生活与工作，讲述了奥哈市、奥哈区居民为苏联战胜纳粹德国所做的贡献。

在本节涉及的时间段内，苏联在北萨哈林岛实现了石油的工业化经营。1929～1945年，北萨哈林岛生产的液体燃料将近440万吨。[4] 石油勘探也涵盖了北萨哈林岛的诸多地带。1925～1945年，Д. И. 塔姆别洛夫、Б. М. 什杰姆别尔、Н. С. 耶罗夫耶夫等人的实地考察

图3－9　《奥哈致前线》俄文
版封面

资料来源：Оха－фронту. Хабаровск, 2005。

①　Черныш М. Е. Развитие нефтеперерабатывающейпромышленностив Советском Союзе: фрагменты истории. М. : Наука, 2006, С. 45－46.

②　Все для фронта, http: //sakhvesti. ru/? div = spec&id = 129.

③　Черныш М. Е. Развитие нефтеперерабатывающейпромышленностив Советском Союзе: фрагменты истории. М. : Наука, 2006, С. 45.

④　Шалкус Галина Анатольевна. История становления и развития нефтяной промышленности на Сахалине (1879－1945 гг.), http: //www. disserr. com/contents/66235. html.

和测量，奠定了萨哈林岛油气地质学的基础，确立了第三纪地层油气前景的主要标准。在此基础上，И. Б. 普列沙科夫、Н. А. 沃罗什诺夫编写出该岛第三纪地层生物地层学著作。Е. М. 斯赫霍夫的巨著《萨哈林岛的地质结构及其含油率》总结了这个时期的石油地质学成果，系统阐述了该岛的油气地层学、构造地质学及其前景概念的形成过程。他的许多想法，特别是前景油气区的结构和油气层断裂变动的作用设想，对该岛油气地质理论和实践具有极其重要的意义。他绘制的（含油率的地质和前景）地图成为此后油气勘探的指南。[①]

这些成就在帝俄时期是难以想象的。

---

① В. В. Харахинов. Нефтегазовая геология Сахалинского региона. М. ：Научный мир，2010，С. 24 – 25.

第四章
北萨哈林岛石油租让

萨哈林岛石油开发的历史并不单纯是石油工业本身的历史，其石油工业发展的外部环境在这段历史中也同样重要。"石油不仅与一个国家的执政当局关系密切，甚至对国与国之间的关系也能产生重大影响。这就是石油与生俱来的地缘政治特性。"① 在合作对象选择上，新生苏维埃政权最初看好的是美国，日本却最终胜出成为新生苏维埃政权的合作对象。可以说，石油生意的背后是政治的博弈。

第一节　日本从美国手中拿到租让权

俄国十月革命胜利后不久，苏维埃俄国面临国内、国外两条战线的巨大压力。1917～1922 年的苏俄国内战争，是在布尔什维克势力（红军）和其国内主要的政治和军事对手（白军）之间的一场战争。但在农民、工人和非俄罗斯少数民族中间，广泛的反布尔什维克运动和反白军运动同样早就存在，而这些也是国内战争的一部分。②

帝国主义列强将苏俄视为国际秩序的挑战者，从政治、经济、军事、外交上对苏俄进行遏制。比如，协约国组织了对苏俄的武装干涉。截至1918 年底，苏俄境内有来自 11 个欧洲国家以及美国、日本的外国军队，

---

① 〔法〕菲利普·赛比耶－洛佩兹：《石油地缘政治》，潘革平译，社会科学文献出版社，2008，第 5 页。

② Пушкарев Б. С. Две России XX века. Обзор истории 1917 – 1993. М.：посев，2008，С. 43 – 152；〔美〕沃尔特·G. 莫斯：《俄国史》，张冰译，海南出版社，2008，第 189 页。

大约 30 万人[①]。归结起来，就是不相信甚至恐惧这个新生国家。"对布尔什维克的恐惧不外乎是对失序的恐惧，这种秩序会对市场经济的恢复造成致命障碍，因为市场经济只有在一个全面信任的氛围下才能运转。"[②]

苏俄内战和外国武装干涉加剧了"一战"对俄国所造成的破坏。南方重工业的受损情况尤甚。除了固定资产损失外，战争还使燃料、原料、材料等流动基金消耗殆尽。这些困难因运输遭受破坏和粮食不足而不断加深。苏俄的工业、农业产值分别相当于战前的 1/8 和 1/3，损失 2000 多万人口[③]。

苏维埃政府化解国内危机与外部强权压力的能力受到考验。在 1922 年以前，苏俄的政治、经济是以国际上的守势和国内的分裂为主要特征，要解决的是生存问题。到 1925 年，苏联基本完成了战后经济重建，以及获得国际承认的任务。此后，苏联进入社会主义建设时期。

为了实施这个图生存、求发展的战略，苏维埃政府从东、西两个方向展开行动。地跨欧亚的地理位置为其"用空间换取时间"提供了回旋余地，这种优势又被石油资源的调度所强化。

苏俄东部有美国、日本的部队，但是日本的威胁最大。继占领滨海边疆区、阿穆尔河沿岸和外贝加尔地区之后，日本又出兵占领了北萨哈林岛。但是，美国对日本出兵东西伯利亚数量过大并垄断铁路大为不满，于 1920 年完成撤军。美国还不承认日本对北萨哈林岛的占领，要求日本归还苏俄。

苏俄的对策是成立远东共和国。远东共和国是 1920 年 4 月在东、西伯利亚和远东地区成立的民主共和国，首都在上乌金斯克（现称乌兰乌德），后迁到赤塔。政府领导人是布尔什维克亚·米·克拉斯诺晓科夫、彼·米·尼基福罗夫等。苏俄政府于同年 5 月正式承认远东共和国，并为其提供财政、外交、经济和军事援助。

远东共和国是适应当时极为复杂的政治形势而成立的，目的是防止苏俄

---

① 〔美〕安迪·斯特恩：《石油阴谋》，石晓燕译，中信出版社，2010，第 32 页。

② 〔英〕卡尔·波兰尼：《大转型：我们时代的政治与经济起源》，冯钢等译，浙江人民出版社，2007，第 208 页。

③ В. М. Симчер. Развитие экономики России за 100 лет，1900－2000：ист. ряды，вековые тренды，институциональные циклы. М.：Наука，2006，С. 112.

同日本发生军事冲突，并为在远东地区消除外国武装干涉和白匪叛乱创造条件。具体到国家间关系，可以分为两个任务：一个是抑制日本的武装干涉和领土要求；另一个是通过贸易的途径在美、日之间寻找获得主动权的机会。

与美国建立经济联系在远东共和国对外联系中占据着重要位置。美国是标榜民主的国家。远东共和国宣布，尊重私有财产、实行多党制和自由选举，这些措施符合美国的口味。苏俄可以用资源换取美国的资金和技术。1920 年 10 月底，苏俄与美国万德利普公司达成合同意向。据此，万德利普公司获得为期 60 年的租让权；满 35 年后，苏俄有权提前赎回全部租让企业；满 60 年后，各企业及其运转的设备无偿地转归苏方所有。1921年 3 月，远东共和国派往北京的商务代表团团长伊格内修斯·尤林向美国展示了远东共和国准备对美国开放的经济领域："远东巨大的自然资源，如位于堪察加半岛和萨哈林巨大的煤和石油储备、位于阿穆尔地区的金矿和位于外贝加尔的稀有金属钨矿以及不计其数的鱼类、毛皮和木材资源——所有这些都向私营资本开放。"[1] 远东共和国与美国辛克莱石油公司签订的开发合同，在俄、美、日之间引发了风波。

日本承认远东共和国的独立有两个意图：其一是继续保持自己在苏俄领土上的势力；其二是需要一个缓冲区[2]。在萨哈林岛，与美国相比，日本占尽优势：在 1905 年得到该岛的南部，如今又占领了其北部；在岛上，日本企业、军队的身影随处可见；含油量较高的奥哈，也被日本列入重点开采地段。

十月革命后直到 1933 年，美国历届政府都对苏维埃政府实行"不承认"政策，金融界也迫于政府的压力不能为美国企业在苏俄的经营活动提供长期贷款。

早在 1920 年，辛克莱石油公司就向美国政府建议与远东共和国签订北萨哈林岛石油租让协议。1921 年 7 月，公司总裁哈里·辛克莱告知本国政府，他与远东共和国的谈判已经顺利完成。

哈里·辛克莱是美国堪萨斯州一个城镇里的一个药铺老板的儿子。在他 20 岁那年，因为投机失败而失去了自家的店铺。破产之后，他以倒卖钻

---

① 徐振伟、袁文君：《远东共和国与美国的经济交往》，《俄罗斯中亚东欧研究》2008 年第 6 期。
② 李凡：《日苏关系史（1917～1991）》，人民出版社，2005，第 30 页。

机井架所用的木材为生。后来，他又在堪萨斯州东南部和俄克拉荷马州奥赛治印第安人领地购买和出售小块的石油地产。他设法吸引了一些投资者，在各个租地建起了一批小型石油公司。他把赌注下在俄克拉荷马的格兰油田上，赚了一笔；又在当地以每桶 10 美分的价格买进所有弄得到手的原油，筑起铁罐储存起来。等到俄克拉荷马输油管接通之后，他又以每桶 1.2 美元的价钱将原油卖掉。到"一战"时，辛克莱已成为美国大陆中部最大的独立石油生产商。1916 年，他建立起自己的一体化公司。不久，他的公司已跻身于美国 10 家最大石油公司之列。[①]

1922 年 1 月 7 日，辛克莱本人与远东共和国的正式代表签署了合同。按照合同，公司在当地得到了 1000 平方俄里的租让地段来开采石油、天然气和树脂，期限 36 年。公司有权在岛上建两个港口、铁路、电话线和电报线。这个合同附加了远东共和国有权解除合同的条件，此外，合同还规定试钻必须在一年内开始。为此，辛克莱石油公司派出了地质学家，但是遭到了日本的阻拦。[②]

美、日同为"一战"战胜国，随着实力的增长，双方的矛盾继续加深。为了缓和帝国主义战胜国在远东、太平洋地区的矛盾，1921 年 11 月至 1922 年 2 月召开了华盛顿会议。会议有两项议程：一是限制海军军备问题；二是太平洋和远东问题。会议签署的一系列文件形成了华盛顿体系的框架。华盛顿体系承认了美国的优势地位，日本却受到限制并且失去了英日同盟。从此，日本逐渐走向了与英美对立的道路。

苏俄没有参加华盛顿会议却有意外收获。华盛顿限制海军军备条约不仅对苏俄没有效力，反而帮了它的忙，因为这些条款在苏俄还无力进行竞争的时期大大放慢了别国海军发展的步伐[③]。当然，这以苏俄红军的实力为后盾，它已经接受了国内战争的洗礼。苏俄把注意力放在了同年 4 月召开的热那亚会议上。

在热那亚，苏俄不仅在外交谈判中争取自己的利益，而且打出了石油

---

① 〔美〕丹尼尔·耶金：《石油大博弈》（上），艾平译，中信出版社，2008，第 148 页。

② Левина А. Ю. Столкновение нефтяных интересов США и Японии на Северном Сахалине (1918 – 1925 rr)，http：//japanstudies. ru/index. php？option ＝ com＿ content&task ＝ view&id ＝ 483.

③ 〔美〕唐纳德·米切尔：《俄国与苏联海上力量史》，朱协译，商务印书馆，1983，第 393 页。

这个对西方极具吸引力的王牌。石油巨头都派人随同本国的代表团前往。苏俄代表团阐述了苏维埃政府将准备实行不同于沙皇俄国的石油开发政策。根据列宁的建议，苏方拒绝以任何形式恢复私人财产或给予金钱的可能性，同时规定了让步的界限，过了这个界限就"寸步不让"。也就是说，苏方仅仅允许过去的外国私有者有取得租让和租借企业的优先权。[①]

列宁曾经宣布："我们无法在没有国外设备和技术援助的情况下单靠自身力量恢复衰败的经济。"为得到这些援助，他愿意向"最强大的帝国主义辛迪加"提供广泛的特许权。他首先提到的两个例子就是石油，租让"巴库的1/4和格罗兹尼的1/4"。这些地区的油田在1921年2月被列入了租让计划。

列奥尼德·克拉辛是一位谈判能手。这不仅是因为他的为人处事方式，更主要的是他的业务水平。他深知，苏俄国内的改革与解决国际政治中迫在眉睫的问题一样，不改善与西方的关系就难以实现，其中"最重要的是得到西方的承认"[②]。他清楚，为了国家的长远发展必须吸引外国投资。"分化"是克拉辛谈判的基本策略。争斗双方是英、美的石油公司，两者都想独占苏俄的石油，都关心对手与苏俄代表的谈判情况。热那亚会议期间，克拉辛利用了这种矛盾。实际上，英国在热那亚会议之前就与苏俄缔结了贸易协议。

英美用自己的观念界定苏俄的租让，认为它"意味着承认和保护财产的权力"。苏方感兴趣的是那些能够使外国资本和苏联石油的基础设施都得到发展的投资。[③] 不仅如此，它们准备租让的是十月革命前自己在俄国所拥有的含油区，这些地段现在多为阿塞拜疆石油公司等苏俄公司所管辖。[④]

意大利的表现不同于英美。意大利代表曾在私有财产小组委员会上声明："为了以实事求是的精神继续工作，说租让制与归还财产之间有差别是没有好处的，因为租让制的条件能充分满足原业主的要求。"苏俄也准

① 〔苏〕埃·鲍·根基娜：《列宁的国务活动（1921～1923）》，梅明等译，中国人民大学出版社，1982，第544页。

② Шишкин В. А. Советская Россия и Запад в 1920 – е гг. (Новые подходы к изучению проблемы) //Россия вXX веке: Судьбы исторической науки. М., 1996, C. 66 – 67.

③ 〔美〕迈克尔·伊科诺米迪斯、唐纳·马里·达里奥：《石油的优势：俄罗斯的石油政治之路》，徐洪峰等译，华夏出版社，2009，第74～75页。

④ А. А. Иголкин. Советская нефтяная промышленность в 1921 – 1928 годах. М.: РГГУ, 1999，C. 95.

备把格罗兹尼的部分含油地段交给意大利经营。①

　　签订《拉帕洛条约》是苏俄在热那亚会议上取得的最大成果。《拉帕洛条约》的签订是同样被排斥在凡尔赛体系之外的苏俄、德国倾向于联合的结果。据此，俄德双方互不赔款，以最惠国待遇来发展两国的经贸关系。瓦尔特·拉特瑙是拉帕洛计划的设计者，这一计划设想借助德国的工业技术实现苏俄的工业化。两国的石油合作是其中的一个重要内容。德国对苏俄石油的期望，在 1918 年对巴库石油的分割协议中已经暴露无遗。②《拉帕洛条约》规定：大量德国的机械和设备、钢铁和其他技术将被卖到苏俄，用于重建和扩展巴库油田；德国将在本国境内建设由德苏共同拥有的原油和汽油分销中心，为苏俄石油打开市场。③ 由此，苏俄实现了打破资本主义封杀的重要一步。并且苏俄和德国从此开始了军事合作。

　　但是，萨哈林岛还在日本人的手里。1922 年 6 月，日本发表声明，表示要在同年 10 月底撤兵西伯利亚，但继续占领北萨哈林岛。

　　同年 10 月，海参崴得到解放。11 月 14 日，在远东大部分地区肃清了武装干涉者和白卫军后，远东共和国国民议会做出加入俄罗斯苏维埃社会主义共和国的决定。全俄中央执行委员会很快响应，宣布远东共和国为俄罗斯的一部分。

　　在苏俄石油租让政策实施过程中，面向西方与面向东方相伴而行。热那亚会议是苏俄建国初期参加的第一次大规模讨论欧洲经济问题的国际会议。会上，由于双方的立场相差甚远，苏俄无法与英美达成一致。但是苏俄多了德国这副筹码。直到 1927 年，德国的资金和技术人员在苏联的工业建设中一直起着极为重要的作用。在贷款条件上，德国也要比美国宽松。《拉帕洛条约》则一直维持着苏德在 1941 年前的关系。

　　在西方有所收获后，苏俄又转向东方与美、日博弈。萨哈林岛的战略

---

① 〔苏〕伊·费·伊瓦辛：《苏联外交简史》，春华等译，商务印书馆，1995，第 99 页；Г. Н. Севостьянов. Москва – Рим: Политика и дипломатия Кремля，1920 – 1939. М：Наука，2003，С. 170 – 171。

② 根据 1918 年 8 月 27 日苏德补充条约：苏俄必须以赔偿 "战费" 的形式付给德国 60 亿卢布赔款，并把巴库石油产量的 1/4 交给德国。参见〔苏〕И·И·罗斯图诺夫主编《第一次世界大战史》（下），钟石译，上海译文出版社，1982，第 961 页。

③ 〔美〕威廉·恩道尔：《石油战争：石油政治决定世界新秩序》，赵刚等译，知识产权出版社，2008，第 78 页。

地位实际上提高了。

美国官方和民间对待苏俄的立场存在反差。热那亚会议前，美国政府坚持强硬的反苏立场；会议期间起着破坏作用。但由资本家经营的美国石油公司比政治家要现实得多。苏俄政府对美国辛克莱石油公司与远东共和国的谈判评价很高，因为它"在政治上非常有利于美国和日本在远东发生利益冲突"①。从这个角度看，苏俄面向东方又往往是为了面向西方而采取的手段。华盛顿会议结束后，远东共和国贸易代表团的活动越来越强烈地吸引美国社会舆论的注意。美国官方的观点是主张继续不承认远东共和国。但美国实业界、舆论界则认为，基于远东共和国的民主性质、俄国市场和远东资源的吸引力，美国应与远东共和国进行政治接触和建立经济联系。②

苏方也有大动作。其代表列奥尼德·克拉辛与哈里·辛克莱在伦敦举行会谈。会谈的结果之一是，辛克莱与美国参议员阿尔伯特·法尔和阿奇博尔德·罗斯福一起访问莫斯科，在那里，他们就巴库油田，包括萨哈林岛油层的开采权进行谈判并达成一致。双方还将成立一家各占一半股权的合资公司，平等享受全球石油销售的利润。辛克莱等人同意，在项目中的投资不少于11500万美元，并且同意为苏方政府申请更多的美国贷款。辛克莱还承诺，说服美国总统哈丁改变对苏的不承认政策。③ 前文中，我们已经提到巴库和格罗兹尼出现的"谢列布罗夫斯基派"，它从另一个侧面反映了资本雄厚、技术先进的美国石油公司受到苏方的青睐。

哈里·辛克莱高估了自己的能力，履行北萨哈林岛石油租让合同的阻力重重。辛克莱石油公司要到被日本占领的地区勘探石油，而日本已经开始了当地的开采进程，不希望再出现新竞争者。辛克莱石油公司派出的两位工程师遭到日军的扣押，并且被驱逐出岛。此事经媒体曝光后，美国社会出现反日情绪，④ 合同期却在日益临近。1924年5月1日，苏方告知给予公司6个月的履约通融期。辛克莱请求美国政府出面与日本交涉公司

---

① А. А. Иголкин. Нефтяная политика СССР в 1928 – 1940 – м годах. М., 2005, C. 212.

② 初祥：《远东共和国史》，黑龙江教育出版社，2003，第279～281页。

③ 〔美〕威廉·恩道尔：《石油战争：石油政治决定世界新秩序》，赵刚译，知识产权出版社，2008，第76页。

④ Евгений Жирнов. Интервенцию нельзя превратить в оккупацию, http://www.kommersant.ru/Doc/2001474.

人员进出北萨哈林岛问题，但是没有结果，反倒是苏联政府对日本驱逐辛克莱石油公司人员的举动提出了抗议。① 与此同时，日本却在占领区大搞石油勘探、开采。

究其原因，苏美经济关系的发展受到两国尚未建立正式外交关系的制约。万德利普公司由于没有得到美国政府、国内大财团的支持而放弃了合同。辛克莱石油公司得到了租让许可却无法履行合同，因为美国政府多次拒绝了它提出的照会日本政府不得干涉经营的申请。1925 年 3 月 12 日，美国国务卿备忘录中提到，辛克莱等公司与苏联政府的联系具有私人性质、不属于国家事务范畴。②

同时，辛克莱石油公司也因被卷入美国"茶壶顶"丑闻而焦头烂额。柯立芝总统的继位还使辛克莱的巴库项目胎死腹中，承认苏联的计划也无果而终。辛克莱后来的事迹被爱德华·钱塞勒的《金融投机史》引为案例：哈里·辛克莱在 1928 年雇用了投机者阿瑟·卡藤，跟大通银行的子公司联手拉抬辛克莱联合石油公司的股价，成功获利 1200 万美元。

与辛克莱石油公司不同，日本企业有本国政府的支持。日本不仅在苏俄领土上保留驻军，还乘机染指那里的资源。无论是堪察加半岛，还是北萨哈林岛，都在日本的实际控制之下。美国要介入这两个地区的资源开发，日本当然不会答应。按照日本海军方面的预算，北萨哈林岛石油可以年产 10 万吨，投资额为 500 万日元，获纯利达年均 70 万日元。投资 500 万日元中，固定资本为 400 万日元，其中海军出资 300 万日元，北辰会出资 100 万日元。这个时期，海军从临时军事费中向油田调查活动和北辰会分别支付资金，1920 年度分别支付 60 万日元和 56.9 万日元；1921 年度分别支付 140 万日元和 87.7 万日元；1922 年度分别支付 150 万日元和 88.8 万日元；1923 年度分别支付 50 万日元和 101 万日元；1924 年度支付 41 万日元，总计约 775.7 万日元。③ 为了得到更加有利可图的租让协议，日本

---

① Левина А. Ю. Столкновение нефтяных интересов США и Японии на Северном Сахалине (1918 – 1925 гг)，http: //japanstudies. ru/index. php? option = com_ content&task = view&id = 483.

② Вальков В. А. СССР и США. Их политические и экономические отношения. М.：Наука，1965，С. 149 – 151.

③ 李凡：《日苏关系史（1917~1991）》，人民出版社，2005，第 51 页。

甚至将不久前还是其盟友的白匪分子交给苏俄审判（见图4-1）。日本的"官民一体"赢了美国的官民"各行其是"。

图 4-1　日本交给苏俄的白卫分子

资料来源：Евгений Жирнов. Интервенцию нельзя превратить в оккупацию，http：//www. kommersant. ru/Doc/2001474。

尽管如此，苏日有关北萨哈林岛租让的谈判充满了波折。经过大连、长春的两轮交涉，两国的谈判依然未果。1923年2月至5月，后藤新平与越飞"私人"会谈、川上俊彦与越飞非正式会晤中都谈到了北萨哈林岛及其购买问题。双方出价相差悬殊，川上俊彦提出："将该岛长期租借给日本政府，或者日本会社进行石油、煤炭、森林等资源开采，苏方可以从中获得一定比例的分配额。"越飞对此并未给予答复。① 5月，苏联召开委员会第一次预备会议，讨论的问题是在出售、长期租赁、合资经营三种可供选择的方案中哪种更合适？发言者的侧重点各异，但合在一起就构成了北萨哈林岛政治、经济、军事意义的完整画面。在出售方案中，苏方出价15亿金卢布，日方同意的金额是1.5亿金卢布。②

---

① 李凡：《日苏关系史（1917~1991）》，人民出版社，2005，第38~41页。

② Евгений Жирнов. Политбюро не возражает против продажи o. Сахаина，http：//www. kommersant. ru/doc/2005801. 1923~1924年，斯大林、Г·В·契切林和Л·М·加拉罕围绕对日谈判问题的往来书信中揭示了萨哈林岛石油的作用。加拉罕甚至主张在谈判中"态度要强"，因为日本需要萨哈林岛的石油，如果谈判破裂，日方的损失更大。〔俄〕斯维亚托斯拉夫·雷巴斯、叶卡捷林娜·雷巴斯：《斯大林传：命运与战略》（上），吴昊、张彬译，上海人民出版社，2014，第401~402页。

1924 年，日本准备出价 10 亿日元购买北萨哈林岛。① 因为这里有丰富的渔业资源、矿产资源，再加上先前占领的南萨哈林岛，都有助于日本的资源开发向周边地带扩展。但是为时已晚，双方在谈判中的地位变了。

继苏俄有效控制其远东战略要地之后，苏联在外交上取得重大进展。1924 年，许多资本主义国家同苏联建立了外交关系。英苏贸易协议不仅为进一步开展英苏贸易创造了条件，而且意味着作为对苏俄武装干涉最积极策划者的英国事实上承认了苏维埃国家。这个贸易协议促进了各国对苏贸易倾向的加强②。两次世界大战之间的国际贸易多属双边性质。苏联又适时加大了石油外交力度。1923～1924 财年，苏联石油辛迪加与 20 个国家的 28 个贸易公司开展业务联系。苏联石油和石油产品的出口量不断增长，1923～1924 财年已经达到了 4290 万普特，1921～1922 财年苏联出口的原油是 1913 年的 2 倍，1923～1924 财年是 "一战" 前的 100 倍。更重要的是，苏联与英美的石油贸易恢复了。与苏德贸易相比，20 世纪 20 年代的苏英贸易不够稳定，石油贸易在增强苏英贸易的稳定性方面发挥了重要作用。1922 年底，壳牌公司开始秘密购买苏联煤油，然后在远东转卖，之后转向公开购买。1924 年 8 月，苏联在伦敦注册了 "俄罗斯石油产品有限公司"。第二年，英国所有铁路开始在国内运送这家公司的石油产品。1924 年，美国原标准石油公司系统的子公司第一次购买了苏联石油。1924～1925 年，苏联通过美国石油公司和壳牌公司出口了所产煤油总量

图 4－2　苏维埃萨哈林岛地图③

---

① Николай Глоба. Как концессионные соглашения помогли избежать нападения Японии на СССР, http：//bujet. ru/article/67916. php.

② 王绳祖主编《国际关系史》（第四卷：1917～1929），世界知识出版社，1995，第 211 页。

③ Ю. Основ. Из истории гражданской войны в СССР. Японская оккупация северного Сахалина//БорьбаКлассов，№10，1935，С. 67. 按照国内的学术规范，上图中应当标出汉语。此处是为了保留该图原貌。

的 44%。① 此时再谈购买萨哈林岛，日本已经没有机会了。

美国本来是苏维埃政府开发北萨哈林岛石油的最优选择。鉴于辛克莱石油公司的表现，要开发北萨哈林岛石油，美国是指望不上了，只能采取次优选择，即用石油、煤炭租让权换取日本撤军的谈判条件。苏联希望以此获得日本的外交承认，继而通过租让等方式遏制日本军事入侵其远东的意图。②

1925 年 1 月 20 日，苏日两国在北京签署了《相互关系条约》（又称"基本条约"）。据此，双方宣布建立外交关系。文件还规定给予日本企业家在北萨哈林岛的石油、煤炭租让合同。作为交换条件，日本从北萨哈林岛撤军。

图 4 - 3 捷尔任斯基、李特维诺夫代表苏联签约后，日本才明确了撤军日期③

同年 2 月，苏联最高国民经济委员会批准莫斯科州法院关于废除辛克

① 〔俄〕В·Ю·阿列克佩罗夫：《俄罗斯石油：过去、现在与未来》，石泽等译，人民出版社，2012，第 227～228 页。

② Булатов В. Японские концессии на Северном Сахалине как инструмент советской внешней политики//Власть，№11，2008，С. 124 – 128.

③ Евгений Жирнов. Политбюро не возражает против продажи о. Сахаина，http://www. kommersant. ru/doc/2005801。捷尔任斯基是"契卡"的领导人。从 1924 年起，他还出任了苏联最高国民经济委员会主席。捷尔任斯基对苏联经济的发展，特别是对铁路运输、煤炭工业、冶金工业、石油开采的发展做出了重要贡献。捷尔任斯基授权签署萨哈林石油租让合同将该岛北部的油田租让给日本开发。

莱石油公司租让协议的决定。

2月4日，苏联成立以阿巴尔金为首的接收北萨哈林岛全权委员会。3月中旬，该委员会奔赴接收地点。4月4日，日军撤离奥哈、雷布诺夫斯克。4月16日，苏联以奥哈村为中心成立东部行政区。5月，接收临近尾声：1日，《苏维埃萨哈林》报创刊；4日，最后一名日军士兵离开北萨哈林岛；15日，岛上升起苏联国旗。8月，最高国民经济委员会经济管理总局矿物处酝酿在岛上成立石油公司，相关会议记录指出："有必要通过托拉斯的方式在萨哈林岛建立具有全苏意义的专门机构，它负责石油的地质勘探、经济合理性等研究及后续开发。……托拉斯管理机关的所在地是海参崴市，它在莫斯科有代表机关。"[①] 12月14日，苏联与日本公司签订石油租让合同。日本得到了8个油田，分别是奥哈、埃哈比、努托沃、皮利通、柴沃、内沃、卡坦格利、维格列库特。

苏日租让合同中规定开采露天油田的期限为45年，寻找新油田为11年。日本人应每年支付开采量的4%作为租金。此外，最初3万吨的5%作为苏联的份额提成，以后每增加1万吨这个份额就增加0.25%。开采量达到23万吨，苏联政府的份额提成是15%，并且以此封顶。租让合同还单独规定了自喷井的份额提成（根据产量从15%～45%不等）和开采天然气的份额提成（根据所含天然气馏分从10%～35%不等）。此外，日本还要付总开采量的3.85%作为土地税。合同中所规定的支付数额相当于那些年世界的平均标准。[②]

苏、美、日在这场博弈中谁是胜者？日本海军省算是一个胜者。受地理位置和燃料稀缺的制约，日本一直渴望得到外部石油供应。北萨哈林岛的石油可以减少日本对进口美国石油的依赖程度。签订苏日租让协议的日方代表是仲理将军，他也是日本租让公司的第一任总经理，代表着当时萨哈林岛上石油主要需求者——日本海军的利益。

苏联不仅收回了被占领的北萨哈林领土，而且使其东部的安全形势改

---

① В. И. Ремизовский. Хроника Сахалинской нефти 1878 – 1940 гг, http: // okha – sakh. narod. ru/ hronika. htm.

② 〔俄〕В. Ю. 阿列克佩罗夫：《俄罗斯石油：过去、现在与未来》，石泽等译，人民出版社，2012，第233页。在《日本外交文书》中也有记录，石油权利共计48条款。李凡：《日苏关系史（1917～1991）》，人民出版社，2005，第52～53页。

观。它还通过石油贸易使美国公司先于美国政府被拉进了苏联的"游戏"之中。

美国在北萨哈林岛确实有损失，辛克莱石油公司成为最大的输家。但是从全局上看，在苏俄、苏联 20 世纪 20 年代上半期签订的租让合同中，美国居第三位，仅次于德国、英国。到 1928 年初，美国超过英国而排在德国之后，日本排在第四。① 学者杰克逊写道，在 20 世纪 20 年代中期，"知道亨利·福特和国际收割机名字的俄罗斯人比知道苏联领导人名字的人都多。德国和苏联的军队根据 1922 年两国政府间签订的协议正在进行合作。欧洲和美国的工程师已被利用来管理重要的基础设施建设项目。苏联经济的领头人（够格的还包括布哈林和斯大林）都向往美国技术的效率"②。1926 年，洛克菲勒拥有的真空石油公司与苏联纳普塔辛迪加商定了一桩生意，通过大通曼哈顿银行向欧洲国家销售苏联石油。这笔买卖的结果是，洛克菲勒标准石油公司于 1927 年在苏联建立了一家炼油厂，之后，他们被允诺得到高加索石油产量的 5%。③ 从 1928 年开始，苏联改变了主要依靠德国的方针，开始转为更多地依靠美国的人员和技术力量。两国签署了租让合同、技术协作合同。截至 1928 年 10 月 1 日，苏联已经有 9 个与美国的租让合同和 6 个美国公司给予技术帮助的合同生效，其中包括石油行业。在 20 世纪 20 年代末，苏美经济合作主要的指标已经与苏联和英国、德国的同类指标持平，有的指标甚至超过后者。美国格瑞沃公司用长期贷款为巴统石油加工厂供应了温克勒－科赫公司的裂化装置。这家公司在 1930 年、1932 年分别为图阿普谢和耶罗斯拉夫尔的石油加工厂供应了裂化装置。1928～1930 年，美国纽约的福斯特惠勒公司和波士顿的巴尔杰父子公司也为苏联的石油加工行业供应了设备。④

---

① Шпотов Б. М. Американский бизнес и Советский Союз в1920－1930－е годы：Лабиринты экономическогосотрудничества. М.：Книжный дом 《ЛИБРОКОМ》，2013，C. 55.

② 〔美〕加布里埃尔·杰克逊：《文明与野蛮：20 世纪欧洲史》，余昌楷等译，东方出版社，2010，第 154 页。

③ 〔加〕丹尼尔·伊斯图林：《彼德伯格俱乐部：操纵世界的影子集团》，姜焜等译，新星出版社，2009，第 188 页。

④ 〔俄〕В. Ю. 阿列克佩罗夫：《俄罗斯石油：过去、现在与未来》，石泽等译，人民出版社，2012，第 243 页。

第二节 苏联与日本的博弈

在苏维埃政府当时的石油战略决策中，萨哈林石油租让合同的情况较为特别。它要考虑的因素比较多，首先，从政治战略意义上看，萨哈林岛是苏日两国的争议区。就丰富的石油、渔业、在边界争端中的位置，以及地缘政治的重要性来说，这里具有特别价值。① 苏日建交后，苏联仍然承认《朴次茅斯条约》的有效性，南萨哈林岛还在日本人手里。其次，日本准备对岛上的石油资源进行掠夺式的开发。日本海军省军需局局长的说明书有这样的记载：根据合同，预计北萨哈林岛油田可以开采石油 800 万吨，其中半数即 400 万吨归日本方面。如果日本方面年产 10 万吨，可以开采 40 年。② 最后，从经济方面来看，苏联远东地区属于国家的落后地区。加快萨哈林岛的石油开发，可以带动这个地区的发展。

北萨哈林岛租让油田的布局，离不开 H. A. 胡加科夫的工作。他收集了近 5 年来（1920～1925 年）日本积累的地质、技术和经济信息，从苏联石油生产企业的角度制定出租让油田的条款。③ 所有油田被分成方块形状，在苏日企业之间呈棋盘状分布。

20 世纪 20 年代后 5 年，日本租让公司在北萨哈林岛保持着石油产量优势。1926 年，该公司开采了 3 万吨石油，1927 年的产量为 7 万吨，公司也改称为"北萨哈林石油公司"。其参与者是一些日本的大公司，包括"三井""三菱""住友""大仓科奇奥""日本石油""久原"。1928 年，该公司在北萨哈林岛的石油产量达到 13.3 万吨，1929 年为 15 万吨。1929 年，来自北萨哈林岛的石油占日本需求量的 13% 左右。④

在稳定了与日本的关系后，苏联的注意力转回欧洲。发展石油工业是苏联燃料矿物化进程中的组成部分。此前为应对燃料危机，木柴一度在苏

---

① 〔美〕迈克尔·伊科诺米迪斯：《石油的优势：俄罗斯的石油政治之路》，徐洪峰等译，华夏出版社，2009，第 93 页。

② 李凡：《日苏关系史（1917～1991）》，人民出版社，2005，第 54 页。

③ Трест《Сахалиннефть》. Становление, http://sakhvesti.ru/? div = spec&id = 110.

④ 〔俄〕В. Ю. 阿列克佩罗夫：《俄罗斯石油：过去、现在与未来》，石泽等译，人民出版社，2012，第 234 页。

俄燃料平衡表中占优。苏联国内的能源消费结构非常有利于增加出口，其国内煤油消费上升，使其可以将大量汽油用于出口。因为苏联汽车工业刚刚起步，煤油炉是居民日常生活中的备品。从1925年起，苏联全力转向石油出口。欧美则是另一种景象。由于汽车工业和海军建设的发展，欧美对汽油、重油的需求正强劲。汽车、飞机等新科技设备同时具有军用和民用的功能，石油被赋予了战略意义。同时，石油储备的分布极不均衡，这意味着石油必须通过国际贸易才能满足各国的需要。燃料消费结构的差异为苏联石油出口创造了条件。苏联汽油在欧洲进口中所占的比重，1925年是6.8%，1926年是8.3%，1927年是11.5%。1926～1927年，苏联通过美国原标准石油公司的子公司和壳牌公司出口了所产煤油的33%。所有出口到印度和埃及的产品只能通过这两家公司。[①] 1928年，苏联汽油产量不及美国的2%，但其煤油产量相当于美国的24.5%。[②]

1927年，苏英关系一度恶化。5月12日，伦敦警察闯入英苏贸易公司（全俄有限合作公司）大楼。5月27日，英国政府宣布断绝与苏联的关系。6月7日，苏联全权代表沃伊柯夫在波兰被杀。这就给人以这样的印象，似乎苏联正在被排除在国际社会之外，国际法已不再保护苏联在国外的代表了。6月15日，英国、德国、法国、比利时、日本的外交大臣在日内瓦秘密会晤，讨论了"俄国问题"。只有德国不赞成英国外交大臣张伯伦提出的采取行动的主张。壳牌公司组织了反苏宣传，公司的老板亨利·德特丁和莱斯特·厄克特为反对苏维埃国家的活动提供资金。参加这些活动的除了英国名流外，还有法国元帅福熙、美国驻柏林使团团长德雷斯尔。德特丁甚至召集会议讨论了西欧国家武装干涉苏联的"霍夫曼计划"。[③] 不过，俄罗斯石油产品有限公司在英国的石油业务并未中止，它在1929年上半年出口到英国的石油产品达到9500万加仑，是1928年前6个月的1.5倍。[④]

---

① 〔俄〕В. Ю. 阿列克佩罗夫：《俄罗斯石油：过去、现在与未来》，石泽等译，人民出版社，2012，第231、228页。

② А. А. Иголкин. Советская нефтяная промышленность в 1921－1928 годах. М.：РГГУ，1999，С. 87.

③ 〔俄〕尤·瓦·叶梅利亚诺夫：《斯大林：未经修改的档案——通向权力之路》，张捷译，译林出版社，2006，第476～477页。

④ 〔俄〕В. Ю. 阿列克佩罗夫：《俄罗斯石油：过去、现在与未来》，石泽等译，人民出版社，2012，第235页。

世界石油界也出现了新的变化。1928 年发生了两件大事：一件是达成阿奇纳卡里协议，另一件是土耳其石油公司股份重组和《红线协议》。这两个协议签在当下，对未来的影响却很长远。英美大石油公司是垄断世界石油市场的"巨鳄"，双方多年争斗的结果，使其在苏格兰城堡阿奇纳卡里达成了卡特尔协定。他们的秘密协议正式称为 1928 年阿奇纳卡里协议（或"既成事实"协议）。"阿克纳卡里协议的意图和原则，以及后来的政治反应，影响了整个石油工业达三十年之久。这个协议不能把所有的石油公司全都包括进去，因为它不能使俄国的石油就范，但它给西方最大的石油公司带来极大的好处。"① 从此，在相当长时期内，"七姊妹"统治了国际石油工业。七姊妹对中东等地石油的垄断开采权是通过石油租让权来体现的，而租让权的获得和维持更多地依赖于英美等国的政治经济强制。石油生产国政府并不参与生产和定价，只能获得石油租借地特许权的租金。

到 1932 年，苏联萨哈林石油公司的产量超过了日本的租让企业。这与苏联政府的支持，当地石油工作者的不畏艰苦、忘我劳动精神密不可分。斯大林工业化的成果也在逐渐向萨哈林岛传播。"一五"期间，苏联利用资本主义世界遭受经济危机打击之机，从西方引进一批先进的机器设备和技术力量，还用高薪聘请外国专家和技工。由于苏联技术力量不足，这些企业大多没有达到外国设备的设计能力。1933 年，苏美建交。其原因在于：经济上，美国希望打开苏联市场，缓解危机，而苏联的工业化也需要得到美国资金、技术、设备方面的支持；政治上，日本已在远东使用武力强行改变华盛顿体系，希特勒也在德国取得政权，形势紧迫，美国也有改善和苏联关系的要求。② "二五"期间，苏联政府注意挖掘已建企业的潜力，同时大力发展本国机器制造业。先后在斯维尔德洛夫斯克、克拉马托尔斯克、新契尔克斯克、车里雅宾斯克等地新建起巨大的机器制造厂。扩建了高尔基、莫斯科两个汽车制造厂。此后，苏联基本停止了对外国设备的进口，全苏启动了 3000 个大型项目。③ 此外，萨哈林岛石油开发还得到

① 〔英〕安东尼·桑普森：《七姊妹：大石油公司及其创造的世界》，伍协力译，译文出版社，1979，第 96、98 页。

② 王绳祖主编《国际关系史》（第五卷：1929~1939），世界知识出版社，1995，第 47 页。

③ В. М. Симчер. Развитие экономики России за 100 лет，1900－2000：ист. ряды，вековые тренды，институциональные циклы. М.：Наука，2006，С. 216.

了高加索油区的大力支持。

萨哈林石油公司一度与日本北萨哈林石油公司合作，双方的专家共同考察过奥哈、卡坦格利（1928 年）、埃哈比（1936 年）油田。由于两家公司追求的目标不同，决定了这种合作的限度。两者各为其主，其行为并不完全受石油经济利益的驱动，而是为了实现更为广泛的国家战略目标。

图 4 - 4　日本在北萨哈林租让地带的石油钻塔

资料来源：Ю. Оснос. Из истории гражданской войны в СССР. Японская оккупация северного Сахалина//Борьба Классов, №10，1935，С. 71。

北萨哈林石油公司和日本海军省联系密切，公司领导层和部分工作人员都来自海军。1932 年，日本在北萨哈林岛的石油产量是 185435 吨。第二年，其原油日产量为 3860 桶，占日本原油筹措总量的 25%。[1] 有了这个来源，日本的底气足了。1934 年 12 月，日本废弃华盛顿海军军备限制条约。但是，日本还不敢与美国公开闹翻，一个原因是日本需要美国的石油供应。在 20 世纪 30 年代，日本所需原油大约有 80% 从美国进口，10% 来自荷属东印度。[2]

北萨哈林石油公司进行的是掠夺式开发。为了保证开采，日本向公司员工提供了优厚的生活待遇。这一点，让苏联企业的职工羡慕不已。苏联对外贸易人民委员部的委员会曾在检查北萨哈林石油公司 129 个租让企业的库房时，发现了大量的食品和日用品，还有禁止进入苏联的物品：双筒望远镜、猎枪、电话机、收音机、5 台酿酒机。[3] 日本公司开采出来的石油

---

① 〔日〕黑木亮：《石油战》（下），翁舒译，东方出版社，2010，第 257 页。

② 〔英〕尼尔·弗格森：《世界战争：二十世纪的冲突与西方的衰落》（上），喻春兰译，广东人民出版社，2013，第 334～335 页。

③ А. К. Соколов. Советская нефтяное хозяйство. 1921–1945 гг. М.，2013，С. 265.

都要运出萨哈林岛外。为此，日本修建了连接开采区到海岸的石油管道。在奥哈，还有一个规模不大的炼油厂。1934～1938 年，日本从岛上运出的石油分别是 24.04 万吨、17.46 万吨、16.64 万吨、21.63 万吨、16.12 万吨[①] 这些石油的数量呈减少的趋势，但是对于日本海上舰队具有特别的意义。从总量上看，截至 1944 年，日本从北萨哈林岛开采和运往本国的石油达 200 多万吨。[②]

萨哈林石油公司的目标，在大方向上是为祖国献石油，具体来讲是保障苏联远东的石油供应。我们可以从三个方面看萨哈林岛在全苏的地位：第一，开发偏远地区的需要，打造可以与租让企业相抗衡的企业；第二，就近寻找石油销售市场（中国、日本）；第三，苏联远东和东西伯利亚市场至今依靠高加索地区通过海路、铁路运输而来的石油。[③]

在北萨哈林岛，苏日企业的油田交错，客观上推动了萨哈林石油公司的加速开采，因为它担心日本的钻井平台会开发延伸到苏方地段内的石油储备。随着经济实力的恢复，苏联为萨哈林石油公司提供的生产、生活资料增加，使本国公司员工不再羡慕日本企业员工的物质待遇，从前双方员工之间发生的不愉快事件也在减少。[④]

萨哈林岛的石油开发不能脱离当时的国际环境。进入 20 世纪 30 年代，苏联经济的高速发展，与陷入"大萧条"之中的资本主义世界形成了鲜明的对比。这场危机于 1929 年从美国开始并席卷了全世界。主要资本主义国家纷纷实行以邻为壑的政策，极力为自己的产品和技术寻找外部市场。美国因为推行"罗斯福新政"才避免走上德国、意大利、日本的法西斯扩张道路。

苏联的石油工业也有不俗表现。强劲的石油出口对提升苏联的国际地位意义重大。1926～1935 年，苏联的石油出口占到西欧国家石油

① А. А. Иголкин. Нефтяная политика СССР в 1928 – 1940 – м годах. М. , 2005，С. 215.

② Т. Орнацкая, Ю. Ципкин. Борьба Советской России и Дальневосточной Республики за ликвидацию интервенции на Северном Сахалине в 1920 – 1925гг//Проблемы Дальнего Востока, № 2, 2008, С. 148. 另见〔苏〕С·А·戈尼昂斯基等编《外交史》第 4 卷下，武汉大学外系、北京大学俄语系、北京外国语学院俄语系译，生活·读书·新知三联书店，1980，第 475 页注 2。

③ Л. И. Вольф. Проблемы сахалинской нетфи (к пятилетию существования треста Сахалинефть) //Нефтяное хозяйство, №8, 2005, С. 143.

④ Лукьянова Тамара. Нефтяные концессия на Сахалине：прошлое и настоящее. приложение к《Вестнику ДФО》. 《Новый Дальний Восток》12 июня 2008, С. 16 – 17.

进口的1/7。[①] 在"大萧条"的高峰期，苏联继续大量增加石油产品的出口，但是其石油出口的收入却开始减少。1929年，苏联出口了386万吨石油和石油产品，出口收入为1.4亿卢布。1930年，上述指标分别为471万吨、1.6亿卢布，1931年上述指标分别为520万吨和1.2亿卢布。

英美大石油公司对苏联自主出口石油表示不满。世界经济危机期间，世界油价大跌。1929～1932年，世界（不包括苏联）石油开采量下降17%，苏联却在这段时间里增加了56.5%。1932年，苏联石油开采规模超过石油加工能力，多出300多万吨。1932年5月，苏联与英美等国在纽约召开石油会议，主要讨论了苏联的石油出口问题。美英石油公司建议苏联放弃在国际市场上自主行为，在今后的10年中按照规定的价格每年出口500万吨石油。苏联对西方要求撤销苏联在国外的销售机构的建议表示不满。经过数周的讨论，双方还是无法达成一致。[②]

德国、日本却在与苏联加强经济联系。苏联租让企业的数量在1925～1926年达到高峰。之后，被废除的租让协议数量超过了有效协议数量。1928～1931年，苏联没有成立新租让企业，到1931年10月还剩37个有效协议。但是这一时期租让企业已经处于退潮阶段：到1932年5月1日有24个，到1934年8月1日变成了15个，1935年只剩下11个。在各国在苏联的租让企业中，德、日的租让占据优势。[③] 这是由于地缘政治的原因所导致的，美国都排到了德、日之后。美孚石油公司在巴统的煤油精炼厂租让协议仍得到保留。1939年，苏联向美国大使馆提出申请，挽留拉斯马森坚持工作直到协议最后完成。[④]

斯大林特别关注欧洲和亚洲事态发展的相互影响。希特勒在德国执政，日本在亚洲推行"大陆政策"，使他担心德国与日本联手夹击苏联。斯大林的对策是：对内，加速国内的工业化进程；对外，在努力组织欧洲

① 〔美〕迈克尔·伊科诺米迪斯：《石油的优势：俄罗斯的石油政治之路》，徐洪峰等译，华夏出版社，2009，第79页。

② 〔俄〕В. Ю. 阿列克佩罗夫：《俄罗斯石油：过去、现在与未来》，石泽等译，人民出版社，2012，第265、236页。

③ Шпотов Б. М. Американский бизнес и Советский Союз в1920 – 1930 – е годы：Лабиринты экономическогосотрудничества. М.：Книжный дом《ЛИБРОКОМ》，2013，С. 54 – 55.

④ 〔美〕А. С. 萨顿：《西方技术与苏联经济的发展》，安冈译，中国社会科学出版社，1980，第19页。

集体安全的同时用石油外交来加强谈判地位。

前者由三个原因决定。第一，斯大林的目光是始终对准美国的发展情况的，只有在工业发展上超过美国，才算是体现了社会主义制度的优越性。第二，在远东地区发生的严重军事冲突使斯大林认为这是帝国主义对苏联的蓄意挑衅，不加速工业化，增加国防能力，苏联就不能应付还会随时爆发的诸如此类的事件。第三，斯大林此时正在国内全力推进农业全盘集体化运动，而没有大工业、重工业，就没有农业机器。①

日本在萨哈林岛的煤、油租让企业继续存在。北萨哈林石油公司甚至遭到了苏联的指责：日方浪费了油，因为它声称将产量的 16.5% 用于本企业的管理。苏联《为了工业化》杂志警告说，日本石油公司的未来，将取决于它的"提供充足资金的能力"②。苏日的劳资纠纷经常发生，对此双方各执一端。1937 年 1 月，斯大林收到了一封关于日本租让企业的信。信中谈到日本北萨哈林石油公司对待苏方工作者的苛刻，没有体检、缺少医疗救护站，劳动条件非常艰苦。日本北萨哈林石油公司 5 年中发生事故 1103起，导致死亡事件 27 起。照说，租让企业的待遇不错，但是矿工和石油工人的收入在苏联是最低的。据信中所说，承包所得完全是随意的，一部分工人就与管事的日本人拉关系并签订了奴役性的合同。信中还提到宿舍远离工作单位，日方拒绝修建学校、文化设施问题。日本北萨哈林石油公司对待苏方工作者的苛刻态度导致，在 10 年期间，日本租让企业接纳了8788 名苏联工人，走了 7471 人。写信人希望苏联中央租让委员会出面干涉，或者干脆宣布罢工。③

日本对外扩张需要解决燃料短缺问题。美国、荷属东印度、北萨哈林岛，是其三个石油来源。"自从日本开始从国外进口锡、橡胶、铁矿石、铜、木材、石油（日本特别需要石油）以来，东京就面临一个有待解决的问题，这些原材料是从现有强国的默许下获取，还是通过战争去夺取。"④

---

① 闻一：《俄罗斯通史（1917～1991）》，上海社会科学院出版社，2013，第 150 页。

② 〔美〕A. C. 萨顿：《西方技术与苏联经济的发展》，安冈译，中国社会科学出版社，1980，第 41 页。

③ A. K. Соколов. Советское нефтяное хозяйство. 1921 - 1945 гг. M. , 2013, C. 265.

④ 〔美〕保罗·肯尼迪：《二战解密：盟军如何扭转战局并赢得胜利》，何卫宁译，新华出版社，2013，第 263 页。

日本军部在对美英开战还是对苏联开战方案之间犹豫。无论选择哪一个，都会削弱日本的燃料储备基础。

1938 年，日本从北萨哈林岛运回国的石油较从前减少了 1/3。开采形势也不乐观。日本当年的计划产量是 24.36 万吨，实际只完成了计划产量的 60%。到 1939 年，日本在奥哈矿区有 211 口油井，日产量 300～320 吨；在卡坦格利矿区有 32 口油井，日产量 120～150 吨。这对日本的石油需求来说远远不够。1939～1940 年，北萨哈林石油公司准备打 10 口勘探井、49 口钻探井，但是都未能进行；规划建造的金属储油器、窄轨铁路、高压电线、石油管道等项目也停顿下来。[①] 外国人也在离开日本租让企业。1938 年 9 月 1 日，此类人员尚有 967 人，1939 年 6 月，此类人员只有 517 人。[②]

美国也不会坐视日本做大。1938 年，美国对日本实施航空物资的禁运，第二年美国又废除《美日商务条约》。

1939 年 8 月，苏联、德国签订了《互不侵犯条约》。通过这个条约，苏联把难缠的德国甩给英国和法国，希特勒则得到了行动自由。这个条约包含一些涉及石油权益和中东的秘密条款。例如，苏联承诺，如果德国击败了盟国，莫斯科将假以德国在波斯湾的自由行动；而斯大林把高加索石油提供给德国的决定则是对盟国的沉重打击。[③]

苏芬战争爆发后，美国对苏联实行"道义禁运"，"国联"也宣布开除苏联。甚至在 1940 年初有报告说，英国和法国计划联合轰炸巴库油田，切断苏联对德国的石油供应。[④]

斯大林、希特勒都知道，从长远看，苏德一场大战不可避免，但谁都

[①] А. А. Иголкин. Нефтяная политика СССР в 1928 – 1940 – м годах. М. , 2005，С.215 – 217. 可对照本书附录 1。

[②] А. К. Соколов. Советская нефтяное хозяйство. 1921 – 1945 гг. М. , 2013，С.265.

[③] 〔法〕菲利普·赛比耶－洛佩兹：《石油地缘政治》，潘革平译，社会科学文献出版社，2008，第 7 页。德国从这个条约中"得到了意想不到的好处。它能够暂时限制自给自足的情况，而不必调整经济方针。油及铁金属的巨额贸易对德国军工业也至关重要。特别是，幸亏有油的供应地法国战役中才得以回避预料会出现的燃料紧缺"。赖纳尔·卡尔希和雷蒙德·G. 施托克斯：《"石油因素"：1859～1974 年德国的石油经济》，慕尼黑，2003，第 208 页。转引自〔德〕亨利克·埃伯利，马蒂亚斯·乌尔《希特勒档案》，朱刘华等译，金城出版社，2005，第 359 页。

[④] 〔英〕杰弗里·罗伯逊：《斯大林的战争》，李晓江译，社会科学文献出版社，2013，第 72 页。

不愿意陷入东、西两线作战的窘境。因此，两国在相互戒备的同时还在改善关系。截至 1941 年 6 月 22 日，德国从苏联得到近两年的石油供应，数量为 66 万吨。[①]

从 1926 年苏联首次向日本提出双方缔结互不侵犯条约起，到 1941 年两国签署《中立条约》，经历了 15 年时间。期间，苏日发生了哈桑湖战役（"张鼓峰事件"）、哈拉哈河战役（"诺门坎战役"）。

经过哈拉哈河战役，日本关东军战无不胜的神话被苏军打破。这场战役是亚洲历史上的首次坦克战，日军在战斗中充分领教了苏联工业化成就的威力[②]。学者肯尼迪指出："苏联在大炮、飞机、重型坦克的火力等方面的明显优势震惊了帝国最高统帅部。关东军所拥有的师数，不及苏联人部署在蒙古和西伯利亚师数的一半，大批军队在中国日益陷入困境。在这种情况下，甚至那些更为极端主义的陆军军官们也承认，必须避免同苏联作战，至少是在国际形势变得对日本更加有利之前应当如此。"[③] 此役结束后，苏日再次交手要等到 1945 年的"八月风暴"行动。

哈桑湖战役、哈拉哈河战役并未终止日本在北萨哈林岛的租让地位。北萨哈林岛在荷属东印度沦陷前一直在日本的战略计划中占据着重要地位。它是距离日本最近的外部石油来源。日军的作战方向受此影响而出现分化：陆军的出击要着眼于中国东北、中国北方、内蒙古，要考虑苏联的威胁；海军需要北萨哈林岛的石油，主张向北防御、向南进取，关注点在荷属东印度、印度支那等太平洋地区，那里有大量的自然资源。[④] 因此，日本再度把注意力转向东南亚。1940 年 9 月，日本加入《德意日三国同盟条约》。为阻断滇越公路，日军强行进驻法属印度支那北部，威胁东南亚。为遏制日本进一步行动，10 月，美国禁止废钢铁运往日本；12 月，又将铁矿石、生铁、钢等列入禁运范围。

1941 年 4 月 13 日，苏联、日本签署了《中立条约》。弗格森写道：

---

① 〔俄〕В. Ю. 阿列克佩罗夫：《俄罗斯石油：过去、现在与未来》，石泽等译，人民出版社，2012，第 276 页。

② 〔日〕松元草本、〔中〕华野：《诺门罕，日本第一次战败：一个原日本关东军军医的战争回忆录》，李兆晖译，山东人民出版社，2005，第 174、193 页。

③ 〔英〕保罗·肯尼迪：《大国的兴衰》，陈景彪译，国际文化出版公司，2006，第 296 页。

④ Николай Глоба. Как концессионные соглашения помогли избежать нападения Японии на СССР，http：//bujet. ru/article/67916. php.

图 4 – 5　苏联、日本签署《中立条约》

资料来源：Великая Отечественная война. М.：ОЛМА Медиа Групп，2014，С. 53。

"日本不对苏联发动战争的原因之一——1941 年从结成轴心国联盟的策略来看，这是一个非常高明的选择——是他们意识到，他们实际上在这场竞赛中出局了（1938、1939 年两次日苏交战），他们无论是在坦克还是在飞机方面都处于劣势，这是非常清楚的。这与外相松冈洋右关于苏联可能以某种方式被纳入三方条约的妄想结合起来，有助于解释为什么日本人乐意与斯大林在 1941 年 4 月签署一项互不侵犯条约。"① 之后，两国又于同年 6 月 11 日签订了《通商协定》。学者罗伯逊指出苏日同年签署的这两个条约之间的关系是，《中立条约》对苏日双方而言，意味着存在继续改善两国关系的可能性。随后就出现了苏日通商协议。苏联又可通过这个条约向德国传递这样一个信息，即斯大林对于与轴心国谈判并达成协议是感兴趣的。实际上，在苏联的报刊中，中立条约被说成是此前提议苏联加入（德意日）三国条约的合乎逻辑的结果。②

　　苏日《中立条约》签署后，苏联少了东顾之忧，日本下了南进的决心。1941 年 4 月 16 日，英国外交部部长艾登和苏联大使迈斯基在伦敦举

---

① 〔英〕尼尔·弗格森：《世界战争：二十世纪的冲突与西方的衰落》（下），喻春兰译，广东人民出版社，2013，第 112～113 页。

② 〔英〕杰弗里·罗伯逊：《斯大林的战争》，李晓江译，社会科学文献出版社，2013，第 87 页。又见曹艺《〈苏日中立条约〉与二战时期的中国及远东》，社会科学文献出版社，2012，第 203、267～268 页。

行会谈，后者在会谈中指出："条约减少了苏联与日本之间发生战争的危险性。"① 同年 7 月，日本入侵法属印度支那南部。以此为基地，日本将能轻易占领新加坡、荷属东印度，出兵美国殖民地菲律宾，彻底颠覆太平洋地区既有格局。美国对此做出了强硬响应，冻结了日本在美全部财产，对日本实行石油禁运。"对于同美国对抗，日本海军过去比陆军显得谨慎。但是彻底禁运改变了这一切。"②

石油的军事战略价值在"一战"中得以体现。有鉴于此，它在各大国战后的军队机械化建设中受到重视。"二战"的用油更多，其油耗是"一战"的 10 倍。③ 围绕石油的斗争也成为"二战"这个更大故事中的一部分，主角包括苏联、德国，还有英国、美国、日本。

对于日本这样一个资源极端贫乏的岛国来说，石油过度依赖进口，其供应也是相当脆弱的。一方面进口石油的价格难以锁定，另一方面也容易受制于人。如果下决心对美国开战，日本就只能通过战争去夺取石油等战略资源了。这反而突出了北萨哈林岛的作用：苏日"几乎在政治、社会、经济，以及历史的各个方面都是内在的天然敌人"，但两者的"和平几乎一直维持到太平洋战争的最后一天。尽管撕毁和平协议对苏联就意味着同时在两条战线上与两个国家作战，确立下来的不稳定的石油租让制无疑发挥了影响，使两国间的和平变得有足够价值，从而值得继续维持。"④

因此，在与苏联商讨北萨哈林岛租让权的谈判中，日本极力争取最有利于自己的解决方案。以苏日《中立条约》的签署为界，我们可以把苏日双方围绕此问题的外交折冲分成两个阶段。此前，苏联坚持废除日本租让权是两国签订中立条约的补充条件；签约后，苏联致力于日本的履约问题。其间穿插着两个因素：苏德战场、日美战场形势的变化，苏日对苏日《中立条约》的预期。

1940 年 8 月，日本驻苏大使东乡茂德与莫洛托夫再谈缔结中立条约问

---

① 〔苏〕Ф. Д. 沃尔科夫：《二战内幕（苏联观点）》，彭训厚等译，江苏人民出版社，2015，第 97 页。

② 〔美〕丹尼尔·耶金：《石油大博弈》（上），艾平译，中信出版社，2008，第 221 页。

③ Е. М. Малышева. Российская нефть и нефтяники в годы Великой Отечественной войны, http://economicarggu. ru/2008_ 4/10. shtml.

④ 〔美〕迈克尔·伊科诺米迪斯、唐纳·马里·达里奥：《石油的优势：俄罗斯的石油政治之路》，徐洪峰等译，华夏出版社，2009，第 94 页。

题后，日本国内就是否放弃租让权问题出现了争论。海军省、外相松冈洋右，都在考虑北萨哈林岛的石油问题。外相认为："放弃利权来换取日苏缔约是不可能的。"[①] 之后，日本曾寄希望于利用德意日三国同盟来影响苏联。11 月，莫洛托夫会见驻苏大使建川美次，建议苏日缔结中立条约，同时两国再签署一份关于解除日本租让权的特别协议书。特别协议书规定在中立条约签字的同时，一个月内解除日本的租让权，苏联则对有关企业给予补偿。关于如何补偿，一份美国国务院十进制档案透露了部分细节，"苏联将以小额款项购进大宗的财产"。[②] 而在莫洛托夫 11 月 25 日给德国的一份备忘录中，也提到了日本放弃北萨哈林租让权的问题。[③] 日本表示不能接受特别协议书，提出收买北萨哈林岛的方案，遭到苏方拒绝。

1941 年 2 月，日本设想以德国为中介完成对北萨哈林岛的收买，如果苏联不同意，则要求苏联在今后 5 年内向日本提供 250 万吨石油。又遭苏方拒绝。苏联提出缔结中立条约有一个补充条件，即解除日本的租让权。于是，日本做出书面保证，要在数月之内解决关于废除日本在北萨哈林岛的租让合同问题。苏日在此问题上达成了妥协，为缔结中立条约开辟了道路。

苏日《中立条约》盘活了苏联的远东外交布局。鉴于中国战场的巨大作用，苏联在改善对日关系的同时，仍然坚持援华行动。苏日《中立条约》的签订，使美国受到震动，但苏美都在小心地维持着当时各自的和平局面和表面上的平静，在这种微妙的关系中，两国关系却在日益走向接近。[④]

苏联卫国战争爆发后，西线是苏联军事战略的重点。为了打败纳粹德国，苏联的东线必须稳定。俄罗斯学者莫佐欣指出：1941 年 6 月 22 日，对斯大林来说，最可信的说法很可能是德国只有在战胜英国后才会开始对苏战争。他完全没有预料到事态会朝着其他发展方向。斯大林认为，希特

---

① 曹艺：《〈苏日中立条约〉与二战时期的中国及远东》，社会科学文献出版社，2012，第25 页。
② 〔美〕A. C. 萨顿：《西方技术与苏联经济的发展》，安冈译，中国社会科学出版社，1980，第 41 页下注。
③ 〔英〕杰弗里·罗伯逊：《斯大林的战争》，李晓江译，社会科学文献出版社，2013，第83 页。
④ 曹艺：《〈苏日中立条约〉与二战时期的中国及远东》，社会科学文献出版社，2012，第203 ~ 212 页。

勒继续对英战争，需要来自苏联的粮食和石油。在和平条件下继续享有这些物资而不开展军事行动当然更容易，因为军事行动完全无助于来自被占领土的物资供应。而与德国盟国日本的关系的协调也令斯大林宽心。①

但是，苏联并未疏于其东部的防范，毕竟日本关东军陈兵于苏联边境。为此，苏联配置官兵 100 多万人，火炮和迫击炮 1.6 万多门，坦克和自行火炮 2000 多辆，作战飞机约 4000 架，战斗舰艇 100 艘左右。② 选定南进目标后，日本还留了一手：沿其北部边界一直都部署着 13～15 个师的兵力，以防苏联的突然袭击。③

俄罗斯学者还披露了苏联卫国战争爆发后日本暗中部署的三线对苏作战计划：东线，即滨海前线，由 19 个师组成第一方面军；北线，即阿穆尔地区，由 3 个师集结为第四军；西线，即大兴安岭地区，有 4 个师。据此，关东军将在上述方向发动一系列打击，摧毁苏军部队，占领交通要道、军事工业及粮食基地，击溃对方抵抗，迫使对方投降。宣战时间是 8 月 10 日。获悉德军并未如期拿下莫斯科、列宁格勒的消息，加上苏联在远东的军力部署，日本不敢轻举妄动，取消了这个计划。因为日军报告显示，当时苏联在远东共有 60 架重型轰炸机、450 架歼击机、60 架强击机、200 架海上航空兵战机，若对苏开战，"东京很可能会被炸成一片废墟"。④

苏联的情报部门也发挥了作用。这里说的是苏联王牌间谍理查德·佐尔格和日本记者尾崎秀实的故事。佐尔格所传递的最重要的情报是，据可靠消息人士证实，日军不会通过在苏联开放第二战场来缓解德国的压力。

---

① 〔俄〕奥列格·莫佐欣：《1941 年 6 月 22 日：斯大林实际上知道什么?》，http://tsrus.cn/lishi/2015/08/22/1941622_43671.html。

② 苏联国防部军事历史研究所等编《第二次世界大战总结与教训》，张海麟等译，军事科学出版社，1988，第 159 页。苏联在同中国东北毗邻的边境线保持了 40 个师的兵力以防范日本。〔苏〕Ф. Д. 沃尔科夫：《二战内幕（苏联观点）》，彭训厚等译，江苏人民出版社，2015，第 288 页。

③ 〔英〕尼尔·弗格森：《世界战争：二十世纪的冲突与西方的衰落》（下），喻春兰译，广东人民出版社，2013，第 113 页。从 1941 年夏季到 1944 年底，日本武装力量共拦截苏联商船 178 艘，其中有 18 艘被沉没，致使苏联损失 636993750 卢布。日军经常在苏联边境进行武装挑衅，有时还向苏境射击。〔苏〕Ф. Д. 沃尔科夫：《二战内幕（苏联观点）》，第 288 页。

④ 〔俄〕阿纳托利·科什金：《日本是如何"帮助"苏联战胜希特勒的》，《参考消息》2015 年 5 月 29 日第 12 版。

这份情报令朱可夫能够将其久经沙场的士兵和装备重新部署到莫斯科。关于日本将采取何种行动的最后证实，来自尾崎秀实。[①] 正是朱可夫阻挡住了德军对莫斯科的进攻。在当年12月的冰天雪地里，希特勒的"常胜之师"止步于苏联首都而不前。

此后，日本进攻苏联的计划因为苏德战场的形势变化只能停留在纸面上。日军全力转入与美英的战事。1941年12月4日，日本要求把北萨哈林岛石油试钻作业再延长期限。

东线无战事，苏联就可以全力放手打德国了。同时，苏联又须时刻提醒日本遵守苏日《中立条约》。其结果就是，太平洋战争爆发后，苏日两国虽然分属两大敌对阵营，双方却维持了近4年的中立关系。

苏德战场是交战方物质力量和精神力量的大比拼，也是双方石油耐力的较量。苏联石油储量丰富而燃油和战时供应不足。但其国土的战略纵深加强了它的耐力。1939～1945年，苏联的石油产量（以百万吨计）分别是30.3、31.1、33.0、22.0、18.0、18.3、19.4。[②] 反法西斯盟国又为苏联提供了急需的汽油供应。德国则要用"闪击战"扩大石油来源、用合成燃料维持战时供应，还要保住罗马尼亚这个加油站不失去。1944年4月底至7月，德国包括12个生产合成燃料的工厂在内的大工厂"至少被轰炸过一次"，燃料不足成了灾难[③]。1945年1月，苏联红军解放了奥斯维辛集中营，德国法本公司在布纳工厂制造合成燃料的计划被迫终止。此外，德国在罗马尼亚和匈牙利的燃油储备也被悉数放空。德国喷气式飞机在空中的性能虽然优于盟军的歼击机，但德军的大多数飞机被困在地面，这个优势此时已经丧失了意义。

日本没有德国那样的能力。战争形势的发展对苏日双方的谈判地位产生了重要影响，日本的谈判筹码越来越少。

---

① 道格·鹤冈：《一位已经被人们遗忘的日本记者改变了二战的走向吗?》，《参考消息》2015年8月18日第12版。

② институт военной истории Министерства обороны СССР, институт Марксизма - Ленинизма при ЦК КПСС, Институт всеобщей истории Академии наук СССР, Институт истории СССР Академии наук СССР. Вторая Мировая война. Итоги и уроки. М.: Воениздат, 1985, C. 222.

③ 〔德〕库特·冯·蒂佩尔斯基希：《第二次世界大战史》（下），赖铭传译，解放军出版社，2014，第546页。

　　日本陆军主力深陷于中国战场不能自拔，日本海军在与美国的对垒中力求速战速决。偷袭珍珠港的成功，只能表明日本在战争初期取得了战术上的成功，后期的战况则表明，日本因此而承担的损失超过了行动中所取得的那些转瞬即逝的收益。中途岛战役后，日本丧失了制海权。海上的日本商船变成美国士兵练习射击的浮动靶子。到1943年底，日本商船的86%被美国击沉。包括萨哈林岛油田在内的石油供应也出了问题，由于运力不足，供油量减少了40%。① 美国的石油供应则充足得多，受到护航驱逐舰严密保护的小型油轮船队，总是跟在作战舰队的后面。

　　日本的石油储备和生产潜力也消耗殆尽。它的石油进口在1943年财政年度的首个季度达到巅峰，到1944年同期，进口量已不到一年前的半数，而到1945年的第一季度，日本的石油进口已经全然没有了。某日本船长说："到快停战的那段时间，事情已发展到油轮只要离港，大家就肯定它有去无回的地步。我们谁也不怀疑那艘油轮回不了日本。"日本人想出了别出心裁的运油办法，动用了铁桶、帆布容器、橡胶袋，甚至是潜艇。民用石油消费被压缩到极点。② 战争给日本石油工业带来了严重的损失，受到破坏的石油冶炼设施跌落到战前生产能力的51%的水平。在太平洋沿岸的17所制油所中，有15所遭到轰炸燃爆，未遭破坏残留下来的只有2所。受到空袭破坏的炼油厂的永久损坏率为75%，损坏金额是投资额的32%；受到空袭破坏的人造石油工厂的损坏率为90%，损坏额是投资额的42%。③

　　苏日两国对苏日《中立条约》的预期也在变化。苏德战争爆发后，苏联对日本是否会保持中立没有多少信心。等到太平洋战争爆发后，日本更关心斯大林能否遵守中立条约。随着战争的继续，苏联在苏德战场上转入战略反攻，日本在太平洋战场上每况愈下，它比苏联更需要对方保持中立。④

　　形势的发展使日本对苏联的谈判地位发生了改变。1943年6月，苏联

①　Николай Глоба. Какконцессионные соглашения помогли избежать нападенияЯпонии на СССР，http：//bujet.ru/article/67916.php.

②　〔美〕丹尼尔·耶金：《石油大博弈》（上），艾平译，中信出版社，2008，第245页。

③　尹晓亮：《战后日本能源政策》，社会科学文献出版社，2011，第35页。

④　曹艺：《〈苏日中立条约〉与二战时期的中国及远东》，社会科学文献出版社，2012，第212～213页。

政府向日本提出：日本必须履行在签署中立条约时所承担的义务。7 月初，日本驻苏大使佐藤尚武表示，日本政府同意就废除租让合同的问题进行谈判，但要以签订新的渔业协议和确认中立条约的议定书为条件。谈判持续了 8 个月。日本的目的就是想得到他们迫切需要的石油。但战场上形势已经不允许日本这样拖延。于是日本接受了苏联的提议，即苏联政府向日本政府提供 500 万卢布；在战后 5 年间，苏联政府每年向日本提供 5 万吨石油。① 1944 年 3 月 30 日，双方签订了日本将北萨哈林岛石油、煤炭租让权归还苏联的议定书。

为了缓解国内的燃料危机，日本海军省搞了一个松根取油运动。在苏联废除苏日《中立条约》后，日本又提出一个新设想，即直接与苏联接触，请苏联在东京和华盛顿、伦敦之间调停，并以南部地区的资源换取苏联的石油。广田弘毅与苏联驻日本大使谈判此事，但遭到后者的拒绝。②

日本在北萨哈林岛的租让油田，归萨哈林石油公司所有。③ 萨哈林石油公司的成长空间得到拓宽。在此，我们需要对卫国战争时期的苏联石油工业做下进一步的说明。采掘业的生产基金几乎没有进行疏散，而企业的配置又是与矿产地拴在一起。所以，战争期间苏联燃料业生产部门取得了巨大的进展，而这些进展主要依靠战争进程中在国家东部该部门固定基金的扩大再生产实现的。建设新矿井和油田用的原料基地是由苏联地质服务部门在战前准备起来的，并在战时得到了扩大。④ 根据政府的指示，萨哈林石油公司在 1945 年改组成联合公司。公司规模扩大后，可以产生附加效应：有利于实现标准化、专业化和简单化生产；有助于提高劳动生产率和降低成本，有可能采用更先进的工艺，使用更大型、高效

① 李凡：《日苏关系史（1917～1991）》，人民出版社，2005，第 157 页。
② 〔美〕丹尼尔·耶金：《石油大博弈》（上），艾平译，中信出版社，2008，第 250 页。中国"腾讯网"2014 年 12 月 8 日发表了题为《日本绝密文件如何反思二战》的文章，介绍了 1951 年日本外务省绝密档案的主要内容。其中"以涉苏外交用词最为沉痛"，具体表现在：不该幻想将苏联拉入三国同盟、不该幻想通过对苏妥协来压服英美、不该幻想通过苏联的斡旋来终止战争。
③ Шалкус Галина Анатольевна. История становления и развития нефтяной промышленности на Сахалине（1879－1945 rr.），http://www.disserr.com/contents/66235.html.
④ 苏联科学院经济研究所编《苏联社会主义经济史》第五卷《伟大的卫国战争前夕和卫国战争时期的苏联经济（1938～1945 年）》，周邦新等译，生活·读书·新知三联书店，1984，第 360 页。

和专用设备，并充分利用其设备，同时也可以充分利用副产品和节约原材料，节约采购和推销费用等。

苏联对日本、德国的石油外交，构成其反法西斯斗争策略的一部分。由此，苏联在"二战"期间避免了两线作战的窘境。

1945 年 2 月，苏、美、英签署了关于远东问题的协议。协议宣布苏联将"在德国投降和欧洲战争结束后的 2 ~ 3 个月内参加对日战争"。苏联参加对日战争的条件是：（1）保持蒙古人民共和国的国家地位；（2）萨哈林岛南部及其邻近各岛归还苏联，实现大连商港的国际化，重新租借旅顺港作为苏联的海军基地；（3）将千岛群岛转让给苏联。[①]

5 月 7 日，德国签署了无条件投降书，欧洲战事结束，第三帝国埋葬在一幅阴森恐怖的场景中：街道上横尸遍野，一座座城市变成废墟，成百上千万的人像幽灵般在大街上徘徊，他们没有方向，没有家，也没有栖息的地方。

在亚洲，时间一分一秒地流逝，日本已经日暮途穷。5 月 15 日，日本外务省宣布，鉴于德国无条件投降，日本政府认为，1940 年 9 月 27 日签订的日、德、意条约和与德国及其他欧洲国家建立"特殊合作关系"的条约一律无效。其中，1936 年 11 月 25 日签订的《反共产国际协议》及 1941 年 11 月 25 日签订的该协定延期议定书也宣布无效。

8 月 8 日，苏联开始"八月风暴"行动。在这场军事行动中，苏联彻底击溃了日本关东军，占领了中国东北、朝鲜半岛北部、南萨哈林岛及千岛群岛。

萨哈林岛战役的主要目标是真冈。执行这次行动的苏联登陆部队包括 3500 名陆军兵员，以及 1 艘护航舰、1 艘布雷艇、两艘大型猎潜艇、5 艘巡逻艇、4 艘扫雷艇、6 艘运输船和 4 艘摩托鱼雷艇。它们被编成 1 个支持舰艇分遣队和 3 个登陆艇分遣队。8 月 19 日晚上登陆部队从苏维埃港出发，次日晨在真冈登陆，遇到日军微弱的抵抗。苏联陆军部队分批登陆，黄昏时拿下城镇。真冈特遣舰队的后面一部分驶往大泊，8 月 25 日登陆。同日，在北方突破日本古屯防线的另一些苏联部队也到达大泊。3400 名日

---

① 〔苏〕Ф·Д·沃尔科夫：《二战内幕（苏联观点）》，彭训厚等译，江苏人民出版社，2015，第 239 ~ 240 页。

本驻军投降，这次战役结束，被俘的日军有 18000 多名。[①] 真冈就是霍尔姆斯克、大泊就是科尔萨科夫，都是现在萨哈林州重要的港口城市。苏联收回南萨哈林岛，意味次《朴次茅斯条约》自动失效。

图 4 - 6　停泊在真冈的苏联潜艇（1945 年）

资料来源：Боевые действия на южном Сахалине，http：//sakhalinmuseum.ru/9 may_fighting_1.php。

为打败法西斯，苏联付出了巨大的牺牲：人员损失 2700 万，物质损失估计达 2.5 万亿卢布（敌人造成的直接损失达 6790 亿卢布），1700 个城镇、7 万个大小村庄从地面上消失了，500 多万间房屋被毁，2500 万人无家可归；苏联最发达的国民经济部门的发展被拖后了 10 ~ 15 年。[②]

1945 年 9 月 2 日，斯大林对苏联人民发表了讲话。他说，日本不仅仅是法西斯侵略集团的成员，而且在过去曾经多次进攻俄国，并企图在远东遏制俄国。由于南萨哈林岛和千岛群岛已经收复，苏联有了直接进入太平洋的通道，而且还有了防止日本在将来发动侵略的必要的基地。苏联人回

---

① 〔美〕唐纳德·米切尔：《俄国与苏联海上力量史》，朱协译，商务印书馆，1983，第 486 ~ 487 页。2014 年，中国的《新民晚报》刊载了题为《八月风暴：南萨哈林岛日军被全歼》的文章，被多家网站转载。文中分析了苏日的力量对比、苏军从强攻到消击的战术变化、苏军登陆战的艰难等。在分析苏日的力量对比时，特别提到"苏军也有一个有利条件，那就是美军逼近日本本土，导致驻南萨哈林岛大泊、真冈和惠须取（今乌格列哥尔斯克）港的日本海军舰艇大多已经南下，岛上的 13 座机场空空如也"。俄罗斯学者近期的著作中也谈到了这一点，参见 Зимонин В. П. Канун и финал Второй мировой：Советский Союз и принуждение Дальневосточного агрессора к миру：историографичесий анализ. М.：ИДВРАН，2010，С. 125 – 127。

② 〔俄〕亚·维·菲利波夫：《俄罗斯现代史（1945 ~ 2006 年）》，吴恩远等译，中国社会科学出版社，2009，第 12 页。

图 4 – 7 太平洋舰队潜艇正在装运鱼雷（1945 年）

资料来源：Дальневосточный блицкриг，http：//spbvedomosti. ru/news/nasledie/dalnevostochnyy_ blitskrig_ /。

忆说："我们这些老一辈人已经为这一天等待了 40 年。"①

2015 年 9 月 2 日，俄罗斯首次在萨哈林岛上举行阅兵式，纪念萨哈林岛和千岛群岛解放 70 周年。据国际文传电讯社报道，共有 700 名官兵、24 辆装甲战车和 14 架飞机参加了阅兵式。

科尔萨科夫市建有 1945 年为解放本市而牺牲的海军陆战队官兵的纪念碑。在幌筵岛和占守岛，昔日的军事防御建筑、武器装备也被保留下来，实际上变成了两个巨大的露天军事博物馆。它们向来访者诉说着当年的战斗场景。

① 〔英〕杰弗里·罗伯逊：《斯大林的战争》，李晓江译，社会科学文献出版社，2013，第 406 页。引语又见《斯大林文选（1934 ~ 1952）》中文版下册，人民出版社，1962，第 438 ~ 439 页。

第五章
苏联的"远东巴库"

在苏联远东地区，萨哈林岛所在的萨哈林州具有很重要的地位。首先，从地理位置意义上看，萨哈林岛的北端紧接大陆，几乎等于一个半岛，而其南端又与符拉迪沃斯托克有非常密切的交通联系。其次，从它的发展来看，虽然苏联远东所有的州都拥有可以提供的资源，可是萨哈林岛蕴藏着一种非常特殊的资源，即石油，此外还有焦炭、天然气、其他矿产、木材、水产及毛皮等。最后，从长远的观点来看，萨哈林岛特别引起了苏联远东开发与亚洲工业、技术巨人——日本之间可能有关的问题。[①] 战后，石油工业逐渐成为苏联的标志性产业，萨哈林岛成为苏联的"远东巴库"。

第一节　在北萨哈林岛的陆地上

苏联共产党和苏联政府十分重视战后经济恢复工作。1946 年 2 月，斯大林在莫斯科市斯大林选区的选前会议上发表讲话，其中特别强调新战争的威胁，决定继续采用高度集中的办法恢复和发展国民经济，仍然把发展重工业和国防工业放在首位。他认为，必须把苏联的工业提高到战前水平的 3 倍，即每年要生产 5000 万吨生铁、6000 万吨钢、5 亿吨煤、6000 万吨石油，才能应付一场新的意外战争的到来。3 月，苏联最高苏维埃通过"四五计划"。计划的基本任务是重建苏联受害地区，使工业和农业恢复到战前水平，然后再大大超过这个水平。

---

① 〔英〕斯图尔特·柯尔比：《苏联的远东地区》，上海师范大学历史系地理系译，上海人民出版社，1976，第 234 页。

在五年计划的指引下，苏联工业在短期内成功恢复。1948年，苏联工业生产达到了战前的总体水平。1950年，工业生产的水平超出战前水平的73%，这些成就主要是依靠重工业取得的。通过"四五"计划的实施，苏联高速度地建成飞机制造厂、造船厂和汽车制造厂，加强了机械制造、化学、冶金等一系列重要的工业部门，同时具有了火箭和原子工业、无线电、遥控力学等新兴工业。

石油工业日益成为苏联的标志性产业。在战后的第一个五年计划期间，俄罗斯联邦苏维埃社会主义共和国共开采了1820万吨石油，超过了阿塞拜疆苏维埃社会主义共和国的1480万吨，在石油开采方面跃居苏联各加盟共和国首位。这首先应归功于伏尔加－乌拉尔油区开采速度的快速提高。[①] 鞑靼、巴什基尔和古比雪夫，是这个油区的三个主要产地。

苏联明确了萨哈林岛在其行政区划中的地位。1946年2月2日，苏联发表宣言，声明他们占有萨哈林全岛，并在萨哈林岛南部和千岛群岛建立南萨哈林州。1947年1月2日，苏联将北萨哈林岛和南萨哈林州合并为萨哈林州，并改由联邦直接管辖。苏联将萨哈林州的行政单位分为17个区、9个州属城市、10个区属城市、34个城镇、66个行政农庄。[②] 萨哈林州的首府是南萨哈林斯克。

以上是萨哈林岛石油工业谱写战后新篇章的国内背景。不过，它是从石油开采量的逐年下降起步的，由此，前承战前加快石油开采的努力，后启20世纪70年代以来的大陆架油气开发。在此过程中，萨哈林石油公司的名称多次更换[③]。

---

① 〔俄〕В. Ю. 阿列克佩罗夫：《俄罗斯石油：过去、现在与未来》，石泽等译，人民出版社，2012，第297页。

② 《萨哈林州》，http://www.senwanture.com/military/military－%20russia%20saharlin.htm；英国学者的著作中记载：萨哈林岛共有19个较大的、人口总计有35万人的市镇；其中南萨哈林岛有10个，人口共计25万人。最大的是南萨哈林斯克，自1945年苏联将该城作为全州首府以来，就一直是行政中心和文化中心。〔英〕斯图尔特·柯尔比：《苏联的远东地区》，上海师范大学历史系地理系译，上海人民出版社，1976，第246页；王小路：《俄罗斯远东岛屿——萨哈林州》，《东欧中亚研究》1993年第2期。

③ 这家公司先后用名：《Сахалиннефть》（1928－1975年），ПО《Сахалиннефть》（1975－1978年），ВПО《Сахалинморнефтегазпром》（1978－1988年），ПО《Сахалинморнефтегаз》（1988－1994年）。本章和下章只用萨哈林石油公司、萨哈林海洋石油天然气公司两个名称。

1946 年，萨哈林岛石油产量比上一年增加了 1869 吨。埃哈比、奥哈油田在其中发挥了主要作用。随后，由于战前的过度开采消耗了它们的潜力，它们的产量也开始下降。不过，人们在奥哈南部发现了工业油气流。1946 年底，B. E. 卡尔比连科的工作组在东埃哈比打出一口井。[①] 当年的石油产量是 81.2 万吨，1947 年石油产量为 73.5 万吨，1950 年石油产量为 61.7 万吨。出现这种情况的主要原因是当时的技术不够完善，留在地层里的石油过多。[②]

战后苏联经济的恢复，为改变上述情况提供了可能。1948 年 8 月 19 日，苏联部长会议通过了《关于发展萨哈林岛石油开采的措施》的决议。这一决议提出要将这一地区的石油产量从 1948 年的 76 万吨提高到 1952 年的 200 万吨。[③]

苏联时期，联盟财政高度集中，是完成各项计划指标的重要保障。苏联国家计划委员会负责制订经济发展计划，为期一年或几年，是苏联经济计划的核心，其他计划都必须从属于这个发展计划。

苏联还拥有复杂的石油工业领导体系。从中央到地方，它由四级管理部门组成：石油工业部、区域管理局、负责某个大油田整体管理的联合企业、负责大油田中某个具体油田开采的石油企业。

1948～1951 年，苏联对萨哈林岛的石油投资达到 8.9 亿卢布，主要用于地质勘探和油井钻探。苏联还派出数百名业务娴熟的石油工作者前去助阵。[④] 从此，苏联逐步在岛上形成勘探、开采互动，基础设施建设跟进的开发局面。

油气勘探是寻找油气田的过程。1946～1990 年，萨哈林岛油气勘探经历了三个发展阶段。1946～1960 年为第一个阶段，北萨哈林岛是工作的重点。它以战前的勘探和开采历史为基础，从这里起步是很自然的，关键是为找油注入科学的因素，因此要加强勘探机构的建设。

在此，我们首先要提到"远东石油勘探"办事处。它在 1946 年升格

---

① Сахалинская нефть，http：//rusk. ru/st. php？idar＝800409.

② М. С. Высоков. Сахалинская нефть，http：//ruskline. ru/monitoring ＿ smi/2000/08/01/sahalinskaya＿ neft.

③ 〔俄〕В. Ю. 阿列克佩罗夫：《俄罗斯石油：过去、现在与未来》，石泽等译，人民出版社，2012，第 297 页。

④ М. С. Высоков. Сахалинская нефть，http：//ruskline. ru/monitoring ＿ smi/2000/08/01/sahalinskaya＿ neft.

为托拉斯，并且得到了与萨哈林石油公司同名的称谓。其人员的数量增加很快，包括来自大陆的复员军人、中等技术学校的毕业生。

1948 年，国家组建了中央实验研究室、全苏地质勘探研究所萨哈林岛分所、远东石油地球物理办事处。① 这些都是苏联为继续加强勘探方面的力量而组建的。

上述机构运用反射波法、垂直电测和重力勘探等方法对萨哈林岛东北部进行普查勘探和地球物理学研究，还对北部和西海岸进行大范围测量，它们不仅在奥哈南部等地发现了工业油气流，而且为创建萨哈林岛油气地质学收集了大量资料。

1961 ~ 1975 年是第二个阶段，上述机构将勘探范围扩展到了整个萨哈林岛。这一阶段开始对大陆架地质进行研究，并继续深化对本地区的地质情况、含油率的认识，由此，勘探机构积累了沉积层结构和含油率方面的知识储备，为后来到大陆架寻找油气田做好了准备。

最后一个阶段是 1976 ~ 1990 年，这一阶段掀起了大陆架勘探的浪潮。由于勘探范围的扩大，从而形成了"萨哈林区"的油气地质概念，萨哈林石油地质和地球物理学派也在这一阶段得以形成。②

1945 年，萨哈林岛的钻探进尺是 1.35 万米，1950 年超过 5.3 万米，1959 年达到 9 万米，此后萨哈林岛的钻探进尺势头不减，从而发现了一系列油气田。③

1949 ~ 1950 年，东埃哈比油田、南奥哈气田开始运营。1951 年，当帕罗迈地区的 7 号井打到 700 米深时出现了石油喷泉，从而发现了自喷井。工人新村建设跟着新发现的油田走，于是帕罗迈油田很快上马。而勘探人员早在三年前就来到这里了。④

1956 年，萨博地区的工业油流得到确认。备受石油工作者关注的通戈尔、科连多地区也传来捷报：1958 年，通戈尔 1 号井出现强烈油喷；1959

①　Путь к большой нефть，http：//sakhvesti. ru/？div = spec&id = 148.

②　В. В. Харахинов. Нефтегазовая геология Сахалинского региона. М.：Научный мир，2010，С. 25 - 33.

③　Объединение Сахалиннефть 50 лет. 1978г，http：//sakhalin - znak. ru/IMG_ 3278？search = васильев&description = true&limit = 100.

④　Трудная нефть Сахалина - часть1，http：//okha. sakh. com/news/okha/83616/.

图 5 - 1 通戈尔油田

资料来源：Трудная нефть Сахалина – часть1，http：//okha. sakh. com/news/okha/83616/。

年，通戈尔附近又发现穆赫托石油。

油气开采是根据开发目标，通过产油气井和补充地层能量的注入井对油气田采取各种注采工程措施，最大限度地将油气从地层中开采出来的过程。在油田开发技术发展过程中，出现了二次开采法、旋转钻井法、气举开采法。

1951 年，埃哈比油田率先采用二次开采法。此后，这种方法在全岛得以推广。

1949～1954 年，萨哈林岛各年的石油产量分别是 770000 吨、830000 吨、880000 吨、930000 吨、1000000 吨、1100000 吨。[1] 这是英文材料提供的数据，它与前引的俄文资料有出入。但是，两者都反映了该岛石油产量增长的趋势。

1955 年，萨哈林岛全部钻井的 90% 使用旋转方式，钻井工人还掌握了钻井丛钻探技术。[2] 同年，萨哈林岛占全苏石油开采量的 1.3%，石油开采业在萨哈林经济中的比重达到 4.1%。[3] 1957 年，钻井工人开始配备当时

---

[1] 段光达、马德义、宋涛、叶艳华：《中国新疆和俄罗斯东部石油业发展的历史与现状》，社会科学文献出版社，2012，第 59 页。

[2] Путь к большой нефть，http：//sakhvesti. ru/？ div = spec&id = 148.

[3] И. А. Сенченко. История Сахалина и Курильских островов: к проблеме русско – японских отношений в XVII – XX веках. М.：Экслибрис – Пресс，2005，С. 8 – 9.

一流的技术装备。木制钻塔时代已成为过去，代之以金属钻塔。

采油与运油是两个相衔接的环节。萨哈林岛的地理位置决定了水运在其中的地位，莫斯卡利沃港的栈桥和码头，柴沃、皮利通湾的港口码头相继竣工。如果说这些港口、码头是一个个的"点"的话，更重要的是用铁路、管道把这些点连成"线"。

奥哈－莫斯卡利沃铁路修建于战前，是苏联为数不多的一条不与主要铁路网连接的宽轨铁路。1946～1950年，它隶属于苏联交通部，并且成为南萨哈林岛铁路的一部分。但是这种做法并不成功，于是，这条铁路又回到萨哈林石油公司的旗下。直到1979年，它都是北萨哈林岛面对"外界"的主要出口。所有运到奥哈、诺格利基的货物都要经过莫斯卡利沃港。而往萨哈林州的其他地区运货则要使用奥哈、诺格利基的航线。①

图 5 - 2 莫斯卡利沃港

资料来源：Трудная нефть Сахалина – часть2，http：//vtcsakhgu. ru/？ page_ id =710。

奥哈－卡坦格利铁路为当地的窄轨铁路网添加了一道景色。② 窄轨铁路是苏联解决偏远地区运输问题的一种手段。建设奥哈－卡坦格利铁路使用的劳动力是犯人。萨哈林岛上的犯人不够用，就从伊尔库茨克州、鄂木斯克州、新西伯利亚州的劳改营抽调犯人。建设奥哈－卡坦格利铁路还使用了苏联内务部第22劳改营的日本战俘。尽管劳动力数量不断增多，工程

① Железнодорожная линия Оха – Москальво，http：//infojd. ru/19/moskalvo. html.
② 苏联最大的窄轨铁路网在萨哈林岛，其轨距为1067mm。1971年后，内地的铁路网（轨距为1520mm）与萨哈林岛的窄轨铁路通过专门的轮渡运输相连接。周娅：《苏联的窄轨铁路》，《铁道科技动态》1984年第7期。

仍未能如期完成。从 1949 年起，开始动用这条铁路的个别路段运货。1953 年，这条铁路为石油产区运送了 60 万吨货物。①

奥哈－卡坦格利铁路无法胜任将萨哈林岛北部、西北部产油区与南部不冻港连接起来的任务。这在一定程度上意味着战后的大规模经济建设是从北萨哈林岛而不是从南萨哈林岛开始的。

与北萨哈林岛相比，南萨哈林岛是萨哈林岛上最适于居住的地方。日本人在这里曾按照日本的窄轨，用他们自己的各种装备，铺设了一条有用的铁路系统。日本的铁路轨距，比苏联大陆上的轨距小得多。

1950 年 5 月 3 日，苏联出台了将萨哈林岛与大陆连接起来的计划，即修建跨鞑靼海峡隧道渡口的阿穆尔河共青城－波别季诺铁路。从地理位置上看，鞑靼海峡将其东部的萨哈林岛与其西部的亚洲大陆分开。为了落实这个计划，苏联立即从莫斯科、列宁格勒、哈尔科夫和海参崴派来了 4 支考察队。1951～1953 年，苏联动用"古拉格"的人员从大陆向拉扎列沃海角、从萨哈林岛向波吉比铺路。也因为这个计划，波别季诺－波吉比支线的建设工作先停顿下来，工程随后全部终止。②

石油工作者主要通过石油管道将岛上的石油源源不断地输往陆地。1952 年，奥哈－阿穆尔河共青城的第二条石油管道完工。从此可以保证苏联远东地区的石油产品供应，而无须从巴库、格罗兹尼等地调运。

赫鲁晓夫改革中有一项经济实验，即从五年计划过渡到时间更长的七年计划。苏联在 1956 年批准的发展国民经济的第六个五年计划在一年后就被认为是不成功的，于是制订了新的发展计划，即 1959 年 1 月在苏共第二十一次非常代表大会上通过的七年计划。这次代表大会宣布，苏联正进入新的发展时期——全面开展共产主义建设的时期。七年计划（1959～1965年）包括"六五"计划的最后两年和接下来的五年。

七年计划的结果是，国民收入增加了 53%，工业生产增长了 84%。并且，在七年计划中，苏联建设了 5400 多个大型企业，其中包括卡拉干达和古比雪夫金属冶炼厂、克列缅丘格水电站、别洛亚尔斯克和新沃罗涅什原

---

① А. Костанов. История сахалинской железной дороги//Советский Сахалин, No142, 4 августа, 2001.

② История сахалинской железной дороги, http: //xn－d1abacdejqdwcjba3a. xn－p1ai/istoriya_magistraley/sahalinskaya.

子能电站。①

这个榜单还应加上石油工业。按照俄罗斯学者的归纳，苏联加快开发伏尔加－乌拉尔油区的依据有三：首先，良好的经济地理条件，它位于中央经济区和乌拉尔工业区这两个苏联最大的工业基地之间；其次，拥有适宜人类生活和劳动的良好气候条件；最后，这里的自然地质条件十分优越，其中包括油井出油量高、开采出的泥盆纪石油具有良好的消费价值，以及石油储量巨大。②

苏联并未因此放松对国内其他产油区的建设。石油供应多元化是保障其国家安全的重要手段，苏联借此可实施以资源优势为核心的对外战略，用石油换取资本和技术，再回过头来发展自己的石油工业。在这种背景下，萨哈林岛迎来了"创纪录的六十年代"。

随着勘探、开采技术的提高，油气田的开发速度也在加快。1959～1965年，岛上的钻探规模比前期高出50%，并找到了19个油气矿。其中，通戈尔、科连多、克德拉尼、萨博、穆赫托的储量较大。石油工作者到访了包括克柳切夫斯科耶、谢韦林斯科耶、什宏诺耶在内的油田，并在卡坦格利老油田发现了普里布列日诺耶气田。鉴于卡坦格利油田火灾事件的教训，石油工作者加强了防护意识，提出"无事故生产"的口号。通戈尔油田是产生钻井能手、杰出石油工作者的地方，如社会主义劳动英雄 П. Г. 马列先科夫。从奥哈石油技术学校毕业后，他跟着钻井能手丹科夫干了3年多，之后被任命为新建作业队的技师，到通戈尔搞勘探，一干就是24年。③ 从1960年夏起，这个油田开始建造首批混凝土构件房。钻探队长 A. 彼伏金在克德兰因斯克创造了打井深度超过3100米的纪录。后来 P. 卡尔奇科夫作业队打破了这个纪录，他们的成绩是3370米。

萨哈林岛开始了正常的石油出口。1960年，萨哈林石油公司签订了第一份对外供货合同。④ 1963年7月，第一批到莫斯卡利沃港装货的是意大

① 〔俄〕亚·维·菲利波夫：《俄罗斯现代史（1945～2006年）》，吴恩远等译，中国社会科学出版社，2009，第96页。
② 〔俄〕В. Ю. 阿列克佩罗夫：《俄罗斯石油：过去、现在与未来》，石泽等译，人民出版社，2012，第298～299页。
③ Путь к большой нефть，http://sakhvesti.ru/? div = spec&id = 148。他是在1966年被授予这个称号的。Золотые страницы нефтегазового комплекса России：люди，события，факты. М.：《ИАЦ《Энергия》，2008，С. 158。
④ Цифры и факты//Советский Сахалин，No. 161，11 сентября，2003.

利、巴拿马油轮。[①]

萨哈林岛的石油工业发展还与萨哈林州领导人变动产生的影响有关。1960 年，П. А. 列奥诺夫接替 П. Ф. 切布拉科夫出任苏共萨哈林州第一书记。从此，当地的经济发展与列奥诺夫的名字紧密相连。

切布拉科夫的从政经历如下：1938～1944 年担任阿塞拜疆共产党（布）中央委员会第二书记；1944～1949 年担任联共（布）格罗兹尼州委员会第一书记；1949～1951 年入联共（布）进修班学习；1951～1960 年担任苏共萨哈林州第一书记；1956～1961 年担任苏共中央委员会候补委员。[②] 从中可以看到，他有在高加索油区工作的经历。1951 年，苏共中央派他到萨哈林州赴任不是没有缘由的，就是要他为国家开采出更多的石油。值得一提的是，苏共中央第一书记赫鲁晓夫于 1954 年访问了萨哈林州。

列奥诺夫 1918 年出生于图拉省拉夫罗沃村一个农民家庭。1942 年列奥诺夫毕业于莫斯科巴乌曼高等技术学校，1942～1948 年列奥诺夫在苏联武器装备部第 589 号工厂工作。列奥诺夫从 1948 年起在莫斯科从事党务工作：1948～1951 年在联共（布）索科利尼基区委；1951～1954 年在联共（布）/苏共莫斯科州委；1954～1955 年担任苏共莫斯科州委工业交通部主任、国防工业部主任。1955～1960 年列奥诺夫领导俄罗斯联邦苏维埃社会主义共和国苏共中央委员会党的机关部。1960～1978 年列奥诺夫任苏共萨哈林州第一书记，1978～1985 年列奥诺夫任苏共加里宁州第一书记，1985 年列奥诺夫退休。

与前任相比，列奥诺夫对萨哈林州经济发展的贡献更大。这不仅是因为他的任期时间长，而且在于他在国家利益和地方利益之间找到了一个

图 5-3　П. А. 列奥诺夫（1918～1992 年）

资料来源：Павел Артёмович Леонов，https://ru. wikipedia. org/wiki/Леонов, _Павел_ Артёмович；ЗалесскийК. А. Ктоестьто в истории СССР. 1953－1991. М. : Вече，2010，С. 341.

---

① Рекордные шестидесятые，http：//sakhvesti. ru/？ div = spec&id = 224.

② Биографический словарь，http：//www. alexanderyakovlev. org/almanah/almanah－dict－bio/1003628/22；ЗалесскийК. А. Ктоестьто в истории СССР. 1953－1991. М. : Вече，2010，С. 627.

平衡点，那就是萨哈林州既要努力完成国家下达的计划任务，也要实现自身的发展。1964 年 9 月 3 日，苏共中央和苏联部长会议通过《关于发展萨哈林州生产力的措施》决议。

萨哈林岛的石油生产布局受资源地理分布的约束。1964 年，凭借帕罗迈、萨博、通戈尔三个油田，北萨哈林岛采油量突破了 200 万吨。[①] 这是此前勘探、开采工作的自然延续。需要补充一点，定向井的优点是 И. И. 卡科连科的作业队在萨博油田证实的。定向井就是使井身沿着预先设计的井斜和方位钻达目的层的钻井方法。科连多油田的潜力更大。当时流传着一句顺口溜："一个科连多至少相当于两个通戈尔。"这个油田仅在1962 ~ 1966 年就开采出 200 多万吨石油、2.43 亿立方米伴生气。由此，北萨哈林岛 1965 年的产量达到 240 万吨，提前完成了七年计划的任务。将其与1958 年的情况比较，前者的石油开采量比后者增加了 81%、天然气产量增加了 1 倍多、钻探规模增加了 41%、勘探钻井效率提高了 1 倍以上。[②]1966 年，萨哈林石油公司得到苏联政府的表彰，荣获劳动红旗勋章。

表 5 - 1　1940 ~ 1966 年萨哈林岛的石油生产

单位：百万吨

年　　份	萨哈林岛	苏联总产量
1940	0.5	31.1
1945	0.8	19.4
1950	0.6	37.9
1958	1.0	113.2
1960	1.6	147.9
1966	2.4	242.9

资料来源：参见〔英〕斯图尔特·柯尔比《苏联的远东地区》，上海师范大学历史系地理系译，上海人民出版社，1976，第 48 ~ 49 页。

石油工业发展优先是北萨哈林岛经济结构的显著特点。石油的勘探、开采、储存、炼制、运输、销售、消费，这个全过程本身就是一个对其他

---

① Сост. и ред. Г. А. Бутрина; авт. – сост: Г. А. Бутрина и др. Время и события: календарь – справочник по Дальневосточному федеральному округу на 2013 г. Хабаровск: ДВГНБ, 2012, С. 340.

② Рекордные шестидесятые, http: //sakhvesti. ru/? div = spec&id = 224.

行业产生重大"溢出效应"的产业集群。就拿铁路、管道建设来说，它们对钢材、建材的需求是非常旺盛的，因此，石油工业的发展对苏联钢铁行业、当地建筑工业的发展可以起到拉动作用。

"石油之都"奥哈市的建设最为典型。回顾历史，19世纪末，它在北萨哈林岛石油开发浪潮中初露头角。20世纪20年代，在奥哈钻出了岛上的第一批油井，从此，石油工业成为其支柱产业，在推动城市经济发展中起到带头作用。1948年，Г. Т. 波特什瓦伊洛夫成为奥哈市的第一位社会主义劳动英雄。[1] 1949~1950年，奥哈市建成了拥有300个床位的医院；开通了奥哈-哈巴罗夫斯克、奥哈-南萨哈林斯克的定期航班。1956年，市区开始大型砌块建设，全苏地质勘探研究所萨哈林岛分所也从契诃夫市迁到这里。1957年，奥哈市开始建设热电站，这在当时的北方地区算是大型工程了。

进入20世纪60年代后，奥哈市的建设更上一层楼。1963年，通戈尔-奥哈天然气管道开通，奥哈热电站运营。1965年，石油工人文化宫落成。1966年，全苏石油和天然气研究所在奥哈市建立了分研究所。同年，奥哈油田的587号井在注入了大量干气后流量增加了2倍。[2]

图5-4　建设中的奥哈市

资料来源：Трудная нефть Сахалина - часть 2, http：//vtcsakhgu. ru/？page_ id =710。

1965年9月，苏共中央召开全会。在会上，柯西金做了《关于改进工业管理，完善计划工作和加强工业生产的经济刺激》的报告。全会决议决定撤销国民经济委员会，重建中央各工业部；决定取消对企业活动的多余

---

①　Золотые страницы нефтегазового комплекса России：люди，события，факты. М.：《ИАЦ《Энергия》，2008，С. 162.

②　Цифры и факты//Советский Сахалин，No161，11 сентября，2003.

规定，减少计划指标的数目；提出要加强经济刺激，应该充分利用价格、利润、工资、信贷等经济手段管理经济。根据中央全会决议精神，最高苏维埃于 10 月 4 日通过了《关于完善工业生产的计划工作和加强对工业生产的经济刺激》的决定。同日，部长会议公布了《国营生产企业条例》，规定企业有权占有、使用和支配其财产，可以出卖、出租多余的设备和厂房，可以用废旧材料自产自销计划外的产品，有权制订生产财务计划，有权招聘和解雇职工，有权确定工资形式和奖励的办法。苏共中央九月全会和苏维埃的两项决定，确定了新经济体制的基本内容。新经济体制在坚持国家集中下达指令性计划的前提下，扩大企业的经营自主权，实行经济方法和行政方法相结合的管理原则。这种改革适应了客观需要，同时是经过试验逐步推广到全国的。因此，改革在初期取得了明显效果，工业发展速度增快。西方媒体把这个时期的改革称为"柯西金改革"。

1967 年，苏共中央和苏联部长会议发布《关于进一步发展远东经济区和赤塔州的生产力的措施》决议，对苏联石油开采工业部提出两点指示：第一，于 1970 年使萨哈林岛的石油开采量达到 350 万吨，天然气和伴生气的开采量达到 34 亿立方米；第二，制定并采取措施，增加油气已探明的储量，以期在 1975 年前使萨哈林岛的石油开采量达到 500 万吨，天然气和伴生气的年开采量达到 50 亿 ~60 亿立方米。[①]

Β·Η·巴尔托夫斯基担任苏共奥哈市委第一书记期间，奥哈市从一个遍布简易木屋的场所变成了一座现代化的城市。1960 年，巴尔托夫斯基从莫斯科古布金石油和天然气学院毕业后来到北萨哈林岛。在通戈尔新村，他成为一名钻探能手，并且参加了萨哈林岛陆上的石油开发。20 世纪 60 年代末，巴尔托夫斯基当选为苏共奥哈市委第一书记，并在这个岗位上工作了 17 年。在此期间，奥哈市在各项经济指标上都处于先进的地位。因为石油专业出身的缘故，巴尔托夫斯基在行政机关中总是维护石油部门的利益。[②]

---

① 〔苏〕康·契尔年科、米·斯米尔丘科夫：《苏联共产党和苏联政府经济问题决议汇编》（第 6 卷），周太忠译，中国人民大学出版社，1983，第 494 ~495 页。本节的遗憾之处在于没有收集到苏联学者别列尼钦的学位论文《1951 ~1965 年苏联共产党推动萨哈林岛石油工业发展的措施》，即：Беленицын Н. А. Деятельность КПСС по развитиюнефтяной промышленности Сахалина（1951 – 1965 гг.）：Дис. . . . канд. ист. наук. Л.，1981。

② Бродский Л. С.，Кряжков А. Н.，Любушкин В. И.，Воронцов В. И.，Бабенко В. Т. Памяти товарища//Советский Сахалин，No. 92，6 июля 2007.

通戈尔、科连多油田采用气举开采方式提高产量。气举采油的优点是井口、井下设备较简单，管理方便；其缺点是地面设备系统复杂，投资大；其原理是依靠从地面注入井内的高压气体与油层产生流体在井筒中混合，利用气体的膨胀使井筒中的混合液密度降低，将流入到井内的原油举升到地面。但是在当时，这种气举开采方式还处在摸索的过程之中。1967年，科连多油田还运用了无压缩气举法。1968年，科连多油田用气举开采方式开采出80万吨石油。如果遇到重油、黏性油，这种方式的成效会打折扣，需要进行完善。于是，萨哈林石油公司与中央实验研究室、

图 5－5　在科连多的石油作业队
资料来源：Трудная нефть Сахалина - часть2，http：//vtcsakhgu.ru/?page_id=710。

全苏地质勘探研究所萨哈林岛分所联合攻关，决定尝试注入高压蒸汽以观其效。他们选择奥哈老油区做实验，那里的热电站可以提供大量的高温蒸汽。实验结果显示这种办法有效。1969年，石油工作者在北萨哈林岛的油层中注入了10万吨蒸汽，占全国企业用量的70%以上。由于使用了这种办法，奥哈油田4年的产量相当于此前40年的产量。① 萨哈林石油公司可以向国内同行展示其技术优势了。后人追忆公司的这段历史时写道："萨哈林石油公司率先在全苏引入高压条件下大面积、循环注入蒸汽的技术，推广和完善包括压缩式技术在内的气举开采。一批员工因为对生产中的热处理进行理论研究和具体实践而获得苏联国民经济成就展览会奖章。"② 有关萨哈林石油工作者的事迹，不仅在萨哈林州传播，而且在苏联全国都能听到议论。

　　20世纪60年代末，萨哈林石油公司实际上已经开始着手开采的自动化、遥控机械化工作。"卫星"设备逐步替代从前的量器，并且可以

---

① Рекордные шестидесятые，http：//sakhvesti.ru/?div=spec&id=224。

② А. Бедняк．"Сахалинморнефтегаз"：вчера，сегодня，завтра//Советский Сахалин，№ 158，30 августа 2002.

记录采油量、钻井停工。从调度站监控深井泵、变电站的运行情况，以及对油田实行遥控机械化，有助于将工作者从繁重的劳动中解放出来。[1]

到 1970 年，公司又发现了 8 个新油气产地。工业化经营的油气储量增加到石油 3800 万吨、天然气 280 亿立方米。一批工程项目竣工并交付使用，包括全苏地质勘探研究所萨哈林岛分所大楼、燃滑油料的基地、奥哈的电影院、科连多和热列兹诺多罗日内工人新村的俱乐部、萨博工人新村可以容纳 536 名学生的学校，等等。萨哈林岛的 166 名石油专家因为完成"八五"计划的任务获得苏联勋章、奖章。[2]

萨哈林岛石油工业在取得成绩的同时也面临着进行改造的问题。英国学者觉察到了这一点：输出原油，再经过极远的路程输入用原油提炼加工的所有产品，这种情况既不合理又很麻烦。计划中的必要措施之一是在萨哈林岛兴建一个炼油厂，同时除在该岛北方外，还要在该岛的其他地方发展石油生产。耐人寻味的是，萨哈林石油公司特别强调萨哈林岛对马加丹和堪察加供应石油的可能性，以及哈巴罗夫斯克和大陆南部能够更方便地依靠秋明油田和西伯利亚中部今后开发的其他油田。同样值得注意的是，萨哈林石油公司也日益强调对外国，首先是对日本输出石油的可能性。然而，困难还是很大的。在北萨哈林岛，钻井进尺必须大大加深。生产成本极高，特别是从付出高工资和必须从远方获得一切供应来说，费用极巨；此外，在勘探、开掘新井、化验和实验、在那种风雪漫天的地方要维持正常保养工作以及供应住宅和公共设施等方面的开支，都异常庞大。[3]

此时，苏联石油工业的布局发生了变化。石油储量随着开采量的增加而递减是必然现象。伏尔加－乌拉尔油区出现了生产的增长速度下降、小油井的开发潜力令人怀疑等情况。[4] 而西西伯利亚含油气省恰好在 20

---

①　Трудная нефть Сахалина – часть2，http：//vtcsakhgu. ru/？page_ id =710.

②　Рекордные шестидесятые，http：//sakhvesti. ru/？div = spec&id =224.

③　〔英〕斯图尔特·柯尔比：《苏联的远东地区》，上海师范大学历史系地理系译，上海人民出版社，1976，第 238 页。

④　〔美〕迈克尔·伊科诺米迪斯、唐纳·马里·达里奥：《石油的优势：俄罗斯的石油政治之路》，徐洪峰等译，华夏出版社，2009，第 9、180 页。

世纪 60 年代上半期被发现。因其油气资源主要分布在秋明州境内，所以又称"秋明油田"。它有如下特点：储量大，国内其他地区无法之与相比；单井产量高，日出油流稳定在 100 吨的油井司空见惯；易于开采，石油储藏主要集中在完全可以到达的深度（1800～2500 米）；重要的是，鄂毕河沿岸的所有石油都拥有很好的化学成分，其特性为具有可接受黏度的低硫、低蜡轻质油。[①] 于是，苏联开始实施组建西西伯利亚石油天然气综合体的大型投资纲要。这就是著名的西西伯利亚油气大开发。

西西伯利亚油气大开发经历了起步（1964～1972 年）、加速（1972～1981 年）、调整（1981～1985 年）三个阶段。[②] 1964 年 1 月，苏联成立了专事开发的企业"秋明石油天然气生产综合体"。1966 年 4 月批准的《苏联共产党第二十三次代表大会关于 1966～1970 年苏联发展国民经济五年计划的指示》中规定：西西伯利亚的石油开采量应达到 2000～2500 万吨，天然气应达到 160 亿～260 亿立方米。[③] 1966～1970 年，在西西伯利亚共发现了 248 个油气田，其中 109 个已投入开发。[④] 加上后续的开发，这个油区的储量不断增加。其所探明的石油资源主要集中在鄂毕河中游两岸，天然气资源则主要分布在北极圈两侧地带。[⑤] 西西伯利亚油区的产量增长迅速，1965 年开采了第一个百万吨石油，1970 年的产量将近 3000 万吨，1975 年的产量达到 1.41 亿吨。[⑥]

西西伯利亚油区对伏尔加－乌拉尔油区的战略接替，绝不是说后者的地位不重要了。1973 年 6 月，英国《经济评论季刊》提出的一份专门报告中也指出："近 20 年来，苏联原油产量的大部分是这一地区（伏尔加－乌

---

① 〔俄〕В. Ю. 阿列克佩罗夫：《俄罗斯石油：过去、现在与未来》，石泽等译，人民出版社，2012，第 309 页。

② М. В. Славкина. Великие победы и упущенные возможности: влияние нефтегазового комплекса на социально－экономическое развитие СССР в 1945－1991 гг. М.：Изд－во "Нефть и газ", 2007, С. 201－210.

③ 〔苏〕康·契尔年科、米·斯米尔丘科夫主编《苏联共产党和苏联政府经济问题决议汇编》（第 6 卷），周太忠译，中国人民大学出版社，1983，第 87 页。

④ 〔俄〕В. Ю. 阿列克佩罗夫：《俄罗斯石油：过去、现在与未来》，石泽等译，人民出版社，2012，第 315 页。

⑤ 裴新生、王国清编著《苏联石油地理》，科学出版社，1987，第 100 页。

⑥ 〔俄〕В. Ю. 阿列克佩罗夫：《俄罗斯石油：过去、现在与未来》，石泽等译，人民出版社，2012，第 314～315 页。

拉尔油区）生产的。"①

苏联工业化的进展为国内主要石油生产基地的转移提供了条件。

根据苏联学者奥罗夫的分析，从国家的结构政策观点来看，苏联的经济发展可以有条件地分为两大阶段。第一阶段（20 世纪 50 年代中期以前）是利用第一次工业革命的技术成就实行强制性工业化（就是主要建立大型的机械制造业）的过程。第二阶段目前仍然在继续之中，它致力于用第二次工业革命的成就形成新的国民经济结构。② 如果说斯大林时期的工业化注重数量增长，之后的苏联工业化已经注意到质量提升。它不仅开创了苏联的大工业时代，也为石油工业发展注入了动力。

以天然气工业为例。苏联不仅能生产新型钢管，还可制造地下天然气干线建设综合体机械化所需的近 100 种现代机器。首批输气管（萨拉托夫—莫斯科，塔沙瓦—基辅）是在缺少压气机站的条件下运行的。到 20 世纪 60 年代，重型机械制造已能生产将输气干线管道压力提高到 50 个及以上大气压的专用压气机，由此极大增加了管道的输送能力。

新技术的使用会增加油气开发的效能，提高对所勘探的油气储量评估的精度，并且降低勘探和开采的费用。苏联的石油工作者掌握了当时最主要的钻探技术——涡轮钻探和电动钻探，因此缩短了油井钻进周期，减少了费用，使钻探深度不断创造新纪录。③

苏联石油工业的独特之处在于它成长于全球主流之外。借助于本国优良的科学基础和强大的工业工程技术，苏联独自发展成为世界领先的油气生产者，拥有自己独特的工艺和传统，而且对自身的成就颇感自豪。④

① 〔英〕经济学家情报研究有限公司：《到一九八零年为止的苏联石油》，商务印书馆翻译组译，商务印书馆，1975，第 12 页。
② 〔中〕刘美珣、〔俄〕列乌斯基·亚历山大·伊万诺维奇主编《中国与俄罗斯：两种改革道路》，清华大学出版社，2004，第 321～324 页。
③ Р. А. Белоусов. Экономическая история России：XX век. М：ИздАТ，2006，С. 85 – 86.
④ 〔美〕塞恩·古斯塔夫森：《财富轮转：俄罗斯石油、经济和国家的重塑》，朱玉犇等译，石油工业出版社，2014，前言第 10 页。苏联科学家尼古拉·施科利尼克在美国发明了世界上功率最强、效率最高的内燃机并注册了专利。施科利尼克比较了苏美两国工程师的特点，他说："美国工程师在自己的领域效率奇高，一般需要两三个俄罗斯工程师才能代替一个美国工程师。不过，俄罗斯人对事物有着更宽泛的视野，这与其接受的教育有关，至少在我那时候是这样。他们能利用最少的资源实现目的，这叫作'快速而粗糙'。"《在美发明革命性发动机 前苏联科学家大显身手》，http：//tsrus.cn/keji/2016/07/25/614085。

首先，关于苏联的石油起源理论。20 世纪 50 年代初，斯大林命令苏联科学院的科学家找到一种能使苏联在能源上特别是石油上实现自主，彻底摆脱西方的方法。1951 年，苏联科学院的尼古莱·库德里亚夫采夫提出一种理论。他认为，石油实际上是"地下深处原始时代的物质材料经过高压转化生成的，经过一个'冷却'喷发的过程来到地球的浅表地壳"。1956 年，苏联的弗拉基米尔·波尔夫耶夫宣布，"压倒性的地质证据充分说明，原油和天然气与地球表面附近的生物没有本质的联系。它们是从地球深处喷发出来的原始物质材料"①。

其次，关于苏联的油田开发理论。它弥补了苏联在采油工艺技术、设备、材料等方面与西方的差距。促使苏联油田开发迅速发展的因素，除了石油勘探能获得可观的石油储量之外，油田开发理论长期稳定发展也是重要因素之一。②

还要加上一点，苏联集中管理的经济体制对加速油田开发是有效的。"这个体制在集中使用国家有限的人力和物力，改变国家工业的落后面貌和生产力布局，统一调配物质资源主攻某些急需的国家重点建设项目，如制造原子弹、氢弹、核反应堆，以及钢铁、煤炭、石油、木材等原材料的生产方面是有成效的。"③

苏联现有的工业基础设施、地区发展战略和技术产业政策已经催生出一系列大型产业群。在对外贸易国家垄断的条件下，燃料动力系统产品的所有出口业务都由苏联外贸部的对外贸易专业化联合体负责。例如，"联盟石油出口联合体"负责石油和石油产品贸易，"天然气出口联合体"负责天然气出口等。规模优势但不一定是规模经济效益，这句话意味着苏联大企业比小企业处于有利地位。苏联又利用西方国家发生能源危机的时机，出口石油，换回大量所需关键性工业品、技术和粮食等，反过来又利用先进技术设备积极勘探、开采石油。算下来，苏联建成并投入使用的石油和石油产品管道运输干线全长约 10 万公里④。由此，苏联掌握了控制东

---

① 〔美〕威廉·恩道尔：《石油战争：石油政治决定世界新秩序》，赵刚等译，知识产权出版社，2008，第 276～277 页。

② 栾志安：《苏联油田开发理论进展》，《大庆石油地质与开发》1988 年第 1 期。

③ 陈之骅主编《苏联史纲（1953～1964）》，人民出版社，1996，第 136 页。

④ 〔俄〕C. 3. 日兹宁：《俄罗斯能源外交》，王海运等译，人民出版社，2006，第 533 页。

欧、分化西欧的有力武器。政治、军事实力，再加上油气储量，无疑增强了苏联在世界原油买卖中的影响力。

萨哈林岛则迎来了"创纪录的六十年代"[①]，并且开始向海洋开发方向发展。

对萨哈林岛、伏尔加－乌拉尔油区、西西伯利亚油区的发展历程进行比较，有利于我们了解西西伯利亚在短期内的崛起。

伏尔加－乌拉尔有广阔的腹地和发达的基础设施。它的西边紧靠国内主要的石油消费地，东边是液体燃料需求量日益增长的地区。伏尔加－乌拉尔的开发还得益于苏联卫国战争的推动，以及战争对高加索油区造成的严重冲击。并且，伏尔加－乌拉尔自身也需要大量的石油。

西西伯利亚比萨哈林岛更靠近伏尔加－乌拉尔，从而有利于苏联工业化成果在西西伯利亚的传播。此外，"秋明石油天然气生产综合体"的首任总经理阿隆·斯列比扬曾在"巴什基尔石油联合体"工作，对西西伯利亚的发展起到了一定的作用。而且，西西伯利亚的石油质量比伏尔加－乌拉尔要好得多，尽管它的开采和运输有很多困难，但其成本低于全苏的平均水平。

最后，与上述两者相比，萨哈林岛需要兼顾陆上、海上开发。但是，苏联远东、萨哈林州可以为萨哈林岛提供的支撑实在有限。英国学者曾经指出：萨哈林州的不同地区之间，无论在环境或精神方面都存在极大的差别，这种情况超过苏联远东地区任何其他的州。而完全一体化的概念，即不顾巨大的自然障碍，而以这个州作为一个整体来制订计划的概念，迄今还没有强烈地显示出来。萨哈林岛北部和燃料密切相关；南部有木材、矿产、鱼和一些毛皮，农业只能勉强维持生活；西部介于这两种状态之间——在燃料方面有焦炭，还有森林和其他物产；中部大体上还没有开发，有待于同北部、南部及西部加强联系。[②] 萨哈林岛更像一座"孤岛"，其油气开发之路是应急与有序发展措施的混合物，长期性和必要性兼备。

---

① 必须指出，20世纪60年代中期，萨哈林岛仅能供应苏联远东地区石油需要量的40%左右，而需要量正在大大增加。〔英〕斯图尔特·柯尔比：《苏联的远东地区》，上海师范大学历史系地理系译，上海人民出版社，1976，第45页。

② 〔英〕斯图尔特·柯尔比：《苏联的远东地区》，上海师范大学历史系地理系译，上海人民出版社，1976，第252页。

第二节　从陆地走向海洋

截至 1975 年，萨哈林石油公司的采油量累计达 5540 万吨，[1] 从此，萨哈林岛享有"远东巴库"的盛誉。

公司油气勘探的重点也在向萨哈林岛东南转移。20 世纪 70 年代，在诺格利基区又有重大发现。到 1980 年，那里集中了公司勘探能力的 70%。与此同时，公司对达吉、老纳比利的勘探仍在继续。[2]

由于出现了一些新的因素，公司对完成国家下达的任务感到越来越困难。这些新因素包括：二次开采法失去了从前的光彩，老难题再次出现，黏油的 80% 以上滞留于地下；油气开采增长乏力，直到 1984 年，石油开采增长了 9.9%、天然气开采增长 32.3%。[3]

同时，萨哈林岛陆上的油气储量开始衰竭，需要转向海洋开发。国内的政治形势也不容忽视，大约到苏共 24 大前后，勃列日涅夫的改革开始后退。

萨哈林州第一书记列奥诺夫的发展战略在稳定萨哈林岛的发展局势方面发挥了作用。他在任期内建成了国营区发电站输电线、瓦尼诺－霍尔姆斯克海上轮渡、阿利巴－诺格利基铁路、高压电路，并为捕鱼船队、运输船队配置了新船，开展了大规模的住房、学校、医院建设。从而继续夯实了油气开发的基础。

首先是萨哈林岛上的石油运输问题。萨哈林岛上的运输主要依靠铁路、公路和河运，同时萨哈林岛与千岛群岛以及州外的联系主要靠海运和航空运输。萨哈林州南部公路运输比较发达，公路网较密集。

20 世纪 70 年代，瓦尼诺－霍尔姆斯克海上轮渡成为萨哈林州标志性的成就之一。它解决了海峡间的铁路运输问题。霍尔姆斯克港在萨哈林岛，瓦尼诺港在哈巴罗夫斯克边疆区。

海上轮渡就是在渡船上修建铁道，火车可从陆地的铁道开进渡船的铁道，然后乘船过海。为了建设瓦尼诺－霍尔姆斯克海上轮渡，苏联动员了

---

[1]　И. Ф. Панфилов. Нефть Сахалина//Вопросы истории，№8，1977，С. 113.

[2]　На трудовой вахте，http：//sakhvesti. ru/？div = spec&id = 373.

[3]　М. С. Высоков. Сахалинская нефть，http：//ruskline. ru/monitoring ＿ smi/2000/08/01/ sahalinskaya＿ neft.

5个加盟共和国、4个自治共和国的70多个单位参加。1972年,"萨哈林"系列的首批渡船从波罗的海"琥珀"造船厂的码头运到加里宁格勒。它是当时最现代化、最强大的海上运输工具,包括铁路机车、轮式装备、履带式装备和客运等类型。1973年4月12日,"萨哈林1号"渡船停泊于霍尔姆斯克港。[①]

有了瓦尼诺－霍尔姆斯克海上轮渡,海峡间的铁路运输问题不仅得到了解决,更重要的是,它使萨哈林岛与西伯利亚大铁路和贝阿干线相连。

萨哈林岛上的铁路全长1100公里,每万平方公里的铁路普及率居远东第一位。这里的铁路轨距比苏联内陆的标准路轨窄。[②] 萨哈林岛在20世纪70年代迎来铁路发展的黄金时期,战后初期实现岛上铁路连接的计划逐渐变成了现实。

1971年,全岛铁路运输的98%使用内燃机车。阿尔谢尼耶夫卡－伊利因斯克铁路也于同年通车,它将本岛的东、西海岸连接起来。1974年,这条铁路开始客运,在9个网站修建了新车站。1978年,南萨哈林斯克新站迎来了第一批乘客。全长265公里的波别季诺－内什、阿利巴－诺格利基铁路紧靠萨哈林岛北部和西北部的油气产地,建成后推动了当地经济的发展。[③] 州府南萨哈林斯克通过铁路与州内各地区和各港口之间实现了相通。

解决了石油运输问题后,萨哈林石油公司开始启动海上油气开发进程。1971年7月,公司在奥多普图使用海底定向钻探技术,第一口探查定向井26号倾斜650米钻入海底。在苏联对外贸易部与日本桦太岛石油天然气开发株式会社(下称"日本萨哈林油气公司")签署了在萨哈林岛大陆架进行油气勘探、设备安装、开采方面的合作总协议之后,公司的海上油气开发进入了新阶段。[④]

---

① А. Костанов. История сахалинской железной дороги//Советский Сахалин, No142, 4 августа, 2001.

② 王小路:《俄罗斯远东岛屿——萨哈林州》,《东欧中亚研究》1993年第2期。

③ А. Костанов. История сахалинской железной дороге//Советский Сахалин, No143, 7 августа, 2001.

④ Курсом на шельф, http: //sakhvesti. ru/? div = spec&id = 356.

也正是在这一年，公司又有一位员工获得"社会主义劳动英雄"称号。他就是 Б. В. 沃罗特尼科夫。沃罗特尼科夫的工龄超过了 40 年，干过钻探工、船队调度员等工作。①

在萨哈林岛东北部、西南部的大陆架上，苏联与日本联合对面积达 3 万平方公里的区域进行了勘探。双方于 1975 年开始的海洋地球物理学研究查明了 18 个背斜构造。② 经过钻探，石油工作者分别于 1977 年、1979 年在东北大陆架上发现了两个大型凝析油气田——奥多普图和柴沃。

萨哈林州的铁路和管道建设，继续为油气开发提供支持。1976 年，连接蒙吉油田与奥哈–阿穆尔河共青城石油管道分配枢纽的铁路投入营运。1978 年，蒙吉–波吉比石油管道开工。

1978 年，根据苏联部长会议 8 月 24 日第 720 号决议，萨哈林石油公司改组为苏联萨哈林海洋石油天然气公司。其主要任务是负责苏联远东海域大陆架的油气开发。③

图 5 - 6　萨哈林石油公司成立 50 周年纪念标志④

① Золотые страницы нефтегазового комплекса России：люди，события，факты. М.：《ИАЦЭнергия》，2008，С. 151，231.

② Нефтегазовый форпост России//Нефть России，№6，2014，С. 27.

③ А. Бедняк. "Сахалинморнефтегаз"：вчера，сегодня，завтра//Советский Сахалин，№ 158，30 августа 2002.

④ Объединение Сахалиннефть 50 лет. 1978г，https：//yandex. ru/images/search？img ＿ url ＝ http% 3A% 2F% 2Fsakhalin－znak. ru% 2Fimage% 2Fcache% 2F200－200% 2Fdata% 2Fznaki% 2Fmoi2% 2FIMG＿3278. JPG&text ＝ Объединение% 20Сахалиннефть% 2050% 20лет. 1978г&redircnt ＝ 1440419592. 1&noreask ＝ 1&pos ＝ 0&rpt ＝ simage&lr ＝ 20896.

进入 20 世纪 80 年代，萨哈林海洋石油天然气公司继续向前发展。大陆架油气开发不仅需要大量的投资，还需要先进的设施。1980 年，公司的第一只海上浮动钻井船"奥哈"号驶入萨哈林岛岸边后遭遇暴风雨搁浅。营救人员在抢救过程中表现英勇，并因此获得国家奖章。1983 年，由于当时最现代化的钻井船"米哈伊尔米尔钦科"号在萨哈林岛大陆架作业，公司年产油量最高时达到 266 万吨。①

只有规模性和持续性的勘探与生产投资才能增强油气的生产和供应能力。1975～1983 年，萨哈林海洋油气勘探者在苏日总协议框架下打出了 25 口井，总深度达到 58836 米。从 1984 年起，苏联变成出资方。同年，萨哈林海洋油气勘探者在东北大陆架上发现了伦斯科耶油气田。1986 年，萨哈林海洋油气勘探者发现皮利通－阿斯托赫斯克油气田。1989 年他们又发现了阿尔库通－达吉油气田。这些油气田与之前发现的大型油气田一道被纳入"萨哈林 1 号""萨哈林 2 号"项目。此外，萨哈林海洋油气勘探者还在韦尼斯科耶、伊济利梅季耶夫发现了两处中型凝析气田。② 这些新发现的地块同时含有石油和天然气，有利于石油化工企业利用天然气和伴生石油气、石油和凝析油。

1982 年 4 月，苏联成立了全苏海洋石油、天然气科学研究设计院，作为研究大陆架开发问题的新机构。它在苏联远东同远东海洋油气勘探深钻勘察队、萨哈林海洋石油天然气公司合作进行海洋油气开发。

1984 年，"米尔佐耶夫"油田被发现。这个油田在诺格利基区行政中心以北 44 公里处，以矿业工程师、地质学家罗伯特·米尔佐耶夫的名字命名。③

1988 年，远东海洋油气勘探深钻勘察队更名为远东海洋钻探管理局。

---

① Исторический перегон//Советский Сахалин，No171，26 сентября，2003.

② Андре Кузьмин. Морской нефтегазовый комплекс Сахалина：прошлое и перспектива，http：//www. sato. ru/kuzmin/200309. php.

③ Есть шесть миллионов тонн Мирзоева！//Советский Сахалин，No55，29 апреля，2011. 米尔佐耶夫的工作经历，见证了萨哈林岛石油工业的成长。1953 年，他担任萨哈林石油公司东埃哈比油区、努托沃、艾利勘探区的高级地质师，1957～1962 年出任该公司地质处高级地质师，再往后担任"远东石油勘探托拉斯"的高级地质师。1960 年他被任命为该托拉斯的总地质师，一直干到 1980 年。其中，1978 年，他因为业绩突出荣获奖章。2010 年，米尔佐耶夫油田的石油产量是 6.1 万吨（计划 5.5 万吨）、天然气产量达到 2300 万立方米（计划 1600 万立方米）。

到 20 世纪 90 年代初，远东海洋钻探管理局已拥有 2500 名员工。①

同年，苏联石油工业部与美国的麦克德莫特公司就开发伦斯科耶、皮利通－阿斯托赫斯克油气田举行谈判。双方专家在三年后完成了经济技术合理性论证。随后，苏联石油工业部、俄罗斯联邦地质部公布了有世界大型石油公司参加的开发萨哈林岛大陆架有前景地块的招标方案。②

应当谈谈哈林岛的天然气开采与使用情况。从苏联全国范围看，在"加速实现城市和乡村天然气化！"政治口号的旗帜下，苏联实施了全联盟天然气化计划，在波罗的海和外高加索共和国，以及白俄罗斯、乌克兰和摩尔多瓦修建了天然气运输管道干线和支线网。因此，这些加盟共和国的天然气化程度高于许多西欧国家。③

苏联的天然气业务非常集中。20 世纪 70 年代和 80 年代，苏联铺设的管道干线并不像在西方国家那样被分成无数个低压管道，用来向家庭和小企业供气，而是径直通往大工厂和发电站。这些工厂和发电站每年都有供气配额，用以完成制订的生产计划。④

从 1952 年到 20 世纪 70 年代初，萨哈林岛的天然气开采一直保持着增长的势头。北萨哈林岛居民点的天然气化也取得了一定的进展。但直到 20 世纪 80 年代末，这里的天然气产量依然主要受技术条件和日常生活需要的影响，10 年间，保持着每年 8 亿～9 亿立方米的产量水平。⑤

与苏联相比，美国虽然富有天然气，但在 20 世纪前半叶却很少使用天然气。天然气只是石油需求的一种伴生物，通常仅仅作为废料被燃烧，或是被灌注到地下来保持压力以便提取更多的石油。但到 20 世纪 50 年代，人们对天然气的观念发生了变化，天然气逐渐变得越来越有用，甚至变得重要了。一系列的管线开始铺设，把得克萨斯州和路易斯安纳州的天然气输送到全国其他地方。到 1969 年，天然气占美国全国家庭供热相当大的比

---

① Андре Кузьмин. Морской нефтегазовый комплекс Сахалина: прошлое и перспектива, http://www.sato.ru/kuzmin/200309.php.

② История проект Сахалин-2//Советский Сахалин, № 120, 27 августа 2008.

③ 〔俄〕С. З. 日兹宁：《俄罗斯能源外交》，王海运等译，人民出版社，2006，第 172 页。

④ 〔美〕塞恩·古斯塔夫森：《财富轮转：俄罗斯石油、经济和国家的重塑》，朱玉犇等译，石油工业出版社，2014，第 28 页。

⑤ Юрий Щукин, Эдуард Коблов. "Гозовая окраина" России, http://www.oilru.com/nr/139/2805/.

重，同时每年给数千个工业网站提供动力。①

萨哈林岛土著居民的生活也因战后的油气开发发生重大变化。战后的油气开发改变了过去的生活节奏。在集体农庄、国营农场，土著居民的捕鱼、养鹿系统受到冲击，狩猎活动大为减少。他们与外地人的通婚明显增多。成年土著居民纷纷参与到工业活动中去，包括油气工业。从前用于采集浆果、打猎、养鹿活动的地段减少，逐渐让位于油气勘探。工业开发导致萨哈林岛林地缩减、建筑用地扩大，甚至产生森林大火的隐患。②

油气开发也使萨哈林州成为一个有吸引力的地区。苏联远东地区经过有计划、有步骤的大规模开发，已经形成了一定的生产能力和经济规模。但它总是受到人力资源短缺的阻碍，需要外来人口补充。政府试图用低价格土地等措施吸引国内的移民，苏联远东的驻军也带来一部分人口。这里的城市居民比率很高，1980 年达到 75%，萨哈林州的这个数字更高，达到 83%。到 20 世纪 80 年代末，这些优惠政策逐渐被取消。当时，苏联远东的人口数量是 790 万，人口密度每平方公里 1.3 人，其中，萨哈林州人口 70 万，人口密度每平方公里 8.1 人。1989年的人口统计显示，本地人在萨哈林州人口中的比重是 48.9%，外地人占 51.1%。③

苏联加速萨哈林岛大陆架油气开发至少有两个意义。

一方面，有利于巩固苏联远东石油工业的基础。萨哈林岛在苏联远东石油工业体系中占据至关重要的地位。岛上的油气产量在 1983 年达到最大值 26.64 万吨④，但其陆上油气储量经过多年的开发正在日益枯竭，到 1990 年代初已经消耗掉了 80%⑤。随着勘探范围的扩大，形成了

① 〔美〕贝萨妮·麦克莱恩、彼得·埃尔金斯德：《房间里最精明的人：安然破产案始末》，静恩英等译，中国社会科学出版社，2007，第 2 页。

② Роон Т. П. Размышление о Сахалине и его жителях в свете транснациональных проектов добычи углеводородов на шельфе Охотского моря（к вопросу об этнологической экспертизе）//Этнографическое обозрение，№3，2008，С. 36 – 37.

③ Население России в XX веке. Исторические очерки. Том3. Книга2. 1980 – 1990 гг. М.：Российская политическая энциклопедия，2011，С. 20，225，260.

④ Нефтегазовый форпост России//Нефть России，№6，2014，С. 27.

⑤ Диана Россоховатская，ОльгаХвостунова. Сахалинский нефтраздел，http：//www. kommersant. ru/doc/1088064.

"萨哈林区"油气地质概念，使萨哈林岛石油工业有了"第二次生机"。大陆架油气开发加强了萨哈林岛的油气储量优势，提高了苏联海洋开发技术水准。萨哈林海洋石油天然气公司利用其浮动式钻探工具不仅在波斯湾表现优异，还在越南的大陆架上发现了大型油田。[①] 此外，在越南大陆架上作业的，还有苏联的"海外石油公司"。1981 年，根据两国政府的协议，它与"越南石油天然气公司"成立了"越南联合石油企业"。

另一方面，有利于推动苏联远东的经济发展。这主要是指萨哈林州、哈巴罗夫斯克边疆区、滨海边疆区的经济合作。萨哈林州为打造自身的优势继续扩大相关基础设施建设：1985 年，奥哈－阿穆尔河共青城天然气管道阿穆尔河水下通道完工。1987 年，奥哈－阿穆尔河共青城天然气管道一期工程投入使用。萨哈林海洋石油天然气公司的下属单位参加了这次管道建设。

在石油工业中，炼油环节向上承接原油开采行业，向下联结终端市场，为社会提供最终石油产品，为企业实现效益增值。共青城炼油厂是一家前景看好的企业。俄罗斯"独立石油评论"网站对它有如下介绍。该厂于 1942 年落成，1950 年实际运营。该厂最初成立的目的是满足哈巴罗夫斯克边疆区、滨海边疆区企业对石油产品的需求，后来其石油产品的输出扩大到萨哈林岛和堪察加。该厂所需石油来自萨哈林岛、西西伯利亚，平均加工深度66% ~ 67%，年炼油能力 550 万吨。除了炼油设备外，该厂还拥有焦化设备、烷化设备，可以生产加铅汽油、柴油、重油、喷气发动机燃料。[②]

我们可以将共青城炼油厂 1960 ~ 1990 年炼油量的变化，与哈巴罗夫斯克炼油厂同期的产量进行比较，以了解其战后的发展情况。哈巴罗夫斯克炼油厂的历史更长。1960 年，共青城炼油厂的产量是 106 万吨，哈巴罗夫斯克炼油厂是 76 万吨；1970 年，前者产量 160 万吨，后者产量 210 万吨；1975 年前者和后者的产量分别为 200 万吨、326 万吨；1980 年前者和后者的产量分别为 470 万吨、420 万吨；1990 年，共青城炼油

---

① А. Бедняк. "Сахалинморнефтегаз": вчера, сегодня, завтра//Советский Сахалин, № 158，30 августа 2002.

② Комсомольский НПЗ, http：//www. nefte. ru/company/rus/kmnpz. htm.

厂的产量达到 590 万吨，哈巴罗夫斯克炼油厂的产量达到 420 万吨。①

　　对照英国学者的有关论述也许是有益的。石油既要由管道又要用轮船送到共青城和哈巴罗夫斯克加工。萨哈林岛的石油供应虽然极为有用，但仍远远不能满足苏联远东的需要，而且石油必须运到那么远的地方进行提炼，这也是一个缺点。燃料、润滑剂甚至原油仍须从西部俄罗斯经过极远的路程运到远东地区来。共青城和哈巴罗夫斯克的工厂尚不具备进行"精深的"即催化加工处理、再合成等所必需的能力，只能供应直接蒸馏法的产品，以及主要用作阿穆尔炼钢厂的平炉炼钢、大多数发电站等方面的燃料。②

　　萨哈林州既有萨哈林岛陆上的油气开发成果，又有大陆架的油气资源潜力，因此成为苏联远东石油工业的旗舰，也是提供优质能源的主要来源。奥哈-阿穆尔河共青城天然气管道一期工程投入使用后，萨哈林州的天然气走出本州。在随后的两年中，它的产量增加到每年 20 亿立方米（含伴生气）。之后，其产量有所下降。这些天然气主要用于经济目的，如为奥哈热电站发电、诺格利基的地热燃料系统发电提供天然气，③ 为共青城炼油厂供应天然气等。

　　1990 年，苏联的"主权大阅兵"愈演愈烈，各加盟共和国纷纷通过"独立宣言"或"主权宣言"，许多自治共和国甚至自治州起来响应。受此影响，苏联在油气领域形成的分工体系开始动摇。5 月，叶利钦当选为俄罗斯联邦最高苏维埃主席。自"二战"结束以来，俄罗斯一直占据着苏联石油工业"领头羊"的位置。8 月 22 日，叶利钦对萨哈林州进行为期 3 天的访问。他不仅登上了国后岛，而且走访了奥哈、多林斯克、贝科夫、锡涅戈尔斯克和南萨哈林斯克。④ 叶利钦的访问表明国家领导层对萨哈林州

① Черныш М. Е. Развитие нефтеперерабатывающей промышленности в Советском Союзе: фрагменты истории. М.：Наука，2006，С. 47.

② 〔英〕斯图尔特·柯尔比：《苏联的远东地区》，上海师范大学历史系地理系译，上海人民出版社，1976，第 237～238 页。

③ Юрий Щукин，Эдуард Коблов．"Гозовая окраина" России，http：//www. oilru. com/nr/139/2805/.

④ сост. Н. Н. Толстякова，Чен Ден Сук. Календарь знаменательных и памятных дат по Сахалинской области на 2015 год. Южно - Сахалинск：ОАО 《 Сахалин. обл. тип. 》，2014，С. 119.

油气潜力的重视。俄罗斯政府决定，在竞争的基础上向外国公司发放萨哈林岛海上油气勘探许可证。

到苏联解体时，萨哈林海洋石油天然气公司以其自有资金发现了基林斯基气田。[①] 这为苏联石油工业投下一线光明。此时，苏联石油的出口价格和国内价格的差距越来越大。到 1991 年 12 月，二者之比高达 100∶1。[②] 类似的情况曾经在苏维埃政权执政初期出现过。

---

① В. В. Харахинов. Нефтегазовая геология Сахалинского региона. М. : Научный мир，2010，
C. 33. 另有俄文数据显示：1990 年发现储量巨大的基林斯基气田。Андре Кузьмин. Морской
нефтегазовый комплекс Сахалина：прошлое и перспектива，http：//www. sato. ru/kuzmin/
200309. php。

② 〔美〕塞恩·古斯塔夫森：《财富轮转：俄罗斯石油、经济和国家的重塑》，朱玉犇等译，
石油工业出版社，2014，第 15 页。

第六章
萨哈林岛战后开发的外部环境

第一节 反法西斯盟国化友为敌

1945 年"八月风暴"行动后，萨哈林岛再无被占领之忧。它面临的最大外部环境是冷战。

从地理范围上看，冷战开始于欧洲，之后向世界其他地区扩散。苏联在亚欧大陆崛起、美国称霸世界是冷战的主要特征。造成苏美之间长期斗争的两个基本因素是意识形态的冲突和国家利益的角逐。对油气资源控制权的争夺，是苏美地缘政治角逐的一部分，这场角逐在反法西斯盟国胜利在望之时即在亚欧大陆展开。

苏联红军将纳粹德国的军队驱逐出本土后，反攻使它进驻欧洲更广阔的地区，最终从卢卑克到的里雅斯特形成了一条与美英军队对峙的军事分界线，该线还穿过亚得里亚海延伸到希腊北部边界和土耳其海峡。

苏军接管了东欧地区的石油资源和基础设施。罗马尼亚受到了特别关注，因为罗马尼亚是世界上发展石油工业最早的国家之一，石油储量丰富。两次世界大战期间，英国、美国的资本控制了罗马尼亚的石油工业，并在当地派驻代表，分别是阿斯特拉－罗马尼亚公司、罗马尼亚－美国公司。"二战"期间，罗马尼亚为德国供应石油和燃料。罗马尼亚参加对苏联作战的主要目的是要夺取比萨拉比亚，曾一度得手并将其并入版图。尽管如此，罗马尼亚并没有与苏联彻底决裂。1944 年就在苏联重新夺取了比萨拉比亚而轴心国败局已定的情况下，罗马尼亚在苏军到来前推翻了安东内斯库法西斯政权，从而避免了因法西斯政权与德国结盟而在战后遭受太多的"清算"。① 苏军到来后，要求罗马尼亚用石油工业为其赔偿提供担保，还从当地油田拆卸了大量的炼油设备运回苏联，仅管道一项就达 3.1 万吨。此举引起英、美的不满，它们抱怨苏联没有相应的补偿而随意搬迁。因为这两个国家在罗马尼亚石油工业中有重要的利益，1940 年，英国占据了罗马尼亚石油工业份额的 45%，美国占据了罗马尼亚石油工业份额的 16%。②

类似的争议也出现在伊朗（1935 年以前称为波斯），博弈双方是苏联和英国。两国对伊朗的争夺由来已久，可以追溯到俄英大博弈时代。1908 年，英国和俄国达成协议，规定把波斯分割成三块，即北部归俄国控制，③南部由英国管辖，中间地带为中立区，英俄都可以从那里得到租让权。"一战"期间，英法两国主导分割中东地区。1916 年 4 月，英国外交官赛克斯和法国驻黎巴嫩贝鲁特总领事皮科特密谋制定了战后划分阿拉伯领土，并最终由英、法、俄、意四国秘密签署的《赛克斯－皮科特协定》。俄国人胡什塔里亚也在同年得到了伊朗北部的石油租让地。俄国十月革命后，在俄国外交部档案馆里发现了《赛克斯－皮科特协定》。需要指出的是，这份协议无视中东的宗教和部族联系划定国界，是今天这个地区混乱局面的肇始。两次世界大战期间，英国确立了其在中东的地位，更不用说它的海外石油来源就在伊朗。1919 年，英国同波斯签订《英波条约》。这个条约不仅遭到伊朗的反对，也引起美国和法国的反对。1920 年，英国收购了胡什塔里亚的特许权，将俄国在伊朗北部的石油租让权纳入囊中。同年，英国首相劳埃德·乔治和法国总理亚历山大·米勒兰达成了圣雷莫协定，英国让出了在美索不达米亚 25% 的石油开采份额；法国则同意，在国际联盟的保护下，美索不达米亚由英国托管。这个协议点燃了英美之间对世界石油控制的激烈争夺战。1921 年，苏俄和波斯签署了《苏波友好条约》。这个条约是波斯新政府与外国签订的第一个条约。条约第六条规定，不允许第三国在波斯境内从事反苏活动，否则苏俄有权出兵波斯。条约签

---

① 孔源：《罗马尼亚，历史夹缝里的国家》，《世界知识》2006 年第 4 期。

② А. А. Иголкин. Советская нефтяная политика в 1940 - м - 1950 - м годах. М. , 2009, С. 264.

③ 到一战前夕，伊朗北部有 17000 名俄军。英国大使抱怨说："伊朗北部已经成为俄国的一个省份。"〔英〕约翰·达尔文：《全球帝国史：帖木儿之后帝国的兴与衰：1400 ~ 2000》，陆伟芳等译，大象出版社，2015，第 304 页。

字时立即生效，但没有规定有效期限。苏波关系需要充实经济内容，于是1924 年波斯成立了波斯石油出口公司。1924～1925 年，从巴库出口到波斯的煤油大大超过 1913 年的水平。波斯很快成为苏联在东方的主要贸易伙伴，其贸易额差不多占苏联与亚洲及东方国家贸易额的一半。①

德国的介入，为苏英争夺伊朗增加了新变量。"一战"前夕，为了摆脱英国海军控制下的海上航线，德国决定修建巴格达铁路，使其对伊朗的影响日渐扩大。1938 年，德国在伊朗的对外贸易中占据首位。由于伊朗的石油资源和地理位置太重要了，为了防范德国控制伊朗，苏联、英国的军队在"二战"期间进驻了伊朗。1942 年，美国未经伊朗邀请，也未经盟国同意，派军进入伊朗。

战后初期，英美呼吁苏联共同从伊朗撤军，苏军迟迟不动。因为苏联对伊朗北部的石油有想法，那里的油层与巴库油田有地质联系。学者叶戈罗娃、祖博克对此进行过分析，我们从中可以了解到更多的信息：早在 1942～1943 年，以苏联科学院为代表、由苏联中亚军区和外高加索前线工程兵司令部下达任务，在伊朗东北部进行了石油勘探。1944 年 8 月，贝利亚对伊朗北部的石油问题提出两点建议，或者争取与伊朗达成协议，或者参加英美的石油谈判。斯大林采纳了第一点建议。9 月，苏联副外交人民委员谢尔盖·卡夫塔拉泽率苏联代表团前往伊朗谈判石油租让权问题，遭到对方的拒绝。12月，伊朗议会通过法律，禁止授予租让权以及进行此类谈判。英美表示支持伊朗。苏联认定是英国在耍手段，转而支持伊朗人民党。② 最后，伊朗把争议拿到联合国处理。苏联这才从伊朗撤军，但加紧了其对东欧的控制进程。

美英最终完成协调并控制了中东石油资源。1928 年的《红线协议》旨在协调美英在中东的石油利益。但由于它并没有明确美英两国在伊朗和沙特阿拉伯的利益分配，这两个国家首先成为美英的抢夺对象。历史上整个中东都属英国的势力范围，但在沙特，石油生产却逐渐被美国的私人石油

---

① 〔俄〕В. Ю. 阿列克佩罗夫：《俄罗斯石油：过去、现在与未来》，石泽等译，人民出版社，2012，第 230 页。

② Н. И. 叶戈罗娃：《从解密的档案文件看 1945～1946 年的"伊朗危机"》，载〔俄〕《近现代史》1994 年第 3 期，中译文见 http://www.coldwarchina.com/mgyj/lzqy/000727.html；〔美〕弗拉季斯拉夫·祖博克：《失败的帝国：从斯大林到戈尔巴乔夫》，李晓江译，社会科学文献出版社，2014，第 58 页。

公司控制。美国在伊朗的行动没有像在沙特那么顺利。英国在这里的影响要比在沙特大得多。直到 1944 年底，伊朗下令禁止开展向国外转让石油开采权的一切谈判，美英对伊朗的争夺才告一段落。这就是 1943～1944 年的美英中东石油争夺战。

1947 年，从苏联进口石油最多的国家是南斯拉夫，保加利亚、波兰和捷克斯洛伐克紧随其后。英国、意大利也在苏联石油出口国之列。1948 年 6 月 11 日，罗马尼亚通过了将外国石油公司收归国家所有的法令，据此，25 家油气股份公司转入国家手中。英美资本遭到驱逐后，转而制裁罗马尼亚。同年，罗马尼亚与苏联达成协议，前者向后者出口 25 万吨石油产品。此外，实行石油国有化政策的还有匈牙利，奥地利也在战后与苏联开展石油合作。①

此时，正是东欧八国发展道路面临转折的重要时刻。这八国是南斯拉夫、阿尔巴尼亚、捷克斯洛伐克、波兰、保加利亚、罗马尼亚、匈牙利、民主德国。

需要指出，中国的大连石油七厂进口过苏联石油。该厂原是日本人为侵华战争用油而建的一座小炼油厂，最早加工的是东南亚原油。1945 年日本投降后，该厂由苏联接管，业务改为炼制库页岛原油，直到新中国成立初期，该厂一直加工进口原油。②

战后初期，美国凭借在经济、政治和军事领域的绝对优势，确立了其在西方世界的霸权地位。美元在世界金融体系中的地位尤其突出，发挥了作为全球货币的功能，可以说，它是世界各地商人冒险家所选择的货币。理解这是如何转换为一种优势的最好办法，就是想象有一个支票账户，在其中你所签的支票没有一张会回到你的银行并兑现。你的支票无论签给谁，不管你签了什么支票，这种支票只能用来购买愿意接受这种支票的人的东西，然后这个人又把它传递给另外愿意接受的人。你想要签多少支票就可以签多少，而不用担心你的支票账户是否有足够的钱。这实质上是美国凭借其美元作为全球货币的地位绑架全球经济。③ 马歇尔计划的启动，

---

① А. А. Иголкин. Советская нефтяная политика в 1940 – м – 1950 – м годах. М. , 2009, С. 269，265 – 266.

② 余秋里：《余秋里回忆录》（下），人民出版社，2011，第 777 页。

③ 〔美〕理查德·罗宾斯：《资本主义文化与全球问题》，姚伟译，中国人民大学出版社，2010，第 143～144 页。

旨在帮助美国的欧洲盟国恢复因"二战"而濒临崩溃的经济体系。苏联为抵制马歇尔计划的影响而与东欧国家在这段时期内签订的贸易和经济协议，被西方称为"莫洛托夫计划"。它是苏联针对杜鲁门主义和马歇尔计划所做的第一个反击。① 不久，西方组成了北大西洋公约组织。

鉴于德国、日本在欧洲、亚洲策划形成战争策源地的历史，苏联战后的一个重要任务是遏制其工业潜力。苏联的这种遏制突出表现在拆迁德、日的工业设备，使用两国的战俘。

俄罗斯学者的著作《大赔偿》考察了这段苏德关系史。这本书谈到了苏联与其盟国分割纳粹德国遗产的过程，苏联对这些遗产的利用——从缴获来的文化产品、汽车、电视、照相机，到军用和民用船只、火炮、飞机、弹道火箭等。②

英国学者也有类似的研究。琳达记载，仅在德国一处，苏联就拆运走了价值 100 亿美元以上的军用和民用工厂。被苏联搬走的工厂达几千家，占德国 1943 年处于顶峰状态时总工业能力的 41%。根据盟国达成的协议，位于美国、英国和法国占领区的占德国工业能力 1/4 的机器设备包装起来移交给了俄国人。波兰、捷克斯洛伐克和匈牙利的金属铸造厂、石油化学工厂、采矿机械和重型机械装配车间也全被苏联劫掠一空。苏联占领的奥地利东部地区损失了 4 亿美元的工厂设备。与罗马尼亚和芬兰单独签订的和平条约都含有向苏联提供预计为 6 亿美元设备的条款。在远东，日军失败后，苏联从满洲里掠夺的工业机器价值大约 9 亿美元。③ 托马斯写道，在柏林被攻克时，有超过 1000 多位德国科学家和技术人员被抓获，并被运到苏联，许多人再也没能回来。所有的核研究设施，包括位于佩内明德的火箭测试站，还有在图林根州的光学仪器厂都已全部被拆除，并用火车被

---

① 张盛发：《苏联对马歇尔计划的判断和对策》，《东欧中亚研究》1999 年第 1 期。

② Широкорад А. Б. Великая контрибуция. Что СССР получил после войны. М.：Вече，2013. 苏联要求德国支付高额赔偿的实质，一方面是出于自身"西部边界安全"的政治、军事考虑，另一方面是为了满足其战后经济重建的迫切要求。从德国获得的高技术设备和最新技术样品为苏联生产众多先进产品发挥了重大作用。但是苏联的战争赔偿主要以自己短缺的工业品和日用消费品为主。美国的战争赔偿政策主要集中在获取德国最新科技研发的高级人才，最新设备和武器样品。田小惠：《德国战败赔偿政策研究：1939～1949：兼与日本赔偿政策的比较》，中央编译出版社，2012，第 77、173 页。

③ 〔英〕琳达·梅尔文等：《技术大盗》，董建东等译，军事译文出版社，1986，第 34 页。

运回俄罗斯。英、美也不甘落后。美国的杜勒斯曾帮助把沃纳·冯·布劳恩和他手下的火箭科学家们，在苏联情报局的眼皮底下从德国偷运出来。他还将曾经负责收集苏联军事情报的德国国防军将军莱因哈德·格伦招募进来，并于1945年9月20日安排他乘飞机秘密飞到华盛顿。就在那架飞机上，还有8个带钢制密码锁的大箱子。①

一项旨在将纳粹德国科学家转移到美国的秘密计划"回形针行动"，被美国学者的近期著作披露。这些科学家大多被指控犯有战争罪，为美国效力后却在火箭技术、医疗以及太空科技领域取得成就。全书将重点放在1945～1952年，并梳理出21位德国科学家完整的人生轨迹。作者有这样一段话："作为战败国，德国无力对美国进行经济补偿，但美国人可以从另一种赔偿方式中获益，即充分利用德国的科技知识。"纳·冯·布劳恩就是这21位德国科学家中的典型代表。②

苏联制造人造燃料时用过德国的技术力量，这是德国的技术强项。1946～1947年，苏联开始建设安加尔斯克联合体、新切尔卡斯克合成产品生产厂。萨拉瓦特石油化工联合体的建设稍后也开始动工。这些企业将从煤炭中提取液体燃料，设备由德国负责提供，资金从德国战争赔款中支付。1948年，爱沙尼亚科赫特拉亚尔韦市的天然气页岩厂投产，列宁格勒州兰茨市的天然气页岩厂建设继续进行。其实，苏联早在20世纪30年代就开始了这方面的探索。③

收复南萨哈林岛和千岛群岛后，苏军对当地实行了军政管理。萨哈林岛是苏联前出太平洋的跳板，也是苏联控制南千岛群岛的基础。千岛群岛

---

① 〔英〕戈登·托马斯：《军情五处与军情六处（1909～2009）》，薛亮译，浙江人民出版社，2012，第103页。

② 〔美〕安妮·雅各布森：《回形针行动："二战"后美国招揽纳粹科学家的绝密计划》，王祖宁译，重庆出版社，2015，引语见该书第175页。沃纳·冯·布劳恩是美国太空项目中不可或缺的人物。俄罗斯科学家也确认，20世纪40年代末，美苏均完全拷贝了德国设计师沃纳·冯·布劳恩设计的世界上第一枚远程弹道导弹"V-2b"。"V-2"导弹成了全球航天工业的基础火箭模型。美国的赫尔姆斯计划和苏联的多个火箭及航天计划都是从发射缴获的及升级后的"V-2"火箭开始的。〔俄〕阿拉姆·杰尔-加扎里扬：《苏联"曙光号"飞船是美国"龙飞船"的前身吗？》，http://tsrus.cn/keji/2015/09/21/44309.html。

③ 〔俄〕В. Ю. 阿列克佩罗夫：《俄罗斯石油：过去、现在与未来》，石泽等译，人民出版社，2012，第294页。另见 Е. В. Воейков. Большой сланцевый проект 1930 - х гг.：Ленинград и Поволжье//Вопросы истории, № 5, 2012, С. 113 - 120。

的管理，由设在萨哈林岛上的军方司令部领导，苏联在军方司令部之下又分别设置"择捉岛警务司令部"和"国后岛警务司令部"，在其之下又设置各地的"民警所"。

"八月风暴"行动结束后，日本人和苏联人在萨哈林岛上融洽相处了一段时间。1945 年 9 月到 10 月，受斯大林之托，А. И. 米高扬去了南萨哈林岛和千岛群岛。他是第一位到访的苏联政府官员，他的目的是考察苏联军政管理的运作情况。9 月 18 日，米高扬飞抵丰原（后来的南萨哈林斯克）。他在这里看到，当地没有断瓦残壁，日本人在这里生活平静，苏联官兵成群或单独地与当地居民沿街而行，日本警察维持着秩序。为了保持岛上生活安定，米高扬认为苏方应当采取措施。他提出的建议涉及调运粮食，规定卢布和日元的汇率，发展南萨哈林岛的林业、造纸业、煤炭业、渔业等问题，均得到苏联政府肯定性的电文回复。在米高扬后来的回忆录里，他还对千岛群岛的渔业历史和前景不惜笔墨做了描述。[①]

1946 年 2 月，苏联在当地又把军政管理改为民政管理。苏联对千岛群岛的民政管理是，在萨哈林岛民政局下设置择捉民政部和国后民政部，又设置民政署作为其下署机关。此后，苏联遣返日本居民，使用日本战俘的活动也随之开始。

遣返日本居民，旨在改变南萨哈林岛的居民成分。由于日本的统治，这里形成了日本人占据人口多数的局面。1940 年，当地总人口为 41.5 万人，其中，日本人占比 99.4% ,[②] 另外，还有上万名朝鲜人。相比之下，苏联人的数量不多，1945 年前，当地的苏联人住在俄罗斯村。为此，苏联从俄罗斯中部地区和滨海边疆区向南萨哈林岛迁移苏联公民。苏联政府向这些迁移的苏联公民提供了种种优惠，包括免费运送行李、现金补贴、有购房权、得到牲畜和作物等。[③]

从 1946 年 12 月第一次遣返到 1947 年的第五次遣返，有 200 多艘轮船穿越宗谷海峡到达北海道的港口，这些轮船从南萨哈林岛、千岛群岛运送了近 30 万人，主要迁往以北海道为中心的内地。滞留在当地的日本人大多

---

①　Микоян. А. И. Так было. Размышления о минувшем. М. : ЗАО Издательство Центрполиграф, 2014, С. 522 –531.

②　李凡：《日苏关系史（1917～1991）》，人民出版社，2005，第 191 页。

③　Кирилл Журенков. Суткинасборы, http：//www. kommersant. ru/doc/1511723.

为女性，而当地的朝鲜人并未作为遣返的对象。① "在遣返过程中，所有的财物必须被留下，日本和苏联的货币都不准携带。"② 遣返结果就是，南萨哈林岛的居民变成以俄罗斯族为主。

南萨哈林斯克的历史可追溯到 1882 年俄国流亡犯所建立的弗拉迪米罗夫卡村，1905～1945 年其更名为丰原市，1946 年其改为现名——南萨哈林斯克。

苏联可以直接到德国本土拆迁其工业设备，苏联对日本设备的拆迁则需通过中国东北、朝鲜北部进行。英美也有日本战俘，在日本投降书签字生效之后，英美开始遣返这些战俘。到 1947 年底，英美遣返的战俘全都回到了日本。相比之下，苏联的遣返工作后延，因为日本战俘被苏联用于劳动之需了。

"二战"造成了苏联劳动力的短缺。许多人在战争中牺牲，许多人在撤退的过程中饿死。因此，敌方的战俘对苏联来说几乎是免费的劳动力资源。他们大多被苏联内务人民委员部下属的各个劳改营拘押。1942～1949年的统计数据表明，德国战俘在苏联使用的这些战俘中占比 64%，日本战俘占比 19.7%，匈牙利战俘占比 9.7%，罗马尼亚战俘占比 5.1%，意大利战俘占比 0.4%。这些战俘在建筑、能源、军工、冶金和机械制造部门劳动，并且几乎分布在苏联的各个加盟共和国，只有塔吉克除外，俄罗斯联邦拥有的战俘数量最多。③

学者的研究成果为我们了解日本战俘的生活条件提供了可能。据美国学者记载：日本政府认为，战争结束后的 1945 年至 1946 年冬天是日本战俘最困难的时期，1/10 的人死于苏联的战俘营。④ 俄罗斯学者列昂尼德·姆列钦在《历届克格勃主席命运揭秘》一书中也描写了日本战俘在苏联的命运及其艰难的生活。俄罗斯学者 С. Г. 西德罗夫则认为，日本战俘属于

---

① 杜颖：《战后南萨哈林遗留日本人归国问题浅析》，《西伯利亚研究》2013 年第 5 期。

② 赵山河：《日本北望的眼泪：库页岛见证日本国运的巨大变迁》，http：//news. ifeng. com/mil/history/detail_ 2013_ 01/10/21051675_ 0. shtml。

③ Отв. ред.： Л. И. Бородкин， С. А. Красильников， О. В. Хлевнюк. История сталинизм： Принудительный трудвСССР. Экономика， политика， память： материалы международной научной конференции. Москва， 28 – 29 октября 2011г. М.： Российская политическая энциклопедия； Фонд 《Президентский центр Б. Н. Ельцина》， 2013， С. 247 – 254.

④ 〔美〕A. 阿普尔鲍姆：《古拉格：一部历史》，戴大洪译，新星出版社，2013，第 474 页。

没有在苏联本土参与破坏性战斗行动的新型战俘，因此，劳改营工作人员、居民对待他们的态度比较好。[①] 这是与纳粹德国的战俘比较来说的。纳粹德国入侵了苏联本土，给苏联人民造成了不可估量的损害，日本在"二战"期间并未入侵苏联本土。

日本战俘在有色金属、煤炭、采矿、林业、渔业部门从事劳动，而这些部门人力资源严重匮乏。[②] 他们对苏联远东、东西伯利亚的战后重建具有重要意义，因此在苏联的远东、东西伯利亚地区集中了俄罗斯联邦拥有的日本战俘数量的28%以上。在远东经济区所使用的战俘在工人、职员中占据了非常高的比例。1946年，远东的这个比例达到27.3%，东西伯利亚的这个比例达到13.8%。与乌拉尔一样，远东使用战俘劳动的时间最长，一直到20世纪50年代中期。[③]

共青城的建设，不仅有苏联共青团员流下的汗水，也有日本战俘付出的劳动。按照英国学者的描述，共青城的意义就是共产主义青年团所建的城。他们在寒冷、遥远而愉快的佩尔姆斯科耶小村飞快地建立了新城市。1939年，它的人口只有7万人。1940年，由这个城市通到哈巴罗夫斯克的铁路线建成，1945年这条铁路又延长到苏维埃港。因此，去萨哈林岛和堪察加半岛的路程就缩短了1000公里。[④] 中国学者徐元宫的文章《日本战俘为战后苏联经济发展做出了怎样的贡献》也提到了日本战俘建设共青城的事实："1932年来自苏联四面八方的共青团员们开始创建这座城市。多年之后，人们才清楚，建设这座城市的不仅有当初风华正茂、意气风发的共青团员志愿者们，而且还有1945年8月9日苏联出兵中国东北之后被押解

① Отв. ред.: Л. И. Бородкин, С. А. Красильников, О. В. Хлевнюк. История сталинизм: Принудительный трудСССР. Экономика, политика, память: материалы международной научной конференции. Москва, 28 – 29 октября 2011 г. М.: Российская политическая энциклопедия; Фонд《Президентский центр Б. Н. Ельцина》, 2013, С. 243 –244.

② 徐元宫、李卫红：《前苏联解密档案对"日本战俘"问题的新诠释》，《当代世界社会主义问题》2006年第4期。

③ Отв. ред.: Л. И. Бородкин, С. А. Красильников, О. В. Хлевнюк. История сталинизм: Принудительный труд вСССР. Экономика, политика, память: материалымеждународно йнаучнойконференции. Москва, 28 –29 октября2011 г. М.: Российскаяполитическаяэнци клопедия; Фонд《ПрезидентскийцентрБ. Н. Ельцина》, 2013, С. 255.

④ 〔英〕斯图尔特·柯尔比：《苏联的远东地区》，上海师范大学历史系地理系译，上海人民出版社，1976，第141页。

到苏联的日本战俘。一份统计材料表明，有9000多雇佣人员参加了这座城市的工程建设，此外有39400名日本战俘参与了这座共青城的建设。"①

通过奥哈市第22号战俘营，可以看到日本战俘在萨哈林岛战后重建中所发挥的作用。到1945年10月13日，这个战俘营的人数达到1985人，被分成5个支队。第一支队的500～510人被分到市区；第二支队的330人被分到东埃哈比村。第三支队约120人被分到第七湖。第四支队540人被分到在埃哈比村。第五支队425人被分到比留科。来到当地的日本战俘，在吃、穿、住、行倍感艰苦的条件下下矿井、伐木、搞建筑、铺公路。学者日尔诺夫指出："日本战俘的工作效率要比苏联工人和囚犯高很多，因此在很长的时间里苏联都不太愿意释放这些日本战俘回国。"该战俘营最后一批战俘是在1949年9月从纳霍特卡港回到日本的。

这个战俘营与萨哈林石油公司、"远东石油勘探"公司、"萨哈林石油建筑"托拉斯签订过合同。根据合同，日本战俘要到这些企业中工作。工作时间是8点到10点。1946年5月，它为"萨哈林石油建筑"托拉斯组建了500人的道路营。

各个支队在1947年9月1日的工作情况如下：第一支队有679人，从事新民用建设、修路、装卸、打鱼、机械修配，以及开采石油；东埃哈比的第二支队有767人，从事伐木、民用建设、铺路、准备钻探用地；埃哈比的第三支队有460人，从事新民用建设、修路、准备钻探用地、搭建钻塔、采油；比留科的第四支队有403人，从事伐木的工作。战俘营的战俘还有临时性的任务，84人被派往莫斯卡利沃港负责船舶装卸，100人到第二布赫塔打鱼。

1948年8月10日，苏联部长会议通过了《关于加速萨哈林岛石油开采措施》的秘密决定。其中规定，1952年萨哈林岛的采油量要超过1948年水平的1.5倍。为此需要在其北部大力开展勘探工作、发展交通建设、改善物资技术的供应。为了保证劳动力数量，苏联内务人民委员部在当地组建了劳改营，由8000名犯人组成（1949年，人数增加到1.5万人）。

1949年9月30日，第22号战俘营全体加入重新成立的苏联内务人民

---

① 《日本战俘曾参与苏联原子弹制造 干活卖力》，http://news.qq.com/a/20111125/001027.htm。

委员部下属的萨哈林劳改营。其主要任务包括铺设公路、窄轨铁路以连接正在开发中的油田，保障工业、民用建筑所需的设备、材料，以及萨哈林岛石油工业发展所需的粮食和其他应用之物。①

2015 年 4 月 14 日，鲁斯兰·梅尔尼科夫讲述了日本战俘中川的故事。中川原为日本神风特攻队队员，被俘后曾经被关押在萨哈林岛。他最终选择了留在苏联，在这里旅行，并结婚生子。后来，尽管受到日本政府的邀请，中川还是决定不迁回日本。他变成了俄罗斯的萨沙大叔。②

随着冷战的加剧，美国加紧扶植德国、日本。苏联继续使用战俘劳动的行为受到制约。

德国是两次世界大战的发动者，但是两次战败后面临的境遇不同。"一战"结束时，德军分散在别国的土地上，德国本土未受损伤，德军手中仍然握有武器；在"二战"结束时，德国本土遭受严重破坏，还被战胜国分割占领，丧失了主权，250 万名德军在兰斯的投降仪式结束后被赶进了战俘营等待处理。③ 1948 年，柏林危机的爆发使德国的分裂不可避免。1949 年，联邦德国、民主德国宣告成立。1955 年，联邦德国正式加入北约。

1947 年 7 月，美国政府开始着手对日早期媾和问题，8 月，美国国务院完成初期媾和条约草案。在 1947 年底的美国国家安全保障会议上，杜鲁门总统决定，即使苏联不参加也要缔结对日媾和条约。

1950 年 5 月 18 日，杜鲁门任命杜勒斯为美国国务卿负责对日媾和问题的特别顾问。1951 年 9 月 4 日，由美国导演的对日媾和会议在旧金山举行。苏联、捷克、波兰虽然参加了和会，但鉴于和会的片面性而拒绝签字。苏联代表葛罗米柯特别谈到了南萨哈林岛和千岛群岛问题，认为苏日

---

① М. С. Высоков，Е. Н. Лисицына. Принудительный труд в нефтяной промышленности Сахалина во второй половине 40 - х - начале50 - х гг XX в. // ВЕСТНИК ТОГУ，№4，2011，С. 280 - 283.

② 这篇文章的中译文可参见，http：//tsrus. cn/shehui/2015/08/30/43797. html。2015 年 10 月 15 日，俄罗斯卫星网发布了一条消息：俄罗斯建议日本从联合国教科文组织的《世界记忆》名录中撤销登记含有在苏联的日本战俘记忆的文件。日本的提议叫作通过舞鹤港返回日本的战俘的记忆。中国即将出版俄罗斯学者弗拉基米尔·达齐申的作品《1945 年苏日战争：事实与问题》，书中有苏联对日本战俘政策变化原因的分析。

③ 丁建弘等主编《战后德国的分裂与统一（1945～1990）》，人民出版社，1996，第 1 页。

之间的有关领土问题已经"解决完毕"，要求在对日媾和条约中仅追认"解决完毕"的结果而已。苏方的提议被大会拒绝。9月8日，美国强行通过《对日和平条约》，即所谓的《旧金山和约》。这个条约中有关南萨哈林岛和千岛群岛的归属条款，完全采用美英共同草案修改版的内容。由此为日后的苏日关系发展留下了祸根。[①]《旧金山和约》签订的当天，美国同日本便签订了《美日安全保障条约》，1952年2月28日美日又签订了《美日行政协定》。美日军事同盟最终建立。日本外交也从"二战"结束之前推行的"大陆政策"，转向战后以日美同盟为核心的对外政策。

这样，美国的军事战略主要集中在从欧洲开始，横跨苏联，直到亚洲东北部的地缘政治弧线上。在苏联的安全利益和势力范围向周边扩展的同时，美国的经济利益和安全利益日益全球化。

第二节 苏美石油外交的攻守转换

冷战期间，苏美两极体制是不对称的两极。苏联与美国的战略均衡主要体现在军事领域。美国无论在综合实力方面，还是在战略意图方面都居主导地位，苏联则是政治、军事大国。打破美国的核垄断，是"二战"后初期苏联的杰出成就，并且，相对于美国，苏联具有常规力量优势。此后，为了维持这种均衡，苏联把大量的人力、物力和财力投入国防建设，加紧同美国进行军备竞赛。1962年古巴导弹危机后，苏联大力扩充海军，并在20世纪70年代初期使苏联的海军达到全球规模。1972年尼克松访问苏联，标志着两国军事力量的势均力敌。从勃列日涅夫执政到契尔年科去世这20年间，苏联核力量是世界上最强大的，苏联的海军军舰在世界海洋上游弋，社会主义国家从15个增加到30个，人口占世界的1/3。[②]

苏联的资源优势和地理位置优势也发挥了重要作用，特别是苏联的石油资源。"要想在这个新的世界秩序中取得胜利，不仅仅是由军事方面的优越性决定，也由经济力量决定。很少有什么会像在各个层面对石油的控制那样可以非常直接地转化为经济力量。在苏联人打破美国对原

① 李凡：《日苏关系史（1917～1991）》，人民出版社，2005，第212页。

② Пушкарев Б. С. Две России XX века. Обзор истории 1917 – 1993. М.：посев，2008，С. 377.

子武器的垄断之后尤其如此。"① 在与美国进行油气竞争的过程中，苏联要考虑两个重要的战略变量：一是本国在世界各地石油外交活动的布局情况；二是这些活动进行时彼此之间的协调情况。欧洲、亚洲是苏联石油外交的主要舞台。

欧洲是冷战开始和结束的地方。这里成为苏美争夺的重点所在，双方都打出了石油牌。

控制东欧是苏联欧洲政策的首要目标。为此，苏联成立了以它为首的经济、军事集团。经济互助委员会（以下简称"经互会"）是成立于1949年1月，后来发展成独立于西方市场之外的经济集团。其特点有三。第一，成员国之间的经济联系是通过政府协商，而不是企业、公司之间直接联系。第二，经互会国家对外贸易总额的大部分都在内部进行。20世纪60年代，其出口的2/3在本集团内进行。20世纪80年代初，这一份额仍高达50%。当时，苏东出口中只有17%是出口到发展中国家去，30%是出口到发达国家去的。② 第三，苏联发挥主导作用。由于苏联的经济实力在成员国中占据绝对优势地位，所以经互会内部关系中最重要的是苏联同其他成员国的关系。以能源为例，苏联能源资源占经互会总储量的90%，其中煤储量占比91%，石油占比92%，天然气占比79%。③

1955年成立的华沙条约组织（以下简称"华约"），是一个具有军事同盟性质的条约组织，它使冷战两大阵营的对峙具有更加明显的军事对抗色彩。苏联向华约提供各类武器装备。华约与经互会伴随冷战进程而形成、发展，直至终结。

苏联还调整了石油外交。卫国战争结束前，苏联以石油为媒介从西方获得资金和技术。这与国家领导人列宁、具体部门负责人——对外贸易人民委员克拉辛、阿塞拜疆石油公司一把手谢列布罗夫斯基的指导思想和具体实践有很大关系。斯大林又抓住资本主义世界发生经济危机的时机，从西方引进了大量技术和资金推动苏联的工业化进程。

---

① 〔美〕迈克尔·伊科诺米迪斯、唐纳·马里·达里奥：《石油的优势：俄罗斯的石油政治之路》，徐洪峰等译，华夏出版社，2009，第133页。

② 〔英〕苏珊·斯特兰奇：《国家与市场》，杨宇光等译，上海人民出版社，2006，第180页。

③ 陈之骅主编《勃列日涅夫时期的苏联》，中国社会科学出版社，1998，第289页。

反法西斯战争胜利后，苏联不再是被资本主义包围的"红色孤岛"，其军事、政治势力越出国界，扩及东欧、中欧。其石油外交的重点也转到那里。苏联还有一个理由，那就是欧洲的势力范围已经被雅尔塔体系划定。继在美英之前抢先控制了罗马尼亚等产油国之后，苏联开始向经互会成员国大量出口石油和天然气，价格低于国际市场价格，并且用卢布结算。这就是所谓的"划拨清算方法"。它是人为规定的，与国际市场价格不挂钩。从此，经互会各国对苏联能源的依赖不断加深。转账卢布是经互会成员国之间进行多边结算的一种记账单位，它的使用要早于欧洲货币单位。

要在美国占优势的环境中求发展，苏联首先要靠自身的资源潜力。国内石油工业的发展是苏联实施石油外交的有力支撑。苏联各加盟共和国之间已经在石油领域形成分工合作，油气基础设施全都朝向莫斯科，几乎所有的输油管道都是向北经过俄罗斯联邦的领土。它们组成了统一石油管道运输系统，由石油运输和供应总局负责管理。此后的问题是保障石油供应的多样化。

苏联在"四五"计划时期提出基准井钻探计划。据此，苏联准备打109口井：俄罗斯地台中部、北部、西部地区31口，乌克兰、摩尔达维亚、克里米亚12口，伏尔加－乌拉尔省12口，里海盆地7口，北高加索15口，外高加索11口，中亚、哈萨克斯坦山间谷地8口，西西伯利亚5口，东西伯利亚4口，萨哈林2口，堪察加2口。最终，苏联打成了40口井：中部区25口，高加索5口，乌拉尔3口，西伯利亚1口，其他地区6口。①

苏联的这种多样化并非四面出击，伏尔加－乌拉尔油区逐渐接替了高加索油区在苏联石油工业中的位置。1950～1965年，伏尔加－乌拉尔油区的石油生产年均增长率比阿塞拜疆、北高加索、乌克兰、格鲁吉亚、中亚各共和国、科米自治共和国和萨哈林州等地区石油产量增长率的总和还要高3倍多。20年里，伏尔加－乌拉尔油区产量共增长了61倍，其石油产量占全国产量的78%。1945～1965年，苏联石油产量仅次于美国，并以很大的优势领先于欧洲各国。它在世界石油生产中的份额从5.5%提高到

---

① А. А. Иголкин. Советская нефтяная политика в 1940 － м － 1950 － м годах. М., 2009, С. 194.

图 6 - 1　友谊石油管道示意图

资料来源：Станислав Жизнин. Нужна ли России "Дружба"?, http://www.ng.ru/energy/2010 - 02 - 09/11_ druzhba. html。

16%。在这 20 年里，苏联的石油开采发展速度比整个国民经济发展速度要快得多。[①]

苏联通过"友谊"石油管道为经互会国家供油。这条管道始建于 1959 年，它的起点在古比雪夫州，在莫济里市（白俄罗斯）附近被分成 2 条管线。北线全长 700 公里，经乌克兰到民主德国。南线全长 400 公里，经乌克兰至捷克斯洛伐克和匈牙利。"友谊"石油管道与苏联的"统一石油管道运输系统"相连，由经互会框架内成立的专门机构负责管理。此外，苏联还决定铺设至文茨皮尔斯港的管道支线，整条管道于 1964 年开始投入使用。

美国也忙于其在西欧的石油布局。欧洲战后的经济重建和能源转型为此提供了机遇。石油取代煤炭成为"能源之王"已成必然趋势，马歇尔计划客观上加速了这种转变。因为苏联的抵制，这个计划仅限于在西欧得到执行。当时的预测认为，在马歇尔计划的总额中，20% 以上的资金将用于支付石油及石油装备进口。[②] 美国的优势在于，它是世界上最大的产油国和消费国，美国跨国石油公司不仅主导了国际石油工业，还拥有美元这个世界硬通货。西欧这一升级换代的"能源革命"还极大地促进了中东石油

---

① 〔俄〕B. Ю. 阿列克佩罗夫：《俄罗斯石油：过去、现在与未来》，石泽等译，人民出版社，2012，第 304～305 页。

② 〔美〕丹尼尔·耶金：《石油大博弈》（下），艾平译，中信出版社，2008，第 27 页。

生产的迅猛发展。与马歇尔计划同时发起的还有巴黎统筹委员会，其宗旨是执行对社会主义国家的禁运政策。

苏联对此有反应，据苏联情报机关官员回忆，间谍加加林公爵"在莫斯科向我介绍了一些石油、石油加工和燃料储存方面的专家，我和他们讨论了西欧主要的一些石油管道的技术特性和分布情况。然后我们向自己的军官下达了任务，叫他们从石油加工厂和石油管道部门的工程人员中间招募一些从事破坏活动的间谍"。①

影响、分化西欧，是苏联欧洲政策的另一面。面对苏联强硬的意识形态和咄咄逼人的军事实力，美国的西欧盟国尚能团结，但在苏联的石油出口攻势下开始分化。石油工业是苏联的优势产业，又遇到了有利的时机：在战后经济重建中，石油取代煤炭开始成为西方经济的最主要能源。

石油出口是苏联手中的利器。总体上看，苏联大量出口原油是二战后的事情②。苏联石油贸易的价格因交易对象的不同而出现差异：对经互会成员国采取"划拨清算方法"；在国际市场，尤其是在西欧市场上，主要通过中介进行。学者马杰里指出："莫斯科采用价格折扣的办法迅速打入欧洲市场，而且以易货贸易的方式用石油换取工业设备、钢管、人造橡胶及其他很多商品。当时，莫斯科根据七姊妹公司的价格来定价，并且在此基础上提供20%~30%的折扣。华盛顿提醒它的盟国注意这些慷慨后面的战略诡计，苏联显然是企图把欧洲拉入依赖其能源的关系中去。但是，警告根本没产生什么作用。意大利、奥地利、德国、法国和瑞典这些国家根本无法抵制俄罗斯石油的海妖之歌，并且成为其主要买家。"③

西方跨国公司的对策是向西方国家政府施压，对进口苏联石油采取直接和间接的限制。它们还采取了价格战的策略。1959年，英国石油公司将油价下调10%，这使苏联不得不降低油价，当时苏联外贸部所属的"联盟石油出口联合体"在世界市场上代表苏联的利益。经过这场价格战，20世

---

① 〔俄〕帕维尔·苏多普拉托夫：《情报机关与克里姆林宫》，魏小明等译，东方出版社，2000，第282页。

② А. А. Иголкин. Нефтяной фактор во внешнеэкономических связях России за последн ие 100 лет//Экономический вестник Ростовского государственного университета. № 1, 2008，С. 87–93.

③ 〔意〕莱昂纳尔多·马杰里：《石油！石油！（探寻世界上最富争议资源的神话、历史和未来）》，夏俊等译，格致出版社，2008，第78页。

纪 60 年代，苏联石油在黑海港口的离岸价比中东国家的油价低 50%。①

意大利注意利用国内、国际两种资源来加强能源的自给自足。马太伊的埃尼公司发挥了关键作用。埃及是埃尼公司从其母国向外扩张的第一个国家。同时，埃尼公司还希望与苏联开展石油业务。尽管存在美国的压力，马太伊仍然几次飞抵莫斯科与赫鲁晓夫谈判。双方在 1958 年签署了长期石油合同：在未来五年内，意大利每年从苏联购买 240 万吨石油，作为交换，意方确保扩大苏联对西方的石油出口能力。当时，苏联迫切需要大口径的输油管，但缺乏必要的生产能力。由于意大利政府的支持，国有芬赛德集团受委托在意大利东南部城市塔兰托建设一座新钢厂为苏联生产管道。意大利可以从苏联手中以 1 美元/桶的离岸价格买到石油，装运地点是黑海，同样质量的石油在科威特的价格是每桶 1.59 美元，加上 0.69 美元的装运成本；1960 年初，在美国的价格是 2.75 美元/桶。到 1961 年，意大利进口的苏联石油数量年年大幅度增长，一度曾占意大利全部石油需求量的 16%。苏联原油经过埃尼公司炼油厂炼制后，以低于美英石油巨头的价格，冲击了欧洲石油市场。②

石油的开采与出口对苏联来说不仅涉及政治、经济利益，而且成为一个突出的战略问题。因此，苏联力图将石油外交融入一个更广泛的地缘战略中。这意味着苏联不能忽视亚洲在其对外政策中的地位，尤其是亚洲东北部。

20 世纪 50 年代初，苏联远东地区的石油工业以萨哈林岛的石油生产和哈巴罗夫斯克的加工能力为基础，除了满足本地区的需要外，还向亚洲东北部的社会主义国家输出石油。③

日本是美国遏制苏联扩张的防波堤。1956 年，苏联与日本签署联合宣言，宣布两国关系正常化。1958 年，日本出光兴产公司曾试图提出从苏联进口石油，但遭到美国的警告：如果进口持续，美国就拒绝从这家公司购

---

① 〔俄〕C. 3. 日兹宁：《俄罗斯能源外交》，王海运等译，人民出版社，2006，第 495 页。

② 〔美〕威廉·恩道尔：《石油战争：石油政治决定世界新秩序》，赵刚等译，知识产权出版社，2008，第 108～112 页；江红：《为石油而战：美国石油霸权的历史透视》，东方出版社，2002，第 273～274 页。

③ 马德义：《20 世纪 50 年代初苏联远东地区对中朝蒙的石油输出》，《中国石油大学学报（社会科学版）》2008 年第 4 期。

买喷气机燃料。①

对苏联而言，石油是政治化的商品，对经济、军事实力十分重要，因此在国家安全中占有至关重要的地位。美国对此保持着戒备。

20 世纪 50 年代初，美国国家安全委员会开始酝酿一份高度机密的文件，即后来人们所知的国家安全委员会第 68 号文件（NSC－68）。杜鲁门审查了这份报告，并且准备当朝鲜爆发战争时执行它。NSC－68 文件指出：苏联把钢铁生产总量的 14%、原铝的 47%、原油的 18.5% 用于军事目的，而美国使用的"工业原材料"相应比例分别为 1.7%、8.6% 和 5.6%。② 阿穆尔共青城炼油厂的生产也可以为证：1951 年，这家炼油厂原油加工量在 45 万吨以上，1954 年这家炼油厂原油加工量约为 50 万吨。从产品种类上看，该炼油厂军用产品居多，主要是 Б－93、Б－95/113、Б－95/130 航空燃料等。另外，它还是当时已知的苏联 4 个生产喷气式飞机燃料 "Т－1" 的炼油厂之一，并生产潜艇专用柴油燃料等石油产品。③

苏美争夺的热点在第三世界。雅尔塔体系并未明确亚非拉地区的界线，两个超级大国都想扩大自己在亚非拉地区的影响，中东和南亚首当其冲。

在战后世界能源结构转型中，中东确立了其在世界石油供应方面的首要地位。在这里，英、法等老殖民主义者已经衰落下去，伊拉克、伊朗、沙特阿拉伯三雄鼎立，各自为了国家利益争夺地区霸权。中东进入苏美视野的主要原因在于其石油储量和地理位置，它们的插手加剧了本地区的动荡。石油资源及其潜在的政治效能，成为国家关系棋盘上一颗重要的棋子。

美国首先采取措施。1945 年 2 月，罗斯福与本·沙特在停泊于塞德港与苏伊士运河河口之间大苦湖上的"昆西"号巡洋舰见了面，双方达成了《昆西协定》。这个协定成为美国与沙特关系的指导文件。据此，美国为沙特提供安全保障，沙特为美国提供低价、充足的石油。沙特阿美石油公司

---

① 〔美〕彼得·J. 卡岑斯坦编《权力与财富之间》，陈刚译，吉林出版集团有限责任公司，2007，第 217 页。

② 张曙光：《美国遏制战略与冷战起源再探》，上海外语教育出版社，2007，第 186 页。

③ 段光达、马德义、宋涛、叶艳华：《中国新疆和俄罗斯东部石油业发展的历史与现状》，社会科学文献出版社，2012，第 60 页。

也成为连接双方关系的重要桥梁。

对伊朗石油的争夺点燃了冷战的导火索。英美联合施压迫使苏联撤出伊朗北部。1953 年，美国撮合英国和伊朗进行石油谈判。谈判最后达成的解决办法是承认伊朗对石油资源的所有权和石油工业国有化。同时，谈判结果还规定成立国际石油财团，作为在勘探和开发油田方面充当伊朗国家石油公司的代理人。这个国际财团总部设在伦敦，出于政治上的原因，其人员大部分是在伊朗和波斯湾沿岸地区的美国人。① 在瓦解了《红线协议》、挫败伊朗石油国有化政策后，美国得到了对中东石油的控制权。美国石油公司从中获得了巨大的收益。"石油巨子"保罗·格蒂有一句名言："如果有谁想在石油行业出人头地，就必须在中东有根基。"此后直到霍梅尼发动革命，美国一直支持伊朗。

埃及是苏联在中东的突破口。具有民族主义情绪的纳赛尔渴望埃及摆脱对西方国家的依附，希望建立统一的阿拉伯国家。1954 年，纳赛尔取代纳吉布出任埃及政府总理，1956 年，纳赛尔出任总统，并得到了苏联的支持。出任总统后，纳赛尔将苏伊士运河实行了国有化。英国、法国准备军事干预，因为欧洲依靠这条运河源源不断的获得石油供应。苏伊士运河战争随之爆发。在苏联要求英、法、以色列撤军，美国也不支持英法的情况下，英法两国的军事行动最终失败告终。战争结束后，埃及与苏联建立了同盟关系。在此期间，美国通过增加国内石油的生产给西欧国家提供紧急供应，使得西欧国家的经济并没有因依赖经由苏伊士运河运输的石油供应中断而受到太大的影响。

苏联在埃及获得胜利后又相继在叙利亚、伊拉克找到了立足点，从而打破了西方控制中东的局面。其手段是加大对中东的武器出口，派军事专家参与中东国家军队干部的培训和国防体系的现代化。埃及金字塔出版社董事长兼《金字塔报》主编默罕默德·哈桑宁·海卡尔的《苏联人与阿拉伯人关系史话》一书，生动描述了 1955～1975 年苏联对阿拉伯世界影响的起伏变化。其中提到了十四条必要的箴言，它构成阿卜杜勒·纳赛尔关于第三世界领导人如何与苏联人打交道的指南的主要部分。第十一条是：苏联人在估价任何一个政治问题时，眼睛总是盯着美国。美国始终在他们

---

① 〔美〕威廉·赫·沙利文：《出使伊朗》，邱应觉译，世界知识出版社，1984，第 75 页。

的脑海里萦绕，美国这个因素影响着每一项决定，即使那些决定表面上与美国没有关系。①

苏美都想尽可能多地把中东的石油资源掌握在自己的手里。因为控制了中东，就控制了石油供应的阀门。因此，美国的注意力转移到苏联对中东的企图，以及如何保证西方对该地区的影响力上来。

西方战后经济的重建与起飞，几乎是漂浮在廉价石油供应基础之上的②。中东在其中占据重要地位。西方跨国公司借口国际石油市场价格下跌，单方面决定下调中东原油标价。这一行动加速了石油输出国组织（Organization of Petroleum Exporting Countries，简称"欧佩克"）的成立。随后而来的是石油生产国、石油公司和石油消费国三者之间在如何分摊通过向世界市场出售低成本的中东石油而获得的利润方面的冲突，这种商业和法律层面的谈判常常升级，从而成为国际关系斗争中的重要内容。

南亚次大陆与相邻地区相隔绝，四周的沙漠、高山和季风带森林成为屏障，它与外部世界的最好联系通道是印度洋。如此地理位置自然引起苏美的争夺，同时，印度与巴基斯坦的纷争也为苏美的介入提供了机会。苏美都通过提供经济军事援助的方式寻找合作伙伴。

苏联和印度石油合作的形式是苏联提供技术支持、双方进行石油贸易。苏联专家受印度所托编制了地质和地球物理调查以及第二个五年计划期间（1957～1961年）打第一批勘探井的详细计划。印度在20世纪60年代建成的5个炼油厂中有2个是在苏联专家的帮助下完成的。③ 20世纪60年代，苏联和印度签订了长期合同，印度进口了150万吨苏联石油产品，此后，印度又购买了更多苏联石油产品。这些石油产品满足了印度国内市场15%～20%的需求量。后来为了节约外汇，印度只允许印度国营石油公司进口苏联的产品，因为苏联汽油可以用卢布付款。④

---

① 〔埃及〕默罕默德·哈桑宁·海卡尔：《苏联人与阿拉伯人关系史话》，星灿译，新华出版社，1979，第23页。

② 中国的《参考消息》2002年12月1日第4版刊登了沙特《生活报》上的文章，它回顾了油价的历史：1860年，世界首次为石油定价（9美元/桶），而后持续走低，"一战"结束时油价降到了2美元/桶。到"二战"结束时只有1.8美元/桶，一直维持到1970年。

③ 〔俄〕C.3.日兹宁：《俄罗斯能源外交》，王海运等译，人民出版社，2006，第343页。

④ 〔苏〕勃·弗·拉奇科夫：《石油与世界政治》，上海师范大学外语系俄语组、上海《国际问题数据》编辑组 译，上海人民出版社，1977，第231页。

赫鲁晓夫在为苏联石油工业发展创造条件的同时又为它增加了麻烦。他的即兴发挥式决定，经常让苏联的外交政策大起大落。1960 年 2 月，苏联同古巴签署了一项以古巴蔗糖换取苏联石油、机器和技术的贸易协议。两国的贸易额迅速增长，1960 年，两国贸易额占古巴贸易总量的 2%，1961 年底占 80%。美国对此的反应是，苏联与古巴贸易客的迅速增长削减了美国国市场中古巴蔗糖的份额，于是，美国决定动员其他国家反对古巴。① 1962 年 5 月，赫鲁晓夫决定在古巴部署导弹，以向美国展示苏联的实力。随后，苏联开始"阿纳德尔"行动。由此引发了"古巴导弹危机"。"古巴导弹危机"是两个超级大国的最后一次核较量。同年 10 月 28 日，赫鲁晓夫宣布从古巴撤出导弹。11 月，美国利用北约对苏联实行大口径输油管道禁运。

对峙与缓和是冷战时期东西方关系中的音符。东西方政治关系的变化会给双方的经济关系发展带来不同的影响。当东西方政治关系紧张时，双方的经济关系就会受到很大限制，反之则出现进展。缓和进程与勃列日涅夫和柯西金上台掌权重合。20 世纪 70 年代，从东西方贸易发展速度上看，1972 年东西方贸易增长了 25%，1973 年增长了 54%，1974 年增长了 46%。尽管商品价格上涨，但东西方贸易规模明显扩大。1975～1978 年，受西方经济危机、西方国家贸易政策限制、社会主义国家进口减少等因素的影响，东西方贸易发展速度有所减缓。1978 年与 1970 年相比，苏联同西方国家的贸易成交量增加了 3.2 倍，其占苏联商品流转总额的比重由 21% 上升到 28%。② 苏联希望通过与美国的缓和，为自己赢得加强实力的时间。

苏美的石油外交从大的方面来说，都是基于广泛的政治因素而非单纯的经济考虑，但是双方的攻守态势却出现了新变化。

自 20 世纪初以来，美国一直是世界上最大的产油国；进入 20 世纪 70 年代美国却从石油出口国变成石油进口国，而美国国内的石油产量在这一时期达到了峰值。从 1975 年起，美国政府禁止出口任何国内生产的原油。

---

① 〔美〕沃尔特·拉费伯尔：《美国、俄国和冷战》，牛可译，世界图书出版公司，2011，第 167 页。

② И. А. Орнатский. Экономическая дипломатия. М.：Международные отношения，1980，С. 240.

美国也在当年失去了世界原油产量第一的位子，被苏联超越。1977 年，美国又被沙特阿拉伯超越。

苏联原油产量从 20 世纪 50 年代中期的 $340 \times 10^6 \sim 600 \times 10^6$ 桶很快增加到 20 世纪 80 年代晚期的 4500×10^6 桶。[①] 它越来越依赖于西西伯利亚油区的产量。纵观西西伯利亚油气综合体的历史，其地域的开发顺序是以石油生产为先导，先开发鄂毕河中游区和近乌拉尔区，形成一定的石油生产能力，再向南、向北推进，在南部形成秋明一托博尔斯克、托木斯克和鄂木斯克三个功能区，在北部形成秋明北部功能区。[②] 西西伯利亚油区在全苏石油产量中所占的比重不断上升：从 1965 年的 0.4%，历经 1970 年的8.9%、1975 年的 30.2%，1980 年攀升至 52%。[③] 它帮助苏联"解决了一个事关国际威望的问题，即石油产量超越了美国。"[④]

油气生产只能分布在油气储量丰富的地区。西西伯利亚油区不仅石油储量巨大，天然气的储量也相当可观。亚马尔—涅涅茨自治区多为大型天然气田，如扬布尔、乌连戈伊、梅德韦日、耶巴拉赫宁斯基、哈拉萨韦等；汉特—曼西斯克自治区多为石油产地，如萨莫特洛尔、扎伊尔姆、梅吉翁、乌斯季巴雷克斯克、苏尔古特等。

为了克服由于石油和煤炭生产增长速度下降而出现的燃料供应不足的困难，同时为了增加天然气的出口以换取更多的外汇，苏联决定进一步加速发展天然气生产，重点是开发西西伯利亚的乌连戈伊大气田。

能否用煤炭开发来弥补油气储量？不能。苏联学者的研究显示，如果苏联在 20 世纪 60 ~ 80 年代仅靠煤炭工业来满足国家的燃料需要，那么，苏联就要为此支出高于组建西西伯利亚油气综合体投入 1 ~ 2 倍的人力、物力。[⑤] 另外，对苏联而言，石油是政治化的商品。煤炭尽管在国内供热

① 〔美〕阿莫斯·萨尔瓦多：《能源：历史回顾与 21 世纪展望》，赵政璋译，石油工业出版社，2007，第 38 页。

② 张焕海、范旭光：《西西伯利亚油气经济综合体的区域分析》，《大庆高等专科学校学报》1997 年第 2 期。

③ 陆南泉等编《苏联国民经济发展七十年》，机械工业出版社，1988，第 155 页。

④ 〔俄〕В. Ю. 阿列克佩罗夫：《俄罗斯石油：过去、现在与未来》，石泽等译，人民出版社，2012，第 316 页。

⑤ Г. П. Лузини，А. М. Поздняков，С. Н. Старовойтов и др. Развитие производительных сил Севера СССР. Новосибирск：Наука. Сиб. отд – ние，1991，С. 155.

和发电市场上仍然保持着份额，但是却达不到像石油那样的重要程度。"石油与煤的不同点在于它比煤的可流动性强。更富可流动性并不意味着石油的政治性减少，相反意味着石油政治具有国际性"。① 从地理范围上看，石油作为能源具有世界意义，天然气主要具有地区性意义，煤炭仅具有局部意义。作为苏联对外贸易的一部分，石油的重要性远远超过其所占的价值份额。比如，苏联建设友谊石油管道的主要目的是出于政治因素考虑，即向"兄弟国家"以及根据华沙条约派驻东欧国家的苏军供应石油。②

西西伯利亚油气大开发更能适应苏联的冷战需要，因此得到国家的大力支持。苏联在这里迅速建立起包括勘探、开发、加工和运输等环节在内的石油工业体系。苏联计划体制的优越性也得到充分反映。西西伯利亚地广人稀，苏联从国家的其他地区吸取了 150 多万人前往开发。苏联第 11 个五年计划中每年平均有 100 亿卢布左右的基建投资投放到这里，即大约相当于 3100 里长的整个贝阿铁路干线的基建投资。这些资金可以用以建成 3 个像伏尔加汽车厂这样年产量超过 70 万辆轻型汽车的大型汽车工业企业。③ 西西伯利亚属于高寒地区，苏联实行高工资政策，其中最重要的是"北方津贴"。苏联石油工业本来就是高收入行业，这种津贴继续扩大了苏联民众的收入差距。④

20 世纪 70 年代世界石油危机为苏联的油气出口提供了机会。1973 年石油输出国组织的石油禁运引发了世界石油危机。它对世界各国产生了不同的影响。由于依靠石油进口，世界主要发达国家于 1974 年成立了国际能源机构。从此，以稳定原油供应价格为中心的"国家能源安全"概念被正式提出。为此，西方国家实施了能源多样化、进口来

① 〔英〕苏珊·斯特兰奇：《国家与市场》，杨宇光等译，上海人民出版社，2006，第 201 页。

② 〔俄〕С. З. 日兹宁：《俄罗斯能源外交》，王海运等译，人民出版社，2006，第 532～533 页。

③ 〔苏〕А. Г. 阿甘别吉扬、А. И. 阿巴尔金：《苏联经济与改革：途径·问题·展望》，何剑等译，东北财经大学出版社，1989，第 100 页。

④ М. В. Славкина. Великие победы и упущенные возможности: влияние нефтегазового комплекса на социально-экономическое развитие СССР в 1945–1991 гг. М. : Изд-во "Нефтьигаз"，2007，С. 226–229.

源多元化战略。产油国则从石油危机中获得了收益。其他初级原材料生产国因为缺少"能够与石油的价值和战略重要性相媲美"的产品而受到石油危机的损害。世界石油危机"有力地证明了在现代世界中，不管是北方国家还是南方国家，它们都对这一用品有着强烈的依赖；原油价格的提高在政治与经济上造成了巨大并且是不可分割的影响。"① 阿拉伯世界的权力结构也出现了新变化："在整个一代人的期间内，左右阿拉伯世界事件进程的人物都是一些思想家或武装部队中的军官，或者有时是变成了思想家的军官，而他们仍企图像军官一样行事。萨达特、阿萨德、卡扎菲、布迈丁、米歇尔·阿弗拉克、萨达姆·侯赛因和其他许多人都是这一种类型的人。现在，新的一代人中已有第一批人加入了他们的行列，他们是由石油掮客、经纪人、军火商和富商组成的混合体，他们奔走于东方和西方，来往于王宫与石油公司的办事处之间，如卡迈勒·阿德哈姆、迈赫迪·塔吉尔、阿德南·哈舒卡吉及王室家族本身。"② 1979 年，伊朗发生革命，世界原油价格再度提高。廉价石油的时代一去不返。

　　苏联从 20 世纪 70 年代的油价上涨中得到了好处。一方面，石油和石油产品出口（未将天然气、其他自然资源及其初加工产品计算在内）给苏联带来的收入达到每年 200 亿美元。在 20 世纪 80 年代初，石油、天然气及其他自然资源在世界市场上的销售保证了 10% ~15% 以上的苏联国家收入和1/4 以上的预算收入。③ 这些收入不仅用于从西方国家购买它所需要的技术、食品和消费品，而且"保证了加强军备竞赛、取得与美国核均势的财政基础"。另一方面，随着油气收入在国家经济中地位和贡献的增强，苏联对国际石油市场的依赖也在加深。英国学者为此提供了数据：1973 ~

① 〔美〕保罗·肯尼迪：《联合国过去与未来》，卿劼译，海南出版社，2008，第 117 页。国际能源署的主要功能只是应急保障机制，无法解决常态的能源供应准入安全，因此必须从贸易纪律入手寻求长期的安全保障。这一点从西方国家因为乌拉圭回合贸易谈判未果，转而致力于在区域层面创立以贸易制度为核心的能源安全机制也可以得到佐证（助推区域性能源机制）。唐旗：《WTO 与能源贸易：以能源安全为视角》，知识产权出版社，2015，第 61 页。

② 〔埃及〕默罕默德·哈桑宁·海卡尔：《苏联人与阿拉伯人关系史话》，星灿译，新华出版社，1979，第 214 页。

③ 俄罗斯戈尔巴乔夫基金会编《奔向自由：戈尔巴乔夫改革二十年后的评说》，李京洲译，中央编译出版社，2007，第 5 页。

1985 年，油气的出口占到苏联硬通货收入的 80%。其他石油出口国都将它们发的横财用在了向苏联购买武器上，这占了硬通货收入剩下的 20%。苏联则将其在石油上的收入用在了与美国的军备竞赛及进口商品来提高人民的生活水平上。①

油气开采与出口对苏联的特殊性在于，它既影响发展又影响稳定。在苏联史上，勃列日涅夫的执政时间仅次于斯大林。人们往往用"稳定""停滞"等词汇来形容他的任期。但就他在位时的油价来说，他是一个走运的大国领袖：赫鲁晓夫在位时油价每桶 15 美元，勃列日涅夫时代末期油价上升到每桶 80 美元。勃列日涅夫去世后油价下跌。②

苏联频繁使用油气筹码，直接或间接地达到其政治、经济目的。在欧洲尤其如此。

在推行进口来源多元化战略时，西方不能脱离中东的石油来源，但苏联是不可忽视的角色。苏联以商业形式或补偿贸易形式从西方大量进口大口径钢管和其他技术设备，以及搞联合勘探和开发等。以联邦德国为例，苏德的"天然气－钢管"交易很有名，联邦德国为苏联修建出口天然气的管道干线提供钢管，费用由苏联以部分天然气折算支付。联邦德国前总理施密特说过："我从一开始就把从苏联进口的天然气限制在最多只占我们天然气总进口量的 30% 这个数字上，这就是说，最多只占我们能源总进口量的 6%。以后的联邦政府没有改变这个限制，事实上这 30% 的限度迄今从未达到过。我们能源进口的更大部分来自近东国家。可惜，这种进口包含着明显的大得多的政治风险。"③ 苏联还向伊朗提供利用苏联领土上的输油管向联邦德国输送石油的方便，进行"三边交易"，即伊朗向苏联供应天然气，而苏联又向联邦德国提供天然气。

我们在前文已经多次提到俄国与波斯、苏联与伊朗的石油联系，而此时

---

① 〔俄〕E. T. 盖达尔：《帝国的消亡：当代俄罗斯的教训》，王尊贤译，社会科学文献出版社，2008，第 136 ~ 137 页；〔英〕西蒙·皮拉尼：《普京领导下的俄罗斯：权力、金钱和人民》，姜睿等译，中国财政经济出版社，2013，第 8 页。

② 〔俄〕列·姆列钦：《勃列日涅夫时代》，王尊贤译，中央党史出版社，2013，第 385 页。

③ 〔德〕赫尔穆特·施密特：《伟人与大国》，梅兆荣等译，海南出版社，2008，第 54 页。苏联与联邦德国的曼尼斯曼公司、鲁尔天然气公司之间的补偿交易，参见〔美〕彼得·J. 卡岑斯坦《权力与财富之间》，陈刚译，吉林出版集团有限责任公司，2007，第 250 ~ 251 页。

伊朗在苏联中东战略中的地位更加重要了。由于在油价问题上存在分歧，中东各国分成"鹰派"（伊朗、利比亚）和"鸽派"（沙特阿拉伯）。其中，沙特是美国的盟友，伊朗和利比亚就成为苏联寻找的突破口。

经互会框架内的能源贸易主要按照"划拨清算方法"进行。苏联通过向其东欧盟国出口能源以帮助维持其经济规划，有的时候结合"以货易货"贸易，经常换取东欧的劳力、技术协助和设备以用于苏联的油气项目。

石油工业是苏联参与国际化、全球化的利器。究其原因，它手上有能让世界经济应付自如的东西——石油。石油不仅助长了工业化社会的扩张，也是生产、交通运输、大众旅游和贸易的一个绝佳能源来源。由此，石油催生了 20 世纪世界最大的产业和庞大的相关基础设施。与沙特阿拉伯相比，苏联不具有剩余生产能力这张王牌，但它有天然气的优势。所谓剩余产能，是指当其他供应国出现供应滞后时，以沙特为首的产油国能够将额外的原油投入市场以弥补原油市场的缺口。对苏联来说，如果石油不够，可以用天然气来弥补。它可以在国内扩大天然气的使用（比如用天然气发电），以便将更多的石油用于出口。

从 1973 年起，苏联开始向欧洲出口天然气，并且拥有多条天然气管道。继修建通往东欧的天然气管道之后，苏联又成功地打入西欧的天然气市场。1983 年，苏联超过美国成为最大的天然气生产国。在 1985 年，苏联石油出口额（原油和产品油）约为 1.667 亿吨，其中大约 45% 出口到东欧。到 1987 年末，苏联天然气出口额已增加到西欧天然气供应量的 15%。[①]

美苏签署贸易协议后开展了能源合作，包括开发田吉兹油田、开采阿塞拜疆的石油、规划萨哈林大陆架开发、成立美苏石油工业科技合作工作小组等。

苏联东部地区的资源开发受到东西方国家的关注。参与各方在合作中找到利益的平衡点，生意和油气政治汇成了一股激流。在苏联东部的主要项目有秋明油田联合开发计划、乌连戈伊油气田的开发、萨哈林岛大陆架开发计划、雅库特天然气协议等。

[①] 〔美〕世界资源研究所、国际环境与发展研究所、联合国环境规划署 编《世界资源报告（1988~1989）》，王之佳等译，中国环境科学出版社，1990，第 171 页。

1974 年，日本与苏联达成开发雅库特的协议。雅库特天然气中含有可以用于化工生产的元素，其开采成本又较低。

萨哈林岛大陆架油气开发计划，是在萨哈林岛周围鄂霍次克海、日本海和鞑靼海峡的大陆架上进行一系列开发油气的计划。这个计划从提出到实施有一个过程。

1972 年 4 月 8 日，苏联政治局会议在讨论完美国总统尼克松来访的礼仪问题之后，开始讨论苏联计委主任巴伊巴科夫提交的苏美经贸协议方案。这个方案建议国家在油气开发方面对外开放，以此增加外汇收入。苏联最高苏维埃主席团主席波德戈尔内首先发言，他的意思是开发要顾及苏联的大国颜面，不要让外国人瞧不起。对此，苏共总书记勃列日涅夫让巴伊巴科夫来回答。巴伊巴科夫对波德戈尔内的说法不以为然，并且在发言中强调油气开发的重要意义、美日等国对苏联油气资源的渴望、苏联缺少油气开发的设备。巴伊巴科夫特别提到了日本准备在萨哈林岛从事海洋油气开发。波德戈尔内又插话了：萨哈林岛上刮起风来能毁坏所有的房屋。巴伊巴科夫假笑着回答：尼古拉·维克多维奇，萨哈林岛的面积很大，它的北面刮风，南面并不刮风。日本人素为刮风而头疼，但是不知道为什么他们不怕风。[1]

1972 年，苏联向日本提出计划，日方成立了以今里广记为首的专门委员会进行研究。1974 年，双方就有关经济与技术合作问题达成一致。1975 年，两国签署了基本合同书。此外，两国又签署了贷款协议。开发计划进入正式实施阶段。[2]

从 1977 年起，日本在萨哈林岛大陆架打了 20 多口井，更重要的是，查明了大陆架西北部油气结构的前景。1979 年，日本决定为该项目增加贷款。1980 年，日本继续大陆架钻井工作。如果进展顺利，从 20 世纪 80 年代中期起日本即可从萨哈林岛向日本长期供气。为此，日本需要在当地修建管道、液化天然气厂、港口设施等。[3]

---

① А. С. Черняев. Настарой площади . Из дневниковых записей//Новая и новейшая история. №5，2004. С. 124.

② 李凡：《日苏关系史（1917～1991）》，人民出版社，2005，第 317～319 页。

③ Отв. ред. Ю. С. Столяров，Я. А. Певзнер. СССР - Япония：Проблемы торгово - экономических отношений. М.：Международные отношения，1984，C. 76 – 83.

此时，日本已成为世界经济大国。"二战"后，日本推行以日美结盟为基轴的外交路线，在美国的扶植下实现了经济起飞。1973 年石油危机使日本人领悟到"经济高速发展后富起来的发达国家日本也有可能发生'物质'不足的问题。"① 堺屋太一的小说《油断》② 也反映了日本的这种心理。日本的弱点在于资源匮乏，而中东是满足日本原油需要的最主要来源。

为了保障能源供应，日本对外打出三张牌。一张是与西方大石油公司合作。日本的石油工业主要经营提炼和销售，几乎所有原油都是从欧美大石油公司和其他供应者购进的。同外资合作的日本公司，其提炼能力所占的比重为 52.2%，销售额所占的比重为 56.2%（截至 1969 年）。日本石油工业的反污染技术从美国引进。1973～1980 年，日本的 14 个采油项目中，只有 3 个由日本公司独立经营，另外 11 个以美国、英国和法国资本为主。③ 一张是利用天然气。日本的天然气在 20 世纪 70 年代以前主要以国产为主，进入 70 年代特别是第一次石油危机以后，天然气主要以进口为主，国产天然气所占的比重大为降低。④ 为此，日本大力发展海洋运输业，从印度尼西亚大量进口液化天然气。日本岛国的地理位置在其中发挥了作用。液化天然气油轮的建造数量在 1973～1985 年快速增长，那些油轮大多数开往日本。⑤ 一张是

---

① 〔日〕五百旗头真：《战后日本外交史（1945～2005）》，吴万虹译，世界知识出版社，2007，第 126 页。

② 中国的人民文学出版社在 1976 年引进了这部小说。《油断》及其作者的介绍，又见冯昭奎：《能源安全与科技发展：以日本为案例》，中国社会科学出版社，2015，第 96 页。作者的原名是池口小太郎。

③ 〔日〕《东方经济学家》杂志编《国际经济战中的日本》，复旦大学经济系世界经济教研组译，上海人民出版社，1974，第 16～17、22 页；А. Д. Богатуров. Японская дипломатия в борьбе за источники энергетического сырья（70 – 80 – е годы）. М.：Наука，1988，С. 50. 在 1973 年世界石油危机前，美国政府和产业界的石油顾问沃尔特·利维首次提出了建立一个大西洋 – 日本石油消费国联盟的提案。刘悦：《大国能源决策：解密 1973～1974 年全球石油危机》，社会科学文献出版社，2013，第 209 页。

④ 尹晓亮：《战后日本能源政策》，社会科学文献出版社，2011，第 121 页。

⑤ 〔加〕彼得·特扎基安：《每秒千桶——即将到来的能源转折点：挑战及对策》，李芳龄译，中国财政经济出版社，2009，第 202 页。日本国内的地势、地理位置及其对原材料的需求，给日本对外经济政策的发展带来了有益的影响。它在推动日本集中主要资源于造船业及将重要工业和港口的选址整合起来方面特别重要。作为其结果，日本在超大型油轮的发展方面居于领先地位，并且开始在国际造船业占优势。另外，这种航运的成功有助于其在海外商业方面能力的提高。〔美〕彼得·J. 卡岑斯坦编《权力与财富之间》，陈刚译，吉林出版集团有限责任公司，2007，第 220 页。

同苏联开展能源合作。与中东相比，从苏联东部进口油气的运输距离相对缩短很多，这对日本颇具吸引力。1973 年 7 月 9 日，美国富翁哈默致信勃列日涅夫，建议尽快解决修建从秋明到苏联太平洋港口的石油管道问题，他写道："完成这个项目大约需要两年时间"，但受益颇丰。他还相信，终会有美国使用苏联东部天然气的那一天。日本会是苏联天然气的大客户，会为这个大项目提供资金。① 1973 年 10 月，田中角荣访问苏联，就日本参加开发秋明油田问题进行协商。

冷战使获得和控制石油成为国际关系中的重要内容。亚欧大陆是苏联石油外交的主要舞台，但它在亚洲面临的情况与欧洲有很大的不同。

在亚洲东北部，苏联远东成为美国对苏联地缘战略的遏制重点之一②。日本和韩国成为美国遏制苏联扩张的防波堤。而苏联在东北亚大陆构造安全带应对美国的海上冲击。朝鲜半岛就成为美苏争夺的战略要地。苏联、美国通过分别扶植朝鲜、韩国的方式在半岛上对峙。蒙古是个内陆国，20 世纪 50 年代，苏军曾分批撤出蒙古。随着中苏关系的恶化，苏军重新进入蒙古。根据《苏蒙友好合作互助条约》，大批苏联军事人员被派到蒙古部队中任职，蒙军的作战部队营以上、边防总队以上都有苏联军事顾问进行指挥。蒙古在 1962 年加入经互会。朝鲜和蒙古便成为单方面接受苏联军事经济援助的国家。

中苏关系经历了结盟、关系恶化和最后实现关系正常化三个阶段。1969 年珍宝岛冲突后，苏联明显加强了对中国的攻势，严重威胁着中国的安全，但也使苏联陷入了困境。

在亚洲东北部，苏联的军事实力相当强而其经济却很落后。美国与其亚太盟国的关系模式是：美国提供保护功能，盟国专心贸易。1990 年，苏联与日本、中国、蒙古、朝鲜、韩国的贸易总额不到百亿卢布，在苏联外贸总额

---

① В. В. Соколов. Американский миллионер А. Хаммер：сторонник разрядки и мира между СССР и США. По материалам Архива Президента РФ//Новая и новейшая история，№ 1，2009，С. 169 – 170.

② 〔美〕罗伯特·A. 斯卡拉皮诺：《亚洲及其前途：向各主要强国提出的问题》，辛耀文译，新华出版社，1983，第 10 页。

中仅占 8%。① 能源开发缓解了苏联在亚洲东北部的经济窘境。不过，因受到冷战环境的制约，这种缓解在很大程度上是不够的。

苏联在远东建设液化天然气厂向美日出口天然气的方案终未实现。其原因不止一个，从技术方面来说，苏联政府把赌注都押在了建设本国和通向欧洲的输气管道骨干系统点上，成本高昂②；从开发环境上来说，苏联需要美国、日本的资金和技术，但对美日同盟却又不得不防。全苏石油、石油产品进出口联合公司下辖的远方石油公司主要负责远东和美洲的业务。将美洲与远东分在一起的一个可能原因是，苏美和苏日外交关系和苏联与其他先进工业化的资本主义国家的外交关系有些不同。③ 此外，鄂霍次克海对苏美来说还是关于海权控制的地缘政治问题。它是苏联瞄准美国本土的战略核潜艇基地，苏联太平洋舰队部署了包括"基辅"级航母在内的大批舰艇加以保护。苏联采取了不允许美国在内的外国军舰进入鄂霍次克海的立场。

长期无法解决的领土问题，为苏日能源合作增加了阻力。位于千岛群岛南端、靠近北海道根室市的四个岛屿——齿舞、色丹、国后、择捉，面积共 5036 平方公里。日本称为北方四岛，苏联、俄罗斯称为南千岛群岛。在俄语中，齿舞岛被称为赫巴马伊岛，色丹岛被称为施科坦岛，国后岛被称为库纳施尔岛，择捉岛被称为伊图鲁普岛。1945年 9 月 3 日，四岛作为整个千岛群岛的一部分被苏联占领。1947 年 1月，四岛被正式并入苏联版图。日本的鸠山一郎内阁曾积极谋求改善日苏关系，但美国及日本国内的亲美派竭力阻挠并且抛出了所谓的日苏领土问题。于是，在冷战时期，日本在领土问题上持"政经不可分"的原则，而苏联出于政治军事考虑也不愿意让步。苏联在远东和太平洋地区部署的海军飞机数量，在 300～350 架之间，占其总兵力 1000 架

---

① 张康琴：《苏联与东北亚地区经济关系发展的现状、难题和对策》，《世界经济》1992 年第 2 期。

② 孙永祥：《俄罗斯液化气发展态势及战略考虑》，《天然气技术》2009 年第 4 期；石兵兵：《俄罗斯液化天然气出口与东亚市场展望》，《俄罗斯中亚东欧市场》2008 年第 1 期。

③ 〔美〕迈克尔·伊科诺米迪斯：《石油的优势：俄罗斯的石油政治之路》，徐洪峰等译，华夏出版社，2009，第 166～167 页。

的 1/4 强、1/3 弱。①

日本看待苏联的观点也在不断变化。从 1977 年开始，日本就不断通过《防卫白皮书》向外界发出"苏联威胁论"的警告。1978 年底，苏联在日本周边的军事活动急剧增加，日本新闻媒体大量报道苏联舰艇、飞机在日本周边的活动，"苏联威胁论"随之升温。为了抑制苏联的军事威胁，日本对苏政策开始趋于强硬，并且密切了日美间的军事合作。苏联入侵阿富汗后，日本外务省的"对苏观"也开始转变，并在大平内阁时期形成了防卫厅与外务省间的鹰派联合。中曾根就任首相后提出的"不沉的航空母舰"及"防卫关岛 – 东京、台湾海峡 – 大阪的航线论"，使日本"专守防卫"的原则变成了一纸空文，它不仅远远地超过了铃木首相的防卫发言，而且宣示了日本已经成为西方阵营与苏联军事对抗的前哨。② 此时正值苏日合作实施萨哈林岛大陆架开发计划的关键时期。

越南成为苏联在东南亚扩展影响的桥头堡。越南战争之后，美国大幅度削减了海军开支，其对太平洋地区的影响力开始下降。苏联则借机缩短其与美国在海上力量上的差距，挑战美国的海上霸权地位，因此苏联海军频繁进出太平洋地区。而海权是美国应对苏联的重要法宝，学者米德写道："凯南为冷战复活了经典的海上之王战略，管这叫遏制。美国和英国海权将在亚欧大陆遏制苏联的影响，从欧洲北大西洋公约组织得到资助的盟国和亚洲的日本更为西方联盟增添了分量。"③ 1978 年，越南加入经互会。1979 年，根据与越南的协议，苏联租用金兰湾 25 年，苏联太平洋舰队进驻金兰湾。从设在南越金兰湾的前部基地，苏联海军把触角扩展到了

① 〔日〕青木日出雄：《远东苏军实力》，军事科学院外国军事研究部译，战士出版社，1983，第 103 页。

② 米庆余：《日本近现代外交史》，世界知识出版社，2010，第 418～420、426～427 页。俄罗斯素有潜艇方面的优势。冷战时期，苏联太平洋舰队的攻击型潜艇主要用来猎杀敌方的潜艇。苏联远东远程航空兵团的一个主要任务，是在日本、夏威夷和关岛所在的太平洋海域进行巡航飞行。20 世纪 90 年代至 21 世纪初，此类飞行停止。

③ Киличенков А. А. 《Холодная война》 в океане: Советская военно - морская деятельность 1945 - 1991 гг. взеркале зарубежной историографии. М.：РГГУ，2009，С. 594，597；〔美〕沃尔特·拉塞尔·米德：《上帝与黄金：英国、美国与现代世界的形成》，涂怡超等译，社会科学文献出版社，2014，第 149 页；美国学者加迪斯详细分析了美国对苏联的遏制战略、〔美〕约翰·加迪斯：《遏制战略：战后美国国家安全政策评析》，时殷弘等译，世界知识出版社，2005。

东南亚和印度洋的主要航线。

越南早在 1974 年就发现了石油，随后，越南逐渐形成了以头顿为中心的南部大陆架石油开发区。越南大部分石油供应来自海路，火车难以运输。苏越两国开展石油合作期间，萨哈林石油天然气公司曾到越南大陆架作业。1981 年，越苏联营石油公司成立。但是，越南的原油生产直到 1986 年由越苏联营石油公司经营的白虎海上油田投产输油才开始①。

1971 年，苏联和印度缔结了具有军事性质的条约。条约期满后，两国决定再顺延 5 年。苏联通过提供经济军事援助的方式加强与印度的关系，而同时，美国则极力拉拢巴基斯坦。苏联在 1967～1977 年曾向印度转让武器，其价值占印度进口武器的 81.2%。② 1974 年 1 月，苏联同印度签署了苏联帮助印度继续发展国营石油工业的议定书。

在中东，苏联重视与海湾地区国家和北非产油国之间的关系发展。它在伊拉克、利比亚扩大影响的方式是双边能源合作。萨哈林海洋石油天然气公司曾经到波斯湾作业，并得到国内外同行的好评。在伊拉克，苏联帮助修建了北鲁迈拉采油场，建设了从该油田到海湾法奥港口的石油管道。此外，苏联石油工业部完成了伊拉克一些油田采油设施建设和油田的投产工作，对伊拉克石油原料基地的发展前景进行了评价，并制定了伊拉克石油天然气开采业综合发展规划。1987 年双方签订了开发"西库尔纳 - 1"项目的合同并开始实施这一项目。

在 1974 年 1 月利比亚进行石油拍卖时，苏联鼓励东欧各国政府参加投标和购买。同年春，利比亚的贾卢尔德上校访问苏联并在东欧停留，所到之处备受礼遇，访问的结果是利比亚与东欧国家之间签订了一系列的长期合同，其中包括每年向罗马尼亚提供 300 万吨石油的协议。③ 利比亚主要依靠苏联提供的贷款并在苏联专家的参与下，在"塔朱拉"建起了核研究中心以及几条输电线路和天然气管道。

---

① 〔英〕戴维·朗等编著《石油贸易手册》，兰晓荣等译，石油工业出版社，2011，第 154 页。

② 〔美〕罗伯特·唐纳森 编《苏联在第三世界的得失》，世界知识出版社，1985，第 232～233 页。

③ 〔美〕约翰·库利：《利比亚沙暴：卡扎菲革命见闻录》，赵之援等译，世界知识出版社，1986，第 345 页。

对于欧佩克，苏联认为这是一个"向以美国为首的帝国主义国家讨取公正合理的石油价格"的斗争中联合起来的国际组织。它的价格政策与苏联的全球石油利益吻合处颇多。[①]

油气资源是能为苏联买到地缘政治力量的硬通货。通过石油外交，苏联不仅在欧洲而且在亚非拉开展包括能源在内的经济合作，从而扩大了自己的影响。苏联"石油出口量紧随沙特阿拉伯之后居世界第二位，每年向其他国家净出口石油和石油产品始终保持在 1.55 亿～1.85 亿吨之间。苏联还将从一些近东国家进口的石油实行再出口，以收回苏联向其提供武器和其他商品的费用"[②]。20 世纪 80 年代，世界进入"三足鼎立"的石油外交时期。三大主体是以美国为首的国际能源机构、欧佩克和以苏联为首的苏东集团。

美国应对 20 世纪 70 年代石油危机的措施包括提高能源利用率、开发新能源、运用货币政策等。此外，美国在石油金融上做足了文章。黄金与美元脱钩后，美国急于为美元寻找另一种挂钩产品。欧佩克的"石油禁运"运动让美国人发现，石油是继黄金之后最合适的信用替代品。为此，美国寻找到沙特阿拉伯作为其盟友。美、沙两国首先达成协议：将美元作为石油的唯一定价货币[③]。随后，欧佩克的其他国家也表示同意。由于欧佩克在世界石油供应中的地位，非欧佩克产油国也不得不接受了这

---

① 〔俄〕C.З.日兹宁：《俄罗斯能源外交》，王海运等译，人民出版社，2006，第 140～141 页。

② 〔俄〕C.З.日兹宁：《俄罗斯能源外交》，王海运等译，人民出版社，2006，第 97 页。

③ 该协议于 1975 年 2 月在由美国财政部部长助理杰克·贝内特写给国务卿基辛格的备忘录中被最终定了下来。秘密协议条款规定，沙特阿拉伯的大部分石油税收收益将用于弥补美国政府的财政赤字。年轻的华尔街投资银行家、当时的怀特维德公司驻伦敦分公司专门经营欧洲债券的负责人戴维·马尔福德被派往沙特，担任沙特阿拉伯货币局的首席"投资顾问"。他的任务是指导沙特把石油美元投资到正确的银行，这些正确的银行自然都是些伦敦和纽约的银行。〔美〕威廉·恩道尔：《石油战争：石油政治决定世界新秩序》，赵刚等译，知识产权出版社，2008，第 148 页。与之相似的说法：沙特阿拉伯政府在接受美国政府官员的秘密拉拢后，将部分资金用于购买美国国债（时任财政部部长的威廉姆·西蒙签署了一份秘密文件，允许沙特中央银行无须通过正规的政府审查程序即可购买美国国债）。这样的结局具有讽刺意味，因为欧佩克国家的石油减产和提价主要是针对美国的。欧佩克国家剩余的石油利润也大部分流入了美国和其他国家的银行。这些银行向欠发达国家放贷。〔美〕本·斯泰尔、罗伯特·E.利坦：《金融国策：美国对外政策中的金融武器》，黄金老译，东北财经大学出版社，2008，第 12～13 页。20 世纪 70 年代的石油市场大多为双边贸易与长期合约，金融市场的作用尚不明显；20 世纪 90 年代以来，最重要的标志是石油市场完全置身于金融市场中。

个规定。强大的期货市场与美元的计价货币地位的结合，使美国具备了在全球范围支配石油资源流动的手段。[①]

与美国相比，苏联对国际石油市场的主导能力远落后于其能源潜力。苏联靠的是有形的物质资源开采和出口，美国则超越了实物层面，在无形的金融创新上领先。苏联有地跨欧亚的地理位置优势，美国则有沙特阿拉伯这个重要的盟国。在中东，美国决策者竭力阻止苏联通过占领该地区来获取石油资源。新解密的"拒止政策"文件也为此提供了佐证：美国的目标是在中东遭到苏联侵入的情况下破坏当地的石油工业。这个政策制定于1948年，由美国中情局负责具体行动，它并没有明确的终止时间。[②]

缓和不能掩盖苏美互为最大战略对手的现实。两国的经济合作深受政治因素的影响。在能源领域，两国的合作与限制交织。例如，美国进出口银行和商业信贷公司对苏联的开发油气信贷，就受到斯蒂文森修正案的限制。该法案规定，在5年内将苏联的进口信贷限制在3亿美元之内，禁止向其天然气和石油生产项目提供信贷，并将天然气和石油开采信贷限制在4000万美元以内。这是苏联已获贷款的1/4，苏联领导人原本期望通过贸易法案得到数十亿美元的贷款。[③] 又如，开发乌连戈伊油气田的计划，也

---

① 1974～1981年，波斯湾各国在日常贸易中积累了大约3600亿美元的盈余。这一数额差不多一半以现金方式存入西方银行。其余部分或投资于经济合作与发展组织各国（40%），或供给其他发展中国家（15%），或借给国际组织（5%）。欧洲银行将现金存款以中长期贷款借给发展中国家，也借了一些给东欧国家。一些欧洲国家也求助于这一市场以支持其重整预算的改革。国际银行体系对石油美元的利用降低了资金向人口少因而吸收能力低的国家大规模流动对世界经济的阻碍作用。〔法〕雅克·阿达：《经济全球化》，何竟等译，中央编译出版社，2000，第115页。1972～1974年，欧佩克国家石油出口收入由每年140亿美元增加到700亿美元。到1977年，其石油收入达到1280亿美元。欧佩克国家如何处理这些巨额现金呢？在1981年，它们将3/4的剩余资金投入工业化国家，其中仅美国就占1/4。欧佩克国家剩余的石油利润也大部分流入了美国和其他国家的银行。这些银行向欠发达国家放贷。〔美〕本·斯泰尔、罗伯特·E.利坦：《金融国策：美国对外政策中的金融武器》，黄金老译，东北财经大学出版社，2008，第12～13页。英国《金融时报》网站2016年5月17日报道，截至2016年3月，沙特阿拉伯持有1168亿美元的美国国债。截至2016年2月，石油输出国共持有2810亿美元的美国国债。

② 《美国阻止苏联染指中东石油》，《参考消息》2016年7月1日第12版。

③ 〔以色列〕弗雷德·A.拉辛：《美国政治中的苏联犹太人之争》，张淑清等译，商务印书馆，2014，第63页。

因为杰克逊修正案的出台而被取消。① 1977 年，在美国《国家能源计划》问世的前几天，中央情报局发表了一份对国际能源状况的评估报告。它认为，苏联的石油产量将在 20 世纪 80 年代达到顶峰，因此苏联和其他华约组织成员国将需要石油输出国组织的石油来满足其需求，这将影响苏联的中东政策，使苏联成为美国进口中东石油的竞争者。② 南雅库特计划在苏联出兵阿富汗后被撤销。苏联部长会议主席雷日科夫指出："西方国家，尤其是美国，一贯利用许可证，配额、封锁、限制等手段解决政治问题。1979 年我国军队进入阿富汗后，不计其数的禁运接连不断。比如，当时根据美国总统卡特的建议，禁止为我们提供敷设天然气管道所需成套机组。"③

苏联出兵阿富汗使西方国家产生了世界主要产油区要落入苏联之手的恐惧，西方国家和跨国公司纷纷抢购和储备石油。再加上伊朗 1979 年革命，使美国卡特政府采取了一系列旨在增加美国在波斯湾驻军数量的措施。当时的助理国务卿帮办保罗·沃尔福威茨开始"有限应急研究"项目，这是美国五角大楼第一次广泛研究国家是否有必要保卫波斯湾。研究报告开宗明义地写道，"波斯湾石油的重要性怎么强调也不过分"。如果苏联控制了波斯湾的石油，其影响将"有可能是，苏联无须一枪一弹便可以摧毁北约和美日联盟"。沃尔福威茨不仅研究了苏联夺取波斯湾油田的可能性，还将"有限应急研究"又向前推进了一步。他提出了一个美国决策者尚未研究过的问题：如果另一个国家，比如波斯湾地区的另一个国家威胁到该地区的油田怎么办？具体讲，如果伊拉克入侵邻国沙特阿拉伯或者科威特怎么办？沃尔福威茨的"有限应急研究"在尼克松－基辛格的波斯湾战略突然最后垮台之前没有产生什么直接影响。④

---

① 2012 年 12 月 21 日，奥巴马总统正式宣布废除《杰克逊－瓦尼克修正案》。

② 周琪等：《美国能源安全政策与美国对外战略》，中国社会科学出版社，2012，第 89 页。美国认为苏联入侵阿富汗是对海湾地区的威胁，也主要源自这份报告。参见〔美〕安迪·斯特恩《石油阴谋》，石晓燕译，中信出版社，2010，第 153～154 页。俄罗斯媒体的报道是：苏联石油生产的顶峰是在 1988 年，当时每天生产 1141 万桶。Россия побила рекорд по добыче нефти со времен СССР, http://vz.ru/news/2013/12/2/662263. Html。此外，苏联入侵阿富汗时，"并非中央情报局最先做出反应，而是伊朗。"参见〔美〕斯蒂文·佩尔蒂埃《美国的石油战争》，陈葵等译，石油工业出版社，2008，第 22 页。

③ 〔俄〕尼·雷日科夫：《大动荡十年》，王攀等译，中央编译出版社，1998，第 280 页。

④ 〔美〕詹姆斯·曼：《布什战争内阁史》，韩红等译，北京大学出版社，2007，第 81～89 页。

美国对苏联油气攻势的遏制在欧洲遇到了麻烦。围绕乌连戈伊到西欧的天然气管道工程引发了西方的大争论。这一工程是汇集了东西方人力、财力、物力投入的大项目。① 它不仅能使苏联从西方金融市场获得双倍的资金，而且能使西欧在总的天然气供应量中对苏联的依赖度也可能至少达到60%。② 美国和法国、德国围绕这条管道的斗争可谓激烈。在凡尔赛召开的七国集团经济峰会上，美国对法德提出的中止对苏联的信贷和技术支持的建议遭到拒绝。"密特朗和施密特离开闭幕式后告诉媒体和公众，他们同苏联的金融或能源关系的模式将不会改变"。③

1982年底，由于美国的阻挠，苏日之间讨论了7年的萨哈林岛大陆架油气开发项目搁浅。苏联原指望每年从这个项目中获得数十亿美元的收入。

于是，美国转向全力遏制苏联的西西伯利亚油区。除了"技术破坏"④，美国还打出了"组合拳"。美国中央情报局前雇员、曾作为专家参与策划美国瓦解别国秘密战略的施魏策尔在其《里根政府是如何搞垮苏联》的一书中，列举大量事实叙述了里根政府利用苏联内部困难矛盾和战略错误，使用经济手段和通过军备竞赛，对苏联发动和实施分化、瓦解战略，加速苏联的解体进程的史实。例如，苏美之间的"石油战"：里根政府对中东和欧洲一些主要产油国软硬兼施，导致国际油价急剧下跌。沙特阿拉伯在"石油战"中发挥的作用最大。⑤

1985年秋，沙特退出欧佩克的价格协议，导致世界石油价格从每桶29～30美元跌至12～15美元。苏联国库的硬通货收入也因此大幅下跌。

---

① 刘德芳主编《苏联经济手册》，中国金融出版社，1988，第66～67页。有关这条输气管的建设，还可参见〔苏〕А. Г. 阿甘别吉扬、А. И. 阿巴尔金《苏联经济与改革：途径·问题·展望》，何剑等译，东北财经大学出版社，1989，第193页。

② 〔美〕德瑞克·李波厄特：《五十年伤痕：美国的冷战历史观与世界》（下），郭学堂等译，上海三联书店，2008，第649～655页。

③ 〔美〕肯尼思·R. 蒂默曼：《法国对美国的背叛》，陈平译，中央编译出版社，2010，第101～102页；〔美〕维托·斯泰格利埃诺：《美国能源政策：历史、过程与博弈》，郑世高等译，石油工业出版社，2008，第36～37页。

④ 〔美〕蒂姆·韦纳：《中情局罪与罚》，杜默译，海天出版社，2009，第344页。

⑤ 〔美〕彼得·施魏策尔：《里根政府是如何搞垮苏联的》，殷雄译，新华出版社，2001。另见〔俄〕亚·舍维亚金：《苏联灭亡之谜》，李锦霞等译，东方出版社，2011，第134、215～217页。

苏联牲畜急需购买的饲料粮已经达到了最低点，饲料不足立即引起了苏联国内牛奶和肉类的短缺。①

苏联与东欧的能源联系纽带首先松动。"1985 年以前，苏联提供东欧的石油价格较为便宜，但后来情况就改变了：当世界石油价格暴跌时，苏联拒绝相应降低其油价，这样从 1986 年到 1988 年东欧对进口石油实际支付了相当于世界市场价格两倍的钱。"② 之后，经互会决定其成员国之间的结算使用硬通货，转账卢布不再使用。

除此之外，苏联石油工业的盈利水平急剧下降，政府的财政支持感到力不从心。戈尔巴乔夫的改革措施在石油工业掀起一股涨薪潮，也没有理顺原本就不顺畅的石油供应链。由此导致石油工业人力和物力成本急剧上升，提高了石油的单位成本，国内油价却并未相应提高。③ 1988 年以前，苏联石油企业的发展基本上依靠庞大的国家投资，当时投资的年增长率达到 10%。但从 1989 年起，国家投资急剧减少。④

再看西西伯利亚油区，它的油气开采高速增长是一种外延扩大型的增长，主要靠上基建、上项目维持。这就是人们经常提到的苏联掠夺性开发政策。"几乎所有西西伯利亚大型油田都存在错误操作、胡乱指挥的弊病。秋明地区所有的大型油田里都采用了侵袭性过度的注水方案，因此在新井位开采之初会得到很高的油流，但却转瞬即逝"。⑤

1989 年，欧佩克成员国和非欧佩克国家再次联合在国际石油市场上展开合作。随后，包括苏联在内的 6 个非欧佩克国家为支持欧佩克维护油价的努力，达成了 1989 年减产协议。⑥ 此后，苏联忙于国内改革而无暇顾及中东，美国对中东的影响继续上升。

戈尔巴乔夫首次把苏联远东开发同亚太地区活跃的经济进程相联系。

---

① 〔俄〕B. Ю. 阿列克佩罗夫：《俄罗斯石油：过去、现在与未来》，石泽等译，人民出版社，2012，第 332 页。
② 〔英〕本·福凯斯：《东欧共产主义的兴衰》，张金鉴译，中央编译出版社，1998，第 255 页。
③ 〔美〕塞恩·古斯塔夫森：《财富轮转：俄罗斯石油、经济和国家的重塑》，朱玉犇等译，石油工业出版社，2014，第 12～13 页。
④ 俄罗斯外交与国防政策委员会：《俄罗斯战略：总统的议事日程》，冯玉军等译，新华出版社，2003，第 232～233 页。
⑤ 〔美〕马修·R. 西蒙斯：《沙漠黄昏：即将来临的沙特石油危机与世界经济》，徐小杰译，华东师范大学出版社，2006，第 258 页。
⑥ 杨光、姜明新编《石油输出国组织》，中国大百科全书出版社，1995，第 73～75 页。

苏联远东存在与世界市场发展经贸关系的动力，但它要的不是整个市场，而只是亚洲东北部市场。况且，海洋石油地质勘探还可以得到国家的资金支持。萨哈林岛大陆架的油气储量对众多的外国公司依然有吸引力。

戈尔巴乔夫把裁军作为改善苏联形象的一个重要手段。面对国际形势的变化和苏联全球战略的调整，戈尔巴乔夫逐步放弃了追求军事优势的政策。苏联在 1987 年取消了与其军事理念不相称的核武器，并从 1988 年开始单方面削减了 50 万驻欧军队。接着苏联承认在阿富汗的失败，撤回了其全部军队。

可是留给戈尔巴乔夫的时间不多了。

第七章

萨哈林岛大陆架油气项目与
俄罗斯大公司东进

苏联解体后，萨哈林岛大陆架油气开发与产品分成协议联系在一起。本章大致以 2000 年为界，将其分成两个发展阶段。

第一节　产品分成协议、萨哈林岛地震、
俄罗斯石油公司的并购

1992 年以来，在苏联时期国家包办一切的体制已经被打破，而市场化的新体制尚未有效运行的新环境下，萨哈林岛活跃着两股开发力量。一个是外国投资者。大陆架油气项目具有商业开采风险大、投资需求大等特点，参与项目的外国投资者主要是具有一定实力的美国、英国和日本公司，它们以组成财团的形式共同投资、共担风险；另一个是俄罗斯公司。其中，既有地方性的石油公司，也有国家级的企业，它们要在新的历史条件下寻找自己的定位。

俄罗斯继承了包括油气资源及其产业在内的大部分苏联遗产①。这份遗产有两个侧面：一个是拥有可观的潜力，另一个是面临诸多的难题。后者的根源在于国家的政治经济体制转轨。

在经济自由化和经济转轨中，久已形成的国民经济联系突然中断，对俄

---

① 俄罗斯一半以上的石油和 90% 以上的天然气开采集中在乌拉尔地区和西西伯利亚地区。
〔俄〕外交与国防政策委员会：《未来十年俄罗斯的周围世界：梅普组合的全球战略》，万成才译，新华出版社，2008，第 73 页。

罗斯经济产生了巨大的破坏性后果。普京在《千年之交的俄罗斯》一文中指出，20世纪90年代，俄罗斯国内生产总值下降了50%。与之相伴的是巨额的资本外逃。1992~1993年，俄罗斯外逃资本总计达到560亿~700亿美元；1994~1998年每年约为170亿美元。也就是说，到了1998年，共有1250亿~1400亿美元的资本流出俄罗斯。① 这表明生产者对国家缺少信任感。

俄罗斯私有化从1992年开始实施，分为小私有化和大私有化。小私有化是指商业、服务业企业及小型工业和运输业企业的私有化，已于1993年基本完成。大私有化是指大中型企业的私有化，其途径基本上就是实行企业的股份化。大私有化的实施又分为证券私有化、货币私有化和个案私有化三个阶段，这三个阶段从1992年7月到1998年底先后也已基本完成。

私有化导致"新俄罗斯人"的出现，产生了一批金融－工业集团。20世纪90年代中期任澳大利亚驻俄罗斯的外交官格伦·沃勒说过，俄罗斯大多数私营金融集团的第一笔资本都是通过他们接近苏共和共青团所得到的特权或与俄罗斯政府部长们的政治交往得来的。② 他们在苏联解体后廉价买下很大一部分俄罗斯资源，所从事的行业多与石油、钢铁这些俄罗斯传统重工业相关。其中，最大的8个被称为寡头。

俄罗斯按照自己的游戏规则将石油、天然气领域分开重组。

始于1992年底的俄罗斯石油工业私有化改革以及1995年秋的俄罗斯大规模的国有股减持，极大地改变了俄罗斯石油公司的形态。苏联的"大一统"格局——石油部负责全国的石油部门——已不复存在，转而形成私人大型集团石油公司、国有石油企业、地方性大石油公司的多元格局。③

根据1992年11月17日的总统令，俄罗斯首先成立了3个集团公司：卢克石油公司、尤科斯石油公司和苏尔古特石油天然气公司。它们的成立参照了西方石油公司的经验，一个集团公司囊括了"从钻井到加油站"的

---

① 〔英〕西蒙·皮拉尼：《普京领导下的俄罗斯：权力、金钱和人民》，姜睿等译，中国财政经济出版社，2013，第32~33页。

② 〔美〕戴维·霍夫曼：《寡头：新俄罗斯的财富与权力》，冯乃祥等译，中国社会科学出版社，2004，第320页。

③ 以下几段与俄罗斯石油企业有关的内容主要根据两篇论文写成：〔俄〕叶卡捷琳娜·乌里扬诺娃、奥莉加·谢尔盖耶娃：《我们的石油工业是这样的》，载〔俄〕《星火》2001年9月3日，中译文载《参考资料》2001年11月20日；李文、文自力：《俄罗斯大石油公司的发展及前景》，《国际石油经济》2003年第9期。

所有石油企业，即采取了成立纵向一体化石油公司的方针。随后，俄罗斯又成立了其他的集团公司。1994年，西丹科石油公司、斯拉夫石油公司、奥纳科石油公司和塔特石油公司成立。1995年，秋明石油公司、西伯利亚石油公司和巴什石油公司成立。

叶利钦任期内，总共有11家大型集团石油公司。几乎无一例外地，这些公司的掌门人都是在俄罗斯颇具影响力的金融巨头和企业大亨。他们通过手中积累的大量资金以及政府的暗中支持，取得了对私营石油公司的实际控制权。

鉴于油气资源的战略属性，俄罗斯保留了几家国有石油企业，即俄罗斯石油公司、俄罗斯国外石油公司、俄罗斯管道运输公司和俄罗斯成品油运输公司。

比较有代表性的地方性大石油公司是鞑靼石油公司、巴什基尔燃料公司。

从1998年开始，俄罗斯的一些大石油公司开始系统地聘请西方的管理者和专家，以便大规模地引进西方石油业的管理经验。它们按照西方公认的会计准则来编写公司的财务报告，并着手巩固已收购的资产，按照更有效的方式对其进行重组。

尽管石油和天然气同属俄罗斯的经济命脉，但这两个兄弟行业之间却存在着很大的差别：俄罗斯天然气工业公司成立伊始就是国内行业垄断集团，天然气的开采和管道运输均由它来经营；各大石油公司则是在竞争原则基础上发展壮大起来的。

俄罗斯天然气工业公司的历史与B.C.切尔诺梅尔金的名字密不可分。正是切尔诺梅尔金劝说苏联部长会议，对成立于1989年的天然气工业部下属的天然气工业企业进行改革。随着苏联的解体，这家公司从全苏的企业变成俄罗斯的公司，同时失去了在苏联其他加盟共和国的企业所有权，失去了其在苏联时期所拥有的石油管道的1/3，天然气储备的1/3和气站的1/4。[①] 1992年，它改组为股份公司，全称为"俄罗斯股份公司天然气工业公司"。国家拥有公司40%的股份。1997年又更名为"开放式股份公司天

---

① 〔俄〕德米特里·特列宁：《帝国之后：21世纪俄罗斯的发展与转型》，韩凝译，新华出版社，2015，第172页。

然气工业公司"。1998 年后又改为企业集团。根据法律规定，它的所有企业都是法人，各自承担义务，但企业资产（含地下矿产使用权）和收入不归其所有。①

天然气工业公司继承了统一的供气系统，拥有多家天然气生产企业、研究所、工程局、服务公司。对此，俄罗斯"私有化之父"阿纳托利·丘拜斯曾言："天然气不同于其他产品，它是气态的，只要一点点衔接不畅或操作失误，它就会消失在空气中。石油可以装在桶里远距离运输进行销售，它的分装很简单。但天然气就不是这样了，它必须有一套完全连接紧密的开采、运输、储存、销售系统作保证。所以，天然气产业是无法被拆分的。"② 美国学者古斯塔夫森也把其原因归结为两点。一是天然气业务的集中度天生比石油高。和石油不同，天然气的生产相对容易，运输则相对困难且成本高昂。二是新旧体制交替之间，切尔诺梅尔金和盖达尔的个人作用。③

20 世纪 90 年代，这家公司以固定价格向工业和居民提供低廉的天然气，成为经济崩溃中的中流砥柱。同时，公司也是切尔诺梅尔金在 1992～1998 年担任总理期间的根据地，更是其管理者争先恐后争夺的香饽饽。④ 切尔诺梅尔金被任命为俄罗斯总理后，Р. И. 维亚希列夫继任公司总裁职务，直到 2002 年被撤职。

俄罗斯未完全照搬西方石油公司的体制，两者形似神异，各有所长："与西方国家公司不同，俄罗斯石油公司仅从

图 7-1 切尔诺梅尔金，2013 年俄罗斯邮票

资料来源：Черномырдин, Виктор Степанович, https://ru.wikipedia.org/wiki/Черномырдин, _ Виктор_ Степанович。

---

① 〔俄〕C. 3. 日兹宁：《俄罗斯能源外交》，王海运等译，人民出版社，2006，第 501 页。

② 方亮：《俄罗斯天然气公司诞生记》，http://news.hexun.com/2013 - 05 - 10/153979225.html。

③ 〔美〕塞恩·古斯塔夫森：《财富轮转：俄罗斯石油、经济和国家的重塑》，朱玉犇等译，石油工业出版社，2014，第 27～29 页。

④ 〔英〕西蒙·皮拉尼：《普京领导下的俄罗斯：权力、金钱和人民》，姜睿等译，中国财政经济出版社，2013，第 20～21 页。

事石油贸易活动，天然气的开采、运输和销售由俄罗斯天然气工业公司统一负责。在财务经济指标、公司管理经验和技术能力方面，俄罗斯公司远不如美国和西欧公司，但在产量和资源储量方面完全可以与西方大型跨国公司媲美。"①

俄罗斯寡头不是一个经济现象，而是一个政治现象。这些寡头通过从事商业活动接近政权或对国家决策施加影响。② 1996 年俄罗斯总统选举，就是寡头操纵的结果。总统大选时，政府通过抵押拍卖赢得了政治上的同盟——与寡头共同防止俄罗斯共产党上台。当时被交易的大公司包括苏尔古特石油天然气公司、西伯利亚石油公司、诺里尔斯克镍业公司、新利佩茨克冶金联合公司和尤科斯公司等。叶利钦总统如此依赖这些寡头，以至于一手扶植出尾大不掉的集团势力，将优势资源聚集于这些新权贵。他们不仅把持着国家的经济命脉，还掌握着部分政权。1997 年，俄罗斯首次挤进美国《福布斯》全球富豪排行榜，别列佐夫斯基位列第 97 位。

俄罗斯经济的命运、新特权阶层的活力，都与其丰富的能源资源密切相关，特别是油气资源。它"使俄罗斯不费吹灰之力就获得源源不断的价值，支撑着整个经济发展。它不仅补贴了其他商品价格，还为国家带来了出口收入。这就形成了一种'虚拟经济'：苏联时期建成的工业和福利国家继续运转，虽然水平打了折扣，却为经济和政治体系崩溃所带来的冲击提供了微弱但却至关重要的缓冲，让苏联时期的精英阶层得以喘息，进行调整应变，继续执政"③。两者的分工是：俄罗斯天然气大部分（约 2/3）用于发电、家庭供暖以及工业生产，而石油主要用于换取外汇。④

俄罗斯燃料－能源领域的问题是财政危机加剧，以及普遍存在的燃料－能源欠费现象。结果导致能源系统各行业出现了更严重的投资危机，1998 年俄罗斯对燃料－能源领域的基本投资比 1980 年减少了一半，而其中的预算来源还不到 1998 年实际投资的 2%。普查勘探工作量因此锐减，

---

① 〔俄〕C. 3. 日兹宁：《俄罗斯能源外交》，王海运等译，人民出版社，2006，第 462 页。

② 〔俄〕亚·维·菲利波夫：《俄罗斯现代史（1945～2006 年)》，吴恩远等译，中国社会科学出版社，2009，第 341 页。

③ 〔美〕塞恩·古斯塔夫森：《财富轮转：俄罗斯石油、经济和国家的重塑》，朱玉犇等译，石油工业出版社，2014，第 29～30 页。

④ 〔法〕菲利普·赛比耶－洛佩兹：《石油地缘政治》，潘革平译，社会科学文献出版社，2008，第 224 页。

不仅不可能开发有前景的大陆区块（东西伯利亚、远东）和海洋水域，而且影响到其主要产油区（西西伯利亚、乌拉尔－波沃尔日等）。①

萨哈林岛大陆架的油气潜力巨大，无论是对国家、俄罗斯远东地区还是对萨哈林州来说都具有重要的意义。在俄罗斯远东已经发现的 90 多个天然气田中，萨哈林州占据了 55 个；截至 1997 年 1 月 1 日，凝析油探明储量达到 4300 万吨；远东海上区域的勘探钻井多集中在萨哈林岛大陆架的东北部。②

萨哈林岛油气开发从陆地走向海洋，首先遇到的就是资金问题。一方面是海上开发费用高。由于存在与海洋环境有关的运输问题，海上钻井要比陆上昂贵得多。海上钻井的成本主要取决于该位置的距离和水深，费用在 3500 万 ~1 亿美元。深水项目相关的投资成本可能超过 10 亿美元。③ 另一方面是俄罗斯的开发费用更高。随着苏联解体，国家不再资助海洋油气地质勘探。由于极为复杂的自然气候条件，以及必须使用独一无二的设备和技术，开发俄罗斯大陆架油气田的风险要比世界其他大洋高得多。④ 萨哈林州处在气候条件恶劣、地震活动频繁的地区；为经受风暴、海暴和冰暴的冲击需额外投资以提高海上平台的可靠性和安全性；而且还必须建造油气管线和液化天然气厂，建设油气出口码头和完整的生产与社会设施，这些同样需要大量的资金。引进西方的新技术迫在眉睫，因为在苏联时期缺少在恶劣条件下从事海上油气开发的经验。

在国家政局动荡、中央财政困难的条件下，只有主动吸引外资前来开发，才能缓解国家经济危机的冲击，确保地区经济形势的稳定。萨哈林州前副州长弗拉基米尔·沙波瓦尔回忆说："1993 年，坦克正在俄罗斯首都炮击议会大楼。在如此环境里，国人无心谈论投资问题，即使最大胆的人也不例外。而当时的油价每桶 12 美元，不是 50 美元。没有一个俄罗斯公

---

① 〔俄〕E. A. 科兹洛夫斯基：《俄罗斯矿产资源政策与民族安全》，鄢泰宁等译，地质出版社，2007，第 66、116 页。

② 娄成：《俄罗斯远东地区的能源供应潜力》，《国际石油经济》2000 年第 2 期。

③ 马可·科拉正格瑞：《海洋经济：海洋资源与海洋开发》，高健等译，上海财经大学出版社，2011，第 46 页。

④ 〔俄〕B. Ю. 阿列克佩罗夫：《俄罗斯石油：过去、现在与未来》，石泽等译，人民出版社，2012，第 365 页。

司愿意往萨哈林砸下 100 亿美元"。①

他说的是俄罗斯 1993 年秋的宪法危机。宪法危机的根源在于其国内的政权体系。独立之初，从苏联沿袭下来的俄罗斯宪法本身包含许多矛盾，最主要的是总统与议会之间的职权划分很不明确。因此俄罗斯出现了两个权力中心——俄罗斯总统和俄罗斯最高苏维埃，两者围绕制定确立国家政体的宪法展开针锋相对的斗争：叶利钦主张修改宪法、建立总统制国家；俄罗斯最高苏维埃主张建立议会制国家。双方的斗争不是改变国家的社会政治制度，而是确立国家权力结构。1993 年 3 月，最高苏维埃的议员们弹劾叶利钦总统，但未能达到 2/3 的多数。4 月，对总统和最高苏维埃的信任公投也以失败告终。9 月 21 日，叶利钦签署了解散最高苏维埃的命令。第二天，最高苏维埃宣布总统令违宪、解除叶利钦的总统职务，并任命副总统鲁茨科伊为总统。叶利钦下令攻打最高苏维埃的大楼，副总统鲁茨科伊和最高苏维埃领导人被捕。1993 年底，新宪法最终通过全民公决被承认。它从根本上改变了国家权力机关架构，明确规定了三权分立的原则，奠定了俄罗斯联邦体制的基础。它还赋予总统沙皇般的特权：俄罗斯总统不对议会负责，有权不与总理商议解散国家杜马和宣布政府辞职，但总统不辞职。

1993 年宪法在非常复杂的历史条件下得以通过，在 1994 年就受到了考验：车臣要求脱离俄罗斯。当时，俄罗斯军队已经撤出该共和国，但是留下了大量的物资装备和辎重。国家杜马主席伊万·雷布金回忆道："车臣局势混乱。激进情绪与大量武器的存在，不仅使得整个北高加索地区受到威胁，也包括俄罗斯。"② 于是，第一次车臣战争爆发。然而，俄军未能迅速瓦解抵抗力量，战争持续了一年半的时间。为了应对俄罗斯的军事行动，武装分子在全国范围内发动恐怖袭击。

1994 年 6 月 22 日，在美国副总统戈尔、俄罗斯总理切尔诺梅尔金的共同见证下，投资总额达 100 亿美元的"萨哈林 2 号"项目合同在莫斯科签字。戈尔和切尔诺梅尔金说，该合同证明俄罗斯将遵守国际法，并且将合理调整税收政策。在这份产品分成合同里，马拉松石油公司拥有 30% 的

---

① Остров Сахалин выплывает из моря проблем，http：//www. oilru. com/nr/140/2838/.

② 叶卡捷琳娜·希涅利希科娃：《车臣战争爆发 20 周年：战争之后是否有和平》，http：//tsrus. cn/eshi/2014/12/23/20_ 38953. html。

股份，英荷皇家壳牌公司拥有 20% 的股份，剩下股份由西方公司参股。[①] 壳牌公司（以下称"壳牌集团"）董事长司徒慕德早早参与谈判，使得公司成功参与到萨哈林岛的海上项目中来。

产品分成协议是国际油气领域鼓励外国公司参与本国困难、复杂地段开发的通常做法。

1995 年 12 月 30 日，俄罗斯制定了 225 - Φ3 号《关于产品分成协议》的联邦法律，即产品分成协议法。在该法之前，1993 年 12 月 24 日俄罗斯发布《关于矿产开采中的产品分成问题》的联邦总统令，意在以总统令的形式为产品分成协议提供法律基础和协议原则。在产品分成协议法前，俄罗斯政府与外国投资者签署了三份产品分成协议，所依据的就是联邦总统令。俄罗斯现在履行的只有这三份产品分成协议。这三份协议项下的矿产地分别是指"萨哈林 1 号"、"萨哈林 2 号"和"哈里亚加"项目，而且三份协议都是有关石油和天然气开采项目。这样，俄罗斯原产品分成协议法的实施状况就是这三份产品分成协议的实施状况。

从规模和复杂程度上来讲，"萨哈林 2 号"项目相当于 5 个世界级大型项目的总和。[②] 它包括 3 个海洋石油生产平台，300 公里的近海和超过 800 公里的陆上石油和天然气管道，陆上加工设施，一个石油出口码头，以及俄罗斯第一个液化天然气厂的建设。在其产品分成协议中，俄罗斯政府、萨哈林州政府代表俄罗斯。协议内容无一例外地倾向于投资者。"你可以在俄罗斯拿到最好的产品分成协议条款"。财务首席执行官斯蒂芬·麦克维如是说。一般说来，产品分成协议通常要涉及勘探、开发及生产。"萨哈林 2 号"的勘探工作却在签订协议前就已经完成了。[③] 项目的执行方是萨哈林能源投资公司，其股东分别为壳牌集团、三井物产株式会社和三菱商事株式会社。当时的石油价格为 22 美元/桶。这让壳牌集团控股的萨哈林能源投资公司得以在扣除所有成本外加 17.5% 的利润后才会把开采

① 〔英〕汤姆·鲍尔：《能源博弈：21 世纪的石油、金钱与贪婪》（上），杨汉峰译，石油工业出版社，2011，第 256 页。2000 年，壳牌公司收购了马拉松公司的股权。

② 〔美〕丹尼尔·耶金：《能源重塑世界》（上），朱玉犇等译，石油工业出版社，2012，第 24 页。

③ 〔英〕西蒙·皮拉尼：《普京领导下的俄罗斯：权力、金钱和人民》，姜睿等译，中国财政经济出版社，2013，第 90~91 页。

出的油气分给俄罗斯 10%。①

　　产品分成协议中有如下规定：第一，壳牌集团、三井公司和三菱公司负担全部开发费用；第二，3 家外国公司共同设立萨哈林能源投资股份有限公司，在总项目投资全部回收完毕之前的期间内，拥有对石油、天然气的所有权；第三，萨哈林能源投资公司在整个开发期间，由壳牌集团按照所开采的石油和天然气价格的 6%，向俄罗斯方面支付费用。②

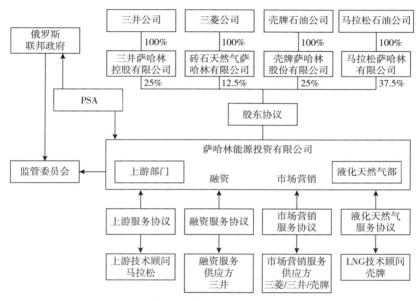

图 7-2　萨哈林能源项目公司机构和协议

资料来源：《萨哈林能源项目的投资结构和油气田储量》，http：//www. cngspw. com/vNews/ViewNews. asp？DocID = newsY2005M06D18H15m23s43。

　　"萨哈林 1 号"项目与俄罗斯政府签署产品分成协议的时间稍晚，但项目开发建设的时间早于"萨哈林 2 号"项目，因此被称为"萨哈林 1 号"。它拥有柴沃、阿尔库通 - 达吉、奥多普图 3 个油气田，成员包括美国埃克森美孚石油公司、日本萨哈林石油天然气开发公司（日本石油公团、伊藤忠商事、丸红株式会社）、印度国家石油天然气公司和俄罗斯石油公司，埃克森

---

① Abrahm Lustgarten：《壳牌的失败》，http：//www. fortunechina. com/magazine/c/2007 - 04/01/content_ 2145. htm。

② 〔日〕木村泛：《普京的能源战略》，王炜译，社会科学文献出版社，2013，第 23 页。

美孚公司的子公司"埃克森石油天然气公司"担任项目的作业者。

外方承包商并非没有顾虑。在埃克森美孚内部，有人认为"萨哈林1号"是公司迄今为止承接的最为复杂的一个项目，该项目位于偏远的、尚未开发的亚北极地区。在这里，冰山是一个常年存在的问题。一年中有几个月的时间都是狂风天气；温度有时会降至零下40摄氏度甚至更低。事实上在条件如此艰苦的环境中，一年当中只有5个月可以正常工作。项目开发过程中，新的难题层出不穷。[①]

1995～2000年是"萨哈林1号"的勘探活跃期，共打成7口评估井，得到1200平方公里以上的三维地震波探矿资料。这个项目的实现，既能为俄罗斯带来400多亿美元的直接收入，还可以完善当地的基础设施。此外，第一阶段工作完成后，俄罗斯远东的用户可以得到本项目开采的天然气。[②]

1995年也是萨哈林岛石油工业的多事之秋。除了产品分成协议外，涅夫捷戈尔斯克因为地震而损失严重，萨哈林石油天然气公司成为俄罗斯石油公司的子公司[③]。

1995年5月，萨哈林岛发生地震。它给萨哈林州带来了重大损失，尤其是萨哈林海洋石油天然气公司，涅夫捷戈尔斯克市也遭到毁灭性的破坏。达莉娅·冈萨雷斯曾撰文对此进行分析：

俄罗斯地震学家预计俄罗斯远东地区、堪察加半岛也会发生地震，但涅夫捷戈尔斯克地震却出乎所有人预料，部分原因在于，与南萨哈林岛或千岛群岛相比，北萨哈林岛一直都被视为地震活跃程度较低的地区。[④]

---

① 〔美〕丹尼尔·耶金：《能源重塑世界》（上），朱玉犇等译，石油工业出版社，2012，第23页。

② История проекта，http：//www. sakhalin－1. ru/Sakhalin/Russia－Russian/Upstream/about_history. aspx；В. А. Корзун. Интересы России в мировом океане в новых геополитических условиях. М.：Наука，2005，С. 333.

③ 这家公司多次更名：ПО《Сахалинморнефтегаз》（1988～1994年），АООТ《Сахалинморнефтегаз》（1994～1996年），ОАО《Роснефть－Сахалинморнефтегаз》（1996～2002年），ОАО《НК《Роснефть》－Сахалинморнефтегаз》（2002年至今）。下文只用"萨哈林海洋油气股份公司"这个称呼。

④ 俄罗斯地震预测专家委员会主席尼古拉耶夫在解释地震的原因时强调了三点。第一个原因是当地不断开采石油所致。在地震活跃区连续不断地开采石油会推动地层的自然进程，引发地震。第二个原因是远东地区地震处于活跃期。第三个原因是财政困难，一年前在萨哈林关闭了地震测报站。张洪由、李怀英：《1995年5月27日俄罗斯萨哈林岛强烈地震概况》，《国际地震动态》1995年第9期。有关俄罗斯的地震情况，可见附录。

1995 年，涅夫捷戈尔斯克市居民总数为 3197 人。当地时间 5 月 28 日凌晨 1 时 4 分萨哈林岛东北沿岸发生地震。俄罗斯紧急情况部的数据显示，此次地震为俄罗斯近百年来破坏力最强的地震。据监测，震中震级达 8 ~ 10 级。该市距震中仅 25 ~ 30 公里。共有 2100 人被埋在建筑物废墟下死亡，另有 350 人至今下落不明。有 2364 人被从废墟下找到，但其中大多数人最终不治身亡。

涅夫捷戈尔斯克是一座因为石油开采而出现的小城，始建于 1964 年。30 年间共建成 17 栋每栋 80 户的五层住宅楼、4 栋双层砖混楼、一栋三户平房、4 个双层幼儿园，以及一所学校和几家商店。地震致使所有建筑物全部损毁。①

死伤人员主要是石油工人及其家属。被毁设施包括 275 公里长的输油干线管道、100 公里长的矿山输油管道、1 个输油站、4 个油气采收加工站、200 口油井和 1 台钻机……损失超过 1250 亿卢布。据当时的专家估计修复费用按照 1995 年的价格计需要 6000 多亿卢布。②

萨哈林海洋石油天然气公司总经理谢尔盖·米哈伊洛维奇·波格丹奇科夫向灾区派出了公司的救援队。俄罗斯政府、萨哈林州地方当局也采取措施支持救险。

后来，俄文中出现了这样的用语：“'涅夫捷戈尔斯克'，这个词汇对俄罗斯永远意味着哀痛和巨大的损失。”③

波格丹奇科夫 1957 年出生于奥伦堡州，1993 年出任萨哈林海洋石油天然气公司总经理，1996 年任俄罗斯石油公司“萨哈林海洋石油天然气”股份公司（以下称“萨哈林海洋油气股份公司”）总经理，1997 年任俄罗斯石油公司副总裁，1998 年 10 月被政府任命为俄罗斯石油公司总裁，任期 12 年。

地震发生时，俄罗斯石油公司的总裁是亚历山大·普提洛夫，他同时

---

① 达莉娅·冈萨雷斯：《涅夫捷戈尔斯克地震：当代俄罗斯破坏力最强的地震》，http：//tsrus. cn/shehui/2013/05/31/24561. html。

② Нефтегорск：боль и мужество，http：//sakhvesti. ru/？div = spec&id = 173；ОАО "Нефтяная компания" Роснефть " – Сахалинморнефтегаз"：семидесятипятилетняя история，http：//okha – sakh. narod. ru/histori_ oao. htm.

③ МУК《Смирныховская ЦБС》，Центральная библиотека，отдел АиИТ. Мы помним о тебе，Нефтегорск！п. г. т. Смирных，2010. 2001 年，为纪念这次地震出版了《涅夫捷戈尔斯克：萨哈林的悲剧与苦痛，记忆书》。它提供了涅夫捷戈尔斯克在此次事故中遇难的居民名单，记录了救助者的事迹。Нефтегорск：трагедия и больСахалина：книга памяти. Хабаровск：Издательский дом《Приамурские ведомости》，2001。

图 7 - 3　地震造成的铁路扭曲

资料来源：B. B. Харахинов. Нефтегазовая геология Сахалинского региона. М.：Научный мир，2010，C. 151。

也是这家公司的创始人。从现有材料看，普提洛夫的公司发展战略屡屡受挫。他希望保持俄罗斯石油公司的完整，保住国家石油公司的地位。1996年，俄罗斯石油公司只剩下了普尔石油天然气公司一家大型生产企业。1997年，政府酝酿拍卖俄罗斯石油公司的计划。普提洛夫因反对这个计划在董事会斗争中被逐出公司。①

　　一般说来，能源公司增加油气产量、储量的方法有两种：一种是"有机增长"——公司通过自身的经营增产，或者通过发现新矿藏，或者提高现有油井的效率；另一种是"并购增长"——从其他公司购买现成的油气资产，或者直接并购私营或上市石油公司。

　　萨哈林海洋油气股份公司的出现属于后一种情况。它在北萨哈林岛的奥哈区、诺格利基区，甚至在极北地区活动，旗下的机构包括两个油气开采管理局——"奥哈油气"和"卡坦加油气"、诺格利基钻探管理局、油气干线管理局、奥哈的化工厂、萨哈林海洋石油研究设计院的科研和设计研究所、邮电管理局、地球物理学办事处、科尔萨科夫和亚历山大罗夫斯克石油产品基地、装备调准管理局、生产技术和设备配套局。② 更重要的

① 〔美〕塞恩·古斯塔夫森：《财富轮转：俄罗斯石油、经济和国家的重塑》，朱玉犇等译，石油工业出版社，2014，第 290～294 页。

② A. Бедняк. Сахалинморнефтегаз：вчера，сегодня，завтра//Советский Сахалин，№158，30августа2002.

是，未来的俄罗斯石油公司总裁波格丹奇科夫来自这家被并购的公司。

萨哈林州州长 И. П. 法尔胡特季诺夫在推动萨哈林油气项目实施方面发挥了重要作用。他的前任瓦伦丁·费奥多罗夫就是为吸引外国公司提供支持的改革派。

法尔胡特季诺夫，1950 年生于新西伯利亚，1967 年就读于克拉斯诺亚尔斯克工学院；1972 年被派到萨哈林州，在特莫夫斯科耶村电站担任工程师、轮班主管、锅炉和涡轮机制造车间主任；1977～1985 年从事团的工作、党的工作；1985 年当选为涅韦尔斯克市执行委员会主席；1991 年到 1995 年 4 月任南萨哈林斯克市市长；1995 年被叶利钦总统任命为萨哈林州的行政长官；1996 年 10 月 20 日，成为该州的首位民选州长；2000 年 10 月 22 日，开始州长的第二任期；2003 年 8 月 20 日遭遇空难去世。①

法尔胡特季诺夫当选萨哈林州首位民选州长那年，萨哈林州的油气基础设施建设继续完善。奥哈－阿穆尔河共青城油气管道二期工程竣工，由此使共青城工业区得到了充足的萨哈林天然气供应。德卡斯特里港的大型储油终端投入运营。② 同年 10 月，在东京举办的俄日能源会议上俄方提交了共青城炼油厂现代化的方案。两国签署了有关的合作协议。③

1996 年 4 月，为了加大引资力度，萨哈林州政府通过了《萨哈林州与亚太地区国家长期经济联系发展纲要》。随后，大量的合资企业在萨哈林州出现。

法尔胡特季诺夫要在吸引外资前来开发和当地民众急于致富之间寻求平衡。上任后，他很快稳定了萨哈林岛的政治形势；并且表现出非凡的外交能力，说服俄罗斯官员和外国商人实施萨哈林油气项目④。

进入 1998 年，俄罗斯喜忧参半。8 月 17 日，俄罗斯政府和中央银行宣布卢布贬值，无力偿还国债。所有俄罗斯的银行濒临崩溃，一些银行甚至破产。不过，卢布的贬值提高了俄罗斯的商品竞争力，使俄罗斯经济开

---

① сост. Н. Н. Толстякова，Чен Ден Сук. Календарь знаменательных и памятных дат по Сахалинской области на 2015 год. Южно – Сахалинск：ОАО《Сахалин. обл. тип.》，2014，С. 47 – 48.

② На трудовой вахте，http：//sakhvesti. ru/? div = spec&id = 373.

③ Комсомольский НПЗ，http：//www. nefte. ru/company/rus/kmnpz. htm.

④〔俄〕С. З. 日兹宁：《俄罗斯能源外交》，王海运等译，人民出版社，2006，第 479 页。

始恢复。在国际油价下跌的情况下，俄罗斯公司不仅没有减少石油生产、冻结投资计划，反而将价格危机视为石油工业生产和财政指标快速增长的动力。价格危机迫使俄罗斯石油公司通过减少开支、扩大销售规模和提高石油制成品的质量等方式大幅提高经济效益①。

波格丹奇科夫于 1998 年秋季开始主持俄罗斯石油公司。他把公司的活动置于严格的监督之下。俄罗斯石油公司重组了自己对债权人的义务，几乎还清了债务。1999 年前半年与 1998 年同期相比，公司的利润增加了 16 倍。在 1998 年冬季极其困难的预算条件下，正是俄罗斯石油公司和斯拉夫石油公司说服政府解决了受冻地区的问题。②

1998～1999 年，俄罗斯政府曾计划将俄罗斯石油公司与斯拉夫石油公司、奥伦堡石油公司合并，其目的在于建立一家全新的大型国家石油公司，作为俄罗斯能源外交的工具。但是这个计划未能实现。

萨哈林海洋油气股份公司，是俄罗斯石油公司在萨哈林州和俄罗斯远东地区扩大影响的桥头堡。奥哈－阿穆尔河共青城油气管道，就是由它建成并经营。这条管道为哈巴罗夫斯克边疆区的工业区供应燃料。为了开发萨哈林岛大陆架油气资源，萨哈林海洋油气股份公司成立了几家子公司，其中较为出名的是萨哈林海上石油天然气－大陆架公司。此外，共青城炼油厂也被俄罗斯石油公司纳入麾下。在通过远东天然气化的联邦纲要后，萨哈林海洋油气股份公司进入首批作业者之列。③ 此前，萨哈林石油天然气公司与萨哈林能源投资公司共同致力于皮利通－阿斯托赫斯克和伦斯科耶油气田的经济技术论证，这是项目取得进展的基础。重组后，俄罗斯石油公司继续寻求掌握使自己更加强大的战略和技术。俄罗斯石油公司在国内首次使用了从陆地向大陆架定向钻井法，它使公司在柴沃、奥多普图油气田的打井方面处于领先地位。

北萨哈林岛是俄罗斯远东最重要的油气区之一，它包括东北萨哈林（约

---

① 〔俄〕B. Ю. 阿列克佩罗夫：《俄罗斯石油：过去、现在与未来》，石泽等译，人民出版社，2012，第 345 页。

② 〔俄〕叶·普里马科夫：《临危受命》，高增训等译，东方出版社，2002，第 57～58 页。重新拿到普尔石油天然气公司，是俄罗斯石油公司新任总裁的一大贡献。〔美〕塞恩·古斯塔夫森：《财富轮转：俄罗斯石油、经济和国家的重塑》，朱玉犇等译，石油工业出版社，2014，第 297～298 页。

③ Сахалинморнефтегаз，http：//wiki－city. info/index. php? title = Сахалинморнефтегаз.

2.5 万平方公里）及相邻的鄂霍次克海大陆架（约 9.5 万平方公里）。全区约 80% 的初始储量集中在大陆架。[①] 萨哈林海洋油气股份公司率先在萨哈林岛大陆架获得工业油流，并且在 1998 年创造了钻井深度 5589 米的纪录。[②]

高技术企业保持活力的关键在于人力资源开发。1998 年 5 月 18 日，俄罗斯能源部颁布第 160 号命令，改组萨哈林石油学校（奥哈市）、萨哈林矿业培训和科研中心（沙赫乔尔斯克市）。

萨哈林海洋油气股份公司加强与当地科研机构的合作。远东海洋石油地球物理开放式股份公司成立于 1965 年，旨在对萨哈林岛大陆架、整个鄂霍次克海沿岸地区进行深入研究。20 世纪 90 年代中期，正是根据这家公司提供的地质材料，萨哈林海洋油气股份公司在萨哈林岛大陆架东北部发现了 6 块油气田。此外，远东海洋石油地球物理股份公司的三维地震勘探成果也深受业界的欢迎。[③] 而萨哈林海洋石油研究设计所也是公司极其关注的科研单位。1998 年，在俄罗斯对外宣布"萨哈林 3 号""萨哈林 5 号"两个项目后，该所的专家参与了项目经济技术论证中的地质学部分工作[④]。从当年起，俄罗斯石油公司与英国石油公司开始合作勘探萨哈林岛大陆架。

1999 年，萨哈林海洋油气股份公司将其总办事处从奥哈市迁到了南萨哈林斯克。

回顾过去，这家公司对北萨哈林岛的社会基础设施建设做出了巨大贡献。同时，这家公司还在当地建造了 100 多万平方米的住房，其中包括为公司员工提供的住房。1995～2000 年，公司在诺格利基、南萨哈林岛等建造的城市住房面积达到 22075 平方米。它正在实施将石油工作者、钻探队员、新村居民迁至地区中心的纲要。将为数十个家庭搬出偏远地区住宅，提供在奥哈、诺格利基的新住房。[⑤] 值得一提的是，公司并未忘记照顾涅夫捷戈尔斯克地震中遇难家庭的孤儿。

---

① 刘燕平编著《俄罗斯国土资源与产业管理》，地质出版社，2007，第 90 页。

② Я. Сафонов. "Сахалинморнефтегазу" – 75 лет//Советский Сахалин, №148, 22 августа 2003.

③ В. Горбунов. Шельф для России//СоветскийСахалин, № 170, 24 декабря 2010.

④ В. В. Харахинов. Нефтегазовая геология Сахалинского региона. М.: Научный мир, 2010, С. 35 – 36.

⑤ А. Бедняк. Сахалинморнефтегаз: вчера, сегодня, завтра//Советский Сахалин, №158, 30 августа 2002.

第二次车臣战争爆发后，俄罗斯石油公司把握住了机会。俄罗斯石油公司打算在捷列克河北岸的安全区内恢复 5 个油田的生产，还与车臣政府合资组建格罗兹尼石油天然气公司。由此对外界打出了国家利益忠实捍卫者的形象。[①]

相比之下，俄罗斯天然气工业公司的情况有些不妙。1997 年 3 月，叶利钦开始了他的第二任期。尽管切尔诺梅尔金继续担任总理，但主导俄罗斯经济政策的是丘拜斯和涅姆佐夫等人。他们采取了一系列经济改革措施，但由于国内的政治环境而改革失败，从而使切尔诺梅尔金的势力上升，这就对叶利钦形成了威胁。为此，叶利钦起用了基里延科，切尔诺梅尔金失去了总理一职。基里延科政府在 1998 年金融危机中垮台。之后，普里马科夫、斯捷帕申的总理任期也很短暂，直到普京被任命为总理。关于俄罗斯天然气的用途，法国学者指出，俄罗斯大部分天然气（约 2/3）用于发电、家庭供暖以及工业生产。同时，天然气也支撑着俄罗斯的经济繁荣，俄罗斯国内能源消费及工业企业主要依赖天然气。[②] 1998 年金融危机之后，俄罗斯天然气工业公司基本上是在增加天然气的出口，缩减对国内市场的供应。1999 年，公司总裁维亚希列夫加入卢日科夫和普里马科夫领导的反对政府干涉的阵营。切尔诺梅尔金主持政府期间，国家将在该公司 38% 的股份托管给了维亚希列夫。就在普京被任命为总理的前夕，维亚希列夫策划了公司股东大会，限制国家在董事会中的权力，反抗政府的干涉。[③]

俄罗斯欲振兴其远东，就需要发展与世界各国，特别是亚太地区的经济合作。作为经济增长的因素，对外贸易对远东发展的意义重大。因此，远东以东北亚为中心，推进与国家整体不同的一体化。从俄罗斯国家与地

① 〔美〕塞恩·古斯塔夫森：《财富轮转：俄罗斯石油、经济和国家的重塑》，朱玉犇等译，石油工业出版社，2014，第 299~300 页。
② 〔法〕菲利普·赛比耶－洛佩兹：《石油地缘政治》，潘革平译，社会科学文献出版社，2008，第 224 页。1992~2011 年，俄罗斯国内对天然气的需求变化不大，这一数值大约为人均 1130~1450 立方米（2010 年和 2011 年，它分别是 1220 立方米、1270 立方米）。Гражданкин Александр Иванович, Кара－Мурза Сергей Георгиевич. Белая книга России：Строительство，перестройка и реформа：1950~2012 гг. М.：Книжный дом《ЛИБРОКОМ》，2014，С. 181。
③ 〔英〕西蒙·皮拉尼：《普京领导下的俄罗斯：权力、金钱和人民》，姜睿等译，中国财政经济出版社，2013，第 75 页。

方对东北亚地区开展贸易的角度看，远东的地区内贸易依存度高达73%。俄罗斯国家的这个指标是12%。①

萨哈林州与8个独联体国家，还有世界上的其他50个国家有贸易往来。它主要出口原材料，如电力、鱼类和海产品、木材；进口日用品（占总进口的40%），汽车、设备、机械制造品和生产用品（39%），其他商品和服务（21%）。其贸易额在1999年是7亿美元（出口5.063亿美元、进口1.927亿美元），2000年是6.981亿美元（出口5.076亿美元、进口1.905亿美元）。②

萨哈林岛大陆架油气开发的进展，有利用萨哈林州扩大对外贸易。1998年，俄罗斯第一座固定式海上平台"莫里克巴克"在此安装。1999年，在"萨哈林2号"项目第一阶段框架内，俄罗斯开始石油的工业化开采。③

第二节　双雄会

大致来说，萨哈林岛大陆架油气开发需要具备三个条件，即油气储量、愿意前往开发的机构和人员、俄罗斯的政策。

关于这个岛屿的油气资源潜力，俄罗斯学者估计其油气田可采储量为，石油5.12亿吨，天然气11200多亿立方米。④ 美国学者则认为它有120亿桶石油、90万亿立方英尺的天然气（相当于160亿桶石油）。⑤ 该岛陆地和海上的油气资源开发不平衡，陆地油气资源开发的瓶颈在于，其油气资源由于长期开发已被用尽了80%⑥，海上油气资源开发则是蕴藏着巨大发展潜力的地带。总之，萨哈林岛的油气储量可观。

关于开发机构和人员，由于西方国家、俄罗斯都需要这里的资源，所

---

① 〔日〕环日本海经济研究所：《东北亚——21世纪的新天地：东北亚经济白皮书》，国务院发展研究中心发展预测部译，中国财政经济出版社，1998，第26页。

② O. A. Арин. Стратегические контуры Восточной Азии вXXI веке. Россия： ни шагу вперед. М. ： Альянс，2001，C. 145.

③ История проект Сахалин－2//Советский Сахалин，№ 120，27 августа 2008.

④ 〔俄〕C. 3. 日兹宁：《俄罗斯能源外交》，王海运等译，人民出版社，2006，第101页。

⑤ 〔美〕迈克尔·克莱尔：《石油政治学》，孙芳译，海南出版社，2009，第96页。

⑥ Открытие на суще крупных месторождений невозможно，http： //www. kommersant. ru/ doc/1088065.

以不是一个问题。英国学者写道："经过几十年石油经济的发展，私人国际石油公司储备枯竭的趋势日益明显。富裕国家也无力减少自己每年向少数几个石油生产国购买的石油和天然气数量，但是认为其中大部分国家都不可靠且满怀敌意。俄罗斯1992年从苏联独立出来为它们提供了极大的便利：这是一个既非中东国家也非欧佩克的能源供应来源。"①

在俄罗斯人眼中，开发本国的大陆架，不仅可以得到能源、预算收入，而且是对国家安全的投资，是对国家高科技的推动发展。由此，海洋油气资源部分的作用随着陆地潜力的衰减而加强。这也是沿海欠发达地区（特别是远东）社会经济进步的首要因素。但由于缺少海洋开采的资金和技术，大陆架在俄罗斯新能源战略中仅占4%的份额。②

从世界范围看，人口的急剧膨胀、能源消耗的日益增多、环境污染的不断加剧，使得人类陆地生存空间受到了越来越大的威胁，于是海洋成了各国角逐和争夺的新制高点。目前，有超过20个主要地区在开展海上油气开发，有126个项目正在世界各地进行。③ 对于俄罗斯来说，美国、英国、日本等国的资金和技术，正是经历转轨阵痛的俄罗斯迫切需要的。而对于美国、英国、日本等国来说，俄罗斯的自然资源特别是油气资源，是它们所期待的。

无论是萨哈林岛的石油租让，还是萨哈林岛的大陆架油气开发，两者都利用了西方的俄罗斯石油情结。双方围绕石油形成了某种相互依赖。20世纪20年代，对西方来说，石油给它们带来了巨额的商业利润。"一战"结束后，石油的军事战略价值已经展示出来，西方国家要抢占国际政治的

① 〔英〕西蒙·皮拉尼：《普京领导下的俄罗斯：权力、金钱和人民》，姜睿等译，中国财政经济出版社，2013，第60~61页。

② В. А. Корзун. Интересы России в мировом океане в новых геополитических условиях. М.：Наука，2005，С. 305 – 306. 根据科诺普利亚尼克、布佐夫斯基、波波娃等人近期著作《反俄制裁对开发俄罗斯北极大陆架油气资源潜力的影响》所提供的数据：2014年，俄罗斯大陆架为俄罗斯石油开采总量提供了3%的份额，大陆架开采的87%来自鄂霍次克海油田。俄罗斯大陆架初级碳氢化合物资源的勘探程度只达到10%左右：在鄂霍次克海石油达到19%、天然气20%，在巴伦支海分别是4%、16%，在喀拉海是0.02%、8%。在拉普捷夫海、东西伯利亚和楚科奇海域，这一数字是极低的。ЛевВоронков. Арктическийаспектантироссийскихсанкций//Россия в глобальнойполитике，№ 5，2016，С. 192 – 193。

③ 马可·科拉正格瑞：《海洋经济：海洋资源与海洋开发》，高健等译，上海财经大学出版社，2011，第46页。

制高点，就要先控制这种燃料。为此，俄国石油不可或缺。苏维埃石油工业确实需要西方的资金和技术，也不能离开国际市场。进入 20 世纪 90 年代，石油的国际地位已经从军事安全层面扩展到世界政治和经济层面，变成牵一发动全身的全球性战略资源。没有西方的市场提供俄罗斯所需的机械设备、资金和技术，俄罗斯石油工业的发展、扩张就会出现困难，特别是在开发初期。

萨哈林岛大陆架变成了试验场，经营者在当地复杂的气候、技术条件下开始产品分成尝试，试点项目就是"萨哈林 1 号""萨哈林 2 号"。这两个项目是"在俄罗斯东部天然气资源综合开发统一计划外实施。最初经营者将国内市场作为次要市场，而在国外市场上展开直接竞争"。它们属于"边境的离岸项目，之前俄罗斯企业都没有大规模地开发过。因此埃克森美孚和壳牌集团在这两个项目中的设计和执行方面几乎是完全主导的。大部分的实际工作都由外国承包商来完成"①。

萨哈林州长法尔胡特季诺夫在萨哈林岛大陆架油气开发方面做出了巨大贡献。在他看来，本地的陆上、海上勘探，都应当由州政府节制。为此，法尔胡特季诺夫逐个对国家立法者进行游说。② 对于民众，他要强调对外合作的成绩，平息地方的不满之声。2003 年，《苏维埃萨哈林报》刊发了法尔胡特季诺夫的讲话。部分摘译如下：

> 尽管有很多油气资源尚未开采，石油却是本州的关键领域。
>
> 8 年来，为了落实项目，我们经历了种种考验。例如，外国大公司首次得到产品分成开发许可。它们已经向"萨哈林 1 号""萨哈林 2 号"项目投入了 200 亿美元。
>
> 我们可以听到不同的声音。最初是假爱国主义者的声音，"外国人购买了俄罗斯"。试问，是谁阻碍了我国的公司参加招标。要知道这是通常的招标而不是拍卖。只是因为当时我们没有钱。即使到现在也未必能向一个项目投入这些钱。之后是社会环保组织发难，出现了一种规律

---

① 〔俄〕C. 3. 日兹宁：《俄罗斯能源外交》，王海运等译，人民出版社，2006，第 479 页；〔美〕塞恩·古斯塔夫森：《财富轮转：俄罗斯石油、经济和国家的重塑》，朱玉犇等译，石油工业出版社，2014，第 400 页。

② Татьяна Егорова. Сахалинский шельф – локомотив экономики, http：//sakhvesti. ru/？div = spec&id = 5880.

性的现象：离本州越远，对我们的岛屿及其周边海域生态问题的指责就越多。

说得轻一些，多年以来我国的公司不是很在意环境问题，还将这视为理所当然。外国公司对此却很注意。要指出的是，这些项目一开始就经过了最严格的生态鉴定。我们希望它们成为爱护环境的榜样，却不希望环保组织从中获得更多的口实。

去年到今年初，项目反对者又提出了新证据，认为外国人拿到了许可却没有投资，国外也没有购买我们的产品（首先是液化天然气）。

但是不久前项目投资方宣布准备投入承诺资金，并且与日本签署了第一批供气合同。

可以肯定，围绕项目耍花招、搞责难还会继续。为什么？

因为我们的项目和产地可以与国内外最好的项目和产地相媲美。主要表现在以下几方面。首先，由于对项目进行了深入的经济技术论证，使用了最新技术，我们的油气开采成本降了下来。其次，油气产地处于有利的地理位置上，它邻近充满经济活力的亚太地区。最后，项目对俄罗斯（特别是萨哈林州）、投资者都有好处。对俄方来说，可以通过这些项目实现远东天然气化的联邦纲要，萨哈林州、哈巴罗夫斯克边疆区和滨海边疆区首先受益。

应当指出，"萨哈林1号""萨哈林2号"项目对本州来说，不仅是石油部门的火车头，也是全州经济的火车头。通过建设新型海上钻井平台、油气管道和液化天然气厂，这些项目可以提升石油部门的水平，大公司还对诺格利基机场、萨哈林铁路投资，对其进行现代化改造；本州的公路和桥梁建设也得到其资助。

在建设初期，这些项目为本州提供了4000多个就业岗位。在项目建设高峰期内，"萨哈林1号""萨哈林2号"项目分别为本州提供了12000个、16000个就业岗位。①

从州长的讲话内容看，最根本的还是发展问题。那么，法尔胡特季诺

---

① И. Фархутдинов. Что же это такое – проекты "сахалин – 1" и "сахалин – 2"? Что они дают нашей области? //Советский Сахалин, № 98, 7 Июня 2003.

夫的依据是什么？

首先是萨哈林州已有的工业基础。它既有苏联时期留下的萨哈林岛大陆架开发历史，又有20世纪90年代工业的培育。

其次是萨哈林州的经济结构。油气开采、海洋捕捞和煤炭工业，是其三大支柱产业。燃料动力企业又在本州工业中占据62.6%的比重。在该州的燃料结构中，煤炭的比重是55%～60%，天然气和石油产品的比重是25%～30%。[①]因此，萨哈林州的燃料结构有利于萨哈林州大量出口油气。

最后是石油公司取得的进展。萨哈林州石油的特点是：油层的埋藏深度在0.02～4.5千米；所采出的石油中30%～40%是"重油"，即含有大量的重馏分、沥青馏分。换个角度看，也就是说这里的石油中硫化物、石蜡含量很少。重油比轻质油开采费力，要用到特殊的工艺。从油层中汲取出石油的43%，即可达到世界公认的标准；奥哈油田则从油层中汲取出石油的65%。到2003年，萨哈林海洋油气股份公司在奥多普图打出8口定向井，最深达6750米。[②]

相比之下，俄罗斯天然气工业公司迈出的步子不大。公司在维亚希列夫时期的发展战略是固守苏联时期的传统业务：干燥处理西西伯利亚的天然气，通过管道输送到俄罗斯西部和欧洲。公司与俄罗斯东部联系很少。因为公司一直将主要成分为凝析气的液化气视为令人生厌的副产品。它没有继承任何石油生产，也没有兴趣申请石油许可或投资石油勘探开发。[③]据说，"萨哈林2号"项目的投资方迫于压力，曾经在2002年正式邀请俄

---

① Справочник《ТЭК регионов России（федеральных округов, субъектов Российской Федерации）》. М.：ИАЦЭнергия, 2003, Т. 2, С. 390, 392.

② Я. Сафонов. "Сахалинморнефтегазу" – 75лет//Советский Сахалин, №148, 22 августа 2003. 萨哈林石油的特点是种类很多，其密度为0.80～0.92克每立方厘米不等，含沥青胶不超过20%，含硫也很低。〔苏〕С. П. 马克西莫夫主编《苏联油气田手册》下册，毛贻康等译，新疆科技卫生出版社，1991，第272页。从环境角度看，萨哈林岛大陆架的石油质量对环境比较有利。轻油分馏物在水中溶解性能较好，可迅速被微生物吸收；硫含量低，对石油管道材料腐蚀性较小。柴德昆：《萨哈林岛大陆架油气开发对鄂霍次克海生态系的影响》，《西伯利亚研究》2001年第3期。

③ 〔美〕塞恩·古斯塔夫森：《财富轮转：俄罗斯石油、经济和国家的重塑》，朱玉犇等译，石油工业出版社，2014，第305页。切尔诺梅尔金和维亚列夫在位期间，这家公司共创造了11亿美元的财富。〔日〕木村泛：《普京的能源战略》，王炜译，社会科学文献出版社，2013，第111页。

罗斯天然气工业公司加盟，大概是想与后者联手解决俄罗斯远东的天然气化问题。

还有更大的国内背景，2000 年以来，伴随国际油价一路走高，俄罗斯经济开始稳步增长。普京总统着手整顿国内秩序，俄罗斯石油业界也经历了逐步从紧的整合过程。

2000 年，奥纳科公司被秋明石油公司吞并。第二年，全俄控股公司、阿尔法集团和革新辅助设备公司交易的结果，使西丹科石油公司从纵向一体化石油公司名单中消失了。围绕着斯拉夫石油公司展开的寡头竞争再现了 20 世纪 90 年代"银行业战争"，以及更早的"贷款换股份"争夺战。2002 年，俄罗斯石油富豪在美国《福布斯》排行榜上引人注目。霍多尔科夫斯基、阿布拉莫维奇、弗里德曼、波格丹诺夫、阿列克佩罗夫分别排名第 101、127、191、277、327 位。以"尤科斯"石油公司为突破口，俄罗斯关注的焦点转移到控制油气开采权上来。"尤科斯"破产案从国内事件变成了国际事件，国内则展开了关于产品分成协议的大讨论①。而 1999 ～ 2002 年与 20 世纪 20 年代，是俄罗斯历史上两个政治经济形势极为相似的时期：第一，这两个时期都处于宏观经济刚刚从动荡中得到恢复，并且刚刚开始出现增长迹象的时刻；第二，这两个时期都是在多年震荡之后，政治出现稳定的时期；第三，这两个时期正好也是在激进的制度变迁之后又一次面临着新的重大历史性选择的时刻。甚至，主要政治领导人，如斯大

---

① 这种情况在叶利钦时期就出现了，开发促进派和资源保护派围绕产品分成方式展开了激烈论战。1993 年，俄罗斯发布了关于产品分成的总统令，经过 5 年多的时间，有关产品分成的法案才在俄罗斯议会获得通过。〔日〕木村泛：《普京的能源战略》，王炜译，社会科学文献出版社，2013，第 24～25 页。有关产品分成的斗争演变成 20 世纪 90 年代俄罗斯立法政治中历时最长的马拉松。1995 年和 1998 年有过两次立法热潮，但中间间隔长达数年的停滞和僵局。俄罗斯政界从来没有出现始终占据主导地位的支持产品分成的多数派。〔美〕塞恩·古斯塔夫森：《财富轮转：俄罗斯石油、经济和国家的重塑》，朱玉犇等译，石油工业出版社，2014，第 149 页。2003 年上半年，俄罗斯对产品分成机制在其国内的运用前景做出如下表态：今后在对新的动力资源产地进行开发时，必须以普通的税收制度为基础，产品分成协议只是备用方案。这一机制只有在特殊条件情况下，即经过招标证实没有投资者愿意在普通税制下对其资源产地进行开发时方可使用。于晓丽：《俄产品分割协议机制发展态势分析》，《俄罗斯中亚东欧市场》2004 年第 2 期。萨哈林岛作为俄罗斯的"减压阀"，无论是石油租让，还是油气产品分成，其开发过程中都存在着争论。俄罗斯要在得到经济实惠、确定外交方向之间进行权衡。结果是，这两种成分都会被融合到一个更大的框架里去。

林与普京都主张以加速发展经济来作为解决问题的关键步骤，但主管经济的领导人，如当时的李可夫与现代的卡西亚诺夫都对提升经济发展速度持保留态度。①

2003 年 3 月，俄罗斯政府批准俄罗斯能源部提交的《开展有前景国际项目条件下东西伯利亚与远东油气开发的基本方向》报告。该报告是《2020 年前俄罗斯能源战略》在远东及西伯利亚地区的具体化，是指导该地区未来能源产业发展与开展对外能源合作的重要文件。

空难使法尔胡特季诺夫远离了这场争论。他在一次直升机事故中丧生。2003 年 8 月 20 日，一架米 - 8 直升机在堪察加南部失踪。机上有法尔胡特季诺夫及 17 名随行人员。他们此行的目的是到萨哈林州北库里尔斯克镇检查住房及公共设施的过冬准备。

И. П. 马拉霍夫接任了州长职务。马拉霍夫，1953 年生于阿斯特拉罕州。1977 年毕业于列宁格勒高等海军学校，被派往萨哈林州涅韦尔斯克市的苏联克格勃海上边防军中服役，10 年后退役。他在萨哈林州航海学校当过教师；1990 ~ 1996 年任涅韦尔斯克市执行委员会副主席、涅韦尔斯克市市长；1996 年获经济学硕士学位；1996 ~ 2003 年任萨哈林州第一副州长、州经济委员会主席。②

2004 年，马拉霍夫接受了《苏维埃萨哈林报》的采访，谈话内容涉及出任州长的经历、燃料动力企业在全州经济中的引领作用、产品分成法案、州政府改革等问题。

他首先援引经验数据肯定燃料动力企业优先战略的必要性，即"油气企业的 1 个就业机会，至少可以带动其他产业 7 ~ 8 个就业机会"。在谈到大陆架项目的超支问题时，他认为这是"正常的"。对产品分成法中有关俄罗斯享有 70% 的参与机会规定，马拉霍夫认为它是针对"萨哈林 2 号"项目的，从物资、设备等执行方面看并没有违规。③

继任州长与其前任的思路基本合拍，这就是抓住机遇，在实践中摸索

---

① 冯绍雷、相兰欣主编《转型理论与俄罗斯政治改革》，上海人民出版社，2005，第 22 页。

② Вера Сурженко. Иван Малахов，губернатор Сахалинской области//Ведомости（архив），№5，16 января 2007.

③ Л. Пустовалова. Губератор области отвечает на вопросы "Советского Сахалина"//Советский Сахалин，№50，23 марта 2004.

前进。1993～2003 年，俄罗斯发出了 90 份开发大陆架的许可证，有 4 份是外资参与或者占据优势的（里海、鄂霍次克海靠近萨哈林岛的大陆架）。萨哈林岛大陆架项目的进展似乎也在声援萨哈林州州长的观点。1993～2002 年，项目投资者的投资超过 35 亿美元；2003 年 40 亿美元，2005 年 35 亿美元。萨哈林大陆架项目的主要基础设施也是在这个时期规划的。2004 年，萨哈林岛从北向南铺设 600 多公里长的油气管道，还有通往达吉的石油管道，并在科尔萨科夫建成一个工厂。开始了铁路、公路、桥梁、居民点、通信网络的现代化。应当指出，在抵补支出后，这些设施都转归俄罗斯所有。①

公司在"萨哈林 2 号"项目框架内增加了对日本的石油供给。2003～2004 年，俄罗斯给日本提供了大约 200 万吨石油。2003～2005 年，这个项目的作业者与日本的公司签订了一系列液化天然气长期供应合同，每年供应总量达到 400 万吨，成为俄罗斯在亚洲能源方面的真正突破。② 该项目中有俄罗斯的第一座海上开采平台"马利克巴克"，浮动储油池"奥哈"。

"萨哈林 1 号"项目按照计划时间表开始了石油生产。埃克森美孚石油公司也加紧了"萨哈林 1 号"项目第一个区块"柴沃"的开发。其 2004 年开始大规模的建设，并于第二年出产石油。③ 2005 年 3 月，项目启用了"萨哈林号"破冰备用供应船。在这条 100 米长、21 米宽的船上安装有特殊的救援甲板和多种灭火设备，可以从事多种安全救助及环保工作。此外，该船还配置有高级浮油清洁设备，包括 200 米栏油栅及用于储存油水的贮藏柜。所有这些都是针对北极近海地区恶劣的环境而设计的。如果遇到突发事件，船上能够安置 150 多名被疏散人员。作为供应船，这艘船被用来运输干燥、液态的化学物品，以及将货柜和集装箱运到近海钻井平台。④

马拉霍夫在任期内见证了萨哈林岛大陆架油气开发的转折。本书可以

---

① В. А. Корзун. Интересы России в мировом океане в новых геополитических условиях. М.：Наука，2005，С. 315，340.

② 〔俄〕С. З. 日兹宁：《俄罗斯能源外交》，王海运等译，人民出版社，2006，第 331 页。

③ История проекта，http：//www. sakhalin‐1. ru/Sakhalin/Russia‐Russian/Upstream/about_history. aspx.

④ 秦欣：《"萨哈林号"：世界首艘两用破冰备用供应船》，《船舶工业技术经济信息》2005 年第 12 期。

用三件事说明,即"第 10 届萨哈林石油和天然气国际大会"首次在俄罗斯境内举行,俄罗斯天然气工业公司控股"萨哈林 2 号",萨哈林海洋油气股份公司再度重组。

截至 2005 年,往届"萨哈林石油和天然气国际大会"都在英国伦敦举行。第 10 届大会的异地召开,对提高俄罗斯的国际地位具有重要意义。本书结合俄罗斯媒体、中国媒体的有关报道[①]加以介绍。

"萨哈林石油和天然气国际大会"在英国伦敦举行的原因有三。第一,大会关注点的变化。起初,它专门讨论萨哈林州的投资机会,而项目问题仅被提及而已。第二,伦敦是壳牌集团、英国石油公司的总部所在地。这两家公司都对俄罗斯东部油气开发有兴趣。壳牌集团是萨哈林岛大陆架油气项目的主要参与者。英国石油公司与俄罗斯公司主要在"秋明 – 英国石油公司"框架下工作,双方合作的基础不是产品分成协议,而是合资企业。从 2004 年底起,秋明 – 英国石油公司开始重视天然气领域的发展。第三,大会的组织工作繁重。它通常需要接待 40 个国家的 500 名与会者,英国政府和"埃西比"公司为此要做大量的准备工作。当时萨哈林州没有这样的能力。

马拉霍夫在"第 9 届萨哈林石油和天然气国际大会"上发表了重要讲话,提出变更会议举办地的建议。"萨哈林 1 号""萨哈林 2 号"项目的进展是客观现实;俄罗斯方面也有类似的想法,因为伦敦大会是大公司的聚会,萨哈林州中小企业的代表只能望洋兴叹。马加丹州州长、雅库特政府第一副主席也希望有一个论坛,可以在那里讲述自己所在地区的油气开发前景。况且,萨哈林州的基础设施建设日新月异,举办国际会议的经验也在不断积累。普京总统参加了"产品分成 – 2000"油气会议、萨哈林州政府与俄罗斯石油公司联合举办过"萨哈林的油气潜力"会议。所以,马拉霍夫的建议得到了与会的大石油公司的支持。

---

① Ольга Васильева. Из Лондона в Южно – Сахалиск//Российская газета, №214, 26 сентября 2006, С. 4;《"萨哈林石油和天然气"国际大会在俄召开》, http://sputniknews. cn/russia/20060927/41543609. html;俄新网南萨哈林斯克 2006 年 9 月 27 日电, http://rusnews. cn/eguoxinwen/eluosi_ duiwai/20060927/41544471. html;《"萨哈林石油和天然气"国际大会在俄境内举行》, http://safety. gasshow. com/News_ 20060928/33459. html.

　　"萨哈林石油和天然气国际大会"，已经引起世界能源巨头、国际金融机构的高度关注。同时，长期以来，有两个问题备受关注也经常使人们争论不休：一个是萨哈林岛能否成为亚太地区的液化天然气供应者？另一个与之相关，首先出口的是液化天然气还是管道天然气？对天然气运输而言，管道运输是传统的方式，液化天然气随着技术的发展而成为新选择。

　　"第10届萨哈林石油和天然气国际大会"在萨哈林州首府南萨哈林斯克开幕。有来自俄罗斯、美国、日本、中国、印度、英国、欧盟、拉丁美洲及非洲的近400名嘉宾参加。他们就萨哈林岛大陆架油气项目的最新动态、商务和技术问题进行讨论，还举行环境保护方面的研讨。关于如何通过油气开发项目巩固俄罗斯在亚太的经济地位，也是大会关心的问题。

　　按照《俄罗斯报》记者瓦西里耶娃的报道，在南萨哈林斯克，旅店和餐厅虽然为数不少，但能接纳如此数量客人的地方尚且缺乏。因此，大会把代表的名额限制在350人。俄罗斯对此次大会非常重视，外交部、经济发展和贸易部、自然资源部、工业和能源部、国家杜马等机构都来人了；参与萨哈林油气项目的各家公司都派了代表，其中包括俄罗斯石油公司、俄罗斯天然气工业公司的大型代表团。

　　大会最后一天是对与会者的问卷调查。主办方可以从中得知来宾对会议组织工作、服务水平的评价，更重要的是了解他们对大陆架开发前景的看法。

　　大会举行期间还举办了石油、天然气、基础设施的专业展示会，有很多来自萨哈林州、俄罗斯远东的企业参加。

　　与会者除了参加大会外，还希望能在大会结束后进行实地考察。

　　俄罗斯外长 C. 拉夫罗夫借参会之机首次访问萨哈林州。他在"第10届萨哈林石油和天然气国际大会"上的讲话中说："我们希望，萨哈林项目的实施将提升俄罗斯的出口能力，扩大俄罗斯与传统市场，以及迅猛发展的新兴市场之间的互利联系。这不仅能解决远东和东西伯利亚的社会经济问题，还能为俄罗斯融入东北亚和亚太的一体化进程提供保障。"

　　马拉霍夫对《俄罗斯报》记者说，目前萨哈林州是俄罗斯唯一的遵循产品分成协议运营的地区。因此重要的是总结其独特经验，之后上报俄罗斯总统、俄罗斯政府以备完善产品分成法之用。显然，法令对外国投资者的限制将会更加严格。过去，法律不够完善，而现在的俄罗斯已非昔日可比。外国投资者应当注意这些动向。我们研究了萨哈林州过去

10 年来的经历，重新评估了项目的利与弊。我们希望，大会有助于提升本地区的正面形象、增加其吸引力。当然，大会也是萨哈林州在业界的一种有效宣传。

马拉霍夫的告诫并不空洞。萨哈林州政府在面对自己支持的公司时，往往会奉行"地方保护主义"。对外国投资者来说，到俄罗斯经营所存在的风险往往是不能被充分预知的。20 世纪 90 年代，俄罗斯推行许可证制度、监管"天然垄断机构"相结合的管理体制，但是这种管理体制实际执行起来并不严格。给外国公司提供了不少机会。① 普京当政后开始改革联邦制，目的是加强中央对地方的控制，在中央集权前提下实现中央与地方分权制度，建立有效的垂直权力体系。主要措施包括：将国家划分为以总统全权代表为首的 7 个联邦区，以立法与行政分权的原则改变联邦委员会的组成，根据宪法进行地方立法，通过了总统直接任命或撤换地方行政长官的法律，启动了联邦主体的合并。

成立联邦区是为了纠正叶利钦时期各地区联邦机关与地方社会精英合伙追求地方利益的倾向。叶利钦时期，俄罗斯政治制度以总统与各种利益集团之间"自由妥协"为基础。普京对待利益集团的战略是与之保持距离，打击寡头势力、限制寡头干政，明确两者的分工——克里姆林宫负责政治决策，地区和大公司专心解决地方及企业问题。

同时，俄罗斯对 20 世纪 90 年代的偷漏税行为进行了严厉打击。2002年俄罗斯又引入矿产开采税。由石油、天然气和矿产生产商根据实际产量支付。

油价的上涨给俄罗斯经济带来了新契机。在财政部部长 A·库德林的坚持下，2004 年，俄罗斯建立了"稳定基金"，将从油价攀升中获得的额外收入纳入其中。俄罗斯记者皮西缅娜娅披露了有关该基金的一段轶闻：2002 年夏，普京提议创建这个基金。俄罗斯国家杜马的议员们并不喜欢这个提议。库德林正准备 9 月份要在杜马所做的报告，并且考虑如何给这个基金命名以便让大伙都能明白。"钱包""贮藏库""储蓄匣"这几个词用哪个好呢？库德林的助手根纳季·叶若夫联想到汽车安全气囊的作用，认

---

① 〔美〕塞恩·古斯塔夫森：《财富轮转：俄罗斯石油、经济和国家的重塑》，朱玉犇等译，石油工业出版社，2014，第 353～357 页。

为不妨把基金称为"安全垫"。他的这个想法得到库德林的赞许。[①] 稳定基金中的资金首先用于向国际货币基金组织和西方国家的债务，其余则作为储备，以应对未来可能发生的经济危机。

俄罗斯政府和企业都关注其在萨哈林州的地位：企业想要获得最大市场份额，而国家想要那些具有最大市场份额的企业由本国控制。因此，俄罗斯在经营方式方面一般倾向于51%∶49%的持股比例。"萨哈林1号""萨哈林2号"项目均被俄罗斯以环境问题为由收回了项目控制权。

"萨哈林2号"项目的问题更复杂，涉及具体生产和文化冲突等。关于前者，西方也承认："其第二阶段的成本从1997年的100亿美元猛增至2005年的200亿美元，导致人们觉得壳牌集团在大肆挥霍，而由俄罗斯人买单。其间发生的问题还涉及不良安全记录，未能达到当地对新建道路和学校的期望，以及在萨哈林岛第三大城市的一次石油泄漏。另外，对环境的忧虑也导致人们对壳牌领导层的恼怒和怨恨，他们被认为很固执，而且对政治现状一直解读有误。"[②]

任何一个国家的文化对外国人来说可能都会显得深奥难懂。俄罗斯联邦工商会所石油开发委员会会长瓦列里格里波夫曾经自问自答："为什么我们要反对'萨哈林2号'项目而不反对'萨哈林1号'呢？原因就在于，后者有俄罗斯企业参与，而前者没有俄罗斯企业。我们有必要让俄罗斯也加入到'萨哈林2号'项目当中去。"[③]市场环境和法律上的差异往往体现着跨国公司和东道国政府之间存在合作与对抗并存的关系。

"萨哈林2号"项目被叫停后，西方舆论为之哗然。原因也许在于：一是在押上数百亿美元赌注后，西方大石油公司欲罢不能；二是俄罗斯的法制环境、市场环境变了。最初采用的产品分成协议方式，是在俄罗斯急需外资和开采大陆架技术的背景下实施的。俄罗斯大陆架地区气候条件差，本国的石油公司缺少开采大陆架油气的经验和技术。为培育大陆架油

① Письменная Е. Система Кудрина. История ключевого экономиста путинской россии. М.：Манн，Иванов и Фербер，2013，С. 137.

② Abrahm Lustgarten：《壳牌的失败》，http：//www. fortunechina. com/magazine/c/2007 – 04/01/content_ 2145. htm。

③ 〔日〕木村泛：《普京的能源战略》，王炜译，社会科学文献出版社，2013，第34页。

气产地，必须引入外国投资者、技术和资金，并对大陆架油气开采提供税收优惠。现在，俄罗斯的自信心在增长。俄罗斯天然气工业发展的主要优先方向是，在东西伯利亚和远东构建新的天然气、天然气加工、石油化工、天然气化工、氦工业，把统一天然气供应系统向东扩展，组织高效和商业的天然气和天然气深加工产品向太平洋市场出口（亚太国家和美国太平洋沿岸）。① 俄罗斯与国外投资者的角逐如果可以用"国退民进""国进民退"比喻的话，问题就在于，哪一方的优势更大。美国学者写道："20世纪90年代的发展对理解俄罗斯政府在十年后回归石油工业至关重要。尽管90年代前半期的国家控制力显得虚弱无力，尽管随后的石油工业几乎被全盘私有化，国家却从未完全放弃手中的所有权，以及对石油工业的控制。国家仍旧握有对整个石油体系的法定权力：从地下的石油到地上的管线；从勘探开发许可到油藏管理以及油田开发计划；从石油出口配额的分配到出口管线运力的调度；国内的经销和销售。"② 尽管对形势的正确认识仅是谈话中恍然大悟的一瞬间，谈话的成果却是历经多年之后才形成。西方更担忧俄罗斯追求资源民族主义的形式。在这种形式下，俄罗斯政府战略性地支持国有企业，从而获得对萨哈林岛大陆架资源的实际控制，将西方企业关在外边。

　　随后，俄罗斯天然气工业公司出资收购了"萨哈林2号"项目。由此一举两得：既拿到了项目的主导权，有了一块促进今后变化的阵地；又增加了油气储量，再添10亿桶石油、17.3万亿立方英尺天然气储备。③

　　时任公司总裁是 А. Б. 米勒。米勒，1962 年出生于列宁格勒。在圣彼得堡市政厅工作时，他与普京相识，两人的私人友谊一直延续下来。进入21 世纪后不久，米勒取代维亚希列夫出任公司总裁。2001～2005 年，公司的资本金额增加了10 倍，纯利润从49 亿美元增长到117 亿美元，2006 年向国家缴纳的税金总额 770 亿美元。④ 公司从阿布拉莫维奇手中买到俄罗

---

① 陆南泉主编《俄罗斯经济二十年：1992～2011》，社会科学文献出版社，2013，第 237页。

② 〔美〕塞恩·古斯塔夫森：《财富轮转：俄罗斯石油、经济和国家的重塑》，朱玉犇等译，石油工业出版社，2014，第 67 页。

③ 〔美〕迈克尔·克莱尔：《石油政治学》，孙芳译，海南出版社，2009，第 98 页。

④ 〔日〕木村泛：《普京的能源战略》，王炜译，社会科学文献出版社，2013，第 111 页。

斯石油公司的控制权后，在石油行业立足。"对石油资源的控制，以及由此导致的对石油价格的影响对政府的经济政策尤为关键。'俄罗斯天然气工业公司'成为普京能源战略的旗帜。"① 2006 年，俄罗斯杜马通过联邦《天然气出口法》，实际上确立了俄罗斯天然气工业公司在国家全部天然气出口的垄断地位。2007 年，俄罗斯政府批准了《东部天然气规划》。俄罗斯天然气工业公司成为该规划实施的唯一协调人。得益于这家公司对天然气出口的垄断地位和利润丰厚的欧洲市场，俄罗斯政府在将国内气价维持在较低水平的同时，还能获得大型基建项目投资。

2007 年 4 月 19 日，就在萨哈林能源投资公司决定向俄罗斯天然气工业公司出让 50% +1 股的股份后的第二天，俄罗斯政府就与该公司签署了一份股票分红协议，规定俄罗斯政府每年将从萨哈林油气开发项目上获得固定分红，并根据收益情况获得浮动分红。根据双方达成的协议，从 2010 年后萨哈林能源投资公司开始向俄罗斯政府分红，分红数额与国际石油价格挂钩，具体比例暂时不明，正式分配应在项目投资成本收回后开始实施。

随着 И. И. 谢钦的崛起，俄罗斯石油公司成为俄罗斯标志性的国家公司。它在制定战略方针时首先考虑的是俄罗斯的整体经济利益。

谢钦毕业于列宁格勒大学语言系，专业是葡萄牙语。毕业后曾多年在非洲工作②。20 世纪 90 年代，谢钦同普京在圣彼得堡市政厅共事。普京整合俄罗斯石油行业期间，谢钦是这一工作的直接负责人。两人都把俄罗斯石油公司视为"俄罗斯的旗舰企业"，把它当作"俄罗斯国际外交的一颗重要棋子"。③ 2004 年，谢钦进入俄罗斯石油公司董事会，2006 年成为董事会主席。

俄罗斯石油公司的国际活动不仅包括出口石油和石油产品，还包括参加大型国际项目。其常驻维也纳代表处在公司的对外合作中起着重要作用。

---

① 〔美〕迈克尔·伊科诺米迪斯：《石油的优势：俄罗斯的石油政治之路》，徐洪峰等译，华夏出版社，2009，第 286 页。

② 20 世纪 80 年代，谢钦在莫桑比克和安哥拉担任军事翻译。这一职位通常只能由克格勃官员担任。〔英〕西蒙·皮拉尼：《普京领导下的俄罗斯：权力、金钱和人民》，姜睿等译，中国财政经济出版社，2013，第 72 页。

③ 〔美〕塞恩·古斯塔夫森：《财富轮转：俄罗斯石油、经济和国家的重塑》，朱玉犇等译，石油工业出版社，2014，第 322 页。

在谢钦的直接干预下，俄罗斯石油公司成功收购了"尤科斯"最大的子公司"尤甘斯克石油天然气公司"，一跃成为俄罗斯最大的石油公司。它的开采企业不断增加，分布在俄罗斯的北部地区、西伯利亚和远东地区。俄罗斯石油公司同萨哈林州达成协议，公司投资当地基础设施建设，州政府给予优惠政策。

2006年6月，俄罗斯石油公司各个子公司的股东投票表决后通过了与总公司合并的决定。12家子公司中除了萨哈林海洋油气股份公司没有投票外，另外的11家都投了票。

萨哈林海洋油气股份公司在俄罗斯石油公司参加"萨哈林1号""萨哈林3号""萨哈林4号""萨哈林5号"项目开发方面发挥了重要作用。2007年，"萨哈林1号"的采油量是1200万吨。它标志着俄罗斯大陆架上第一个大型油气开采中心的形成。[①] 2006~2008年，萨哈林海洋油气股份公司再度重组，先变成有限责任公司，之后精简机构：将生产技术服务管理局、奥哈机械厂、流动检修车管理局等服务企业分离出去。其间，公司扩大了在萨哈林岛、堪察加、马加丹大陆架上的业务，大幅增加了油气开采投资。公司不仅重视诺格利基区的高黏度石油，对天然气也给予期望，有4个凝析气田投入运营。[②]

叶利钦时期，俄罗斯开始在萨哈林岛大陆架搭建俄罗斯石油公司占据石油、俄罗斯天然气工业公司控制天然气制高点的油气格局。这一格局在普京的两个任期内得到加强，经历了"梅普组合"，直到如今。这两家公司既然是国家控股公司，就意味着它们的商业活动与国家的政策有着直接联系。无论是在大陆架开发、对外油气出口，还是收购资产方面，两者都能得到政府的政策扶持。

萨哈林州政府继续为这两家公司保持优势地位提供机会。新任州长A.B.霍洛沙文继承了其前任的发展思路。

霍洛沙文，1959年生于阿穆尔州斯沃博德内市，毕业于远东经济学院，经济学博士。他从担任"奥哈油气开采"生产联合企业的车间工长开始其工作生涯。他从事过企业管理工作；1997~2001年任奥哈市第一副市

---

① В. В. Харахинов. Нефтегазовая геология Сахалинского региона. М. : Научный мир, 2010. С. 7.

② На трудовой вахте, http: //sakhvesti. ru/? div = spec&id = 373.

长；2001～2005 年领导奥哈区市政构成体；2007 年 8 月，被任命为萨哈林州长。[1]

霍洛沙文发表过文章表述其 2008～2020 年的设想：扩大油气开采、加速统一管网建设、建立油气提炼和化工综合体、加强铁路建设等，高度赞扬了"萨哈林 1 号""萨哈林 2 号"项目的成就。[2] 萨哈林州的总体发展思路是现阶段必须充分利用油气资源的潜力。具体来说，就是将油气开发前景与萨哈林岛大陆架油气产量增加、新液化天然气厂的建设，以及液化天然气使用领域的拓展联系在一起。

"萨哈林 2 号"项目一手抓基础设施建设，一手搞液化天然气出口。对此，日本学者留下了一则现场记录："从萨哈林州首府南萨哈林斯克出发，经过不到 1 个小时的车程，就进入科尔萨科夫港。之后修整平坦的路面便消失了，路面开始变得凹凸不平。这种情形与中国的上海、广州、深圳等地积极引进合资企业的景象大相径庭。"[3]

图 7－4　影集《萨哈林 2 号：未来的新测量》

资料来源：И. Игнатьев，И. Черняховский，Н. Коробкова. Сахалин－2. Новые измерения будущего. Сахалин Энерджи инвестмент компани ЛТД，2008。

2009 年 2 月，在萨哈林岛的普里戈罗德村举行了液化气厂的开工仪式。"萨哈林 2 号"项目的股东、企业领导人共同按下了具有象征意义的

①　Нефтегазовый форпост России//Нефть России，№6，2014，С. 26.

②　А. В. Хорошавин. Сахалин как мультипликатор экономического развития Дальнего Востока//ЭКО，№1，2009，С. 102，99.

③　〔日〕木村汎：《普京的能源战略》，王炜译，社会科学文献出版社，2013，第 20 页。

按钮。这座工厂用于加工该项目所开采的天然气。日本、美国、韩国的公司已经购买了该项目的大部分天然气，合同期为 25 年。①

对俄罗斯来说，这是具有里程碑意义的事件。一方面，它创造了一个国家油气领域的第一。天然气是在压力条件下通过管道运输、储存或者进行液化的。世界日益增加的天然气需求，正在刺激着许多天然气协议和液化天然气项目的产生。俄罗斯是最大的管道天然气出口国，陆路管道运输是其专长，但其液化天然气产能比较有限，发展液化天然气厂需要巨额投资。对此，俄罗斯学者写道："从中期看，最严重的后果将是俄罗斯液化天然气的生产工艺和运输工艺落后。目前，出口天然气的约 1/4 是以液化气方式供应国际市场的，并且液化气市场的发展速度极快，不排除 2017 年前液化气成为管道天然气的直接竞争者。……为降低俄罗斯能源损失采取的首批措施之一是，必须特别重视液化气生产项目。"而在俄罗斯大规模的液化天然气项目中，"实际上只有'萨哈林 2 号'的液化气由合同固定下来了"②。

另一方面，它把资源、资本和地理位置联系起来，将对俄罗斯东部开发产生示范作用。由于在 1 个标准大气压下天然气液体的密度是气体的610 倍，液化后的天然气体积将缩小到原来的 1/610，因此，它在运输和储存方面具有巨大优势。但是将天然气液化需要特殊的装置，一般情况下需要温度在 −162℃ 以下，所以液化需要付出一定的购买装置和能源消耗的成本。然而，液化装置往往装在天然气田附近，能获得价格低廉的天然气，因此能源方面的成本较小。液化后的天然气通过船运送往市场。到达目的地后，天然气要通过当地的天然气管道送向消费者，因此需要特殊的装置将天然气重新气化。③ 从井口天然气到液化天然气，不仅需要投资巨额资金在勘探、开采阶段，还需要花费大量沉没资金在净化、液化、运输等上游、中游环节，建造天然气发电厂、输配管网等下游环节，才能形成较

① 〔俄〕B. Ю. 阿列克佩罗夫：《俄罗斯石油：过去、现在与未来》，石泽等译，人民出版社，2012，第 360 页。

② 〔俄〕外交与国防政策委员会：《未来十年俄罗斯的周围世界：梅普组合的全球战略》，万成才译，新华出版社，2008，第 76、79 页。

③ 〔美〕M. B. 麦克尔罗伊：《能源：展望、挑战与机遇》，王聿绚等译，科学出版社，2011，第 126 页。

为完整的液化天然气产业链。从资金投入上看，液化气厂和再气化工厂的成本分别在 10 亿 ~ 20 亿美元[1]。液化天然气出口有别于管道天然气出口的主要特点在于其市场机动性强，它的工具是液化天然气货船。

图 7 – 5　液化天然气厂

资料来源：20 – летие компании，http：//www.sakhalinenergy.ru/ru/company/20th.wbp。

萨哈林州靠近亚洲油气市场的地理位置，增加了俄罗斯对中东的优势。这里说的是"亚洲溢价"。亚洲溢价又叫"亚洲升水"，是指亚洲国家要以比欧美国家平均每桶高出 1 ~ 2 美元的价格进口中东地区石油的现象。产生这种现象的直接原因是中东一些石油出口国在石油贸易中针对不同地区采取了不同的计价公式。导致这一现象长期存在的深层次原因是亚洲地区石油进口国过于依赖中东石油进口，造成市场供需的不对称。[2] 当然，俄罗斯的这种优势显示出来是需要时日的。萨哈林州的天然气尚有很大的潜力可挖。从可能的态势上看，俄罗斯远东大陆架形成的新天然气开采中心主要以"萨哈林 1 号—萨哈林 3 号"为框架；远期则以"萨哈林 6 号—萨哈林 9 号"、太平洋堪察加西部地区为基础。[3]

俄罗斯、伊朗、卡塔尔是世界上 3 个天然气储量最大的国家。伊朗的天

[1]　〔美〕乔治·A. 奥拉：《跨越油气时代：甲醇经济》，胡金波译，化学工业出版社，2011，第 46 页。

[2]　夏义善主编《中国国际能源发展战略研究》，世界知识出版社，2009，第 206 页。

[3]　A. Коржубаев. Комплексное освоение ресурсов газа на Востоке России//Проблемы Дальнего Востока，№3，2009，C. 95.

然气基本不出口，卡塔尔专攻液化天然气，俄罗斯则管道天然气和液化天然气一肩挑。卡塔尔与伊朗共享边界最大的天然气藏，这一气藏包括两部分：北方气田和南帕尔斯气田。卡塔尔北部水域的天然气田中有大量的天然气，而且这些天然气都不是与石油矿藏混合在一起的，因而易于开采。

俄罗斯在欧洲主要通过管道供应天然气；在亚洲通过液化天然气拓展市场。管道天然气是俄罗斯天然气工业公司的强项。在《俄罗斯天然气工业公司：俄罗斯的新武器》[①] 一书封底上赫然印着这样的文字："天然气工业公司的天然气和管道看起来是那样的令人钦佩，以至于让人几乎没有工夫来思考这家公司是如何打造起来的。不仅仅在经济方面，而且在俄罗斯历史上都是一个让人震惊的事物。我们通过该公司那弯弯曲曲的管道来审视俄罗斯，就会意识到，在这条管道的建设历史上，某一段管线铺设方向如果不是像今天这样，那么这个国家就是另外一个样子了。"现在，公司尝试通过其子公司销售液化天然气现货。2010 年，"萨哈林 2 号"项目的液化天然气厂二期工程投入使用，设计生产能力达到每年 960万吨。

萨哈林州对俄罗斯远东能源供给的贡献主要体现在天然气输出上。2009 年，"萨哈林－哈巴罗夫斯克－海参崴天然气管道"工程启动。它用于保证哈巴罗夫斯克边疆区、滨海边疆区、犹太自治州和萨哈林州使用天然气，由"萨哈林 1 号"提供气源[②]。这条管道是俄罗斯东部天然气项目计划的一部分。该计划规定，将在东西伯利亚和远东建设统一的天然气开采、运输和供应体系，并考虑向中国和其他亚太国家出口天然气的可能。2011 年，工程完工。俄罗斯《生意人报》发表评论：这是"远东近 10 年

---

①　Валерий Панюшкин, Михаил Зыгарь, Ирина Резник. Газпром : Новое русское оружие. М. : Захаров, 2008.

②　由于"萨哈林 2 号"的天然气将全部用于出口，萨哈林大陆架的其余项目又处于地质勘探阶段，所以 2016 年以前，远东地区所有联邦主体的天然气只能由"萨哈林 1 号"提供。2007 年，俄罗斯政府进一步明确本国消费者优先的立场，"萨哈林 1 号"的天然气主要满足哈巴罗夫斯克、滨海边疆区、萨哈林州和犹太自治州的需求，即进入同一天然气管道，首先是面向俄罗斯东部市场。王龙：《俄罗斯与东北亚能源合作多样化进程》，上海人民出版社，2014，第 39 页。"萨哈林 1 号"是最早谣传将由中国方面全部买断的气田，俄罗斯政府通过强力手段将其收归俄罗斯天然气工业公司后，随即宣布"萨哈林 1 号"全部内销，即供应远东地区。崔民选、王军生、陈义和：《天然气战争：低碳语境下全球能源财富大转移》，石油工业出版社，2010，第 118 页。

来完成的一个最大的基础设施项目"，尽管施工过程中面临"复杂地形和气候条件"的考验，但是仍然在较短的期限内完成了任务。而通常的建设需要三年多的时间。①

"萨哈林 1 号"项目也在不断取得进展。它在 2008 年获国际石油技术大会委员会及主办协会颁发的项目整合优秀奖。获奖原因在于，它"将地质科学知识、油藏与采油工程、施工与设施工程实践、安全卫生环保流程、人力资源策略、小区计划，以及整个项目团队成功地整合起来"。② 此外，它及时完成了出口管道和终端的建设，并出口石油，实施了创纪录的斜井钻探作业。

俄罗斯石油公司的项目中包括大陆架油气田和万科尔油田。2008 年，公司为获得更多的勘探投资将其拥有的"萨哈林 3 号"项目的一部分份额出售给西班牙莱普索尔油气公司。2009 年，公司的合作伙伴英国石油公司退出"萨哈林 4 号"项目。公司开始在堪察加西部大陆架开展油气勘探钻井作业。这个项目甚至比萨哈林油气项目更为复杂。它远离保障基地，同时对项目生态保护的要求十分严格。此外，在开发这个项目的诸多复杂因素中，还包括这一地区承包市场薄弱问题。复杂的开采条件，以及获取所有作业许可证所需的复杂环节，使地质勘探作业需要花费更多的时间。这个项目的保障基地选在了马加丹。③

油气项目的进展，对俄罗斯国家和萨哈林州都有益处。萨哈林州在俄罗斯远东的油气开采方面占据领先地位。由于有国家的支持，产品分成协议项目明显优于通常税制下的油气开发项目。据统计，3 个产品分成项目获得政府的实际补贴为 2008 年 54 亿美元、2009 年 35 亿美元、2010 年 49 亿美元。④ 俄罗斯天然气工业公司、俄罗斯石油公司的相关投入，继续加

---

① Газпровод《Сахалин – Хабаровск – Владивосток》：Стройка века，http：//www. kommersant. ru/doc/1941090.

② 《萨哈林 1 号项目荣获国际石油技术大会优秀奖》，http：//www. cn – info. net/news/2008 – 12 –04/1228383799d2468. html。

③ 〔俄〕В. Ю. 阿列克佩罗夫：《俄罗斯石油：过去、现在与未来》，石泽等译，人民出版社，2012，第 361 页。

④ Герасимчук И. В. Государственная поддержка добычи нефти и газа в России：какой ценой？ИсследованиеВсемирного фонда дикой природы（WWF）и Глобальной инициативы по субсидиям Международного института устойчивого развития（IISD）. Москва—Женева：WWF России и IISD，2012，С. 43.

强了萨哈林州的这种优势。2010～2011 年，两者共向萨哈林州的地质勘探投资 270 亿卢布。在此期间内，萨哈林州共开发 5 个新矿床，它们的启用使油气开采量大幅提高。① 当然，外资的作用也不能否认：2011 年，萨哈林州固定资产投资总额为 1813 亿卢布，比上一年增长了 36.6%。其中，2/3 的投资是外资，其投资的 95% 在油气领域。②

2012 年，在经历了 19 年断断续续的艰苦谈判后，俄罗斯终于加入了世界贸易组织（WTO），从而成为最后一个加入该组织的大型经济体。俄罗斯更加强调东方的作用。除了作为轮值主席国举办了亚太经济合作组织（APEC）海参崴峰会外，俄罗斯还成立了远东发展部。③《远东和贝加尔地区社会经济发展国家计划》的生效，标志着俄罗斯远东发展计划进入实施阶段。

谢钦在 2012 年被任命为俄罗斯石油公司总裁。同年 10 月，英国石油公司谋求出售其在俄资产并终于敲定买家。它将用现金和股份的形式向俄罗斯石油公司出售自己在秋明 - 英国石油公司中的股权。墨西哥湾漏油事件后，这一资产出现在英国石油公司决定出手的资产名单中，部分原因是为了回笼资金。不过，它将继续投资 48 亿美元现金，以每股 8 美元的价格购买俄罗斯石油公司 5.66% 的股份。

---

① 《俄两公司近年萨哈林州地质勘探投资 9 亿美元》，http：//www. in - en. com/capital/html/energy_ 10341034351220916. html。

② 《俄远东萨哈林州去年固定资产投资额增 36.6%》，http：//world. xinhua08. com/a/20120229/910169. shtml？ f = arelated。

③ 在俄罗斯，地区事务发展部首先对发展这些地区的经济非常有必要。整个架构由 4 部分组成，即地区发展部、地区行政机关、地方机构，以及俄罗斯总统驻各联邦地区全权代表，各部分之间相互补充。继远东发展部后，俄罗斯又成立了克里米亚事务部、北高加索发展部。俄罗斯远东发展部部长兼俄罗斯联邦总统驻远东联邦区全权代表维克多·伊沙耶夫接受《俄中评论》专访时，详细介绍了远东地区目前已实施的项目情况、相关改造计划和投资潜力。对远东需要的特殊政策的落实情况，他概括出了以下几点。首先是财政拨款明显增加。2012 年本地区共获得拨款 23 亿美元（约合 700 亿卢布），而在 2000 年初，这一地区 13 个联邦主体一共只获得不到 3500 万美元（约合 10 亿卢布）的资金。远东发展部已经成立。目前我们正在制订新的国家计划和相关法律草案，这些计划将说明这一地区从追赶式发展模式转变为超前式发展模式。应当注意的是，当前远东地区经济效率高于俄罗斯国内平均水平。2011 年，俄罗斯各地区生产总值平均规模为 13700 美元，而我们这里达到 17500 美元，甚至在经济危机时期也没有下降。另一方面，远东地区出口仍以原料为主，90% 的产品为能源类产品，需要改变这种状况。《远东获得良好发展机遇或成为俄经济新增长点》，http：//tsrus. cn/caijing/2013/02/25/21341. html。

需要指出，英国是萨哈林液化天然气对外输出的第三个国家。它获得外来天然气的供应夹杂了多样化战略的历史烙印。丘吉尔曾说过一句名言："石油的安全和稳定在于多样化，并且也只有多样化。"由此使英国成为世界上最早明确提出石油来源多样化战略的国度。20 世纪 70 年代以来，英国开始了燃料多元化的历史进程，从燃煤向天然气转型。正是由于天然气取代了煤炭，才使得伦敦摘掉了"雾都"的帽子。①

俄罗斯天然气工业公司在欧洲遇上了麻烦，准备在亚洲寻求突破。从苏联时期算，俄罗斯向欧洲出口天然气的时间已经 40 多年了，双方比较熟悉。能源可能是欧盟与俄罗斯经济互动的最重要因素。但是俄罗斯输往欧洲的天然气管道要经过多个国家，风险较大。俄罗斯与欧盟的天然气贸易问题也不少。2007 年，欧盟开始讨论制定《第三次能源改革方案》；2009年，按照该方案通过了一揽子新的欧盟能源立法；2012 年，欧盟启动了对俄罗斯天然气工业公司的反垄断调查。

比较起来，俄罗斯在亚洲开展天然气业务的时间不长，重要的是它已经参与到了这场游戏之中。在 APEC 超过 16 万亿美元的内部贸易额中，俄罗斯与亚洲的贸易额只是一个零头。俄罗斯 2/3 的陆地位于亚洲，但其与亚洲的贸易额还不到本国贸易总额的 1/4，与欧洲的贸易额则占到一半以上。② 世界金融危机爆发后，欧洲对俄罗斯天然气的需求减少。为了确保亚洲市场的需求，俄罗斯天然气工业公司开始在东西伯利亚、远东和亚马尔半岛开发新的气田。

萨哈林岛大陆架油气项目为俄罗斯与亚洲的贸易开辟了新前景。"萨哈林 1 号"项目每个季度生产出的 72 万桶石油均通过油轮外运。自"萨哈林 2 号"项目实施以来，俄罗斯获得的液化天然气总收入为 29.8 亿美元。其中，1995~2010 年为 18.4 亿美元，2011 年为 11.4 亿美元。③ "萨哈林 2 号"项目对于俄罗斯而言是战略性的，因为这个项目的成功实施，

---

① 华贲：《天然气与中国能源低碳转型战略》，华南理工大学出版社，2015，第 28 页。2015年 4 月，英荷壳牌石油集团收购英国天然气公司。这宗交易旨在说明壳牌利用后者在液化天然气方面的强势地位提振其日渐疲软的生产。12 月，英国最后一座深层煤矿关闭。

② 〔英〕戴维·皮林：《俄罗斯向东看》，http：//www. ftchinese. com/story/001046595？full =y。

③ 〔俄〕B. Ю. 阿列克佩罗夫：《俄罗斯石油：过去、现在与未来》，石泽等译，人民出版社，2012，第 360~361 页。

使俄罗斯获得了急需的液化天然气领域的技术和资金支持，并使俄罗斯能够进入具有战略价值的东北亚天然气市场。①

"萨哈林 3 号"项目在这种背景下出现。它由两部分组成：一部分是开发东奥多普图和阿亚什油气田，参与方包括美国埃克森公司和俄罗斯石油公司；另一部分就是开发基林斯基油气田。2011 年 10 月，俄罗斯天然气工业公司在"萨哈林 3 号"项目的基林斯基远景区块的 Mynginskaya 地质构造中发现了一个新的天然气田。这是公司在基林斯基远景区块内获得的第二个重要天然气发现。② 公司希望在 2012 年 APEC 会议前出产天然气。俄罗斯天然气工业公司副总裁阿纳年科夫在新闻发布会上表示，将不会与外国公司合作。在遭遇欧盟委员会的反垄断调查后，亚洲市场的重要性再次引起公司的关注。其战略是：从远东供应液化天然气是优先方向，而后才是提供管道天然气。③

2013 年，俄罗斯石油公司、俄罗斯天然气工业公司有几件事值得一提。

在"圣彼得堡国际经济论坛"④ 上，俄罗斯石油公司与日本丸红株式会社、日本萨哈林石油和天然气开发公司，以及维多能源集团签署了每年供应 500 万立方米天然气的合同。这一数字正好是远东液化天然气厂的生产量。⑤ 普京总统还宣布，俄罗斯政府准备做出将液化天然气出口自由化的决定，并于 2013 年底签署了有关的法律。

7 月，普京从南萨哈林机场通过视频电话与"奥尔兰"海上钻井平台联系，谢钦在那里向他报告"萨哈林 1 号"项目的油气储量和开采情况。

---

① 王龙：《俄罗斯与东北亚能源合作多样化进程》，上海人民出版社，2014，第 62 页。
② 《俄气萨哈林海上发现新气田》，http：//oil. in－en. com/html/oil－1154738. shtml。
③ 《"俄气公司"成立 20 年 未来优先发展方向》，http：//radiovr. com. cn/2013_ 02_ 21/105559543/。
④ 在圣彼得堡举行的"圣彼得堡国际经济论坛"始于 1997 年，是俄罗斯一年一度的经济盛会。自 2005 年起，俄罗斯总统每年都会亲自出席论坛。论坛每年都会吸引来自 60 多个国家和地区的各大企业高层、政府官员及经济学者共计 4000 余名参与者。它被称为"俄罗斯版达沃斯"。在"圣彼得堡国际经济论坛"的发展史上有两位官员发挥了重要作用，一位是现任俄罗斯储蓄银行总裁、俄罗斯前经济发展部部长格尔曼·格列夫，另一位是俄罗斯政府第一副总理伊戈尔·舒瓦洛夫。
⑤ 《俄罗斯准备占领亚太地区的液化天然气市场》，http：//radiovr. com. cn/2013_ 06_ 25/223931231/。

俄罗斯石油公司迎来萨哈林海洋油气有限责任公司成立 85 周年的日子。谢钦指出："这是一家历史悠久的俄罗斯油气开采企业。其 85 年间的石油产量达到 1.28 亿吨、天然气开采量 700 亿立方米。现在，它是运用俄罗斯石油公司新技术从事开采的代表。"①

"萨哈林 1 号"是个以深井为核心的项目。其下钻深度不断被刷新：2007 年，Z-11 号油井下钻深度 11282 米；第二年，Z-12 号油井以 11680 米打破了这个纪录。2011 年，OP-11 号油井下钻 12345 米深。2012 年，Z-44 号油井再破纪录，下钻深度达 12376 米，比世界最高峰珠穆朗玛峰还高出 3528 米，几乎相当于当前世界第一高楼迪拜哈利法大厦的 15 倍。2014 年，Z-40 号油井更上一层楼，下钻深度达 13000 米。"萨哈林 1 号"的大位移井闻名于世界。截至 2013 年 10 月，20 口最长的大位移井中的 16 口完成了钻井作业，它包括在"柴沃"油田陆上井场钻井会战中完成的 6 口井，这 6 口井的钻井作业始于 2012 年初，其中 5 口井主要用来开发一个新区块的油气产能，而第 6 口井（ZGI-3）是一口注气井。②

2013 年，俄罗斯石油公司同日本国际石油开发株式会社签署了合作协议。根据这份协议，双方将成立合资企业，共同开发位于鄂霍次克海的"马加丹 2"和"马加丹 3"区块。

萨哈林岛的老油田依然有潜力可挖。以通戈尔的油田开发为例。俄罗斯石油公司已经从这里开采了 650 万吨石油。2013 年，为了保持产量稳定，俄罗斯石油公司在油田开展了一系列地质技术活动，使油田的产量超过 2.6 万吨。③

俄罗斯天然气工业公司在美国《福布斯》杂志推出的 2013 年世界最强天然气公司中排行第二。俄罗斯在天然气领域实行的政策，仍然使它继续垄断着国内的管道天然气出口业务，控制着全国的天然气运输网络。俄

---

① Поздравляем с днём работников нефтяной и газовой промышленности и 85 - летием начала промышленной добычи нефти на Сахалине! http：//www. sakhoil. ru/article_ 300_ 31. htm.

② История проекта，http：//www. sakhalin - 1. ru/Sakhalin/Russia - Russian/Upstream/about_ history. aspx；《萨哈林 Z-44 号油井下钻 12376 米创世界新纪录》，http：//intl. ce. cn/specials/zxxx/201209/11/t20120911_ 23669321. shtml；《世界大位移钻井最新进展》，http：//www. nengyuan. com/news/d_ 2015050414483800002. html。

③ ООО "PH - Сахалинморнефтегаз" добыл 6,5 миллиона тонн нефти на месторожденииТунгор，http：//citysakh. ru/news/40826.

罗斯在液化天然气上放宽出口限制，在管道天然气出口方面维持原状。随着液化天然气出口业务的放开，俄罗斯石油公司，天然气独立生产商"诺瓦泰克"公司出现在获得出口权的名单当中。俄罗斯天然气工业公司仍然可以与壳牌集团进行液化天然气项目合作。

基林斯基的油气发现给俄罗斯天然气工业公司带来了惊喜。在此之前，公司拥有的 C1 + C2 级油气储量为 5639 亿立方米天然气和 7170 万吨凝析油。现在拥有的 C1 + C2 级石油储量已增加到 4.64 亿吨，凝析油的储量也增加到 1.31 亿吨，天然气储量增加到 6820 亿立方米。

2013 年 12 月，俄罗斯天然气工业公司油气开采部门负责人弗谢沃洛德·切列巴诺夫表示，2013 年公司在南基林斯基气田不仅发现了大量天然气储量，还有大量的石油资源，关于油气储量的信息将在 2014 年 3 月确定。公司将南基林斯基气田作为俄罗斯海参崴液化天然气厂的主要能源基地，并计划在 2018 年运行工厂和启动天然气开采项目。[①] 为了加速勘探速度，公司投入"北极星""北方之光"半潜式钻井平台参加作业。

俄罗斯《公报》指出，俄罗斯天然气工业公司对基林斯基的进一步勘探结果显示，该气田的石油储量达 4.64 亿吨。本地区此前从未发现过如此大的石油储量。根据早期资料，这个气田的天然气储量为 5632 亿立方米，目前储量已增至 6820 亿立方米，超过了俄罗斯 2012 年全年的天然气开采总量。根据联邦矿物利用局的资料，2013 年新发现油田中储量最大的只有 1200万吨，仅为基林斯基的 1/40，后者可能是俄罗斯规模最大的大陆架油田。[②]

俄罗斯能源发展基金会干事皮金认为，这个新油气田的特点在于，它紧邻日本、中国和韩国。这将对原油和石油产品成本的控制起到好的作用。[③]

2014 年 5 月，埃克森美孚与俄罗斯石油公司签署协议，双方一致同意扩建俄罗斯太平洋沿岸液化天然气码头的合作项目，该码头将出口产自俄罗斯东部气田、"萨哈林 1 号"的天然气，目的在于建成俄罗斯远东天然

① 《俄天然气工业公司在萨哈林 3 项目中发现最大大陆架油田》，http：//news. ifeng. com/gundong/detail_ 2014_ 02/20/34017072_ 0. shtml。

② 《俄罗斯天然气工业公司在库页岛发现巨大石油储量》，http：//tsrus. cn/jingji/2014/02/21/32317. html。

③ 《新前景：俄气集团在萨哈林探明石油新矿床》，http：//radiovr. com. cn/2014_ 02_ 22/263709692/。

气生产、加工、销售一条龙产业链。6月18日，萨哈林州政府新闻处表示，萨哈林州将扩大液化天然气工业产量以打开亚太市场销路，促进本州与日本和韩国能源企业继续合作，进入中国和印度等国家的液化天然气市场。这个计划主要包括两大项目：第一个项目是扩建位于萨哈林岛南部的全俄第一座液化天然气厂；第二个项目是俄罗斯石油公司计划建立年产量达500万吨液化天然气的工厂。

2014年，西方对俄罗斯实行制裁。俄罗斯的能源企业面临投资不足、设备无法更新，后续生产困难的局面。北极油井钻探的重要性是美国将深海石油勘测纳入最新一轮对俄罗斯制裁范围的原因。[①]

俄罗斯总理梅德韦杰夫在2014年索契投资论坛上的发言中谈到俄罗斯遭受制裁的历史。他指出，"美国在1981年终止了对乌连戈伊-乌日哥罗德天然气管道所需材料的供应，但这条输气管道还是建成了。历史表明，一切对俄罗斯施压的企图均以失败告终"。

2014年底，壳牌集团与俄罗斯天然气工业公司决定，开始在"萨哈林2号"项目基地设计新的液化气生产线。"液化天然气贸易最重要的贡献就是有助于国家间不受地理因素限制建立贸易关系及政治联盟"[②]。

2015年春，"萨哈林1号"又添新钻井。西方继续对俄罗斯实行制裁。8月，美国将南基林斯基油气田列入制裁名单。据俄罗斯卫星网9月29日的报道，俄罗斯天然气工业公司管理委员会副主席亚历山大·梅德韦杰夫在华盛顿接受媒体记者采访时表示，公司已将"萨哈林2号"液化天然气厂的扩建列为优先考虑项目。他补充说，尽管西方对俄罗斯实施制裁，但公司项目的实施预计将不会有任何延误，其中包括南基林斯基海上油田。

---

① 俄罗斯大陆架有287口油井，其中89口在北极。Лев Воронков. Арктический аспект антироссийскихсанкций//Россия в глобальнойполитике，№ 5，2016，С. 193。

② 〔美〕盖尔·勒夫特、安妮·科林编《21世纪能源安全挑战》，裴文斌等译，石油工业出版社，2013，第301页。

第八章
萨哈林岛大陆架油气开发多元化战略

俄罗斯是一个近代以来差不多每个世纪都会给世界带来轰动效应的国家。它不时地引起人们的强烈反应和反思,其外交居首位。[①]

"冷战的结束是一次重大的变化,并不是因为俄罗斯不再是一个核大国,而是因为它不是一个国际意识形态大国了。"[②] 俄罗斯由此甩掉了苏联时期意识形态划线的包袱转而全力关注自己的现实利益。为避免让自己成为国际秩序修正者的角色,最好的办法是在一定条件下,尽量融入国际社会,在国际进程、制度中追求和实现国家利益,赢得外交空间。

第一节 俄罗斯的欧亚能源布局

从戈尔巴乔夫实施对外战略收缩到叶利钦确立"大国独立外交",俄罗斯先后经历了对西方"一边倒"外交、"新东方外交"。这个有大国情结的国度在政治经济转轨过程中遇到了麻烦。随着苏联的解体,过去70多年形成的分工协作体系瓦解,全联盟统一燃料动力系统瓦解,武装力量和战略力量遭到分割,原来的各加盟共和国纷纷成为主权国家。叶戈尔·盖达尔忧伤地写道:"苏联消失了——这是现实。是现实,也是社会性的苦果:家庭被割裂、同胞在国外遭受折磨、有关昔日的辉煌、熟悉的祖国地理、已缩小和失去的熟识的轮廓等怀旧性的记忆,全都引发着

---

① 林军:《俄罗斯外交史稿》,世界知识出版社,2002,绪论第7页。

② 〔英〕提莫·邓恩等主编《80年危机》,周丕启译,新华出版社,2003,第218页。

痛苦。"①

叶利钦接手的俄罗斯要在东西方之间寻找自己的定位。这种调整是从与西方改善关系开始的，经济领域成为优先的方向。

欧洲在俄罗斯的对外经济交往中占据首要地位。欧盟离不开俄罗斯的天然气供应，俄罗斯要依赖欧盟的市场。继1991年申请加入了欧洲复兴与开发银行后，俄罗斯又在第二年正式成为国际货币基金组织、世界银行的成员国。从1991年起，俄罗斯参加七国集团（G7）峰会的部分会议，1997年被接纳为成员国，八国集团（G8）峰会正式成立。

美国被俄罗斯视为其在国际金融机构提供长期贷款或担保问题上可以依赖的、能够起决定作用的国家。1992~1996年，俄罗斯与美国签署了12个贸易协议，与苏联和美国过去签署的贸易协议数量相当，后者为13个。② 1993年俄美总统温哥华会晤时决定成立俄美政府间经济技术合作委员会，委员会由美国副总统与俄罗斯总理领导。俄罗斯还致力于加强同美国能源跨国公司间的协作，因为这些美国公司除了拥有巨大的资金和技术优势之外，还有着丰富的商务经验，而这正是那些处于起步阶段的俄罗斯公司所急需的。③ 20世纪90年代上半期，俄美两国成立了切尔诺梅尔金－戈尔委员会。该委员会下设能源政策委员会和石油与天然气工作小组，还有为发展俄罗斯与美国油气领域各部门间的双边合作而成立的各种机构。

1993年以前，西方在国际关系生活中的关键问题上从未听到俄罗斯说"不"。俄罗斯外交部部长安·科济列夫曾经公开表示："如果华盛顿的对外政策更好，我们为何还需要自己的对外政策。"④

但是，西方遏制俄罗斯的战略依旧。东欧剧变和华约解体突破了两大集团对峙、苏美分割而治的东西方关系结构。地缘政治意义上的东欧概念

---

① 〔俄〕E. T. 盖达尔：《帝国的消亡：当代俄罗斯的教训》，王尊贤译，社会科学文献出版社，2008，第7页。盖达尔（1956~2009年），俄罗斯经济学家和政治家。35岁担任俄罗斯第一副总理，36岁时被叶利钦任命为俄罗斯代总理，开始推行被称为"休克疗法"的自由主义激进经济改革。

② Под ред. Е. Б. Ленчук. Внешнеэкономическое измерение новой индустриализации России. СПБ. : Алетейя，2015，С. 235.

③ 〔俄〕С. З. 日兹宁：《俄罗斯能源外交》，王海运等译，人民出版社，2006，第367页。

④ 〔俄〕亚·维·菲利波夫：《俄罗斯现代史（1945~2006年）》，吴恩远等译，中国社会科学出版社，2009，第352~353页。

不复存在，被中东欧概念所取代，波罗的海三国也被包括进来。多数中东欧国家出于政治经济和安全利益的考虑，以参加北约和欧盟为主要努力目标。

1993 年，欧盟的哥本哈根首脑会议首次承诺将接纳中东欧联系国入盟。1994 年，北约决定接纳前华约组织成员国。欧盟和北约的"双东扩"使东西方力量对比向西方倾斜。美国在其中的影响是显而易见的。它从一开始就支持欧盟的扩张，致力于最大限度地阻碍俄罗斯作为大国的复兴。

由于苏联这个冷战时期的最大战略对手自行瓦解，美国实现了"一霸回归"，它奠基于冷战结束的和平红利、执新经济之先鞭，以及欧、日经济的低迷、前苏东国家经济倒退和亚洲国家陷入经济危机。美国建立起来的所谓"霸权"是一个完整的全球体系，不仅包括了政治、经济、军事，而且涵盖了制度、文化及生活方式。这样一个超级大国是历史上没有的。由此，美国客观上对世界事务的发展仍然起着决定性作用，主观上亦将"主导世界"视为其努力维护的主要国家利益。

在美国总统克林顿宣布美国有意推进北约东扩之后，俄罗斯的外交开始发生转折。以至于叶利钦在对波兰进行国事访问时对此表示"毫不反对"，但在回到莫斯科后又宣称"冷战"的到来。俄罗斯感受到了这种地缘政治压力。在其东、西、南三大战略方向上，北约东扩已经到达俄罗斯西部边界，俄罗斯南部面临里海地区资源丢失的危险、高加索地区的纷争不见结束之日，唯有东部无太大麻烦。亚太地区的政治安全局势总体上对俄罗斯是有利的。

从国土面积、自然资源、工业和科学潜力、军事实力，以及拥有联合国安理会常任理事国地位上看，俄罗斯仍不失为一个世界大国。由于地跨亚欧大陆，俄罗斯与几乎所有的主要大国和国家集团都有地缘上直接的联系。能源资源和军事实力是其推行大国独立外交的手段。

面对欧盟和北约的双东扩，俄罗斯采取不同的对策。在无力对抗的条件下，俄罗斯做出了如下选择："先赞成北约扩展的立场，但同时进行谈判，以使包括 20 世纪 90 年代俄罗斯的失误所造成的越来越成为现实的因北约扩展所造成的损失减少到最低程度。"① 1997 年，俄罗斯和北约在巴

---

① 〔俄〕叶夫根尼·普里马科夫：《大政治年代》，焦广田等译，东方出版社，2001，第 215 ～ 218 页。

黎签署《俄罗斯联邦和北大西洋公约组织相互关系、合作和安全的基本文件》。据此，俄罗斯和北约不把对方视为潜在的敌人，加强彼此的信任与合作。该文件的签署有助于缓和俄罗斯和北约双方在北约东扩问题上存在的紧张关系，但也为北约东扩计划的正式实施提供了合法依据。1999 年，北约修改了《欧洲常规武器力量条约》。该条约对北约拥有武器的限制进一步降低，俄罗斯也被允许可以在其西北地区和高加索地区部署更多的武器装备。北约对南联盟实施空中打击后，俄罗斯与北约的关系转为公开敌视。

如果说北约东扩充满寒意，俄罗斯与欧盟的能源合作则暖意融融。冷战结束后，俄罗斯与西方消除了意识形态对立，油气开发的经济属性明显上升。与苏联时期比，总的来说，外国进入俄罗斯油气领域上下游的投资机会增多了。欧盟、美国、日本等国在俄罗斯能源领域都有大规模的投资和长远合作项目。参与国际油气合作，既是合作各国政府的一种政策主张，也是企业自身的市场行为。

为了增强在欧洲棋盘上的地位，俄罗斯对欧盟打出了能源牌。早在苏联时期双方就奠定了能源合作的基础。由于运输管道的限制，欧洲一直是其最主要的能源出口市场。俄罗斯学者特列宁指出，目前很少有人再提及俄罗斯在 1991 年仍向欧洲输送天然气，即使当时苏联已经解体。[①] 1994 年，俄罗斯与欧盟签署了伙伴与合作协议。该协议中有两个条款涉及能源合作问题，其中包括制订共同的能源政策。根据这一协议，双方成立了俄罗斯与欧盟合作委员会。委员会下设能源、环境和核安全分委会。[②] 1997 年，俄罗斯天然气工业公司推迟其在美国的大规模债券发行而在欧洲筹到了 30 亿美元优惠利率贷款。[③]

出于对环境问题的担忧，天然气在欧盟能源进口中占据的比重越来越大。天然气有如下优点。一方面是燃效高。地下开采出来的天然气几乎有 90% 可以直接使用，煤炭、石油无法与之相比，另一方面是天然气的储量

[①] 〔俄〕德米特里·特列宁：《帝国之后：21 世纪俄罗斯的发展与转型》，韩凝译，新华出版社，2015，第 175 页。

[②] 〔俄〕C. 3. 日兹宁：《俄罗斯能源外交》，王海运等译，人民出版社，2006，第 281 页。

[③] 〔美〕本·斯泰尔、罗伯特·E. 利坦：《金融国策：美国对外政策中的金融武器》，黄金老译，东北财经大学出版社，2008，第 55~58 页。

大、污染小。俄罗斯是欧盟所需天然气的主要提供者，俄罗斯同欧洲客户基本按照"照付不议"原则签署长期供应合同，价格参照油品价格调整。由于对俄罗斯天然气的需求量大，欧盟一直致力于降低天然气价格。

独立国家联合体是俄罗斯能源外交的另一个重点。独立国家联合体简称"独联体"，是苏联解体时由多个加盟共和国组成的一个地区性组织。1991年12月8日，俄罗斯、乌克兰、白俄罗斯的领导人在白俄罗斯别洛韦日签署《独立国家联合体协议》，宣布组成独立国家联合体。12月21日，除波罗的海三国和格鲁吉亚外，苏联其他11个加盟共和国签署《阿拉木图宣言》和《关于武装力量的议定书》等文件，宣告成立独立国家联合体及苏联停止存在。12月25日，苏联正式解体。

根据《独联体章程》，独联体不是国家，也不拥有凌驾于成员国之上的权力。独联体的主要机构有国家元首理事会、政府首脑理事会、跨国议会大会、协调协商委员会等。独联体总部设在白俄罗斯首都明斯克，工作语言为俄语。独联体的另一个称谓是"后苏联空间"。

独联体地缘政治生活中一直存在"独"与"联"的角力。"独"是指独联体其他国家对俄罗斯的主导地位抱有戒心，有些国家还保持着较强的"去一体化"倾向。这些国家为保障自身安全和经济利益，主动选择同美国等西方国家加强关系，试图在俄美之间寻求平衡。"联"指俄罗斯为维护其在独联体的传统影响力，不断推动独联体一体化进程。[①]

在安全理念上，俄罗斯更加重视地缘政治上的战略空间，由历史经验演化而来的安全地带思想使它对传统势力范围难以割舍，尤其是独联体和东欧地区。叶利钦时期，俄罗斯既要忍受国内转轨的阵痛，又要接受其对独联体影响力减弱的现实。

根据能源储备的差异，独联体各成员国可分成资源国、过境国和消费国三种类型。能源合作是俄罗斯手中的一张牌。在"后苏联空间"，只有俄罗斯的油气补给是有弹性的，这就是俄罗斯东部地区的能源基地。由此使其占据独联体能源"老大"的地位。中亚国家基本上不从俄罗斯进口油气，但要依赖俄罗斯的交通基础设施。由于地理位置的缘故，只有苏联时

---

① 《人民日报：独联体被"唱衰"声音不断》，http://rusnews.cn/guojiyaowen/guoji_cis/20090813/42555622.html。

期修建的中亚－中央管道可以把中亚－里海地区的天然气直接输送到欧洲。其余的输气管道必须过境俄罗斯才能抵达欧洲。中亚－里海地区国家只能将天然气低价卖给俄罗斯，再由俄罗斯以市场价格出售给欧洲。从1998 年起，俄罗斯天然气工业公司开始从土库曼斯坦进口天然气。俄罗斯通往西欧的天然气输出管道正位于乌克兰和白俄罗斯境内，每年借道出口油气不但要支付过境费，还经常引起各种纠纷。俄罗斯天然气工业公司总裁维亚希列夫抱怨说，苏联犯下的最愚蠢错误就是将管道全部通向乌克兰①。气源的阀门攥在俄罗斯的手里，运送管道的阀门却被乌克兰牢牢掌控。乌克兰的寡头与俄罗斯的不同。俄罗斯的寡头靠石油、天然气发了财。乌克兰的寡头只不过是中间人，他们主要靠俄罗斯的能源发财。其他成员国则要依赖俄罗斯的能源供应，只是程度大小不同。

美国、欧盟的介入，加剧了独联体国家的离心倾向。俄美在独联体的矛盾主要有二：一是俄罗斯深化一体化与美国分化独联体联合的斗争；二是争夺能源。俄罗斯则通过债转股的形式，参与了白俄罗斯、乌克兰、摩尔多瓦和亚美尼亚油气企业的私有化工作；还利用地理优势通过签署购气合同等方式控制了独联体国家的油气开发权、定价权和运输权。美欧凭借经济、军事优势分到了冷战时期不可能得到的利益。在 20 世纪 90 年代中亚－里海地区的"油气狂热"中，油气储量、油气管道是俄美之争的主要内容。再一个例子就是乌克兰，乌克兰因脱离独联体及其与欧盟的一体化，以及未来可能加入北约，被美国赋予重要意义。因为失去对乌克兰的控制会严重削弱俄罗斯在欧洲的地位。

---

① 刘乾：《北溪二期正式投产 俄逐步实现天然气出口多元化》，http：//tsrus. cn/articles/2012/10/15/17969. html。中国学者为此提供了一种解释，勃列日涅夫时期，苏联计划中的所有天然气输送管道都是经过乌克兰的。这样的线路比经过其他共和国的土地要短一些，天然气管道经过乌克兰的土地将会得到乌克兰本土技术力量和熟练劳动力的有效保证。也许更为重要的原因是当时参与决策的苏联最高领导人中有许多是从乌克兰发迹并荣升到莫斯科的中央党政机构的。他们有勃列日涅夫、契尔年科、谢尔比茨基、吉洪诺夫和基里连科。在他们支持天然气管道经过乌克兰土地的多种因素中，显然有着对"故土"——曾经治理过的土地的关照。闻一：《乌克兰：硝烟中的雅努斯》，中信出版社，2016，第 158 页。在俄罗斯历史上，苏联领导人斯大林是格鲁吉亚人，赫鲁晓夫和勃列日涅夫是乌克兰族人。自 1982 年以来，安德罗波夫、契尔年科、戈尔巴乔夫、叶利钦、普京和梅德韦杰夫都是俄罗斯族人。王宪举：《俄罗斯人性格探秘》，当代世界出版社，2011，第 273 页。

由于基础设施不足，俄罗斯大多数能源只能向欧洲出口。黑海地区的地位如何强调都不过分。土耳其是中东、中亚甚至北非的石油资源运输通道的最佳选择。它自然引起俄美的关注。1994 年，土耳其在美国的支持下宣布限制大型油轮经过博斯普鲁斯海峡。1997 年，俄罗斯与土耳其签订了关于修建"蓝溪"天然气管道的政府间协议，商定在 25 年内向土耳其供气 3650 亿立方米天然气。为了最大限度地利用现有的巴库－新罗西斯克输油管道，俄罗斯与保加利亚、希腊于 1999 年达成协议，修建一条从里海沿岸经过保、希两国至地中海沿岸的石油管道。俄罗斯提供多样化的供应渠道的目的是主导市场，占据最大份额的欧洲市场，从而防止里海能源管道供应与其竞争。

作为一个主要的油气出口国，俄罗斯有能力增加对欧洲的影响。俄罗斯的这种地位很大程度上是由于它在欧洲天然气供应方面无可替代的地位。"亚马尔—欧洲"天然气管道起于西西伯利亚的亚马尔半岛，经白俄罗斯、波兰到德国柏林，管道全长约 2000 公里。该管道的建设，优化了俄罗斯天然气的出口流向，提高了俄罗斯向欧洲供气的灵活性和主动性。

俄罗斯从地跨欧亚两大洲的地理位置上受益颇多。从国际维度看，俄罗斯经常遇到西部吃紧、东部宽松的形势，但是仍要致力于在欧亚之间保持大致的平衡；从国内维度看，要尽力缩小西部、东部之间的差距。俄罗斯的政治、经济重心在欧洲，油气资源主要分布在亚洲。油气开发有助于俄罗斯拓展其地缘政治影响、拉动经济增长、保持社会稳定。它的亚洲部分由西西伯利亚、东西伯利亚和远东三部分组成。西西伯利亚在苏联时期迅速崛起，建立起包括勘探、开发、加工和运输等环节在内的较为完整的石油工业。从此，秋明州向世界宣告了它从农业经济向工业经济转变。尽管它没有解决人口定居率低的问题，但是建立了高素质的人力资源储备。进入 20 世纪 90 年代，俄罗斯陷入持续经济危机之中，秋明州的生产下滑程度相对较低。石油工业为它提供了保障。俄罗斯接过苏联的东西伯利亚和远东开发计划。其意义在于：创造条件促进东部地区社会经济的发展；过渡时期保持生产、科技和其他潜力；扩大过境功能，服务于国内和国际经济联系；创造条件通过东部开发吸引外资和先进工艺进入俄罗斯。[1]

---

① 陆南泉主编《俄罗斯经济二十年：1992～2011》，社会科学文献出版社，2013，第 237 页。

为了将东西伯利亚和远东建成对亚太国家能源出口的战略基地，俄罗斯政府通过选择一些外国公司作为战略合作伙伴来加强国家之间的能源关系。

俄罗斯远东经济区包括 4 个州，即阿穆尔州、堪察加州、马加丹州、萨哈林州；2 个边疆区，即滨海边疆区和哈巴罗夫斯克边疆区；1 个共和国，即雅库特－萨哈共和国。该经济区面积 621.57 万平方公里，占俄罗斯联邦总面积的 36.4%，是 11 个经济区中面积最大的；人口 805.7 万人（截至 1991 年 1 月 1 日），占俄联邦总人口的 5.4%，是各经济区中人口最少的。

萨哈林州有两个功能对俄罗斯是比较重要的：第一个是保护领土的完整；第二个是开采大陆架自然资源①。

20 世纪 90 年代，萨哈林岛大陆架的油气勘探是为其海上油气工业化开发做准备的。它前承苏联油气开发东移的历史，后启俄罗斯远东开发的新篇章。这个进程与俄罗斯参与亚太经济合作的努力同步。冷战时期，苏联以争夺世界霸权为目标，其亚太战略的手段单一，姿态也相当强硬，从而造成自己在该地区孤立无援的境地。俄罗斯吸取了过去的教训，以稳定和发展为目标，充分调动本国的经济、军事潜力突出其地位。一方面，它利用本国的能源和交通等区位优势，扩大参与亚太经济合作的途径，以加快重返亚洲的步伐；另一方面，重点发展与亚洲主要国家的双边关系，以平衡同美国和西方国家的关系。1992 年，俄罗斯成为太平洋经济合作理事会成员，1995 年获得联合国亚太经济及社会委员会地区性成员国的地位，1997 年获得亚太经济合作组织成员地位。

叶利钦时期，俄罗斯的大国地位主要是政治和军事意义上的。普京要为其充实经济方面的内容。他确定了依靠能源重振俄罗斯地位的战略。在油气领域，国家不仅要控制和使用油气资源，还要通过管道来谋求地缘经济、政治利益，普京因此被誉为"能源总统"。

西方既是俄罗斯强国梦的榜样，又是俄罗斯遭受威胁的主要来源。俄罗斯和西方在经济和能源方面尚能互惠互利，政治互信却很有限。

---

① 俄罗斯联邦驻华大使馆：《萨哈林州海岛新经济》，http：//www.russia.org.cn/chn/3019/31293316.html。

苏联解体后，俄罗斯、美国在全球战略稳定、反对恐怖主义、能源问题上找到共同语言。"9·11"事件发生后，俄罗斯支持美国的反恐行动，俄美关系迅速升温。双方的能源合作加速推进。两国总统签署了《俄美能源对话联合声明》。继成立了由各自能源部领导的双边合作工作组之后，俄美再添能源合作跨政府委员会。2002 年，首轮俄美能源峰会在休斯敦举行。与会者不仅包括两国的高级官员，还包括 70 个公司的领导人。"尤科斯"总裁霍多尔科夫斯基、"卢克"总裁阿列克佩罗夫发表主题演讲。会议讨论了美国对俄罗斯能源领域的投资、俄罗斯向美国出口石油等问题。2003 年，俄美能源峰会再度在圣彼得堡召开。俄美能源对话比俄欧能源对话起步晚，"但由于在最初阶段就吸收了实业界代表参加，因此这一对话更富有成果。"俄美能源对话也有其限度，主要原因在于缺少足够数量的合作项目，特别是在霍多尔科夫斯基被捕、油气行业被列入俄罗斯经济的战略领域之后。[①]

俄罗斯与欧盟的能源合作取得新进展。这当中肯定有历史的原因。2000 年，法国、德国、英国等国的领导人提议同俄罗斯开展能源对话机制。从此，能源问题经常被纳入俄罗斯 – 欧盟峰会的议题。俄罗斯在能源对话中坚持根据国家利益制定能源政策的权力。"9·11"事件后，俄罗斯在外交上频频得分：建立了新的俄罗斯与北约关系机制。北约与俄罗斯签署了《罗马宣言》，建立起北约 – 俄罗斯理事会。由此使俄罗斯在无力阻止北约东扩的情况下，能在非核心问题上参与北约决策。2002 年，欧盟和美国正式承认俄罗斯为市场经济国家。

俄罗斯加快了整合独联体能源的节奏。普京在 2000 年提出控制俄罗斯天然气出口通道的计划，开始同白俄罗斯就收购白俄罗斯天然气运输公司控股权，以及与乌克兰就成立合资公司管理乌克兰天然气管道系统进行谈判。从而进一步加强了俄罗斯对里海资源的控制。2001 年，俄罗斯与土库曼斯坦和乌兹别克斯坦分别签署为期 25 年的天然气开发合同。2002 年，俄罗斯提出以"划分海底、水域共享"原则加速里海开发，并与阿塞拜疆

---

① 〔俄〕С. З. 日兹宁：《俄罗斯能源外交》，王海运等译，人民出版社，2006，第 284 页。СтентАнджела. Почему Америка и Россия не слышат друг друга？：взгляд Вашингтона на новейшую историю российско – американских отношений. М.：Манн，ИвановиФербер，2015，С. 246。

就划分里海海底问题达成一致。俄罗斯还与哈萨克斯坦签署了长达 15 年的能源合作协议。此外，俄罗斯提议由俄罗斯、土库曼斯坦、哈萨克斯坦、乌兹别克斯坦组成天然气四国联盟。

在萨哈林岛大陆架，壳牌集团、埃克森美孚公司进行了大举投资。2001 年，埃克森美孚公司在普京访问美国前夕宣布："萨哈林 1 号"项目正式进入商业开发阶段。2002 年，俄罗斯总理卡西亚诺夫出席"达沃斯经济论坛"期间会见壳牌董事局主席，双方商定加快实施"萨哈林 2 号"项目。2003 年 5 月，"萨哈林 1 号"项目因为注重安全开采得到赞扬。其工作人员沿着海岸开始定向钻井。同年 6 月，壳牌宣布向"萨哈林 2 号"投资 100 亿美元。①

在俄罗斯与西方的能源关系中，合作与竞争并存。与冷战时期相比，美国不再是单纯地担心俄罗斯的能源出口，而变为担心俄罗斯可能在主要的能源生产国阵营中处于主导地位，并担心俄罗斯的行为会造成国际能源市场的不稳定。② 冷战结束后，美国通过反恐的军事行动在阿富汗和中亚周边地区建立了军事基地。从地缘政治利益出发，美国极力倡导修筑"巴库 - 第比利斯 - 杰伊汉管道"。美国驻欧洲司令部组建了保卫里海的特种行动部队以加强对里海能源的军事控制。能源竞争从来就是战略性的竞争。石油上的遏制与反遏制，是北约东扩的一个潜在因素。美国在波兰与白俄罗斯边境上建立了军事基地，但这里恰好是俄罗斯到欧洲的油气管道的交接处。美国、欧盟还支持独联体国家开展"颜色革命"，以此削弱俄罗斯。单从油气储量看，独联体国家拥有世界已探明石油储量的 18%，天然气储量的 40%。③ 如此，俄罗斯将陷入"地缘政治逼和"之境，即必须在欧美之间做出选择，俄罗斯在经济上更依赖于欧洲，而在地缘政治方面更依赖于美国。④ 而俄罗斯所遵循的是由国家制定和执行的全面的地缘经济政策，其目的是加剧欧洲在政治上和经济上对俄罗斯能源供应的依赖。

---

① В. А. Корзун. Интересы России в мировом океане в новых геополитических условиях. М. : Наука，2005，С. 333，335.

② 周琪等：《美国能源安全政策与美国对外战略》，中国社会科学出版社，2012，第 232 页。

③ Исполком СНГ. Экономика СНГ: 10 лет реформирования и интеграционного развития. М. : Финстатинформ，2001. С. 236.

④ 〔俄〕米哈伊尔·杰里亚金：《后普京时代：俄罗斯能避免橙绿色革命吗?》，金禹辰、项红译，社会科学文献出版社，2006，第 275 ~ 276 页。

俄罗斯的对策是两手抓。一方面继续加强军事建设，提高核威慑能力；另一方面建立了以爱国主义为核心的意识形态体系，激发俄罗斯人的民族自豪感。俄罗斯上下自知只要能够集结自身的力量，在政治、军事上就能形成强大的实力。从世界范围来看，各国维持石油优势与加强军事力量的努力仍然不可分。据斯德哥尔摩国际和平研究所调查，1997～2006年，全球军事开支增长近40%。因为担心石油和其他天然资源紧缺，各国都以几十年里前所未见的速度发展自己的常规武器，扩大陆军和海军。这种军事开支在相当程度上集中于世界资源消耗大户和资源生产大户：前者试图确保自己已有资源可用，后者借助新获得的财富以过去对发展中国家来说不可思议的速度扩大国防力量。①

另外，俄罗斯出台了《2020年前俄罗斯能源战略》。这个战略对俄罗斯今后发展能源产业、维护能源安全和开展对外能源合作的重要指导性。它共分10章，包括"能源战略的目标与重点""燃料能源综合体发展的问题与主要因素""未来俄罗斯经济发展的主要趋势与预测""国家能源政策""对俄罗斯能源的需求前景""燃料能源综合体的发展前景""能源产业发展的地区特点""燃料能源综合体的科技与革新政策""燃料能源综合体与相关产业的协作""能源战略的预期成果与实施体系"。②

世界油价上涨、国际形势的变化，改变了该战略的初衷。俄罗斯转而倾向于通过能源特别是油气出口，占领世界市场。伊拉克战争以来，一路上扬的能源价格不仅使俄罗斯的经济实力大增，更使俄罗斯在独联体范围内的分量不断加大，并顺势推进独联体的经济一体化进程。乌克兰尤先科政府和格鲁吉亚萨卡什维利政府还是不得不审慎面对俄罗斯随时关闸门"断气"的现实威胁。俄罗斯还加大了对哈萨克斯坦石油从俄罗斯过境的控制，并充分发挥里海管道财团的现有运力。

---

① 乔希·柯兰齐克：《重新武装世界》，《参考消息》2008年5月3日第3版。2001年，美国学者迈克尔·克莱尔发表了《资源战争：全球冲突新景观》。该书成为资源战争理论的代表作。他预言，21世纪世界地缘政治的基本轮廓是，各国将对石油、水等战略性物质资源展开大规模的竞争。世界各国的军事力量，也将把保护资源安全，明确规定为其主要使命。但随之而来的，定是普遍的不稳定，特别是那些资源丰富而又长期存在领土主权争端的地方。

② 冯玉军等编译《2020年前俄罗斯能源战略》，《国际石油经济》2003年第9期、第10期。以下无特别说明，有关该战略的引文均出于此。

俄罗斯有在东西方之间寻求平衡的外交传统。面向西方与面向东方相伴而行，面向东方是为了面向西方，能源外交也不例外。

《2020 年前俄罗斯能源战略》强调了俄罗斯东部地区能源开发的意义。它规定石油综合体发展的主要任务是：合理开发石油资源；加强资源和能源储备；深化石油加工，建立和开发新的大型石油开采中心，特别是在俄罗斯东部地区、北极和远东沿海的大陆架；完善石油运输设施，提高石油出口效率，使对内外市场石油供应的方向、方式和路线多样化；扩大俄罗斯石油公司在国外市场的份额，扩大其在国外的生产、运输和销售资产。

这个战略还描述了石油产区的分布：未来 20 年，俄罗斯石油开采不仅将在西西伯利亚、伏尔加河流域、北高加索等传统产区进行，还将在欧洲北部的季曼－伯朝拉地区、东西伯利亚、远东地区、俄罗斯南部的里海沿岸地区得到发展。在预期时间内，西西伯利亚仍是俄罗斯主要石油产区。除出现危机形势外，该地区的石油开采量将增长到 2010～2015 年，随后将有所下降，2020 年的产量将为 2.9 亿～3.15 亿吨。由于油田逐渐枯竭，伏尔加－乌拉尔和北高加索地区石油产量将会下降。在经济发展良好和一般的情况下，东西伯利亚和萨哈共和国（雅库特）、萨哈林岛大陆架、巴伦支海、里海沿岸将形成新的石油工业中心，季曼－伯朝拉地区的石油开采也将增长。到 2020 年，东西伯利亚和萨哈共和国的石油开采量在经济发展良好的条件下将达到 8000 万吨，在一般情况下约为 5000 万吨，在危机情况下不会超过 3000 万吨。萨哈林岛大陆架的石油开采量到 2010 年将达到 2500 万～2600 万吨，到 2020 年也将保持这一水平。在危机情况下，开采量将仅为 1600 万吨。

与西西伯利亚、萨哈林岛相比，东西伯利亚既无前者油气大开发的辉煌乐章（更不用说双方在气象、地质等条件上存在巨大差异），又无后者长达百年之久的经营历史。它是在进入 21 世纪后随着俄罗斯修建运营"东西伯利亚－太平洋石油管道"而引人注目的。

欧洲是俄罗斯能源的主要出口方向，因为俄罗斯用于出口的还是冷战时期修建的面向中欧和西欧国家能源供应的交通与运输基础设施。苏联时期的领导人之所以不曾计划要大规模发展东部走向的能源出口，主要是由于中国和日本在那个时候与苏联的关系并不十分友好，而且中国在 1993 年成为石油净进口国之前推行能源自给自足的政策。①

俄罗斯确定的东西伯利亚－太平洋石油管道走向引起争议。先是出现"安大线""安纳线"两个方案。前者即中国方案（安加尔斯克－大庆管道，其涉及的消费者只有中国）。后者即太平洋方案（安加尔斯克－纳霍德卡石油管道，可以使俄罗斯油气大量出口到世界市场）。安大线的提出早于安纳线，后者的优势在于面向多个国家、地区。由于国际能源市场的卖方市场现状和东北亚地区现实及潜在的巨大能源需求，俄罗斯处于较为主动的位置。《2020年前俄罗斯能源战略》对俄罗斯与整个亚太地区的合作给予了高度重视，但俄罗斯不再满足于仅仅与某一个东北亚国家开展能源合作。于是又出现"泰纳线"（泰舍特－纳霍德卡输油管道）方案。与安纳线相比，这条管道有两处变化。第一，起点不是安加尔斯克，而是泰舍特。这是为了最大限度地靠近东西伯利亚油田。第二，改变了安纳线中紧贴贝加尔湖北侧的设计，而是向北再撤150公里。俄罗斯希望借此达到减少对欧洲的依赖，力求打入亚洲和北美新市场，扩大本国油气产业之目的。

油气开发与出口增强了俄罗斯的自信心。第一，俄罗斯与乌克兰的天然气之争。到2004年乌克兰大选之前，俄罗斯一直以优惠价格供应乌克兰天然气。尤先科出任乌克兰总统后推行亲近欧美的政策，与俄罗斯在克里米亚海军基地问题上矛盾加深。俄罗斯遂向乌克兰提出提高气价的要求。两国谈判未果，俄方停止供气，直到双方达成协议后恢复通气。第二，保障国际能源安全问题成为圣彼得堡八国峰会的主要议题。格扎维埃·阿雷尔2006年5月12日在法国《论坛报》上发表了题为"普京要把俄罗斯重新推到国际舞台的中心"的文章。文中列举了俄美围绕俄罗斯油气发生的

---

① 陈小沁：《国际能源安全体系中的俄罗斯》，社会科学文献出版社，2012，第140～141页。英国学者在1971年也有类似的评论：在远距离和孤立性方面，苏联的政策与其说是去克服困难，不如说是在加重困难。它使苏联远东地区受苏联自给自足的经济发展方针的支配，使苏联远东地区同太平洋国家，特别是同毗邻的对它的最终开发看来是至关重要和最为自然的亚洲地区隔离开来，不相交往。唯一的例外，先是在20世纪50年代同中国的短暂的、以苦恼的分离而告终的蜜月，然后是新近开始的同日本的经济谈判。〔英〕斯图尔特·柯尔比：《苏联的远东地区》，上海师范大学历史系地理系译，上海人民出版社，1976，第7页。俄罗斯副总理德米特里·罗戈津在新西伯利亚举行的"技术工业－2013"论坛上甚至主张为远东地区更换名称。他认为更好的名称是"太平洋区"或"太平洋地区"。

争执：美国总统、副总统对俄能源外交颇有微词；俄罗斯媒体视美国的说法为新"冷战"的幽灵再度出现。作者的结论是："俄罗斯在世界上的地位问题被如此尖锐地提出，主要是因为今年由俄罗斯领导八国集团，而且，因其拥有的巨大能源储量，俄罗斯正在重新成为重要的地缘战略角色。"俄罗斯的能源安全概念建立在"保障供应安全"之上，即俄罗斯以一个相对较高的价格保证客户的能源需求，而西方能源安全的概念则围绕着以较低价格多渠道地获得石油和天然气。① 第三，能源合作被正式写入了《上海合作组织五周年宣言》。第四，俄罗斯石油公司在伦敦首次公开招股发行，并为国有公司筹措了 100 亿美元。② 通过市场的资本化运作，它如今正在成为一家全球化的公司。俄罗斯天然气工业公司董事会批准了公司在石油业务方面的战略。第五，俄罗斯天然气工业公司控股了"萨哈林 2 号"项目。俄罗斯决定铺设"萨哈林 – 哈巴罗夫斯克 – 海参崴天然气管道"。

随着石油收入的增加，俄罗斯提前偿还了债务，增加了国家的外汇及黄金储备。到 2000 年 1 月 1 日，俄罗斯国家外债总额大约占国内生产总值的 60%（1328 亿美元），外债累计总数达 1777 亿美元。所有债权人对俄罗斯及时偿还债务的能力都表示怀疑。国际货币组织，还有巴黎俱乐部的成员。力图利用债务问题对俄罗斯施压。③ 现在，俄罗斯不仅提前还清了拖欠巴黎俱乐部的 470 亿美元外债，而且对外国银行等个体债权人的债务也从 840 亿美元缩减到 350 亿美元。2000 ~ 2007 年，俄罗斯外汇及黄金储备增加了 17 倍，达到 4780 亿美元，成为中国和日本之后的第三大外汇储备拥有国。④

欧盟在扩大，俄罗斯在积极调度国内的能源潜力。1994 ~ 2007 年，欧盟的规模扩大了 1 倍多，成员国数量从 12 个增加到 27 个。2007 年，俄罗

① 〔美〕杰弗里·曼科夫：《大国政治的回归：俄罗斯的外交政策》，黎晓蕾等译，新华出版社，2011，第 109 页。

② 〔英〕马丁·西克史密斯：《普京 VS 尤科斯：俄罗斯的石油战争》，周亚莉等译，华夏出版社，2011，第 278 页。

③ 〔俄〕亚·维·菲利波夫：《俄罗斯现代史（1945 ~ 2006 年）》，吴恩远等译，中国社会科学出版社，2009，第 389 页。

④ 〔英〕西蒙·皮拉尼：《普京领导下的俄罗斯：权力、金钱和人民》，姜睿等译，中国财政经济出版社，2013，第 52 ~ 53 页。

斯政府批准《至 2020 年萨哈共和国（雅库特）在生产力、交通和能源领域的综合发展纲要》。雅库特油气体系的现代化进程启动。

2008 年，俄罗斯又有不俗表现。2 月，俄乌天然气之争再度爆发。3 月，圣彼得堡石油交易所正式开盘，推出了乌拉尔原油（Urals）新的石油品牌，并开始推行以卢布来支付的结算货币，开始扭转俄罗斯国内石油产品的交易依赖国际石油交易体制的定价机制，并把国内石油产品交易的定价权和计价权掌握在俄罗斯手中。同时，俄罗斯又将"俄罗斯混合原油期货"撤出了纽约交易所，回到圣彼得堡石油交易所进行交易。这是俄罗斯争取国际能源领域话语权的表现，毕竟它是在美国建立的"石油美元"体制[①]内发展经济实力的。

在普京的两个总统任期内，俄罗斯能源外交逐渐转向攻势。很大程度上，油气资源整合维持着俄罗斯石油经济发展的刚性，管道建设增强其辐射力，两者互为经纬。俄罗斯未来的油气安全在于保持与欧洲和亚太市场间的平衡。

2002 年初，苏霍多夫 - 罗季奥诺夫输油管和波罗的海输油管先后竣工。经过黑海海底的"蓝流"管道也完成双线建设。这条管道，使俄罗斯打入土耳其的天然气市场。2005 年，由俄、德、荷、法四国参与建设的北欧天然气管道（"北流"管道）开始铺设。它从圣彼得堡开始，全程铺设在波罗的海海底，在德国登陆。2007 年，俄罗斯和意大利发起"南流"天然气管道项目。该管道起自俄罗斯新罗西斯克，穿越黑海海底，铺设到保加利亚瓦尔纳，然后再分为两条支线：一条经希腊通向意大利南部；另一条穿越塞尔维亚、匈牙利、保加利亚通向奥地利、德国等西欧国家。这些重大项目，特别是"南流"管道与欧洲支持的纳布科天然气管道和液化天然气项目相竞争。

国际油价和世界金属市场价格居高不下为普京实施能源战略提供了机遇。1998 年，国际原油价格下跌至约 12 美元/桶。但是到了 2000 年，国际原油价格几乎翻了一番。2001~2002 年，国际原油价格又回到了 22~23 美元/桶的水平。此后油价一路飙升，在 2005 年甚至冲破了 50 美元/桶的

---

① 乔良：《帝国之弧（抛物线两端的美国与中国）》，长江文艺出版社，2016，第 199~200 页。该书第 48~50 页分析了"美元指数周期律"。

大关。2008 年，油价更是达到了 100 美元/桶，甚至冲到了 130 美元/桶。这使得几十亿石油美元涌入了俄罗斯。俄罗斯经济繁荣也为其他商品市场提供了发展。俄罗斯与欧洲签订的长期天然气销售合同与石油价格相挂钩，因此其天然气收入也出现了井喷。此外，亚洲经济的快速发展促使石油价格上涨，同时也推动了对金属的需求。①

2008 年，梅德韦杰夫当选为俄罗斯总统。他是在"俄罗斯人对当局的期望处于最高峰之时进入克里姆林宫的，这种期待是在前几年经济迅猛增长和政治某种程度上稳定下来才形成的，当时及时地发放工资和退休金，实际收入得到增加，人们开始对未来充满信心和憧憬"。② 他面临的挑战是领土纷争和油价下跌两个难题。

同年 8 月，俄罗斯与格鲁吉亚为争夺南奥塞梯的控制权爆发了战争。这场为期 5 天的战争，其背后的石油因素浓厚。格鲁吉亚地处黑海石油和西方市场的中间地带，其首都第比利斯是"巴库 – 第比利斯 – 杰伊汉管道"最重要的中转站。因此，美国支持格鲁吉亚加入北约。此前，罗马尼亚和保加利亚加入北约已经极大地改变了黑海的力量分布。俄罗斯将此视为对其国家安全的威胁。1 年前，俄罗斯就宣布暂停执行《欧洲常规武装力量条约》。"五天战争"的结果是俄罗斯宣布承认南奥塞梯、阿布哈兹独立，格鲁吉亚中断了与俄罗斯的外交关系并宣布上述两个共和国为被占领土。这场战争也暴露了俄军训练水平及武器装备的落后。从此，俄罗斯加快了军队现代化改革，大规模武器装备现代化是其中的重要内容。

受世界金融危机影响，2009 年，俄罗斯国内生产总值下跌了 8.7%，大量资金外流，以汽车生产为代表的制造业下跌超过 40%。尽管稳定基金注入银行业和实体经济避免了类似 1998 年那样的崩溃，但受影响程度严重暴露了俄罗斯经济本身所具有的一系列缺陷，诸如对油气价格的过度依赖、政府投资效率低、私有财产保护不力、垄断行业膨胀，以及腐败横行等问题仍然存在，甚至有加剧的趋势。

---

① 〔英〕西蒙·皮拉尼：《普京领导下的俄罗斯：权力、金钱和人民》，姜睿等译，中国财政经济出版社，2013，第 56 页。

② 〔俄〕弗·索罗维耶夫尼·兹洛宾：《又是普京：梅普轮流坐庄内幕揭秘》，胡昊等译，当代世界出版社，2011，第 148 页。

2009 年 11 月，俄罗斯联邦政府正式批准《2030 年前俄罗斯能源战略》。梅德韦杰夫总统的国情咨文报告正式提出俄罗斯将以实现现代化作为国家未来 10 年的任务与目标。

《2030 年前俄罗斯能源战略》是以现行的《2020 年前俄罗斯能源战略》为基础，依据国内外两个市场和俄罗斯能源政治需要制订的。据此战略，俄罗斯将逐步增加燃料能源资源的开采，并重点开发东西伯利亚和远东地区，以及北极周围的新油气田。

俄罗斯能源外交也相应出现一些新的重要取向：更加强调东部地区经济资源的开发和亚太能源市场的扩展，以加速东部地区经济社会的发展、实现与亚太经济的一体化；更加强调以能源关系促进国民经济及能源产业的现代化发展；更加强调通过能源关系的运筹实现国家广泛的地缘战略利益，特别是对传统势力范围的维护。①

2009 年，东西伯利亚北部的万科尔油田投产。它包括 4 个大区，并被分成了 17 个许可证区。万科尔开采出的原油将被注入东西伯利亚－太平洋石油管道。随着这条输油管道一期工程的启动，俄罗斯石油进入了亚太市场。将东西伯利亚－太平洋石油管道延伸至远东港口科济米诺之后，俄罗斯通过该管道向世界市场供应的原油数量将翻一番。美国、日本、中国、韩国、菲律宾、印度和印度尼西亚为其买家。

萨哈林岛大陆架的油气田、雅库特境内的气田开发，都是俄罗斯远东对外合作的主要项目。比较而言，前者的实施不仅对远东石油工业发展和能源供应结构改造，而且对远东整体经济的发展会产生决定性影响。《2020 年前俄罗斯能源战略》对俄罗斯远东方向石油运输体系建设的规定是：建设从萨哈林岛大陆架面向亚太和南亚的能源出口运输管道。在"萨哈林 1 号"的框架内研究铺设穿越鞑靼海峡到德卡斯特里（哈巴罗夫斯克边疆区）的年运输能力为 1250 万吨的输油管道。根据"萨哈林 2 号"计划，第一阶段将铺设岛上由北到南两段长度为 800 公里的陆上输油管道。

目前，俄罗斯东部的萨哈林州和堪察加边疆区已形成新的天然气开采中心，雅库特天然气开采中心正在加紧建设，接下来还要建设伊尔库茨克

---

①　王海运、许勤华：《能源外交概论》，社会科学文献出版社，2012，第 148 页。

州和克拉斯诺亚尔斯克边疆区开采中心。除开采外，同时还将发展包括液化天然气厂在内的天然气加工与天然气化工业。《俄罗斯2030年前天然气行业发展总体纲要》明确了向中国和韩国出口天然气的资源基地主要是萨哈林开采中心；在条件成熟的情况下，由雅库特开采中心（恰扬金气田）修建通往哈巴罗夫斯克的输气管道出口天然气。克拉斯诺亚尔斯克和伊尔库茨克开采中心（科维克金气田）的天然气主要用于当地消费。

《2030年前俄罗斯能源战略》特别阐述了俄罗斯远东的能源开发及其意义，将其视为国家最具潜力的接续地区。油气资源"一是不可再生资源；二是开采条件越来越差，开采成本越来越高；三是必须在受行情波动影响的世界市场上销售，这三种情况都会构成俄罗斯经济增长的不稳定因素"。① 由此，油气储量的拓展、油气产区的交替就显得非常重要了。

"萨哈林2号"项目在2009年实现了液化天然气的出口。这对俄罗斯天然气工业公司来说无疑是个好消息。亚洲市场最初就是作为俄罗斯液化天然气市场出现的，这里有不少大客户，首先是日本、韩国，将来还有中国。但是这里不同于欧洲市场。它不仅表现在价格、确定客户关系方面的差异，还有法律调节机制问题。在欧洲，欧盟委员会要求各国公司、政府接受它的法律，对待俄罗斯天然气工业公司同样如此。对俄罗斯天然气工业公司来说，"对于通过油气管道连接起来的客户，它只能对其施加压力。可是，作为液化天然气市场一个主要参与者，公司却有能力扩大其客户圈"②。

2010年，俄罗斯的天然气产量达6503亿立方米，比2009年增加了11.6%。同年出口天然气1850亿立方米，还有270万吨液化天然气。③ 同年，萨哈林州共开采了2500万立方米天然气。按照该州经济发展部部长谢盖尔·卡尔佩科的估计："照这样的速度，到2025年，本州每年的产能可达6000万立方米，石油也将升至3000万~3500万吨。"他还指出："萨哈

---

① 郭连成：《俄罗斯经济转轨与转轨时期经济论》，商务印书馆，2005，第551页。

② 〔美〕盖尔·勒夫特、安妮·科林编《21世纪能源安全挑战》，裴文斌等译，石油工业出版社，2013，第301页。

③ Язев В. А. Россия и международное энергетическое сотрудничество в XXI веке. 2006－2011 гг. М. : Издательская группа 《Граница》, 2011. С. 319.

林州提供开采的石油、天然气中的一大部分在国内进行销售，现在，萨哈林州也在积极建设天然气公司、石化工厂及其他附属工程项目，我们会把更多精力放在能源的国内销售方面，还有一部分出口。但萨哈林州在煤矿资源方面会保持积极推动出口的态度。"①

2011 年，"北流"天然气管道一期项目正式启用。萨哈林－哈巴罗夫斯克－海参崴天然气管道完工。

自世界金融危机爆发以来，俄罗斯天然气出口的形势发生变化。从欧亚全局看，它的发展除了要应对出口管道多元化的挑战外，还要在出口和运输方面受到地区价格、消费市场和非常规资源的冲击和制约。首先是欧洲天然气需求及国内市场需求的持续下降，其次是它明显减少了对中亚地区的天然气进口量，最后是中俄天然气价格谈判久拖不决。②

美国的新能源革命对俄罗斯天然气也造成了冲击。祖克曼的《页岩革命》一书描写了奥布里·麦克伦登、哈罗德·哈姆、马克·帕巴等几个石油"个体户"通过"水力压裂"致密岩石的方法（用高压把水沙和化学试剂的混合液注入地下深层以便把天然气从岩层的空隙里挤出来），发动了一场新能源革命。他们赚到了巨额的财富，解决了美国依赖进口能源的问题，也引发了有关全球环保的新争论。③页岩气在美国能源开采中所占的比重也从 2% 上升到 44%。④ 由此，不仅使美国超过俄罗斯成为全球最大的天然气生产国，而且使美国得以大量向欧洲出口液化天然气。俄罗斯对欧洲天然气的出口面临降价销售的压力。

梅德韦杰夫总统时期，俄罗斯展开了必须实现经济现代化与多元化的严肃讨论。实际上，俄罗斯习惯于享受从前的能源安排，而在理论上对其进行

---

① 《独家专访俄罗斯萨哈林州经济发展部部长》，http：//www. caijing. com. cn/2011 – 03 – 24/110674270. html。

② 徐小杰：《石油啊，石油：全球油气竞争和中国的选择》，中国社会科学出版社，2011，第 74 ~ 75 页。

③ 〔美〕格雷戈里·祖克曼：《页岩革命：新能源亿万富翁背后的惊人故事》，艾博译，中国人民大学出版社，2014。

④ СтентАнджела. Почему Америка и Россия не слышат друг друга？: взгляд Вашингтона на новейшую историю российско – американских отношений. М.: Манн，ИвановиФербер，2015，C. 239. 据英国《金融时报》报道，美国已开始向中东出口液化天然气，标志着美国页岩革命正在颠覆全球资源流向。《美国向中东出口液化天然气》，http：//www. jjxww. com/ny/trq/8295. html。

批判。1992～2012 年，俄罗斯的石油、石油产品出口达到 57 亿吨。[①] 油气开发只有换回硬通货时才对俄罗斯有意义。俄罗斯的石油产量在 20 世纪 90 年代出现了下降，从 2000 年起开始回升。俄罗斯石油开采企业的生产效率也出现了类似的趋势。2010～2011 年，俄罗斯每位采油工人可以开采石油 3300～3500 吨，接近于 1990 年的水平；而在苏联时期，1980 年，每位采油工人开采石油 5500 吨，1985 年初，这个数字就变成了 4400 吨。但是俄罗斯努力扩大石油、石油产品出口的势头不减。1990 年，俄罗斯石油总产量的 31.1% 用于石油、石油产品的出口；1995 年这一份额是 56.2%；2000 年这一份额是 63.9%，2005 年这一份额是 74.4%，2010 年这一份额是 78.9%，2011 年这一份额是 77.7%。与此形成对照，1990～2012 年，俄罗斯国内对石油、石油产品的需求却在下降：1990 年，每个居民的石油、石油产品消费量是 2.4 吨；1995 年这一数字是 928 公斤；2011 年这一数字是 793 公斤。不过，俄罗斯石油的深加工程度提高不大，1990 年，俄罗斯石油的加工程度是 67%，2012 年这一数字是 71.5%。1992～2011 年，俄罗斯的天然气出口一般都占俄罗斯所采天然气的 30%（2010 年和 2011 年，这个份额分别是 26.7%、27.2%）。[②] 俄罗斯正在从战略层面设计石油、天然气出口的多元化，以便从中获得最大的政治利益和经济利益。

美国、日本、印度等石油消费大国从俄罗斯进口的石油比例都不高，但对从俄罗斯进口能源都抱有极大的兴趣。以美国为例，2002～2010 年，俄罗斯向美国出口了价值达 176 亿美元的石油和石油产品（2002 年是 20 亿美元）。2002 年，俄罗斯向美国出口的石油和石油产品占其对美国总出口的 29.2%，2010 年达到 68.6%。2010 年，俄罗斯向美国出口了 1.5 亿美元石油和石油产品，占美国石油进口的 3%，俄罗斯排在美国石油进口国第九的位置上。俄罗斯对美国的液化天然气出口也在增长，2002～2010 年增加了 43 倍（2002 年是 2000 万美元，2010 年达到 8.82 亿美元）。2012 年，俄罗斯向美国出口的石油、石油产品和天然气减少了，因为美国的油

---

① 出自书《Российские реформы в цифрах и фактах》，http：//refru. ru/removal. pdf.

② ГражданкинАлександрИванович，Кара－Мурза Сергей Георгиевич. Белая книга России：Строительство，перестройка и реформа：1950 ～ 2012 гг. М.：Книжный дом 《ЛИБРОКОМ》，2014，С. 178，180，181.

气产量增加了，这是页岩革命所致。①

美国扩展页岩革命的影响与俄罗斯增加液化天然气产量的努力迎头相遇。比如，日本就在考虑进口美国的天然气。中国学者分析道：由于页岩革命，日本将会在目前的"对美安全依赖"之上增加"对美能源依赖"进而形成对美"双重依赖"，甚至"多重依赖"。②

俄罗斯领导人也意识到过分依赖油气资源的危险性。普京在2001年4月的国情咨文中曾经警告俄罗斯对石油的依赖。2005年12月22日在俄罗斯国家安全委员会会议发言中，普京提到，要想在世界能源中占据魁首的地位，光是增加能源生产和出口的规模是不够的。俄罗斯应成为在能源创新中，在新的技术方面，以及在寻找节约资源和地下储量的现代化方式方面成为倡导者和"潮流引领者"，③ 但这种依赖有增无减。金融危机的爆发及其后的缓慢复苏，暴露了俄罗斯经济的潜在脆弱性：基于资源之上的增长。2001年，石油占俄罗斯出口销售收入的34%；2011年，这一比例升至52%。2001年，油气税收占联邦税收的20%，2011年增至49%。④

俄罗斯与发展中国家有些相似，都是资源型经济，主要靠出口原材料拉动经济发展。不同于后者的是，俄罗斯不仅自然资源丰富而且科技潜力、工业潜力巨大。这些优势包括石油带来的滚滚财源保证了国家收入和

① Под ред. Е. Б. Ленчук. Внешнеэкономическое измерение новой индустриализации России. СПБ. : Алетейя, 2015, С. 247 – 248. 米尔肯研究中心的克兹曼认为，美国巨大天然气储备的重要性——以及最近可获得的石油——被低估了，几乎所有人都低估了它的重要性。他写道："美国的能源技术，尤其是高压水力压裂岩石法——或者'水力压裂'——已经达到这种水平，即那些曾经不可得的能源储备现在可以更快、更容易且更有益地提取了。美国惊人的创造力又一次取得了胜利。我们的能源储备是如此巨大以至于美国很有可能再次成为能源净出口国，尽管哈里·杜鲁门入主白宫以后美国就再也不是能源净出口国了。"〔美〕乔尔·克兹曼：《低碳经济和美国经济霸权2.0》，周亦奇等译，东北财经大学出版社，2015，第91页。对俄罗斯来说，也许，美国页岩革命最重要的一点是展示了非传统石油的存在。
② 冯昭奎：《能源安全与科技发展：以日本为案例》，中国社会科学出版社，2015，第201页。
③ 普京：《普京文集（2002~2008）》，张树华等译，中国社会科学出版社，2008，第237页。
④ 〔美〕塞恩·古斯塔夫森：《财富轮转：俄罗斯石油、经济和国家的重塑》，朱玉犇等译，石油工业出版社，2014，前言，第4页。2000~2012年，高端产品出口在俄罗斯商品出口中的份额从3%减少到2%。2000~2011年，在世界高端产品市场上，俄罗斯所占的比重是0.3%~0.5%，排在第22~25名的位置。Под ред. Е. Б. Ленчук. Внешнеэкономическое измерение новой индустриализации России. СПБ. : Алетейя, 2015, С. 29.

外汇储备。石油工业从业人员拥有良好的技术。俄罗斯不仅石油产量巨大，而且产油历史相当长。其战略不必受欧佩克配额的束缚，在执行自己的战术和战略时，可以更大胆而少顾虑。[①] 皮拉尼也指出："俄罗斯具有独特的历史文化"，因此很难将俄罗斯与其他石油国家相提并论。后者包括沙特阿拉伯、利比亚、委内瑞拉等国，它们虽然从近期石油繁荣中受益，但是工业化程度较低，而且都没有"成为世界强国"。[②]

现代化是系统工程。自彼得一世以来，俄罗斯现代化之路步履维艰。为了缩短与西方的差距，俄罗斯可以积极借鉴西方的先进技术，引进其产业资本来壮大自己，但其经济、法律和政府结构的整体改革却未能及时跟上。由于俄罗斯幅员辽阔，国内的现代化又必然是一个循序渐进的过程。比较而言，在现代化程度上，俄罗斯的欧洲部分要高于其亚洲部分。

梅德韦杰夫总统倡导的俄罗斯现代化，一个要义是实现除了油气以外的能源多元化。但是，理想和现实之间存在着很大的差距。因为油气开采、出口对俄罗斯增强国力具有立竿见影之成效。况且，还有俄罗斯东部可资利用，而资源分布是俄罗斯东部生产力布局的诸因素中最重要的因素之一。那里并不缺油气储量，缺的是勘探和开采投资。俄国"科学之父"罗蒙诺索夫曾经预言西伯利亚对俄罗斯的重大意义，但是俄罗斯人过分强调其"威力"的一面，反而忽视了这块宝地与俄罗斯发展缓慢之间的联系。

2012 年，普京第三次当选为俄罗斯总统。从当年春起，他在公开讲话，以及对联邦会议的咨文中都经常提到亚洲，俄罗斯东部被列为整个 21 世纪国家优先发展的重点之一。俄罗斯政府继续推进油气产业的发展，决定大幅度降低东西伯利亚油田已生产原油的出口关税，延长东部油田现行的石油开采零税率制度的期限。

同年 10 月，"北流"天然气管道二期项目正式投产。这条管道的修建开辟了俄罗斯运输天然气至欧洲的新路径，首次实现不经过第三方国家直接将俄罗斯天然气管网和欧洲管网相连，有利于俄罗斯向北欧和西欧提供稳定的天然气供应，保障长期能源安全。

---

① 〔英〕邓肯·克拉克：《石油帝国：一部石油争夺战的史诗》，孙旭东译，石油工业出版社，2011，第 85 页。
② 〔英〕西蒙·皮拉尼：《普京领导下的俄罗斯：权力、金钱和人民》，姜睿等译，中国财政经济出版社，2013，第 65 页。

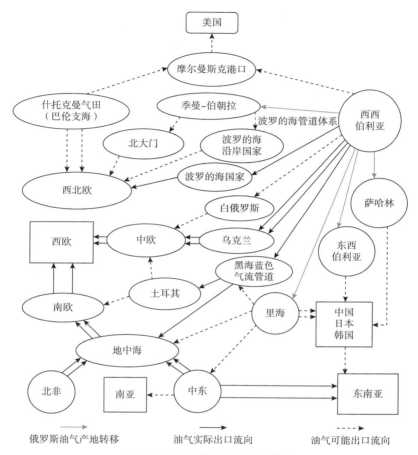

图 8 - 1 俄罗斯油气产地的转移

资料来源：参见王安建等《能源与国家经济发展》，地质出版社，2008，第 271 页。

2012 年底，东西伯利亚－太平洋石油管道二期工程竣工。至此，这条建设期超过 8 年、全长 4130 公里的管道全部建成并投入使用。二期工程投入使用后，一期工程管道的年输油能力将得到提高。这条管道能够将东西伯利亚几个大油田生产的石油运送到远东，从而使俄罗斯的石油出口更加多元化。普京完成了俄罗斯石油工业史上的一个壮举，俄罗斯终于有了面向亚洲的油气管道。俄罗斯油气产地的转移如图 1 所示。

俄罗斯天然气工业公司在欧亚之间纵横捭阖。在欧洲，它受到欧盟委员会的反垄断调查。"北流"天然气管道仍难以解决俄罗斯与欧盟之间在天然气领域存在的矛盾。双方谈判的焦点已经从天然气运输通道转变为天

图 8 - 2　俄罗斯纪念"北流"天然气管道最终建成发行的小型张邮票

注：其面值为 40 卢布，有管道建设主要所在地波罗的海钻井平台的照片。小型张边缘画有从俄罗斯维堡到德国格莱夫斯瓦尔德的输气管道线路图，以及画家穆勒 1712 年在格莱夫斯瓦尔德创作的叶卡捷琳娜一世的肖像。

资料来源：俄罗斯之声网站，http://radiovr.com.cn/2012_ 10_ 12/90999641/。

然气贸易核心机制。

针对欧盟的指责，普京的看法是，有必要对俄罗斯天然气工业公司经营模式进行改革，但反对分离天然气运输业务①。

俄罗斯天然气工业公司继续出口天然气业务。2013 年，这家公司在欧洲和土耳其天然气市场上的份额达到 30.07%。这是俄罗斯《公报》网站上公布的资料，文章题为《俄罗斯天然气工业公司创纪录的一年》。

在亚洲，俄罗斯天然气工业公司多年来试图从"萨哈林 1 号"项目每年购买 80 亿立方米天然气。除了控股"萨哈林 2 号"项目和拥有俄罗斯第一个和唯一的液化天然气厂外，它还与日本签署了修建海参崴液化天然气厂的协议。再者是加快管道建设。俄罗斯对东部能源开发现代化问题的讨论由两部分组成：一个是维持当地已有的基础设施；另一个是利用先进技术来建设新设施。除了"萨哈林－哈巴罗夫斯克－海参崴"管道，俄罗斯天然气工业公司准备建设"雅库特－哈巴罗夫斯克－海参崴"天然气管

---

①　拆分俄罗斯天然气工业公司的想法，从格尔曼·格列夫任俄罗斯经济发展和贸易部部长时开始。其间充满波折。参见〔英〕安格斯·罗克斯伯勒《强人治国：普京传》，胡利平等译，中信出版社，2012，第 46～47 页。俄罗斯国内近期的有关讨论，见《俄天然气行业垄断或被打破：传言抑或现实？》，http://tsrus.cn/jingji/2014/02/13/32129.html。

道。随着俄罗斯东部油气基础设施建设的展开，这些设施本身也将成为俄罗斯参加亚太经济合作进程的组成部分。俄罗斯远东将在萨哈林岛、雅库特的油气开发中突出其战略地位，并将与东西伯利亚的加速发展互为声势，从而与西西伯利亚、北极、乌拉尔、里海一道为俄罗斯搭建油气供给线。

只要能形成这样的线路，俄罗斯就会有力量。回顾俄罗斯石油工业的历史，它往往在非常时期重点抓主要石油基地的建设，在和平时期则构建主要石油基地和其他产油区之间的连接关系，从而为其石油工业的扩张埋下伏笔。

俄罗斯对美国页岩革命的态度也出现了微妙变化。俄罗斯天然气工业公司曾表示，可能要到 50 年后有需求时才会考虑这个问题。但是 2012 年 11 月俄罗斯能源部提出了一个加入全球"页岩革命"的发展计划。根据该计划，俄罗斯石油公司与俄罗斯天然气工业公司已相继在页岩气实验基地开展项目。2013 年 4 月，普京在谈到"页岩革命"时表示，俄罗斯没有忽视页岩气开发问题，而是密切关注其发展。[①]

这里面有个俄罗斯传统天然气资源优势应对美国非常规能源挑战的心理问题。

美国学者称，俄罗斯将是页岩革命中最大的失意者。俄罗斯已经失去或者正在失去定价权，它的客户现在能更自由地购买其他供应国的资源，而且它最易开采的天然气资源已经存量告急。所有这些因素都会持续削弱俄罗斯天然气的重要性。[②]

俄罗斯学者强调页岩革命的局限性。其主要观点有三。第一，美国的独特条件。它包括有利的地质条件、风险投资和国家的支持。这是世界其他地区所不具备的。因此，围绕页岩气出现的乐观情绪，大部分是由美国市场上的天然气价格引起的。第二，欧洲推广这种开采方式阻力重重。压

---

① 严伟：《俄罗斯能源战略与中俄能源合作研究》，东北大学出版社，2013，第 12 页。俄罗斯能源与金融研究所所长弗拉基米尔·费金在接受中国《第一财经日报》采访时也以俄罗斯斯托克曼的天然气、卡塔尔的天然气为例，承认美国页岩气对俄罗斯和其他天然气出口国造成了影响。《页岩气是不是"革命"：来自俄罗斯的观点》，http://money.163.com/12/0919/02/8BNUOG0B00253B0H.html.

② 〔美〕罗伯特·W.科尔布：《天然气革命：页岩气掀起新能源之战》，杨帆译，机械工业出版社，2015，第 129 页。

裂法的主要缺点是污染地下水和诱发地震。欧洲国家已经停止其使用。第三，俄罗斯有办法应对。俄罗斯可以在液化天然气上做文章。日兹宁教授指出，"为弥补（欧洲）这部分损失，俄罗斯正积极落实对东北亚国家出口液化天然气和管道天然气的项目。此外，俄罗斯还计划扩大对中国和其他本地区国家的液化天然气出口"。他还强调，美国在供气基础设施上存在高投入等问题。①

对俄罗斯来说，亚洲市场最初是作为液化天然气市场出现的，日本是第一个购买萨哈林岛液化天然气的国家，韩国紧随其后。2013年5月，来自62个国家和地区的250多名代表参加了在俄罗斯海参崴"俄罗斯岛"举行的亚太能源论坛。俄罗斯能源发展基金会主席谢尔盖·皮金指出："萨哈林岛大陆架蕴藏着丰富的天然气，但存在价格问题。需要对天然气进行液化，将其运往日本，在那里进行气化运到电站或作为终极产品变成电能。从节约资金的角度看，能源通道项目未来大有前途。"②

况且，俄罗斯开始调动亚马尔等地的天然气资源。"俄新网"报道，俄罗斯能源部石油天然气开采和运输司司长亚历山大·格拉德科夫对外界表示：除了"萨哈林2号"液化天然气厂，俄罗斯还计划落实下列工厂项目："亚马尔液化天然气"（诺瓦泰克公司）、"海参崴液化天然气"（俄罗斯天然气工业公司）、"远东液化天然气"（俄罗斯石油公司）、"波罗的海

---

① 《"页岩气革命"对我们不构成威胁》，http：//radiovr. com. cn/2012_ 10_ 13/91154901/；斯塔尼斯拉夫·日兹宁：《俄欧双方谁对天然气贸易依赖更大》，http：//tsrus. cn/pinglun/2014/05/16/34239. html；2011年、2012年，伦敦的英国石油公司、挪威的国家石油公司，还有法国的道达尔公司都花几十亿美元来收购、买进、合资经营美国宾夕法尼亚州、俄克拉荷马州、得克萨斯州、阿肯色州等地的页岩。中国海洋石油总公司和意大利的埃尼公司，还有澳大利亚能源集团的必和必拓公司也随之跟上。〔美〕格雷戈里·祖克曼：《页岩革命：新能源亿万富翁背后的惊人故事》，艾博译，中国人民大学出版社，2014，第253页。据彭博新闻社2015年的报道，让美国变成天然气开采大国的页岩气革命，在欧洲惨遭失败。大多数欧洲国家或者禁止使用水力压裂方法，或者干脆禁止开发。彭博社的文章称，失败的原因是复杂的地质条件、生态学者们的担忧以及与传统天然气价格挂钩的石油价格的走低。欧洲页岩气将永远只是从俄罗斯和其他国家进口的传统天然气的补充。美国《赫芬顿邮报》2016年3月29日报道，油气工业的废水处理方式，把美国中西部700万人置于"人造地震"的危险之中。开采公司普遍会把废水注入地下，对地面断层造成额外压力，驱使它们分离。《美油气工业废水处理加剧中西部"人造地震"风险》，《环球时报》2016年3月30日第5版。

② 《俄罗斯在构建亚太能源安全中发挥重要作用》，http：//big5. tsrus. cn/caijing/2013/06/04/24693. html。

液化天然气"（俄罗斯天然气工业公司）、"伯朝拉液化天然气"（俄罗斯石油公司）。由此使俄罗斯的液化天然气更容易进入国际市场。

加速页岩油开采，也是俄罗斯手中的撒手锏。提莫菲·贾德科在《商业咨询日报》网站发表了《俄罗斯计划 20 年内成为页岩油开采领军者》一文对此介绍道："页岩油"是美国使用的术语，意为从页岩中开采出来的石油；而俄罗斯早在苏联时期就将其称为"难采石油"。这是一个更为广泛的概念，不仅包括从页岩中，也包括从其他岩石中开采的石油。黏土石油或在巴热诺夫油田开采的原油均属于此类石油。开采页岩油与其他非常规难采石油所使用的技术几乎相同。目前，俄罗斯有关的税收优惠政策已经出台，只剩下技术问题需要解决。从 2013 年底开始，政府已经对巴热诺夫、阿巴拉克、哈杜姆、多马曼尼克 4 座油田实施免收 10～15 年矿产资源开采税的优惠政策。

美国学者也指出，"俄罗斯有 285 万亿立方英尺的天然气，在西伯利亚巴热诺夫还有巨大的石油岩层，可能是巴肯岩层的 8 倍那么大，面积比阿拉斯加和加利福尼亚州的面积总和还大。巴热诺夫可以提供数万亿桶石油，所以埃克森和其他公司都想在这里占据一席之地。不过，俄罗斯可能要在好一段时间之后才会开采页岩，因为它的传统能源储备太多，目前还不需要开采页岩。"①

进入 2014 年以来，俄罗斯石油工业面临西方制裁的影响。在卷入乌克兰危机前，俄罗斯在南基林斯基有石油大发现。当美俄在乌克兰问题上的博弈不分伯仲之时，北极勘探方面俄罗斯先攻下一城。"米哈伊尔·乌里扬诺夫"号从普里拉兹洛姆内平台运送首批 7 万吨北极石油前往欧洲。它

---

① 〔美〕格雷戈里·祖克曼：《页岩革命：新能源亿万富翁背后的惊人故事》，艾博译，中国人民大学出版社，2014，第 305 页。挪威咨询机构吕斯塔德能源公司最新发布的报告中写道，美国未开采石油中，过半为非常规的页岩油。页岩油一度难以企及，因为新技术才得以开采。这份报告估算，凭借页岩革命，美国现在的石油储量已经超过俄罗斯和沙特阿拉伯。参见《美国未开采油量超沙特俄罗斯》，http://energy.people.com.cn/GB/n1/2016/0707/c71661-28532957.html。记者戈尔德也认为：……俄罗斯的巴热诺夫页岩面积约达 85 万平方英里，它从封冻的喀拉海起，几乎一路延伸到了哈萨克斯坦的大草原，差不多相当于德克萨斯州和墨西哥湾加在一起。……这就是西伯利亚那些大型油田的源岩，也是现代俄罗斯大部分财富和政治力量的源头。……〔美〕拉塞尔·戈尔德：《页岩革命：重塑美国能源，改变世界》，欧阳谨等译，石油工业出版社，2016，第 19 页。

是世界上唯一的北极大陆架工业平台开采的石油。

乌克兰危机导致了俄罗斯与西方关系的紧张状态。2014 年 4 月 3 日，俄罗斯外交部发言人卢卡舍维奇表示，美国关于暂停 "俄美总统委员会" 框架内交流的决定 "不合乎基本逻辑"，令俄方感到遗憾。这个委员会是 2009 年 7 月俄美总统莫斯科会谈时决定建立的由两国总统亲自领导的双边合作发展委员会。它负责指导和协调俄美两国各个领域的合作。委员会包括 13 个工作组，负责人由相关领域的政府部长或副部长担任，两国外长担任委员会协调员。同年，北约－俄罗斯理事会会议停止活动，俄罗斯退出了八国集团。

图 8－3　塞瓦斯托波尔的纳希莫夫广场，2014 年 3 月 18 日

资料来源：Широкорад А. Б. Битва за Крым. От противостояния до возвращения в Россию. М. : Вече，2014。

俄罗斯加强了欧亚能源外交。2014 年 4 月 18 日，普京会见壳牌集团总裁范伯登，双方宣布了扩大萨哈林岛油气项目的意愿。

5 月，俄罗斯与中国签署了 30 年内沿东线每年对华出口 380 亿立方米天然气总额 4000 亿美元的合同。俄罗斯所提供的天然气来自 "西伯利亚力量" 输气管道①支线，东西伯利亚气田将作为其资源库。

5 月 29 日，俄罗斯总统普京、白俄罗斯总统卢卡申科、哈萨克斯坦总

---

① 普京总统在 2012 年的国务委员会会议上表示，即将铺设的从雅库特恰扬金斯基产地经哈巴罗夫斯克到海参崴的天然气管道将被冠名为 "西伯利亚力量"。

统纳扎尔巴耶夫在阿斯塔纳签署了《欧亚经济联盟条约》。这个联盟的概念是 1994 年由哈萨克斯坦总统纳扎尔巴耶夫在莫斯科大学演讲期间首次提出的。2011 年 10 月，时任俄罗斯总理普京提出组建联盟的计划。

2014 年 6 月，俄罗斯终止对乌克兰提供天然气。后者指责俄方将天然气价格从每千立方米 285 美元提至 485 美元。

7 月，美国和欧盟国家针对持有国有股份的几家俄罗斯大企业实施制裁，其中包括俄罗斯石油公司及几家大银行：俄罗斯对外经济银行、俄罗斯外贸银行、俄罗斯国家储蓄银行和俄罗斯天然气工业银行。

11 月，欧佩克决定维持产量并对抗高成本的美国页岩油生产商以维护市场份额。自此，油价持续下跌。

普京厌倦了西方领导人在乌克兰问题上对他的指责，提前离开了二十国集团布里斯班峰会。

12 月，俄罗斯因保加利亚的立场停止了"南溪"天然气管道建设项目。

自 2014 年春以来，北约在东欧采取一系列措施对俄罗斯施加压力。这些措施的目的是安抚北约的东欧盟国，比如开放后勤基地、预置物资、向波罗的海国家派遣歼击机或者在波罗的海和黑海增加军舰部署。

普京在 2014 年度国情咨文中指出，美国正在构建的全球反导系统，不仅威胁俄罗斯的安全，同时也威胁全世界的安全。俄罗斯必须降低对国外技术的严重依赖性，"在实施大型石油、能源、运输项目期间，应以本国生产商为中心。购买本国企业的产品"。

2015 年伊始，欧亚经济联盟全面启动。成员国包括俄罗斯、哈萨克斯坦、白俄罗斯、亚美尼亚和吉尔吉斯斯坦，并开始履行其义务，"确保商品、服务、资本和劳动力的自由流动，在能源、工业、农业、交通等关键经济领域实施协调一致的政策"。俄罗斯政府还在欧亚经济联盟内鼓励用卢布结算。

3 月，美国坦克部队运抵拉脱维亚。几天后，俄罗斯宣布退出《欧洲常规武装力量条约》。

6 月，欧洲理事会决定将原定为期一年的对俄制裁再延长半年。

俄罗斯针锋相对。其新版海洋学说涵盖四大职能和六大地区发展方向，四大职能分别为海军活动、海上交通、海洋科学和资源开采；六大地区发展方向为大西洋、北极、太平洋、印度洋、里海和南极。

俄罗斯要维持现有的石油产量，只能依靠西西伯利亚油区。其北极的油气勘探、开采从长远看也将受到制裁的影响。而美国对俄罗斯制裁的名单多次扩大，包括自然人和法人。上榜的自然人不得入境美国，不得在美国拥有银行账户、不动产、有价证券和上市公司股份。上榜法人则被禁止与美国及美国公司做生意。8 月，美国将南基林斯基油气田列入制裁名单。在遭受西方经济制裁后，俄罗斯食品价格大涨。例如，萨哈林岛的鸡腿价格骤涨 60%，而鸡腿之类通常是超市里最便宜、最普通的禽肉类商品。

这让我们想到 20 世纪 80 年代的美苏"石油战"和美国对苏联主要石油产区的破坏活动。这一次，南基林斯基也被美国列入了打击范围。根据制裁令，禁止美国企业向这个项目供应设备。这一决定引发了对包括"萨哈林 2 号"在内的液化天然气出口项目，以及与壳牌集团合作的质疑。没有进口技术，俄罗斯天然气工业公司在开发气田的过程中可能会遭遇困难，特别是在进一步勘探中证实含有石油的时候。

沙特阿拉伯的角色却有些变化。美国总统里根花费数十亿美元用于开发核武器和其他军事装备，逼迫苏联效仿。这一战略只有在油价处于历史低位时才能奏效。1985 年，沙特站在美国一方，在油价上给了苏联沉重的一击。现在，这个美国的盟国表现出向俄罗斯靠拢的迹象。沙特阿拉伯主权财富基金公共投资基金计划向俄罗斯投资 100 亿美元。需要指出的是，沙特阿拉伯主权基金近年来主要投资于石油基础设施和石油加工项目。其中一个原因就是美国页岩革命对沙特形成了潜在的冲击。长期以来，沙特因为手中有剩余生产能力这张王牌而在国际石油界处于举足轻重的地位。而页岩革命将会影响到它的这种战略地位。页岩革命使美国在 2014 年超过沙特阿拉伯成为世界第一大石油生产国。不仅如此，沙特还在世界石油市场上支持打低油价战。随后，科威特主权投资基金科威特投资局也为在俄罗斯境内的项目追加 5 亿美元投资。想当年，因为伊拉克入侵科威特，美国发动了海湾战争。苏联几乎处于坐视观战的地位。

上述两次西方对苏联、俄罗斯的制裁有一点不同，那就是苏联、俄罗斯经济在对外依存度方面存在差异。近十年来，出口在俄罗斯国内总产量中占据 30% ～40% 的份额。而在 1981 ～1986 年，苏联的这一份额只有

10%～16%，此时苏联正处于石油针尖上。苏联早期的这一份额只有几个百分点。①

2015 年 8 月 1 日，俄罗斯将空军部队与空天防御部队合并成立了空天部队。

9 月底，俄罗斯空军在叙利亚空军的配合下，首次对叙境内的极端组织"伊斯兰国"目标实施空中打击。不同于 20 世纪 90 年代的苏联领导人，普京在中东迎难而上。他一方面利用反恐占据道义制高点，在国际上赢得更多支持，另一方面借此拉近同西方的关系，逐渐打破美欧对俄罗斯的制裁政策。西方领导人也很快认识到，叙利亚要走向和平是绕不开俄罗斯的。

11 月 24 日，俄罗斯苏 – 24 轰炸机被土耳其 F – 16 战斗机击落。俄罗斯对土耳其实行了经济制裁。此前，土耳其还是俄罗斯天然气的第二大买家，仅次于德国。普京在 2015 年度国情咨文中表示：俄罗斯不会原谅土耳其的背叛行为，土耳其需要为其所作所为付出代价。

12 月，欧佩克维也纳会议未就生产配额达成一致，油价再次下跌。21 日，欧盟正式批准延长对俄罗斯的经济制裁至 2016 年 7 月 31 日。普京总统将欧盟此举称为"虚伪"。30 日，普京签署法令，暂停实施俄罗斯与乌克兰的自贸区协议。

俄罗斯远东也在国家实施欧亚外交的过程中出现了一些变化。最重要的是俄罗斯远东实行超前发展区政策：共建立了 12 个超前发展区，它的主要目标是亚洲投资者。其中，批准的首批超前发展区是哈巴罗夫斯克边疆区的"哈巴罗夫斯克"和"共青城"，以及滨海边疆区的"纳杰日金斯卡亚"。萨哈林州建立了两个发展区，即"山地空气"和"南方"。

回顾 2015 年，俄罗斯和美国的石油工业都出现了新动向。

俄罗斯经济下滑、油气产量再创新高。俄罗斯联邦统计局 2016 年 1 月 25 日公布的数据显示，2015 年俄罗斯国内生产总值较上年萎缩 3.7%。俄罗斯《公报》2016 年 1 月 10 日报道，尽管能源价格持续下跌，2015 年俄罗斯石油和天然气凝析液产量仍达到 5.34 亿吨，创俄罗斯有史以来的绝对纪录，比 2014 年增长 1.4 个百分点。

---

① Катасонов В. Ю. Экономическая война против России и сталинская индустриализация. М. : Алгоритм，2014，С. 7.

美国开始出口原油了。2015 年 12 月 18 日，美国国会投票批准废除实施了 40 年的美国原油出口禁令。12 月 31 日，美国第一艘装载出口原油的油轮从得克萨斯州起航。

进入 2016 年以来，俄罗斯与欧佩克加强磋商，试图冻结石油产量以稳定油价；在圣彼得堡国际经济论坛期间，俄罗斯天然气工业公司还与壳牌集团签署了波罗的海液化天然气项目的谅解备忘录；而在东欧，北约举行了代号为"蟒蛇 2016"的大规模军事演习，俄罗斯严阵以待；欧盟继续对俄罗斯延长制裁期限；俄罗斯还提出建立一个印度、中国、独联体各国甚至东盟参加的"大欧亚伙伴关系"。

9 月，美国财政部外国资产监督管理局对俄罗斯天然气工业公司、俄气银行、莫斯科银行的一系列下属机构和其他公司及自然人实施制裁。

11 月 9 日，特朗普赢得美国总统大选的胜利。25 日，俄罗斯总统的一句话"俄罗斯的边界没有止境"惹怒了多家欧洲媒体。30 日，欧佩克成员国达成了减产协议，宣布每天减产 120 万桶。

12 月 10 日，非欧佩克产油国也达成了日均减产 55.8 万桶的协议。由于上述两个减产协议，主要产油国在未来半年内每天将减产 170 多万桶。同日，多家美国媒体报道，埃克森美孚公司总裁兼首席执行官雷克斯·蒂勒森成为当选总统特朗普的国务卿首选。蒂勒森在 20 世纪 90 年代曾经负责埃克森美孚在萨哈林岛的一个项目，1999 年与普京结识。

第二节　主要双边关系

直至冷战结束以前，地缘政治考虑一直是俄罗斯外交的重点所在，其办法之一是用萨哈林岛的石油开发合作在日本、美国、英国之间维持大国制衡，以此保障俄罗斯远东的安全。冷战结束以来，萨哈林岛大陆架油气开发并举为俄罗斯外交多元化提供了筹码。

美国埃克森美孚公司在萨哈林州

俄罗斯远东经济区陆邻中国、朝鲜，与日本、美国及东南亚诸国隔海相望。优越的地理条件，为其发展国际联运，建立进出口原料加工企业，加强同周边国家的经济与贸易往来打下了良好的基础。

在萨哈林岛大陆架油气开发合作方面，美国企业表现积极，美国政府却显得犹豫。埃克森美孚石油公司的经历可资证明。

苏联解体后，保持东部地区的稳定是俄罗斯内政的重要任务。俄罗斯分裂主义和地区主义在 1993 年中期达到顶峰，地区长官利用总统和议会之间争斗的混乱局势渔翁得利。俄罗斯只能从发展中找解决办法。俄罗斯东部可以利用其得天独厚的资源和地缘优势，搭上东亚经济发展快车，通过能源开发吸引外资，促进当地经济发展。

俄罗斯远东经济区自然资源丰富。根据"中国经济网"提供的材料，它的燃料和能源资料的潜力在俄罗斯名列前茅。还有金、锡、钨、锑、铅等多种有色金属矿，以及钻石矿、磷钙石资源。林业面积占据了本区总面积的 45%。渔业发达，包括鄂霍次克海、白令海和日本海在内的太平洋西北部是苏联，也是俄罗斯鱼产量最大的海区。其海洋水产加工业也很发达。这里的著名大港，比如海参崴、纳霍德卡、波西耶特及瓦尼诺等担负着向马加丹州、萨哈林州等北部地区运送冬季用品和其他货物及运送进出口货物的任务。目前，远东经济区获得较大发展的三个工业部门是有色金属冶炼、渔业和木材工业。

与自然资源的丰富程度相比，俄罗斯远东缺乏劳动力、资金和民用技术，这是制约其经济发展的重要因素之一。因此，它向俄罗斯联邦中央提出的要求主要集中在经济方面，希望引进美国的资本和技术。

美国公司看中了这里的资源：萨哈林岛的油气，哈巴罗夫斯克的木材，马加丹州的贵金属。美国公司也在当地销售食品、日用品、建材、重型设备、汽车备件、黄油。埃克森美孚公司、可口可乐公司、普罗克特 -甘波尔公司、履带拖拉机公司等美国大公司都在那里开设了分支机构。俄罗斯远东同美国西海岸各州还建立了"俄美太平洋伙伴关系"，它是在地区水平上进行双边对话的独特机制。

1999 年，流入萨哈林州的外来投资总额达到 10.27 亿美元，其中，美国占 10.19 亿美元，日本占 270 万美元。美国在当地有 82 个俄美合资公司，总资本 6500 万美元。[①] 到 2011 年 1 月 1 日，萨哈林州注册的外资公司

---

① О. А. Арин. Стратегические контуры Восточной Азии вXXI веке. Россия： ни шаг вперед. М. ： Альянс，2001，С. 145.

有 736 家。其中，美国公司 132 家，韩国 96 家，日本 89 家，中国 63 家，丹麦 53 家，塞浦路斯 52 家，等等。①

萨哈林岛是美国资本较为集中的地方。美国资本参加的产品分成协议项目有："萨哈林 1 号"项目（埃克森美孚公司），"萨哈林 2 号"项目（马拉松公司、麦克德莫特公司），"萨哈林 3 号"项目（埃克森美孚公司、德士古石油公司）。投资总额超过了 250 亿美元。② 地理位置也在俄美油气合作中发挥了作用。"美国的可靠的、固定的石油天然气供货应来自萨哈林，该地区比俄罗斯其他地区的油田更靠近美国。"③ 俄罗斯产品分成协议项目最初也把目标市场锁定在美国太平洋沿岸。

埃克森美孚公司在这些美国公司中一马当先。在它看来，"既然俄罗斯的官员和工程师不了解项目的复杂性，也只有在 15 ~ 20 年后项目的利润才能确定，公司只有攥住神圣无比的合同"。俄罗斯远东的大多数油气田和许可证区块同时含有石油和天然气。埃克森美孚的着眼点放在石油领域，并且选择与俄罗斯石油公司的子公司萨哈林海洋油气股份公司联手开发。这种介入方式与壳牌集团不同，后者在俄罗斯的发展战略以天然气为基础。埃克森美孚公司为此"集结了 4 万吨物资装备。公司计划钻井进尺 2 英里，往太平洋方向打 6 英里的水平井。在 10 年内，埃克森预计投资 40 亿美元，雇用 70 家俄罗斯设计院，在俄罗斯建造其 2/3 的基础设施"④。

2003 年，"萨哈林 1 号"钻成第一口大位移井。这种工艺使得陆上钻井能够从海底向海上油气藏钻进，从而可以在全球最具挑战性的亚北极地区以安全、环保的方式进行成功操作。

2004 年，俄罗斯对美国出口的石油在美国石油进口总量的份额中占比不到 2%，俄罗斯向美国出口的天然气仅限于液化天然气。根据两国间的

---

① Л. А. Моисеева. Развитие инвестиционной привлекательности ДальнегоВостока как фактор интеграции России в АТР（1999 – 2011 гг.）//гуманитарные исследования в восточной сибири и на дальнем востоке，№ 1，2012，С. 75.

② Под ред. Е. Б. Ленчук. Внешнеэкономическое измерение новой индустриализации России. СПБ. : Алетейя，2015，С. 261.

③ 宋景义：《转轨时期俄罗斯石油天然气工业及其对外经济联系研究》，中国经济出版社，2008，第 248 页。

④ 〔英〕汤姆·鲍尔：《能源博弈：21 世纪的石油、金钱与贪婪》（下），杨汉峰译，石油工业出版社，2011，第 384 ~ 385 页。

"萨哈林 2 号"协议，俄罗斯将从 2008 年起通过墨西哥的输送管道向美国出口液化天然气，其中部分天然气将直接供给美国加利福尼亚州。[①]

同年，俄罗斯收回了埃克森美孚公司、德士古石油公司在"萨哈林 3 号"项目草案框架下的勘探与开发许可。

2005 年，俄美两国再度恢复能源对话。俄罗斯联邦工业与能源部部长维克托·鲍里索维奇·赫里斯坚科访问美国。双方就萨哈林岛大陆架框架内的合作、施托克曼气田的开发等问题进行会谈。

埃克森美孚公司曾经计划把项目出产的石油销往国际市场，因为国际油价远高于俄罗斯国内价格。也有报道说，它还计划将项目出产的一部分天然气销往中国。

2010 年 10 月，俄罗斯国际文传电讯社援引俄罗斯能源部部长谢尔盖·什马特科的话报道说，俄罗斯没有改变埃克森美孚公司担任"萨哈林 1 号"作业者的计划。

2011 年，埃克森美孚公司萨哈林岛大陆架项目的负责人詹姆斯·泰勒在俄美太平洋伙伴关系论坛上指出，自 2005 年投产以来，"萨哈林 1 号"已经生产了 4100 万吨原油和 76 亿立方米天然气。这些油气大部分供应哈巴罗夫斯克使用。目前，该项目给俄罗斯政府带来的收入已经超过 50 亿美元。同年 7 月，俄罗斯《莫斯科时报》也指出，"萨哈林 1 号"成为俄美能源合作的成功典范。[②]

根据当年俄美达成的协议，埃克森美孚公司对俄罗斯的北冰洋海域和西伯利亚西部的页岩进行勘探，还支持在彼得堡建立北冰洋研究机构。埃克森美孚公司终于与俄罗斯石油公司建立了战略联盟关系。

美国公司在俄罗斯面临两大难题：一个是让俄罗斯相信，它的石油工业需要实力雄厚的西方资本；另一个是找到一种双方都能接受的调节风险、赢利的法律机制。前者更为重要，它可以说明美国只能得到俄罗斯石油生产 5% 份额的原因。美国对俄罗斯的投资主要集中在中央联邦区和远东联邦区。埃克森美孚公司、俄罗斯石油公司已经在大型协议项目上达成

---

① 〔俄〕C. 3. 日兹宁：《俄罗斯能源外交》，王海运等译，人民出版社，2006，第 368 页。

② 《"萨哈林-1"号项目给俄罗斯政府带来 50 亿美元收入》，http://intl. ce. cn/specials/ zxxx/201107/19/t20110719_ 22551304. shtml；王多云、张秀英：《中国油气资源国际合作：现实与路径》，社会科学文献出版社，2011，第 244 页。

一致。这是从长期规划而言的，更重要的是两巨头的紧密合作是一石三鸟之举——增加北极海上作业经验，向俄罗斯海外扩展业务，以及掌握致密油开发的必备技能。[①]

根据中国石化新闻网 2014 年 1 月 28 日的报道，2013 年，"萨哈林 1 号"运营商的石油、凝析油产量达到 700 万吨，还生产了 99 亿立方米天然气。

埃克森美孚公司不仅给萨哈林州带来技术、油气产量，也带来了公司驻当地企业的本地化成果。在绝大多数的西方国家，企业的根本目的被认为是经济进步，基于"做生意就是要赚钱"这一理念的基础之上。其他的大企业也为社会大众谋福祉，但它们的根本着眼点仍在于创造经济利益，只有利润达到一定的水平后，它们才开始考虑回报社会。在俄罗斯，要适应当地文化，外国高管必须调整自己的工作方式。俄罗斯企业界流行"关系重于合同"的做法，埃克森美孚公司对此了然于胸。它对该州的媒体讲，公司的当地职员中 90% 是俄罗斯专家，那可是 3000 个高薪岗位。公司还准备将此类做法向新企业推广。[②]

如果说埃克森美孚公司在萨哈林州的表现优异，俄美政治关系却常有波动。2014 年，俄罗斯石油公司被西方列入制裁名单。据路透社同年 5 月 16 日报道，埃克森美孚公司的一名官员当日在评论俄罗斯媒体的有关报道时表示，埃克森美孚没有离开俄罗斯"萨哈林 1 号"项目的任何计划。9 月，第 19 次俄美太平洋伙伴关系论坛会议召开。俄罗斯代表团的阵容包括俄罗斯联邦外交部、经济发展部和地区发展部负责人员，还有萨哈林州和堪察加边疆区的代表。美国方面，联邦级官员拒绝参加，只有加利福尼亚州和圣迭哥市的代表参加。会上，埃克森美孚公司、波音公司、卡特彼勒公司和西伯利亚煤炭能源公司、萨哈林能源投资公司、海参崴对外运输公司展示了自己的商贸活动。会议日程既包括巩固地区间联系、发展远东问

[①] СтентАнджела. Почему Америка и Россия не слышат друг друга？：взгляд Вашингтона на новейшую историю российско‐американских отношений. М.：Манн，ИвановиФербер，2015，С. 243.〔美〕塞恩·古斯塔夫森：《财富轮转：俄罗斯石油、经济和国家的重塑》，朱玉犇等译，石油工业出版社，2014，第 433 页。

[②] Елена Данилевич. Как нефть "двигает" страну？//Аргументы и факты，№ 22，28 мая 2014，С. 21.

题，又包括开发北极问题。①

埃克森美孚公司与俄罗斯石油公司合作开发北极油田的计划却增加了不确定性。由于制裁，它不能获得来自美国银行的长期贷款，其深海钻探工作将大受影响。从世界石油工业开采的趋势看，未来海洋石油勘探开发将以大陆架浅海区为主，逐步向深海区扩展。俄罗斯石油公司总裁谢钦表示："我们公司非常珍惜与埃克森美孚公司的合作，这种合作是从萨哈林开始的，现已有20年的历史。在喀拉海，我们是在别人谁也不进行的高纬度展开钻井工作。我们打算在那里开辟新油区，其石油储量可与沙特阿拉伯已探明的储量相比。"此前，"俄塔社"报道，8月9日，俄罗斯石油公司和埃克森美孚公司一起，开始在喀拉海上的"金雕"平台进行钻井工作。② 在美国政府的压力下，埃克森美孚逐步停止了钻探活动。公司称其在俄罗斯的投资将因为制裁而面临10亿美元的损失。

最后来说一说埃克森美孚公司总裁兼首席执行官雷克斯·蒂勒森。

蒂勒森1952年生于德克萨斯州，1975年从德克萨斯大学奥斯汀分校毕业，获工程学士学位，同年作为工程师加入埃克森美孚公司。20世纪90年代，他负责公司在俄罗斯的业务。2004年，他成为埃克森美孚公司总裁并自2006年以来一直担任该公司的首席执行官。

2011年，蒂勒森与俄罗斯方面签署协议，使埃克森美孚得以开发俄罗斯北极油气资源。普京出席了双方的签约仪式。与此同时，埃克森美孚还允许俄罗斯石油公司投资本公司在全世界的经营业务。

2013年，普京向蒂勒森颁发俄罗斯给予外国友人的最高荣誉——友谊勋章，以表彰他为"加强能源领域合作"所做的工作。

在西方对俄罗斯实施制裁后，蒂勒森多次表明反对立场，指出由此给埃克森美孚带来的经济损失。2016年6月，他还参加了圣彼得堡国际经济论坛。特朗普赢得美国总统大选后，下一任国务卿人选成为人们关注的话

---

① 《俄美太平洋伙伴关系论坛例会在加州开幕》，http：//sputniknews. cn/radiovr. com. cn/news/2014_ 0910_/ 277089012/。2016年9月8日，俄罗斯卫星网发布消息：世界自然基金会对俄罗斯政府有关停止向石油企业发放北极大陆架新土地的决定表示欢迎。在配合这条消息的说明中指出：俄罗斯自然资源部8月提议在最近1～2年内停止发放大陆架石油天然气田的许可证。政府从5月起就已停发大陆架土地的许可证。

② 《俄石油将向北极投资4000亿美元》，http：//tsrus. cn/kuaixun/2014/09/01/4000 _ 36675. html。

题，而蒂勒森逐渐成为当选总统特朗普的国务卿首选。

路透社12月13日的电文中指出："蒂勒森的外交经验来自代表埃克森美孚公司与世界各国做生意的过程，而他与俄罗斯的关系令人心存疑问。"

《华尔街日报》12月13日报道说，特朗普团队当天早上发表声明称，"蒂勒森的坚韧、丰富经验和对地缘政治的深刻理解，使他成为国务卿的最佳人选。他将推动地区稳定，并将重心放在美国的核心国家安全利益上"。声明还说，蒂勒森是美国梦的象征，知道如何管理一个世界级企业，这是他领导国务院的关键，他与世界各国领导人的关系也是独一无二的。

俄罗斯《观点报》网站12月13日的文章中指出，蒂勒森"与普京相熟，但并非亲俄人士"。

俄罗斯外长拉夫罗夫在发表有关的评论时强调，蒂勒森和特朗普都是讲究"实用主义"的人。①

在萨哈林岛的工作经历，可以记到这位石油大亨"亲俄"的账上。

俄日关系中的萨哈林岛

俄罗斯和日本的经济合作，只要不涉及两国之间的领土问题，这个进程就比较顺利。俄罗斯有日本所缺少的自然资源，它的市场对日本资本和商品是开放的。更重要的是，无论是现在还是将来，两国在经济上不存在竞争关系。②

苏联、日本于1957年12月6日签署的贸易协议，是调节双方经济关系的主要依据；苏日政府间经济委员会在其中发挥了重要作用。20世纪90年代，俄日忙于各自的国内结构调整，彼此之间的经济联系松懈，双方的贸易处于低迷状态。步入21世纪后，两国的贸易额回升。③ 2012年，日本

---

① 《特朗普选中石油大亨当国务卿》，《参考消息》2016年12月12日第3版；孙卫赤、任重、柳玉鹏、范凌志：《新国务卿人选美争议大》，《环球时报》2016年12月12日第16版；《特朗普提名石油巨头任国务卿》，《参考消息》2016年12月14日第2版；丁凡、陈欣：《特朗普提名石油大亨任国务卿》，《环球时报》2016年12月14日第2版；《特朗普提名"亲俄"国务卿引争议》，《参考消息》2016年12月15日第1版；叶卡捷琳娜·希涅利希科娃：《美新任国务卿竟曾获俄友谊勋章俄美关系能否改善?》，http://tsrus.cn/guoji/2016/12/15/655875。

② А. Н. Панов и др. Современные российско - японские отношения и перспективы их развития. М.：Спецкнига，2012，С. 8.

③ 日本外务省网站提供了1991~2010年日俄贸易的发展情况，参见田春生主编《俄罗斯经济外交与中俄合作模式》，中国社会科学出版社，2015，第313页。

是俄罗斯第八大贸易伙伴。其中，日本从俄罗斯的进口居第四位、出口第九位。日本在俄罗斯商品流转中所占比重是 3.7%。① 俄日贸易结构与苏日贸易结构相似：俄罗斯用能源、原料交换日本的工业制成品。日本主要出口新旧汽车、筑路机械、家用电器、通信设备等。自 2005 年以来，日本对俄罗斯的投资出现新变化。它在圣彼得堡汽车装配企业的投资数额动辄上亿美元，在俄罗斯远东的汽车装配厂也有进展。两国还在机床等方面进行合作。

能源合作在俄日经济关系中占有重要地位。1998 年，两国签署了《关于发展俄日在能源领域合作的联合声明》。2003 年，两国又签署了《关于行动计划的联合声明》，表示将积极开展能源领域的长期合作。日本在俄罗斯西伯利亚－太平洋石油管道的走向上提出了自己的方案，并许诺将为此投入重金。2006 年，《日本新国家能源战略》在能源外交方面突出加强国际合作，提出要尽量将进口管道多元化，从中东地区逐渐向世界其他产油国扩散，尤其重视与俄罗斯发展关系，希望得到更多的开发许可。俄罗斯的目标是使油气资源效能最大化。两国都采取实用主义的立场。

日本对俄罗斯能源外交主要围绕具体项目积极展开。萨哈林岛及其大陆架油气开发是其中的典型案例，它既包含过去的因素，又包含未来的因素。

从历史到现实，为了能得到尽可能多的份额，日本先后使用了军事占领、加强经贸联络、提供资本和技术等手段，以期达到对开发进程可预见的目的。

官商结合是日本对俄罗斯能源外交的突出特点。它成立了由日本政府牵头、日本企业加入的大型远东开发机构——日俄经济合作委员会，定期与主管俄罗斯能源和电力的官员及公司进行洽谈。其他组织还有"俄罗斯远东、西伯利亚地区和日本西海岸城市市长会议"、俄罗斯萨哈林能源博览会等。

20 世纪 90 年代，日本企业参加了萨哈林岛大陆架产品分成协议项目。日本萨哈林石油和天然气发展公司在"萨哈林 1 号"项目有股份，日本三井公司、三菱公司是"萨哈林 2 号"项目的股东。

2003 年，日本、英国宣布对"萨哈林 2 号"投资 100 亿美元。日本得到了其油气出口。萨哈林岛的石油通过鞑靼湾海底管道运至杰卡特里港后

---

① Г. А. Ивашенцов，С. С. Коротеев，И. И. Меламед. Азиатско – Тихоокеанский регион и Восточные территории России: Прогнозы долгосрочного развития. М.：КРАСАНД，2014，С. 129.

用油船运往日本。

俄罗斯政府叫停"萨哈林2号"时，西方舆论哗然。欧洲复兴开发银行宣布不再考虑参与该项目的拨款，日本的反应却较为复杂。日本内阁官房长官曾经说过："我担心这样严重的停滞将为日俄关系带来消极的影响。"这一批评尽管听起来很温和，却表达了对俄罗斯的强烈不满。[①] 尽管如此，日本国际合作银行和由国际商业银行组成的国际财团却出资53亿美元使项目完成。

2007年，日本政府要求埃克森美孚公司调整"萨哈林1号"的产品营销计划，以满足日本对液化天然气的需求。

2008年，煤炭、石油和石油产品在俄日贸易中的比重达到58%。[②] 日本北海道知事高桥春美甚至将萨哈林岛视作北海道最有前景的液化天然气供应基地。

世界金融危机爆发后，俄罗斯能源开发领域资金短缺，特别是萨哈林州在建油气项目需要大笔资金。俄日进一步加大了能源合作力度。萨哈林液化天然气出口的第一站就是日本。

2010年4月，日本经济产业省大臣直嶋正行与访问日本的俄罗斯总统驻远东联邦区全权代表维克托·伊沙耶夫会晤。他表示，日本投资者有意参与"萨哈林3号"天然气开采项目。

俄罗斯能源安全追求出口多元化，日本能源安全突出进口来源多元化，两者都在加强油气资源的可持续利用。因为国内能源匮乏，日本非常注意战略储备。它不仅建立了石油战略储备，而且开始了液化天然气的战略储备。与美国和欧洲的情况不同，日本获得管道天然气的渠道有限，承受液化天然气高价格的能力强。日本市场上的液化天然气价格比石油价格平均高出10%以上[③]。为了得到这种"蓝色燃料"，日本加紧赶造液化天然气运输船。

日本是世界上最大的液化天然气进口国，进口总量超过韩国、英国和西班牙3个国家之和。2011年，日本从19个不同的国家进口1070亿立方

---

① 〔美〕迈克尔·克莱尔：《石油政治学》，孙芳译，海南出版社，2009，第31页。

② И. Носова. Российско - японский энергетический диалог//Мировая экономика и международные отношения，№4，2011，C. 42.

③ 〔俄〕C. 3. 日兹宁：《俄罗斯能源外交》，王海运等译，人民出版社，2006，第327页。

米液化气。它的五大供应国，按供应量排序，分别是马来西亚、澳大利亚、卡塔尔、印度尼西亚和俄罗斯。这 5 个国家的供应量占日本 2011 年总进口量的 72%。[①]

在日本经受地震、海啸危机时，俄罗斯派出了救援队赶赴日本灾区，还加大了对日本石油、燃油、液化天然气、煤炭等能源物资的出口。日本首相菅直人当时曾表示，支持扩大同俄罗斯的经济合作。自然资源的利用和加工，包括萨哈林岛大陆架开发，以及促进俄罗斯现代化等，都是合作的优先发展方向。

2012 年底到 2014 年初，俄日关系的紧张气氛缓解。日本的对俄政策摆脱了民主党执政时期的多方位大幅摇摆。俄罗斯的对日政策也比梅德韦杰夫时代缓和。但是自从乌克兰局势复杂化以来，两国关系趋于冷淡和紧张。

在萨哈林岛及其大陆架油气开发实践中，日本是唯一的一个自苏联时期就拥有这方面实际经验的西方国家。俄日两国的公司签署了有关科学技术合作的框架协议。双方可以在能量储存、降低有害废弃物、提高油气开采和加工效率上开展有效合作。[②]

日本拥有埃克森美孚等公司所不及的天然气液化技术，俄罗斯一直希望获取该项技术。比如，俄罗斯准备从天然气中分离出"氦"这种物质，需要日本的技术支持。俄罗斯还希望把日本的技术"本土化"，即尽可能使用俄罗斯的劳动力消化有关技术，把企业办到俄罗斯等。[③]

俄罗斯液化天然气出口的主要市场是日本。萨哈林州占据世界液化天然气 5% 的份额。2013 年，俄罗斯向亚太国家出口了 1080 万吨液化天然气，其中 80% 出口到日本。[④] 在价格方面，液化天然气比管道天然气贵出许多。俄罗斯对日本出口液化天然气均价为每吨 788 美元（合每千立方米

---

① 〔美〕罗伯特·W. 科尔布：《天然气革命：页岩气掀起新能源之战》，杨帆译，机械工业出版社，2015，第 119 页。卡塔尔天然气开发的经过及日本的参与，可见：〔英〕戴维·G. 维克托、埃米·M. 贾菲、马克·H. 海斯：《天然气地缘政治：从 1970 到 2040》，王震等译，石油工业出版社，2010，第 196～221 页。日本液化天然气进口量的变化情况见附录。

② В. Саплин. Россия – Япония. Как устранить асимметрию в отношениях? //Международная жизнь, № 5, 2007, С. 66 – 67.

③ 俄罗斯学者 С. З. 日兹宁 2012 年 12 月 29 日在吉林大学东北亚研究院所做报告。

④ Открылась конференция "Нефть и газ Сахалина – 2014", http://sakhalinmedia.ru/news/economics/23. 09. 2014/388539/otkrilas – konferentsiya – neft – i – gaz – sahalina – 2014. html.

579 美元）。相比之下，俄罗斯天然气工业公司出口到欧洲的管道天然气价格为每千立方米 350～380 美元。①

为了降低成本，日本极力争取俄罗斯修建天然气管道。除了通过管道从萨哈林岛为北海道提供天然气计划②外，日本 2001 年又提出铺设萨哈林岛途经北海道直达东京的天然气管道设想。日本大地震后，这一项目再度被提出。俄罗斯方面的答复是，海参崴液化天然气厂完工后才会考虑这条管道。日本经济产业大臣枝野幸男在"萨哈林石油和天然气国际大会"上表示，日本准备扩大对俄罗斯油气开发的参与程度。他特别强调日本公司对联合开发萨哈林岛大陆架项目的兴趣。

东京天然气公司是日本最大的天然气企业。2015 年，这家公司的顾问在《俄罗斯报》下属《透视俄罗斯》网站和专刊举办的"俄罗斯—日本：寻找契合点"的论坛上发言。他介绍说，本公司提议建设从萨哈林岛到日本中部地区的输气管道。他说，这条全长约 1500 公里的管道年输气量应为 80 亿立方米，造价 35 亿美元，其提供给日本的天然气将比目前同样进口自俄罗斯的液化天然气便宜一半以上。

2016 年，俄罗斯卫星网刊发了两则关于俄日经济关系的报道。日本经济产业大臣林干雄在为 2 月 29 日开幕的"工商对话：俄罗斯 - 日本"论坛准备的致辞中称，俄日双边贸易额 10 年间翻了两番。他还提到了两国经济合作的主要方向：第一，在能源领域启动了"萨哈林 1 号"和"萨哈林 2 号"，日本 8% 的原油由俄罗斯供应；第二，日本企业正在俄罗斯开设汽车、工程机械和工业设备的工厂。俄罗斯生产的汽车中，14% 是日本制造商在俄罗斯工厂生产的。林干雄强调，两国正在节能、产能建设和医学方面积极合作。4 月，俄罗斯工业贸易部长曼图罗夫在东京新闻发布会上宣布："我们在与林干雄的会晤上签署了在工业领域建立经常性对话的协议，并组建了工作组。"

① 安娜·库奇马：《日本能否获得俄罗斯管道天然气》，http://tsrus.cn/jingji/2015/05/26/41977.html。

② 从"萨哈林 1 号"项目铺设一条天然气管道的提议已经讨论过多次。1974 年，北海道拓殖银行、北海道电力株式会社、特玛特公共建设公司联合承担了可行性研究。1979 年，日本外交部做了进一步的研究。1998 年，为了实施这一项目，北海道商会组建了日本管道株式会社。计划是与德士古公司合作，把天然气从"萨哈林 3 号"输往日本，主要经由陆上线路。〔韩〕白根旭：《中俄油气合作：现状与启示》，丁晖等译，石油工业出版社，2013，第 135 页注释 99。

　　萨哈林岛为俄罗斯实施油气出口多元化、日本实现油气供应多元化战略提供了一个支点。日本不仅拥有资金和技术方面的优势，而且其与萨哈林州在经贸、人文交流方面的合作达到了很高的水平。

　　日本驻南萨哈林斯克总领事义久黑田说过，在过去150多年的时间内，日俄之间所签署的一系列重要条约中几乎无一不涉及"萨哈林"，它成为两国关系的表征。[1]

　　2009年，萨哈林州与日本的贸易额达33亿美元。截至2010年1月底，日本在当地的累计投资额已达69亿美元。不仅如此，日本是萨哈林岛大陆架油气项目的最大进口商。在萨哈林州，有68家日本公司从事投资和开发，11家日本大型金融机构设立了分支机构。[2]

　　2012年底，日本对俄罗斯的投资累计达108亿美元，占俄罗斯引资总数的3%。它主要分布在雅罗斯拉夫尔（日本占其累计投资的27%）、萨哈林州（23%）、滨海边疆区（30%）。在后两个地区，日本在能源、林业、交通和通信领域进行了大规模的投资。[3]

　　2013年，俄罗斯萨哈林能源博览会在日本东京举行。日本外相岸田文雄表示，日本有意与俄罗斯远东进行合作，包括萨哈林州在内。6月，萨哈林州州长向日本国际协力银行领导人提出了参与一系列大型交通及能源项目的建议：合作建设穿越涅韦尔斯科伊海峡和拉彼鲁兹海峡的隧道、建

---

① 段光达、马德义、宋涛、叶艳华：《中国新疆和俄罗斯东部石油业发展的历史与现状》，社会科学文献出版社，2012，第63页；王龙：《俄罗斯与东北亚能源合作多样化进程》，上海人民出版社，2014，第113页。英国学者在1971年指出："在战后局势完全改观的情况下，日本人并未执意要收回南萨哈林岛（仅仅要收回千岛群岛），可是，这个地区在贸易和开发方面的一般利益显然与日本的特殊利益息息相关，极为一致；从而很有可能不要多久，这一整个地区的贸易和开发，特别是涉及日本的，会出现一种相互交往的、多边的和互助互利的形式。萨哈林岛是一个入口，通过它，日本今后在贸易、投资或专门技术上就能够——或者说必定——做出更大的贡献。由于这种种原因，萨哈林岛不仅对苏联的国内发展计划具有内在的重要性，而且在同日本建立一种正在成熟起来的新型关系上也具有很大的意义。"〔英〕斯图尔特·柯尔比：《苏联的远东地区》，上海师范大学历史系地理译，上海人民出版社，1976，第235页。

② 《萨哈林州州长呼吁日本加强对俄罗斯远东地区投资》，http://www.cnr.cn/allnews/201005/t20100504_506375301.html。

③ Г. А. Ивашенцов, С. С. Коротеев, И. И. Меламед. Азиатско - Тихоокеанский регион и Восточные территории России: Прогнозы долгосрочного развития. М.: КРАСАНД, 2014, С. 130.

立萨哈林岛同北海道之间的能源桥、建设"萨哈林 2 号"项目液化天然气厂第三条生产线、在萨哈林岛上建设生产同类产品的新工厂，以及提高萨哈林州对日本的煤炭出口居等。①

2014 年 10 月 23 日，"俄新社"发表了萨哈林州州长的谈话："尽管今年9 月日本对俄罗斯的相关银行实施制裁，萨哈林州与日本的合作项目无一停滞，双方在农业、渔业、林业和建筑业领域的合作继续发展。"他还说，萨哈林州与日本北海道的合作协议仍然有效，双方已签署下一个五年合作计划。

2015 年，萨哈林州与日本的贸易额达到 60 亿美元。它约占俄日贸易总额的 30%。油气、渔业是该州与日本的主要合作领域。②

2016 年 9 月 1 日，日本 NHK 电视广播公司报道称，日本近期将设立负责与俄罗斯经济合作大臣一职（又称"俄罗斯经济领域合作担当大臣"）。日本向 2016 年东方经济论坛派出了高级代表团。12 月，萨哈林州州长科热米亚科在日本驻莫斯科使馆举行的该州推介会上提议与日本开展能源合作。

位于南萨哈林斯克列宁街 179 号的日式"祖国"餐厅非常有名。餐厅老板是日本人丰宫西，他于 20 世纪 90 年代初来到俄罗斯，已经 70 多岁了。这家餐厅不但供应实惠美味的日式便当，还有多种寿司和生鱼片。③

俄日人文交流的历史色彩浓厚，包括文物古迹、相关的研讨会、日本游客观光旅游等。

萨哈林州有 80 栋日本统治时期的建筑遗迹，包括萨哈林地区博物馆（原桦太厅博物馆）、州立美术馆（原北海道拓殖银行丰原支店）等。这里每年有 3000~4000 名外国观光客人，约九成是日本人。一名萨哈林州的官员称："日本游客的主要目的是扫墓和参观日本统治时期的建筑。保存具有较高文化价值的建筑对增加游客十分必要。"④

萨哈林地区博物馆位于南萨哈林斯克的共产主义大街 29 号，是一座兼

① 《萨哈林与日本国际协力银行拟实施能源联合项目》，http：//tsrus. cn/caijing/2013/06/14/25057. html。
② 《俄萨哈林州提议与日本开展能源合作》，http：//sputniknews. cn/economics/201612021021307406/。
③ 阿贾伊·卡马拉卡兰：《南萨哈林斯克的纯美自然与精致美食》，http：//tsrus. cn/lvyou/2013/07/07/25715. html。
④ 《俄远东萨哈林州修复日本统治时代建筑吸引游客》，http：//www. wokou. net. cn/lvyou/2009/0927/eyuandongsahalinzhouxiufuribentongzhishidaijianzhuxiyinyouke_ 17214. html。

具俄、日两国风格的建筑。这座建筑沿袭了日本传统的皇冠建筑风格，由建筑师贝冢良雄设计，曾被用作日本的行政总部，因此记录了日本在1905~1945年统治南萨哈林岛的历史。后来变成博物馆。日俄大炮共同陈列于其庭院中。一辆日本九五式轻型战车和一枚苏联盾形纹章并排展出。①

图8-4　萨哈林地区博物馆

资料来源：strana.ru。

还有"保护萨哈林岛桦太厅时期的历史文化遗产国际座谈会"。"桦太岛"是萨哈林岛的日文名称。2009年举行了第二届座谈会，组织者是日本基金、日本驻南萨哈林斯克总领事馆、北海道国立大学建筑和设计实验室。会上听取了关于保护、维护和利用日本在萨哈林岛建筑问题的报告。②

在日本著名作家村上春树的畅销书《1Q84》中，大量引用了契诃夫的作品《萨哈林岛》。

对纪念契诃夫的活动再多说一些。萨哈林州有以契诃夫的名字命名的

---

① 瓦西里·阿弗琴科：《南萨哈林斯克：赏俄日韩文化 品鱼子酱读契诃夫》，http://tsrus.cn/lvyou/2013/12/10/30697.html。

② E. A. Иконникова. Сахалин на Хоккайдо//Азия и Африка сегодня，№ 5，Май 2010，C. 71. 王宪举先生以自己的见闻证明日本对俄罗斯文化的欣赏，在俄罗斯工作的几年里，每次我参观俄罗斯博物馆，如莫斯科普希金造型艺术博物馆、雅斯纳亚·波利雅纳的托尔斯泰故居博物馆、契诃夫故居博物馆、加里宁格勒康德博物馆时，几乎都能看到日本参观者的身影。日本人对俄罗斯文学、音乐、美术、芭蕾舞、哲学等文化都很感兴趣，对普希金、托尔斯泰、契诃夫、陀思妥耶夫斯基、康德等俄罗斯文化名人的研究十分深入。在这些名人博物馆里，几乎都陈列着日本出版的有关这些名人的译著或传纪。王宪举：《俄罗斯人性格探秘》，当代世界出版社，2011，第45页。

契诃夫城。它靠近鞑靼海峡，以木浆工业出名。现在，全世界有 8 个契诃夫纪念馆，其中有 2 个在萨哈林州，分别是 "契诃夫之家" "契诃夫之谜"。亚历山大德罗夫斯克－萨哈林斯克的《А. П. 契诃夫与萨哈林》历史－文学馆，位于契诃夫大街 19 号的一座建筑中。它是萨哈林岛实行苦役制时期的遗迹，由流放移民 K. X. 兰茨贝格修建而成。它被称为 "契诃夫之家"，墙上有一张匾，上书 "俄国伟大的作家 А. П. 契诃夫 1890 年 7 ~ 12 月在此生活"。后来查明，契诃夫并没有在这里居住。兰茨贝格只是在长凳上请契诃夫吃过饭。契诃夫由此认识了房主和当地的官员。①

2012 年，三个国家的俄语语言文学老师举行了一场名为《安·契诃夫，萨哈林岛，1890 ~ 2012 年》的特殊探险活动。活动由俄罗斯、乌克兰、瑞典的 10 位俄语语言文学老师发起并实施，具体步骤共分为 3 个阶段：2012 年 1 月，探险至斯里兰卡岛，这是契诃夫返家的途经之地；春天时则从雅罗斯拉夫尔行至下诺夫哥罗德；最为关键的一步是 "去萨哈林岛"。探险队严格按照契诃夫的路线，在叶卡捷琳堡、秋明、托木斯克、哈巴罗夫斯克等 15 处驻足追念，试图透过自己的双眼看到契诃夫的世界。②

"桦太岛日" 更为有名。塞维拉写道："日本人对桦太岛的记忆在当代日本仍然非常鲜活。无数的前桦太岛居民协会以 50 年前消失的日本领土的名义活跃在今天的日本。的确，最近几年的日本兴起了一阵 '桦太岛热'：由于今天能够较自由地前往萨哈林岛而得到灵感，出版的回忆录数目不断增加。回忆的过程不可避免地聚焦在 '过渡和共同居住' 时期。前桦太岛居民联合会 '桦太人民' 估计有超过 6000 名的成员和遍及全国的 36 个分会。成员的年龄通常都在 70 ~ 75 岁。专门的姓名录不仅提供个人资料，还包括提供其在桦太岛的故乡村镇名称。桦太人民每月出版一份时事通讯，重印有关桦太岛的老书籍，组织旅行团到萨哈林岛，在东京和札幌交替举办一年一度的纪念会——桦太岛日——8 月 23 日。纪念会包括一个神道教纪念仪式和在一个豪华宾馆举行的午宴，人们按照其来源地依次坐好。午宴被充满乡愁的含泪演讲，迸发出的 '万岁' 呼声和 '不要忘记桦太

---

① Историко－литературный музей《А. П. Чехов и Сахалин》в городе Александровске－Сахалинском，http：//www. skr. su/news/230425.

② 《追寻契诃夫的脚步去库页岛》，http：//roll. sohu. com/20120720/n348632629. shtml。

岛!'的叫喊声伴随着。除了这一主要的协会还有 100 多个其他的协会存在。"①

2014 年 11 月，俄罗斯向日本移交了 11 名 1945 年在萨哈林岛阵亡的日军士兵遗骸。中国新华网报道："所有遗骸都是搜寻队在 2014 年找到的。日本代表团将在 11 月 15 日至 22 日访问萨哈林州接收遗骸。遗骸正式移交仪式将于 11 月 18 日在萨哈林岛上的斯米尔内霍夫区举行。"

每年夏季，北海道的稚内和南萨哈林岛的科萨科夫之间有往返的渡轮。这是萨哈林州与日本之间唯一的定期海上交通。2015 年 7 月，萨哈林州迎接日本北海道的"友谊船"。船上的 36 名日本儿童和青年要到俄罗斯的家庭生活。

在俄罗斯学者看来，俄日两国之间存在某些共同的政治经济利益（比如都关心东北亚的安全、稳定），但谈不上相互依赖。其中最大的制约因素是悬而未决的领土问题。② 对双方来说，领土问题已经成为一个政治问题，而非简单的外交问题。日本以 1855 年日俄签订的边界条约为依据，坚持对择捉、国后、色丹和齿舞的主权。俄罗斯拒绝承认日本的这一主张，其立场是按照"二战"结果，上述岛屿应并入苏联版图，俄罗斯对其拥有无可置疑的主权，且存在相应的国际法文件。

为此，日本从国内、对俄罗斯开展宣传两个方面采取措施。1981 年，日本政府把每年的 2 月 7 日定为"北方领土日"，每年举行要求归还"北方领土"全国大会和一些相关活动。俄罗斯学者瓦西里·莫洛加科夫在接受《观点报》采访时回顾了 20 世纪 90 年代日本对俄罗斯宣传的情况。一个是出版物的交锋：2000 年，日本出版了《俄罗斯与日本签订和平条约之路上的里程碑：俄罗斯公民 88 问》一书，俄罗斯回应以《俄罗斯与日本：和平条约之路上错过的里程碑》。另一个是观点渗透。20 世纪 90 年代，有关"南千岛群岛自古以来为日本领土，但被苏联非法获取"的说法经常见诸俄罗斯报端。这一说法甚至得到一些俄罗斯观察家、科学家的支持。当时，"战利品应该归还"的观点在政治上曾一度被认为是正确的。如今，

---

① 马里亚·塞维拉：《库页岛（桦太岛）：日本人的痛苦记忆与怀念》，http://www.cn1n.com/China/territory/20091120/212691466.htm。

② А. Н. Панов и др. Современные российско-японские отношения и перспективы их развития. М.：Спецкнига，2012，С. 7-8。

俄罗斯社会舆论及专家界则对此持有不同的观点。① 现在，俄罗斯政府非常看重"二战"中战胜德、日的历史，将其作为本国的基本理念。接受日本归还领土并且签署和约的要求，在政治上绝无可能。多年以来，两国的不同领导人已经多次会晤，以讨论这一争端，但是始终没有解决这个问题。

萨哈林州经济发展部部长谢尔盖·卡尔佩科在接受记者采访时指出，日本非常反对俄罗斯在千岛群岛归属上的说法。日方明确回复不会对在该地和俄方进行合作感兴趣，并且日方也不希望看到俄方对千岛群岛进行投资。争议岛屿就在萨哈林州管辖之内，萨哈林州前不久也想去日本举办投资推介会，但因为与日本存在领土争端，日方拒绝了萨哈林州的推介，并且没有发放萨哈林州代表团的签证。②

从历史上看，不乏大国动用军事力量为能源开发保驾护航的例子。俄罗斯能源开发逐渐转向亚洲的同时，也在加强其在当地的军事力量。它与美国的"亚洲再平衡"战略不期而遇。由于美国页岩革命及南北美洲能源生产新轴心的崛起，从美洲到亚洲的"太平洋能源运输线"的重要性将可能日益上升，美国将进一步重视维护太平洋海上霸权。在此背景下，俄罗斯远东的军事战略地位更加突出。

近年来，俄罗斯以各种手段强化对南千岛群岛的实际控制。其对当地防御力量的改造和改装始于 2010 年。俄罗斯在岛上部署军队 5000 人，并持续向岛上投送重武器，多次在太平洋地区展开军事演习。2013 年，俄罗斯举行了自苏联解体以来规模最大的军事演习，演习跨越俄罗斯西伯利亚和远东地区。普京观看了萨哈林岛上举行的部分演习。

2014 年 4 月 19 日，俄罗斯东部军区司令谢尔盖·苏罗维金上将对记者表示，2016 年前俄罗斯特种建设公司将在千岛群岛的择捉岛和国后岛建成超过 150 座军事设施。8 月 5 日，日本公布了自 20 世纪 70 年代以来第 40 部《防卫白皮书》，除一如既往地渲染"中国威胁"外，白皮书指责朝鲜对日本的安全"构成了重大且迫切的威胁"，并罕见地在白皮书中提出

---

① 《俄专家解读日方涉领土争端宣传背后的意义》，http://tsrus.cn/guoji/2013/02/14/21049.html。

② 《独家专访俄罗斯萨哈林州经济发展部部长》，http://www.caijing.com.cn/2011-03-24/110674270.html。

"俄罗斯威胁论"。[①] 9 月 11 日，普京总统下令对俄罗斯东部军区各部队的战备情况进行突击检查。次日凌晨，俄罗斯国防部新闻与信息局宣布："计划在接下来的几天内将数支空降突击分队调往阿纳德尔市各地区、萨哈林岛和千岛群岛大型岛屿的训练场。"

2016 年 5 月，谢尔盖·苏罗维金在俄罗斯东部军区军事委员会会议上指出，发展萨哈林岛、千岛群岛和北极地区的军事设施是 2020 年前的优先国家任务。俄罗斯国防部也表示，将采取前所未有的措施，在千岛群岛升级军事设施。

7 月，俄罗斯再次加强南千岛群岛的防御，在国后岛和择捉岛上修建防御工事、训练场、弹药及武器装备仓库。日本的《每日新闻》认为这是"受美韩决定在韩国部署萨德反导系统的影响"。俄新社也发布消息称，新一届俄罗斯青年教育论坛将在南千岛群岛的择捉岛举行。这一旨在激发俄罗斯青年爱国心的论坛首次邀请外国代表参加。据报道，论坛将于 8 月 6 日至 9 月 3 日举行，这是南千岛群岛第二次举办该论坛。

俄罗斯《消息报》网站 10 月 6 日报道，俄罗斯国防部即将完成在远东组建新的重型轰炸航空师的工作。它将成为俄罗斯空天军的第二支重型轰炸机航空兵团。在日本、夏威夷和关岛所在的太平洋海域巡逻是其主要任务之一。

11 月 22 日俄罗斯太平洋舰队官方报纸《战斗值班报》宣布，俄罗斯在择捉岛和国后岛部署了"舞会"和"棱堡"岸防导弹系统。

俄罗斯天然气进入朝鲜半岛

自古以来，朝鲜半岛因为其地理位置成为兵家必争之地。1904 年的日俄战争使俄国对朝鲜的图谋破灭，朝鲜沦为日本的殖民地。随着世界反法西斯战争的胜利，苏联重返朝鲜，与美国沿"三八线"分治。朝鲜半岛南北双方有共同的文化和历史，却彻底分裂为两个国家。

苏联解体后，由于推行向西方一边倒的外交，俄罗斯的朝鲜半岛政策一度出现对朝鲜冷、对韩国热的局面。其能源外交的天平也倾向于韩国。

1992 年，叶利钦访问韩国。访问期间，叶利钦不仅公布了大韩航空 007 号班机事件后几周内的 5 项苏联最高机密备忘录，而且将黑匣子交到

---

① 《日本提出俄罗斯威胁论及其相应反应》，http://tsrus.cn/guoji/2014/08/06/36141.html。

韩国总统卢泰愚手中。

这是一桩冷战时期的悬案。1983 年 9 月 1 日清晨，大韩航空 007 号班机在萨哈林岛西南方的公海被苏联国土防空军击落。机上 246 人无一生还。苏联封锁了消息，并藏匿了黑匣子，不配合联合国方面的调查。

美国学者近期的著作指出，苏联当时误将 007 号班机认成美国的 RC - 135 侦察机。①

叶利钦将 007 号班机的黑匣子归还韩国，是俄韩两国关系中的一个重大事件。随着双方政治关系的发展，韩国与俄罗斯开展了能源政治和业务对话。

韩国是个长期依赖能源进口的国家。其能源进口从大到小依次为石油、煤炭、铀矿和液化天然气，除石油进口量在 1997 年金融危机之后出现下降并趋于稳定以外，其他能源进口量一直呈不断增长趋势。② 在韩国就近获取能源方面，俄罗斯占有重要地位。修建经朝鲜至韩国的天然气管道计划引人注目。

这个计划一波三折。先是萨哈方案，即修建萨哈共和国（雅库特）到韩国的天然气干线管道。朝鲜驻俄罗斯大使在俄罗斯杜马声称，"他的国家已经为修建这条管道划拨了土地"。1994～1995 年，俄罗斯的"阿列克辛日尼林格"公司着手准备修建这条管道。不久，萨哈方案遇到挑战。拥有科维克京凝析气田的伊尔库茨克州与萨哈共和国竞争。专家们一致认为，从科维克京经中国、黄海到韩国的路线优越于萨哈路线。1998 年，叶利钦总统倡导修建通过蒙古国、中国到韩国的管道。后又决定绕道蒙古国铺设。③ 因为 2000 年底中国在鄂尔多斯盆地发现了苏里格 6 号气田，所以在此后一段时间内，这个计划处于停滞状态。

---

① 〔美〕戴维·霍夫曼：《死亡之手：超级大国冷战军备竞赛及苏联解体后的核生物武器失控危局》，张俊译，广西师范大学出版社，2014，第 68～84 页。"俄罗斯卫星网"2015 年报道：日本外务省日前解密的关于 20 世纪 70～80 年代一系列事件的材料显示，日本曾从美国得到相关机密信息。材料称，1983 年 9 月 1 日韩国客机事件过后两个月，一名美国政府高官曾私下告诉日本外务省官员："苏联将这架飞机错当成了美国侦察机。"这名高官还透露，美国想通过某种"秘密手段"在萨哈林岛附近的苏联水域找到失事客机的"黑匣子"。《美国 1983 年秘告日本：苏联击落韩国客机系误击》，http://sputniknews.cn/politics/20151224/1017486990.html。
② 王安建等：《能源与国家经济发展》，地质出版社，2008，第 241 页。
③ А. В. Воронцов. Когда пойдет газ из России в Южную Корею? //Азия и Африка сегодня, № 5，2012，С. 52.

　　韩国非常关注科维克京气田国际开发方案。2000 年 10 月，俄韩签署了关于能源领域合作，以及韩国参加伊尔库茨克天然气项目经济技术可行性研究的政府间协议。韩国正式提出了在制定科维克京项目经济技术可行性研究时应考虑天然气管道经朝鲜至韩国的可能性。

　　小布什政府朝鲜政策的变化、朝鲜半岛第二次核危机、俄罗斯国内形势的变动等都对这条天然气管道计划产生了重要影响。从供给来源上看，科维克京气田转而面向西方进口商和俄罗斯国内消费，萨哈林岛被推到了前台。

　　2004 年，韩国总统访问俄罗斯。俄韩达成三项能源合作协议。一是韩国公司与俄罗斯鞑靼斯坦石油公司合作，在鞑靼斯坦境内修建一座现代化的石油加工和石化工厂。二是韩国三星物产公司和俄罗斯石油公司合作，改造哈巴罗夫斯克的大型石油加工厂。三是韩国国家石油公司与俄罗斯石油公司合作，共同勘探、开采萨哈林州等地的油气田。[①]

　　2005 年，"萨哈林 2 号"项目的作业者在韩国举办的每年供应 150 万吨液化天然气的招标中获胜。供应合同为期 20 年。它意味着韩国成为俄罗斯能源新的重要市场。[②]

　　韩国是世界上仅次于日本的第二大液化天然气进口国，从中东地区的进口量占到韩国液化天然气总进口量的一半以上。韩国天然气公司负责液化天然气长期供货合同，液化天然气终端的建设和使用，通过国内网络进口和运输天然气。韩国政府对国内的天然气业务有很大的干涉权。[③]

　　2008 年，俄韩达成引入管道天然气的协议。韩国投资建设管道以换取俄罗斯的天然气。

　　这个协议由于韩朝关系紧张的影响而搁浅。

　　2009 年，俄罗斯天然气工业公司和韩国天然气公司签署供气协议。据此，俄罗斯将考虑通过"萨哈林 - 哈巴罗夫斯克 - 海参崴"管道向韩国供应天然气。

---

①　严伟：《俄罗斯能源战略与中俄能源合作研究》，东北大学出版社，2013，第 102 页。

②　〔俄〕C. 3. 日兹宁：《俄罗斯能源外交》，王海运等译，人民出版社，2006，第 337 页。韩国对萨哈林天然气的关注可以追溯到 1994 年，真正的谈判 2000 年启动，韩国政府和企业与俄罗斯政府关于该项目的合作谈判从未终止。王龙：《俄罗斯与东北亚能源合作多样化进程》，上海人民出版社，2014，第 195 页。

③　王龙：《俄罗斯与东北亚能源合作多样化进程》，上海人民出版社，2014，第 191 页。

2010 年，俄韩签署的协议规定，从 2015 年起的 30 年内，韩国每年通过一条来自东西伯利亚的管道从俄罗斯进口 100 亿立方米的天然气。交易总价值 400 亿美元。

2011 年，俄罗斯天然气工业公司和韩国天然气公司签署了落实经由朝鲜向韩国输送俄罗斯天然气的路线图。

2012 年，韩国总统李明博与普京总统讨论了俄罗斯天然气利用输气管道经朝鲜输往韩国的合作项目。普京总统也在亚太经合组织峰会期间宣布，俄罗斯正在研究通往韩国的海底天然气管道项目，并将其作为向韩国提供天然气的潜在方案之一①。

2013 年 11 月，俄罗斯总统普京访问韩国。

能源合作是俄韩经贸往来的一部分。近 20 年来，双方的贸易规模从 1992 年的 1.9 亿美元增加到 2012 年的 225 亿美元。② 俄罗斯需要韩国的工业品和投资，韩国需要俄罗斯的矿产品和原料。

俄罗斯对韩国的出口中也包括高技术产品，如俄罗斯向韩国提供民用直升机。还有两国的宇航合作。2008 年，李素妍搭乘俄罗斯载人飞船前往国际空间站，成为首位进入太空的韩国籍宇航员。俄罗斯还向韩国提供了 T – 80U 坦克、BMP – 3 步兵战车、墨提斯 – M 型反坦克导弹、伊格拉便携式防空导弹、卡 – 32 直升机、"鳝鱼级"气垫船，以及导弹武器和弹药。俄罗斯可以用这些武器部分偿还拖欠的韩国债务。③

萨哈林州与韩国的经贸、人文交流也在不断加强。

首先是韩国商品在萨哈林州大受欢迎。冷战时期，苏联与韩国的经贸往来有限，韩国商品奇货可居。俄罗斯商人谢尔盖回忆说："社会主义时代末期，韩国品牌在俄罗斯还很少见，只有极少数人知道它们。只是后来商店中才慢慢出现三星产品，再后来是 LG。人们一开始对它们的态度还是相当谨慎的。"随着两国经济往来的增多，韩国商品在俄罗斯流行起来。

---

① 《俄欲建俄韩海底天然气管道》，http：//big5. tsrus. cn/caijing/2013/10/14/29077. html。

② Г. А. Ивашенцов，С. С. Коротеев，И. И. Меламед. Азиатско – Тихоокеанский регион и Восточные территории России：Прогнозы долгосрочного развития. М.：КРАСАНД，2014，С. 119.

③ 〔俄〕德米特里·李托夫金：《"科技还债"：俄韩军技合作前景分析》，http：//tsrus. cn/guoji/2013/12/15/30791. html。

韩国汽车很受欢迎。①

其次是韩式快餐。萨哈林岛是蜚声于俄罗斯远东的韩式快餐"pyan-se"的诞生地。这种美食是夹着白菜、酱料和小块肉的蒸饼。"kimchi（泡菜）""kooksa（面条）"等韩国词语也在萨哈林州扎下了根。②

再次是贸易和投资的扩大。萨哈林州与韩国的经济合作包括煤炭开发、改善运输和物流的基础设施，乌格列戈尔斯克的固体燃料开采，港口建设，冷冻产品的保存、中转和运输等。过去 5 年中，萨哈林州与韩国的贸易额快速增长。为了保持这种发展势头，2010 年萨哈林州在韩国举办了"萨哈林推介会"。③ 2010 年，萨哈林州政府发表声明称，有希望争取到韩国对该州 15 个油气开发和基础设施建设项目总计 21 亿美元的投资。2014年，俄罗斯总统驻远东联邦区全权代表尤里·特鲁特涅夫在俄韩经济论坛上表示，韩国工业银行提议建立用于发展远东造船业的联合基金。

最后是人文交流日益活跃。俄罗斯籍朝鲜人是连接俄罗斯与朝鲜半岛关系的一条纽带。他们的先人可以追溯到 19、20 世纪之交到俄国谋生的朝鲜人。还有一部分人是在日本统治南萨哈林时期被当作劳工送到这里的。珍珠港事件发生后，日本与美国成了战场上的对手。被日本强征到萨哈林岛的朝鲜人急剧增加。根据"中新网"2013 年 10 月 28 日发表的《韩国调查指上千朝鲜人曾在库页岛为日企劳动》一文，约有 3 万名朝鲜人曾被强征至库页岛。对于这些长期居住于此的朝鲜人来说，萨哈林州逐渐成为他们的第二祖国。可以把他们称为萨哈林地区已经俄罗斯化的朝鲜族人（以下称"萨哈林朝鲜族"）。

苏联体操运动员涅利·金的父亲弗拉基米尔·金就是萨哈林朝鲜族。

南萨哈林斯克有专门的朝鲜族人纪念碑、纪念馆。韩国和俄罗斯民间团体签署了关于建立历史纪念馆的谅解备忘录。参加纪念馆建立项目的民间团体包括俄罗斯萨哈林州韩裔协会等 4 个同胞团体，以及韩国地球村同胞团、釜山庆南韩民族互助运动。

---

① 《韩国商品在俄将面临中国对手挑战》，http：//tsrus. cn/caijing/2013/05/15/24027. html。

② 〔俄〕瓦西里·阿弗琴科：《南萨哈林斯克：赏俄日韩文化 品鱼子酱读契诃夫》，http：//tsrus. cn/lvyou/2013/12/10/30697. html。

③ 《俄远东地区同韩贸易发展迅速 双方合作加深》，http：//finance. chinanews. com/cj/2013/11-20/5524701. shtml。

还有"萨哈林朝鲜族人离散家庭社会组织"。萨哈林朝鲜族人大批返回他们历史上的祖国始于 2000 年。"俄罗斯之声"网站公布了 2012 年的有关资料，萨哈林岛按遣返移民计划将有 588 人返回他们历史上的祖国韩国。在回国的人当中年纪最大的是 1962 年出生的金玉内。这些人将被安置在韩国 9 个城市的公寓、养老院和住房里。此前已经有 3200 多人返回韩国。

俄罗斯卫星网 2016 年 7 月 7 日发表消息称，12 名 1945 年被日本人强征至萨哈林岛的朝鲜人的遗骸将由其亲属运回韩国。俄罗斯科尔萨科夫区政府新闻秘书克谢妮亚·安东尼奇解释称："挖掘出的遗骸中，有 12 名死者的亲属已经找到，他们将把自己祖先的遗骸带回韩国，其余遗骸今年夏天将在萨哈林各地重新安葬。"科尔萨科夫区是落实强征动员受害者遗骸迁葬项目的先行地区。2013 年，在为纪念相关事件而修建的"泪山"纪念设施举行了有死者家属出席的首次强征受害者遗骸告别仪式。

萨哈林国立大学与韩国的釜山外语大学、东西大学建立了校际交流关系。韩国是该校留学生的一个主要来源国。

双方影视界也有共同语言。2013 年，俄罗斯导演丘赫赖拍摄的影片《复仇》，取材于住在该州的俄罗斯籍朝鲜人、散文家金的作品。2014 年，韩国演员文素利被邀出席萨哈林国际电影节。

纵观苏联与朝鲜的关系、俄罗斯与朝鲜的关系，不管关系是好还是坏，都不应被忽视。多数时候，关系不总是积极的也不总是消极的，而是兼而有之。俄朝关系需要充实经济内容，不管迈出的步子是大是小，双方的能源合作已经启动。

2000 年 6 月，韩朝领导人平壤峰会后，普京在参加当年的八国峰会前把朝鲜作为亚洲之行的第二站。他与金正日举行了首次会谈。此后，金正日三次访问俄罗斯，维持了两国首脑间的联系。俄罗斯提出了连接西伯利亚横贯铁路和朝鲜半岛纵贯铁路，以及将俄罗斯天然气管道连通朝鲜半岛等项目。随着哈桑－罗津铁路和罗津港改建工程的启动，俄朝往来不断增多。

2005 年 1 月，俄罗斯天然气工业公司总裁米勒访问朝鲜。会谈中讨论了两国在天然气领域合作的现实可能性，其中包括天然气管道过境。① 同年 3 月，俄罗斯国有铁路公司宣布，俄方准备修复从俄罗斯境内通往朝鲜

---

① 〔俄〕C. 3. 日兹宁：《俄罗斯能源外交》，王海运等译，人民出版社，2006，第 339 页。

的铁路，担负起向朝鲜运送石油的任务。

2006 年，萨哈林州和朝鲜签署了经贸合作议定书。双方建议在石油、林业、农业、建筑业、渔业、投资、信息交流等领域共同开展经贸活动。①

2011 年，俄罗斯总统梅德韦杰夫与朝鲜领导人金正恩对经由朝鲜向韩国输送俄罗斯天然气的项目进行了讨论。如果项目得以落实，韩国可以得到天然气，朝鲜可每年收取约 1 亿美元的过境费。

2012 年，俄朝签署苏联贷款债务调整协议。多年来，朝鲜债务一直是俄朝关系中悬而未决的问题。这是苏联时期留下的一份 110 亿美元遗产，随着时间的流逝，迟延履行期债务的利息也在增加。双方谈判期间，俄罗斯希望能找到妥协方案，朝鲜则坚持债务全部免除。

2013 年，俄罗斯国有铁路公司完成哈桑 - 罗津铁路的改造工程。它是建立与西伯利亚大铁路相连，贯通朝鲜半岛南北运输通道计划的一部分。俄罗斯准备利用这条铁路从萨哈林岛为朝鲜提供天然气。

2014 年，俄朝关系迅速升温，经济合作是其主要内容之一。3 月，俄罗斯远东发展部宣布，俄罗斯与朝鲜将在双边贸易中使用卢布结算。这个决定是在平壤举行的俄朝政府间委员会会议上做出的。4 月，俄罗斯国家杜马批准俄朝两国有关调整苏联贷款债务的协议，免除朝鲜欠苏联的 100 亿美元债务，剩下的 10 亿美元 20 年还清。剩下的 10 亿美元用于"投资朝鲜境内能源、卫生及教育领域的合作项目"。俄罗斯至朝鲜的天然气管道计划随后启动。

俄朝经济合作逐渐放弃了过去的援助方式，采用商业的原则，更关心具体项目的落实情况。比如双方的电力项目合作。而电力不足，是困扰朝鲜经济发展的一大难题。

能源合作有助于俄罗斯对朝鲜半岛施加影响，但它同时又触及半岛南北双方都很敏感的传统安全问题。实际上，朝鲜半岛的安全问题也给俄罗斯带来了相当大的困扰，同时也降低了俄罗斯在半岛开展更大规模经济活动的预期。其间出现波折难以避免。俄罗斯、中国与韩国实现邦交正常化之后，原来的那种在东北亚或朝鲜半岛国际政治与安全层面的北三角与南三角对峙对

---

① 《俄萨哈林州与朝鲜签署经贸合作议定书》，http://rusnews.cn/eguoxinwen/eluosi_caijing/20061206/41597900.html。

抗的状态已经消失，韩国在继续继承其原来的南三角国际关系框架体系的同时又拥有了新的大陆三角关系（韩－中－俄三角关系）。① 这在一定程度上加强了韩国的谈判地位。从长远看，俄韩能源合作将涉及与朝鲜的经济合作和能源合作。将通往韩国的管道阀门交由朝鲜控制的想法非常冒险，然而一旦成功将会成为建立南北互信的重要步骤，并大大降低冲突风险。

对俄罗斯来说，"在必须对朝鲜核试验进行谴责时，还要同平壤进行对话、解决双边经贸问题、推进共同的经济项目。俄罗斯愿意看到朝鲜走出孤立，获得社会经济发展，并且成为国际社会的真正参与者。俄罗斯也有能力从经济上为朝鲜半岛南北方关系的正常化做出贡献"②。

韩国提出了新北方政策（即"欧亚倡议"）。其最终目标，是为实现朝鲜半岛的统一铺平道路。该倡议所选择的最重要伙伴是俄罗斯。韩国学者指出，"韩国的政策制定者们在推进欧亚倡议时，不能像过去实行北方政策时期那样，把朝鲜排除在外"。2014 年初，韩国成立了欧亚倡议研究机构委员会。该委员会将其研究范围分为 5 个领域：交通运输和物流、能源和资源、农林渔业、工商业和开发性金融，然后确定每个领域的核心项目，并制订详细的计划。最后的结果是，"制订了进入欧亚的路线图：为了实现欧亚倡议"。这个路线图在 2014 年 11 月 13 日召开的关于宏观经济问题的部长级会议上获得通过。③

自 2006 年朝鲜首次试爆核武器以来，联合国安理会对其实施过四轮制裁。2016 年 2 月 7 日，联合国安理会召开紧急会议并通过声明，强烈谴责朝鲜发射火箭一事，表示将迅速通过包含"重大举措"的新决议。俄罗斯代表丘尔金指出："我们不希望看到朝鲜经济崩溃，当然也不应看到将进一步加剧朝鲜半岛和周边地区紧张局势的一些动作。"

俄印关系向萨哈林岛大陆架延伸

印度并不与俄罗斯接壤，却是唯一的一个进入俄罗斯产品分成项目的发

① 孙冀：《韩国的朝鲜政策》，中国社会科学出版社，2011，第 170 页。

② Г. Ивашенцов. 60 лет перемирию в Корее. Будет ли примирение? //Международная жизнь，№7，2013，С. 40.

③ 〔韩国〕李载荣：《韩国的新北方政策与俄罗斯远东和西伯利亚开发》，马小龙译，载《俄罗斯研究》2015 年第 3 期。

展中国家。印度石油天然气公司投资 17 亿美元，获得"萨哈林 1 号"项目的股份。俄罗斯石油公司、萨哈林能源投资公司向它出售了一半的股份。①

此时正值俄罗斯与印度恢复关系之际。苏联解体后，俄罗斯与印度的关系一度降温。1993 年，叶利钦访问印度，两国关系逐渐改善。这是两国出于地缘政治考虑使然。自彼得一世以来，俄罗斯始终不忘靠近印度洋。冷战时期，苏联与印度结成特殊关系，目的在于同美国夺取世界霸权。叶利钦改善与印度的关系，是为了在国力不济的情况下改善俄罗斯的战略地位。因此，俄罗斯对印度打出了油气牌。

1997 年，印度总理高达访问俄罗斯，双方提出建立战略伙伴关系。2000 年，俄印签署战略伙伴关系宣言。从此，两国领导人的年度峰会一直举行。莫斯科和新德里认为，战略伙伴关系有助于解决双方的许多地缘政治问题。目前，俄印致力于全面发展特惠战略伙伴关系。

在萨哈林岛大陆架，印度因为在"萨哈林 1 号"持股而成为"萨哈林石油和天然气国际大会"的常客。在这里可以听到壳牌集团地位变动的消息，很少有关于印度石油天然气公司地位变动的报道。

俄印在能源、军事领域的合作，是两国战略伙伴关系的重要组成部分。

俄罗斯是印度的传统军事合作伙伴和军备进口的最大来源，这是苏联时期形成的。两国的军事合作一度受到苏联解体的影响，过去以物易物的结算方式现在不再流行。结果，印度转向美国寻求军事技术。1992 年，印度国防部部长访问俄罗斯时重提两国军事合作的问题。俄印的军事合作得以恢复并且发展。1996 年，外界开始注意印度高新技术产业的兴起。20 世纪 90 年代末，印度是俄罗斯军事工业的最大客户之一。印度潜水艇的80%，轻型护卫舰的半数以上，登陆舰的 80%，全部的布雷和扫雷舰，海军飞机的近 20%、直升机的 25% 由俄罗斯供应。俄式装备对印度空军建设的作用特别重要。②

---

① 〔俄〕C. 3. 日兹宁：《俄罗斯能源外交》，王海运等译，人民出版社，2006，第 344 页；王龙：《俄罗斯与东北亚能源合作多样化进程》，上海人民出版社，2014，第 39 页。

② А. В. Окороков. Тайные войны СССР. Советские военспецы в локальных конфликтах XX века. М.：Вече，2012，C. 146. 2016 年 11 月 25 日，美国战略之页网站载文《印度是 Т - 90 使用大户》指出：印度是 Т - 90 坦克的最大客户和使用者。首辆 Т - 90 于 1993 年入役，基本上是升级版的 Т - 72，印度从上世纪 80 年代到现在通过许可证方式，生产了大约 1900 辆 - 72。

高技术产品在俄印的军事合作中占据了很大比重。目前，两国有多个联合设计和研发武器项目，如联合研发"布拉莫斯"超音速巡航导弹、第五代战机，印度还得到生产"苏－30"多用途战斗机的许可。2014年，印度总理纳伦德拉·莫迪出席了俄罗斯提供的"维克拉姆迪亚"号航母列装仪式。

从2003年起，俄印两国举行代号为"因陀罗"的联合军事演习。除了2011年，这项演习几乎每年一次。2012年，俄印"因陀罗"联合反恐演习在俄罗斯布里亚特共和国举行。在遭受西方制裁后，俄罗斯积极转向亚洲。2014年，俄印在海参崴会议后宣布，7月中旬在日本海举行联合军演。

近年来，印度也在武器采购上推行多元化方针。2015年9月，印度批准了向美国波音公司购买价值25亿美元的直升机交易。但是，俄罗斯依然有其优势。

能源合作是俄印关系中的重点领域。在俄罗斯和印度政府间经贸科技和文化合作委员会的框架下，双方成立了能源、非传统能源和石油天然气工业工作小组。双方在保持民用核能合作重要地位的同时，继续拓展油气领域的合作。

印度由于经济高速增长导致电力短缺问题日益严重，核电成为其电力开发的重心。美国、日本、法国均有进军印度核电市场的愿望。俄罗斯正在印度南部为印方建造两座核反应堆。2009年，俄罗斯核燃料组件公司与印度原子能部门签署长期合同，向印度PHWR压重水式核反应堆供应燃料芯块。俄罗斯准备为印度建造的原子能发电站发电机组将超过18座[1]。俄罗斯加强与印度的核能合作，是为了应对美国等国的竞争。

为了改善国内缺少石油、天然气的状况，印度调整了过去单纯依靠本国石油生产或者进口石油的做法，加大了到海外购买油田股份和开采权的力度。

印度的石油进口大部分来自沙特阿拉伯、尼日利亚、科威特、伊朗和伊拉克，这些国家提供的石油超过印度石油进口总量的71%。[2]

---

[1] Под ред. Е. Б. Ленчук. Внешнеэкономическое измерение новой индустриализации России. СПБ.：Алетейя，2015，С. 211.

[2] 〔美〕盖尔·勒夫特、安妮·科林 编《21世纪能源安全挑战》，裴文斌等译，石油工业出版社，2013，第245页。

俄罗斯为印度增加了一个油气来源。印度参加了俄罗斯北部涅涅茨自治区的油田开发项目，并计划进入俄罗斯北极开发。2014 年 5 月，两国的公司签署了"北极备忘录"。这份文件规定双方共同进行地质勘探，在俄罗斯北极进行勘探工作进而开采油气。2016 年 3 月，俄罗斯石油公司决定出售其在东西伯利亚一处大油田的近一半股份，即万科尔石油公司 49.4% 的股份。印度石油天然气公司将获得其中的 26%。根据俄罗斯石油新闻处提供的消息，万科尔石油公司旗下的这块油田储量达 5 亿吨石油和凝析油，另有 1820 亿立方米天然气。

印度看好萨哈林岛大陆架的油气开发前景。在"萨哈林 1 号"项目中的股份可以保证印度在 15 年内得到 250 万吨石油、每年 29 亿立方米天然气的供应。印度政府有意与日本交换天然气：它用产自这个项目的天然气，换日本来自波斯湾的液化天然气。印度还准备向俄罗斯油气领域投资 250 亿美元，其中就包括"萨哈林 3 号"项目。[1] 普京在 2014 年访问印度前夕指出，"'萨哈林 1 号'每年向印度提供 100 多万吨石油"[2]。

印度在俄罗斯的贸易伙伴中名列第 24 位。它在俄罗斯对外贸易中所占的比重是 1.3%，俄罗斯在印度对外贸易中所占的比重是 1%。[3] 自 2012 年以来，俄印的贸易额维持在 100 亿美元左右的水平。油气合作有助于提升双方的经贸水平。2014 年 6 月，俄罗斯天然气工业公司与印度天然气有限公司签署长期供应液化天然气合同。供气期限从 20 年增加到 25 年，每年供应量为 300 万~350 万吨，而且有再增加的可能性。俄罗斯还准备通过亚马尔半岛向印度供应液化天然气。

俄印关系的发展，不仅有利于增强俄罗斯对南亚地区的影响，而且有助于两国在"俄印中三角"、金砖国家框架下开展合作。

建立俄印中三角的主张，是俄罗斯首先提出的，其目的主要是应对北约

---

① Илья Галаджий. Стремясь обеспечить свою энергетическую безопасность，Индия широко диверсифицирует собственные нефтегазовые проекты，http：//www. oilru. com/nr/169/3878/.

② 《访印前夕普京强调俄印能源合作重要性》，http：//tsrus. cn/kuaixun/2014/12/10/38683. html。

③ Г. А. Ивашенцов，С. С. Коротеев，И. И. Меламед. Азиатско － Тихоокеанский регион и Восточные территории России：Прогнозы долгосрочного развития. М.：КРАСАНД，2014，С. 103.

东扩。这个主张一经提出即产生轰动。从政治上看，俄印中三国位于亚欧大陆中心，国土广阔，都拥有核武器。从经济上看，三国存在互补性：俄罗斯作为一个资源大国，在许多方面保持着相当的战略实力；中国经济的发展势头强劲；印度在向现代化国家迈进中，科技能力、特别是软件开发能力居于世界前列。在能源、动力、核能领域，俄印中存在大规模合作的可能性。2015 年 2 月，三国外长在北京会议上强调了在油气生产上合作的可能。

俄罗斯、印度、中国、巴西被称为"金砖四国"。这个概念是高盛公司的吉姆·奥尼尔在 2001 年提出的，当时基于这样一种信念，就是以上述四国为代表的新兴市场将引领世界经济的增长。2009 年 6 月，"金砖四国"领导人首次举行峰会，集中讨论能源、贸易、食品等经济领域热点话题。金砖国家在能源上互补性很强，可以通过能源合作对话，协调立场，不断调整和增强每个国家的利益需求。2010 年，南非加入。

早在 2008 年举行的金砖国家首次财长会议上，四国曾呼吁对国际金融体系进行改革。在 2009 年的 G20 财长会议上，四国财长首次发布联合公报，要求立即采取措施扩大四国在国际货币基金组织中的话语权和代表权。俄罗斯总统新闻局的官方网站首先提议建立"超国家"的"超级储备货币"建议，并要求赋予国际货币基金组织或新的国际金融组织以发行机关的地位，改变目前美元"独大"的国际储备货币格局。①

俄罗斯、印度、中国、巴西既是非欧佩克的能源生产大国，也是非国际能源署的能源消费大国，南非在能源消费领域的地位逐步上升。因此，金砖国家在能源领域具有广阔的合作前景，同时也是与国际能源署和欧佩克形成对话的重要力量，可以在气候变化问题、能源治理体系改革、减少贫困等重大全球性和地区性能源问题上协调立场。

在金砖国家领导人巴西峰会上，普京与莫迪会晤时谈到支持将"西伯利亚力量"输气管道延伸到印度的倡议。此前，两国多次谈到了亚马尔液化天然气项目。这是继萨哈林岛液化天然气之后俄罗斯的第二座液化气厂，它准备在俄罗斯北部建设一座年产 1650 万吨的液化天然气厂，南塔姆贝斯克气田是该项目的能源基地。该厂的主要用户将是亚太国家，特别是中国和印度。

---

① 高低、肖万春：《中美货币战争纪实》，中央编译出版社，2009，第 219～220 页。

2015 年 7 月，在俄罗斯的乌法同时举办了金砖国家和上海合作组织两大峰会。金砖国家在峰会上迈出了转变为全面组织的重要一步。专家称这次峰会的主要成就是两大金融机构即金砖国家开发银行和金砖外汇储备池的启动。在俄罗斯因受到制裁而在很大程度上被排斥在国际资本市场之外的背景下，这对俄罗斯来说具有特殊意义。

印度重视液化天然气建设，管道天然气也被提上日程。20 世纪 90 年代中期，印度准备上马 12 个接收液化天然气终端的项目。但是只有两个投入使用，其总规模是每年 750 万吨。[①] 为缓解南亚地区能源短缺的局面，印度、巴基斯坦、阿富汗和土库曼斯坦启动了一项价值 100 亿美元的天然气管道项目。俄罗斯并不看好这条天然气管道，认为它处于美国的控制之下。俄罗斯能源部人士则强调液化天然气相对陆上线路的优越性。还有一点不能忽视，那就是俄罗斯面临土库曼斯坦和伊朗的潜在竞争。

近年来，俄罗斯、印度都加强了与越南的关系。2013 年，俄罗斯远东发展部部长访问越南；俄罗斯石油公司宣布，将邀请越南国家石油公司参与俄罗斯海上石油项目。俄罗斯天然气工业公司也与越南石油天然气公司就天然气发动机燃料合资企业达成协议。继两国签署了为在金兰湾维修潜艇而建立联合基地的协议后，俄罗斯、越南又签署了关于简化俄舰船进入金兰湾港口程序的协议。2014 年，越南从俄罗斯购买的首艘"基洛"级 636 型柴电动力潜艇从金兰湾基地成功完成出海首航。印度也有与越南发展关系的意愿。俄、印有可能将其双边关系的影响扩大到越南。例如，印度计划为越南提供各种防务设备，其中包括俄印两国共同开发的"布拉莫斯"超音速巡航导弹。

中俄能源合作

中国是参与萨哈林岛大陆架油气开发的后来者。西方已经在这里投入了大量的资本并占据了有利的交易地位。与之相比，中国在当地的投资不多。

中国进口萨哈林州的能源。2011 年，国内媒体采访来华访问的萨哈林州副州长时报道，中国从该州的能源进口情况是，原油年进口量 150 万吨、

---

① 　Илья Галаджий. Стремясь обеспечить свою энергетическую безопасность, Индия широко диверсифицирует собственные нефтегазовые проекты, http://www.oilru.com/nr/169/3878/.

液化天然气 35 万吨、煤炭 15 万吨。中国由"中石化"牵头在该州的投资已达 3 亿美元。2005 年，中石化与俄罗斯石油公司签署了正式合作文件。"萨哈林 3 号"成为中国企业关注的重点。[①] 2012 年，由上海海洋石油局勘探六号承钻的"北维宁 3 井"完钻，井深 3832.88 米，并在钻井过程中连续完成了多筒取芯作业，取芯总进尺 112.6 米。

2012 年，萨哈林州长霍罗沙文在会见中国驻哈巴罗夫斯克总领事李文信时说，"中国一直是萨哈林州的三个主要贸易伙伴之一。去年，本州与中国的贸易额接近 20 亿美元，在过去的 5 年内增长了近 10 倍"。[②]

也许，中国在当地面临的最大挑战是，需要在一个几乎由西方大国发挥重要作用的地区加强自身的战略地位。中国《国际先驱导报》记者金学耕在采访萨哈林州中深深感受到日本、韩国在当地的影响力，除了日餐、韩餐随处可见并深受当地人喜爱外，日本和韩国的汽车和其他工业产品的广告也频频出现在繁华地段，就连接待他的临时校车上也挂满了韩国的产品广告。[③]

2013 年，中国国家发展和改革委员会副主任姜新伟率领能源代表团访问俄罗斯。中方此行的一个目的，是与俄方商谈购买萨哈林岛液化天然气的可能性。液化天然气是中国天然气进口的一大品种。目前，中国已经和澳大利亚、印度尼西亚、马来西亚、卡塔尔、巴布亚新几内亚等国的液化天然气项目签署了长期购买合同。同年，中国国勘萨哈林公司应邀参加萨哈林石油和天然气国际大会，并就"萨哈林 3 号"维宁区块的勘探与开发作大会发言。[④]

2015 年，在首届东方经济论坛上，萨哈林州与中国签署了 8 项投资协议，总额达 300 亿卢布。这些项目大部分都与油气资源开发无关。

2016 年 1 月 12 日的俄罗斯《生意人报》报道，欧亚开发银行一体化研究中心的数据显示，日本是对俄罗斯经济投资最多的亚洲国家，总共投资 144 亿美元，其中 103 亿美元投向了燃料动力综合体（包括"萨哈林 1

---

① 《萨哈林州副州长霍托奇金接受〈中国经营报〉采访》，http：//rusnews. cn/renwufangtan/20110323/43014046. html。

② 《萨哈林州州长建议中方在当地建加工厂》，http：//radiovr. com. cn/2012＿10＿31/92997440/。

③ 《在萨哈林岛寻找中国元素》，http：//news. xinhuanet. com/herald/2015－03/16/c＿134071385. htm。

④ 《萨哈林 3 号维宁区块勘探开发受关注》，http：//www. sinopecnews. com. cn/news/content/2013－11/08/content＿1352173. shtml。

号"和"萨哈林 2 号"项目）。不过据俄罗斯央行的资料，日本对俄投资要少得多——仅为 12 亿美元。排名第二的是土耳其（57 亿美元，俄罗斯央行资料为 7. 36 亿美元），第三为印度（35 亿美元，俄罗斯央行资料为 9300 万美元）。中国仅列第四位（33. 7 亿美元，俄罗斯央行资料为 28 亿美元）。

报道称，对苏联地区的大部分投资都表现为燃料动力综合体的一次性大型交易。例如，未被官方纳入统计的印度石油天然气公司购买"萨哈林 1 号"项目股份交易，这使得印度在俄罗斯外国投资排名中降至第三。中心报告说，亚洲投资方面的资料被严重低估，并且亚洲投资者比欧洲更倾向于使用离岸和其他中转投资平台。①

2016 年 11 月，在第八届中国对外投资合作洽谈会上，萨哈林州州长科热米亚科接受了中国《环球时报》记者的采访。他介绍了萨哈林州的优势，特别提到了中俄农业合作问题。

与介入萨哈林州油气开发的有限度相比，中俄国家层面上的能源合作规模更大。它主要体现在原油、天然气、煤炭、电力等常规领域的合作。中俄关系的发展为此提供了动力。

1991 年俄罗斯独立后，中俄实现了国家关系由中苏到中俄的衔接。20 多年来，中俄关系经历了"友好国家关系""建设性伙伴关系""面向 21 世纪的战略协作伙伴关系""全面战略协作伙伴关系"等发展阶段，直至成为国际社会"新型大国关系"的典范。

由于解决了长期困扰两国关系的意识形态分歧、边界纠纷、军事对抗等问题，中俄政治关系有了长足的发展。2001 年签署的《中俄睦邻友好合作条约》，成为指导中俄关系长期健康稳定发展的纲领性文件。该条约以法律形式确立了两国和两国人民世代友好的和平理念，确定以平等互信的战略协作伙伴关系作为中俄关系模式，确定了双方要相互坚定支持、始终不渝地致力于扩大各领域务实合作的方针。中俄已建立起正常的联系通道：确立了中俄元首、总理、外交部部长的定期会晤机制；中俄友好、和平与发展委员会宣告成立并已开始运转。

---

① 《俄媒：中企偏爱前苏联地区国家 对俄投资不及日本》，http：//intl. ce. cn/sjjj/qy/201601/18/t20160118_ 8335969. shtml。

加强能源合作有利于巩固中俄关系。俄罗斯学者认为："俄中两国建立了长期伙伴关系，这种关系是建立在《关于多极世界和建立新的国际秩序联合宣言》的基础上。能源因素可以加强这种伙伴关系的物质基础，是对促进俄中两国相互协作的其他因素（军事技术合作、科技合作、贸易等）的补充。"①

早在 20 世纪 90 年代，两国领导人做出了加强油气战略合作、建设中俄原油管道的重大决策。进入 21 世纪后，中俄油气合作持续发展，达成了很多合作意向，取得了实质性成果。2012 年，成立了中俄能源合作委员会。它是根据 1997 年 6 月 27 日关于建立中俄政府首脑定期会晤机制及其组织原则的协议签署的附加议定书建立的。此前，负责两国间燃料 - 动力综合体领域相互关系的是中俄能源对话机构。

与此同时，中俄贸易额从 2001 年的 107 亿美元增加到 2014 年的 952. 8 亿美元。俄罗斯学者归纳出三点原因：一是两国政治关系急剧升温；二是石油及原料商品价格上涨；三是两国签署了一系列使俄罗斯能源资源进入中国市场的大合同。② 俄罗斯媒体看中俄贸易结构情况如图 8 - 5 所示。

中俄地方合作也取得重大进展。2007 年 8 月，俄罗斯政府通过了《2008~2013 年远东及后贝加尔湖地区社会经济发展计划》和《2025 年前俄罗斯东部地区社会经济发展战略及纲要》，随后俄罗斯工业和能源部规划了大规模的修建天然气管道和铁路的计划。2009 年 5 月，梅德韦杰夫总统称，俄罗斯振兴远东地区和外贝加尔地区应与中国振兴东北计划在工作层面上协调一致。同年 9 月，两国政府签订了《中华人民共和国东北地区与俄罗斯联邦远东及东西伯利亚地区合作规划纲要 (2009~2018 年)》。

中俄能源合作首先在石油领域取得突破。1993 年中国变为石油（包括原油和油品）净进口国，1996 年中国又变为原油净进口国。中国不断增长的石油进口量从需求侧对国际能源市场产生影响。石油进口依赖程度近乎呈直线上升，加上近一半的中国石油进口来自中东，这引发了中国国内对石油供应安全更广泛的关注。

"中俄输油管道"建设项目的研究始于 1999 年签订的《关于制定并完成铺设中俄石油管道经济技术可行性研究的协议》，2000 年两国签订了关

① 〔俄〕C. 3. 日兹宁：《俄罗斯能源外交》，王海运等译，人民出版社，2006，第 320 页。
② 〔俄〕谢尔盖·阿列克萨申科：《俄提高对华出口尚不现实》，《环球时报》2015 年 10 月 17 日 B6 版。

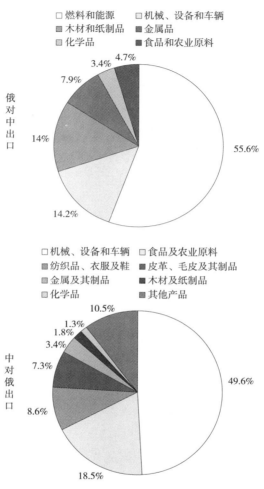

图 8 - 5　俄罗斯媒体看中俄贸易结构

资料来源：透视俄罗斯网站。

于准备制定"中俄石油管道"项目经济技术可行性研究的协议谅解备忘录，2001 年双方在莫斯科举行的能源分委员会第三次会议上就完成该项目经济技术可行性研究的基本原则协议达成一致。该协议在同年 9 月举行中俄政府首脑莫斯科会晤时签署。这个协议规定首先铺设从安加尔斯克到大庆的输油管道。2006 年，"中石油"与俄罗斯石油公司成立合资企业东方能源有限公司。2008 年，中俄签署了《关于在石油领域合作的谅解备忘录》，以及关于建设和使用斯科沃罗季诺至中国边境天然气管道的原则协议。

2009 年，中俄达成"石油换贷款"的协议。双方共签署了 7 项能源合作文件，其中包括俄罗斯石油公司、俄罗斯石油管道运输公司与中石油签署的长期原油供销合同①，以及与中国国家开发银行的贷款协议等。

2010 年，中俄原油管道进入试运行阶段。这条管道起自俄罗斯远东管道斯科沃罗季诺分输站，止于大庆末站。按照双方协议，俄罗斯通过中俄原油管道每年向中国供应 1500 万吨原油，合同期为 20 年。

2012 年，中俄石油管道谈判最终签约。

2013 年 3 月，中俄国家元首会晤时签署了增加向中国供应石油及建设、运行天津石油炼化厂的跨政府间协议。同年，俄罗斯石油公司寻求从中国获得 250 亿～300 亿美元的贷款，作为交换，其将对中国的石油供应量加倍。中国增加进口俄罗斯石油还有一个原因，即必须弥补大庆油田开采下降造成的损失。

2014 年 11 月，俄罗斯石油与中石油签署框架协议。根据协议，中国石油天然气勘探开发公司获得万科尔石油公司 10% 的股份。

2015 年 6 月 23 日，"彭博社"报道，根据中国海关总署最新的统计资料，俄罗斯已经取代沙特阿拉伯，成为中国最大的原油供应国。

中俄天然气合作的探讨启动于 20 世纪末。管线的走向、资源的落实乃至价格如何确定，成为双方谈判的焦点。

2000 年，两国政府着手准备伊尔库茨克方案、雅库特方案。双方的协议中还提到从西西伯利亚气田向中国供应天然气。

2005 年，双方讨论了向中国供应天然气的前景问题。另外，俄罗斯天然气工业公司与中石油在天然气工业其他领域的合作也在不断发展，其中包括实施"西气东输"天然气管道建设项目。

2006 年，中俄签署了《中国石油天然气集团公司与俄罗斯天然气工业股份有限公司关于从俄罗斯向中国供应天然气的谅解备忘录》，计划从 2011 年开始俄罗斯将通过东、西两条管道每年对中国出口天然气 680 亿立方米。

---

① 根据俄罗斯石油公司、俄罗斯石油管道运输公司和中石油 2009 年签署的合同，俄罗斯自 2011 年开始通过"斯科沃罗季诺－漠河"管道支线向中国出口俄石油。此外，还有 3 条俄罗斯对中国出口石油的路线：经哈萨克斯坦通过"阿塔苏－阿拉山口"管道和"科济米诺"海港运输石油，通过"梅格特"液体装运集散地的铁路运输。

2009 年，上述两大公司签署了关于俄罗斯向中国供应天然气基本条件的框架协议。根据协议，未来俄罗斯每年将向中国输送 700 亿立方米天然气。2010 年，两大公司签署了《关于对华供气基础性条件协议》。这个协议包含经西线对中国供气的主要条件。

2014 年 5 月，中俄两国政府签署了《中俄东线天然气合作项目备忘录》，中国石油天然气集团公司和俄罗斯天然气工业公司签署了《中俄东线供气购销合同》。根据双方商定，从 2018 年起，俄罗斯开始通过中俄天然气管道东线（"西伯利亚力量"）向中国供气，输气量逐年增长，最终达到每年 380 亿立方米，累计 30 年。合同总价值为 4000 亿美元，每千立方米天然气的平均价格约为 350 美元。

此前，诺瓦泰克公司与中石油签订了每年从亚马尔液化天然气项目供应 300 万吨液化气的合同，合同期限为 20 年。目前，诺瓦泰克公司决定向中国投资基金出售亚马尔液化天然气项目 9.9% 的股权。

9 月 1 日，中国国务院副总理张高丽在雅库茨克会见俄罗斯总统普京，并与普京共同出席中俄东线天然气管道俄境内段 "西伯利亚力量" 管道的开工仪式。它西起伊尔库茨克州，东至远东港口城市海参崴。管道总长 4800 公里，连接伊尔库茨克州的科维克金油田和萨哈共和国的恰扬金油田，年输气量将达 610 亿立方米。

同年 10 月，中俄签署了沿东线输气管道向中国提供俄罗斯天然气的合作协议。11 月，中俄签署了西线供气框架协定。

西线管道将通过 "阿尔泰" 管道从俄罗斯西西伯利亚穿越中俄西段边界，与中国的西气东输工程相连，管道总长 2700 公里，造价为 140 亿美元，年运输能力为 300 亿立方米。

2014 年以来，中俄两国加快了能源金融合作的进程。

2015 年 5 月，普京总统批准了有关通过东线向中国输送天然气的协议。

同年 8 月，俄罗斯天然气工业公司未能与中国就经西线向中国供气问题达成协议。它又提出建设从俄罗斯远东到中国的天然气管道，希望近期与中方签署相关备忘录，将萨哈林岛出产的天然气卖给中方。

12 月，俄罗斯天然气工业公司称，它与中石油确定将于近期签署 "西伯利亚力量" 输气管线包括黑龙江（俄称 "阿穆尔河"）底管道在内的跨境段规划和建设协议。

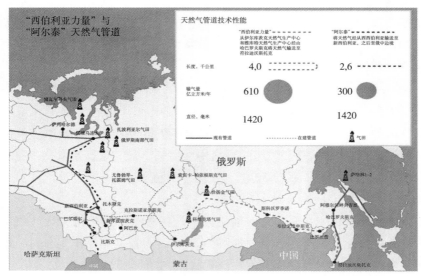

图 8 - 6　"西伯利亚力量" 和 "阿尔泰" 天然气管道

资料来源：透视俄罗斯网站。

2016 年 1 月，俄罗斯政府批准中国丝路基金认购亚马尔液化天然气项目 9.9% 股份的协议。

中俄战略协作伙伴关系，对俄罗斯维护其亚洲部分的安全意义重大。

中国和俄罗斯作为世界上的重要国家，在重大的国际、地区和全球性问题上，始终发挥着重要和积极的作用。

中俄在上海合作组织开展广泛的合作。上海合作组织是从双边到多边发展而成的会晤机制。2002 年 6 月，六国元首签署了《上海合作组织宪章》、《上海合作组织成员国关于地区反恐怖机构的协议》和《上海合作组织成员国元首宣言》三份重要文件。2003 年 5 月，上海合作组织领导人会议决心 "通过共同努力，全面发展六国伙伴关系，开展政治、经贸、人文各领域合作，以应对新的威胁和挑战"。

2005 年，乌兹别克斯坦提出上海合作组织的能源合作机制——能源俱乐部的构想。2006 年，这个构想被普京接受并提出倡议。但是由于乌兹别克斯坦转而反对而难以推进。2011 年，中国政府表示支持和推动能源俱乐部的倡议。同年 9 月，中国、俄罗斯、吉尔吉斯斯坦和塔吉克斯坦四国能源部部长代表在西安通过了 "西安倡议"，对具体运作这一多边能源合作机制注入了新的动力。

截至 2016 年，上海合作组织的成员国有中国、俄罗斯、哈萨克斯坦、吉尔吉斯斯坦、塔吉克斯坦和乌兹别克斯坦。观察员国包括白俄罗斯、蒙古国、印度、伊朗、巴基斯坦和阿富汗。对话伙伴国包括土耳其、斯里兰卡、亚美尼亚、尼泊尔、柬埔寨和阿塞拜疆。2016 年 6 月，成员国元首批准签署了印度、巴基斯坦加入上海合作组织义务的备忘录。

亚洲基础设施投资银行（简称"亚投行"）是政府间的亚洲区域多边开发机构，重点支持基础设施建设，总部设在北京。2013 年 10 月 2 日，中国国家主席习近平提出筹建倡议，2014 年 10 月 24 日，包括中国、印度、新加坡等在内 21 个首批意向创始成员国的财长和授权代表在北京签约，共同决定成立"亚投行"。2015 年 3 月 12 日，英国成为首个申请加入"亚投行"的主要西方国家。截至 2015 年 4 月 15 日，法国、德国、意大利、韩国、俄罗斯、澳大利亚、挪威、南非、波兰等国先后已同意加入"亚投行"，已有 57 个国家正式成为"亚投行"意向创始成员国，涵盖了除美国之外的主要西方国家以及除日本之外的主要东方国家。

2016 年 1 月 16 日至 18 日，"亚投行"开业仪式暨理事会和董事会成立大会在北京举行。在 57 个创始成员国中，俄罗斯认缴股本 65.362 亿美元，获得 5.92% 的投票权，是仅次于中国和印度的第三大股东。俄罗斯要想成为亚太供应链的一部分，必须投资基础设施。其经济发展部部长表示，将借助"亚投行"资金来开发俄罗斯远东。

第九章
萨哈林州油气开发前瞻

煤炭、石油和渔业是萨哈林州的三大支柱产业。随着萨哈林岛开发从陆地走向海洋，陆上的瓶颈和大陆架的前景都集中在油气问题上。其基础设施的更新换代所面临的主要问题在于如何跟上高产油气田变换位置的节奏。毕竟，萨哈林岛大陆架开发突破了油气区的原先范围。于是，萨哈林州不只是创造出了作为"点"的两个标志性的项目，也创造出了作为"面"的一个碳化氢社会。

第一节　海岛石油经济

这两个标志性的项目就是"萨哈林1号""萨哈林2号"，其作用有三：萨哈林州享受国家优惠政策的依托；极大地增强了萨哈林州在俄罗斯远东地区的地位；带动了本州经济的发展。

"萨哈林1号""萨哈林2号"项目有如下特点：首先是时间，它们"在产品分成协议法签署之前已经存在"；其次是有利因素，"天时及人和（强大的本地支持），再加上地利（萨哈林岛远离莫斯科，属于'天高皇帝远'）"；最后是结果，"经过10年的政治活动和辩论之后，它们仍然是唯一成为现实的产品分成协议项目。"①

实行产品分成协议的目的在于吸引外资。叶利钦时期，萨哈林州的引资规模在全俄仅次于莫斯科而居次席。根据1997年1月1日的统计，萨哈

---

① 〔美〕塞恩·古斯塔夫森：《财富轮转：俄罗斯石油、经济和国家的重塑》，朱玉犇等译，石油工业出版社，2014，第149页。

林州有 386 个外资企业，其中包括莫比尔、埃克森、壳牌集团、阿尔科等大企业。这些企业都是奔着产品分成项目来的。①

2000～2010 年，萨哈林州得到的投资从 81 亿卢布增加到 1309 亿卢布（见表 9-1），继续成为俄罗斯远东最具投资潜力的地区。

表 9-1　2000～2010 年俄罗斯远东各联邦主体的固定资本投资

单位：十亿卢布

年份 主体	2000	2001	2002	2003	2004	2005	2006	2007	2008	2009	2010
远东联邦区	53.6	85.7	113.8	135.7	216.7	275.7	330.8	436.9	584.7	838.5	752.6
萨哈共和国（雅库特）	15.8	21.9	25.9	30.4	34.4	49.0	56.6	119.8	156.9	351.2	117.2
堪察加边疆区	3.5	3.4	3.9	6.8	5.5	7.1	8.3	13.0	16.5	17.6	29.4
滨海边疆区	7.3	9.9	13.5	15.3	18.6	28.5	34.2	47.0	77.0	138.3	201.1
哈巴罗夫斯克边疆区	11.6	14.9	20.1	25.1	34.6	39.2	47.3	64.5	83.7	89.8	131.2
阿穆尔州	4.1	14.2	13.6	18.2	22.0	23.7	28.7	45.7	66.1	99.7	79.4
马加丹州	2.1	2.6	3.5	3.4	4.3	5.1	7.1	9.9	13.5	12.2	13.6
犹太自治州	0.3	0.4	0.8	1.5	3.2	5.5	6.1	8.5	10.4	9.8	18.5
楚科奇自治区	0.7	1.7	5.0	8.7	8.6	7.4	5.0	5.6	8.3	13.2	4.4
萨哈林州	8.1	16.8	27.4	26.3	85.6	110.2	137.5	122.8	152.4	118.4	130.9

资料来源：Л. А. Моисеева. Развитие инвестиционной привлекательности ДальнегоВостока как фактор интеграции России в АТР（1999 - 2011 гг.）//гуманитарные исследования в восточной сибири и на дальнем востоке，№ 1，2012，C. 72.

萨哈林州生产总值的一多半来自油气开采。2010 年，萨哈林州共开采了 1480 万吨石油、243 亿立方米天然气，这些大多是在 "萨哈林 1 号" "萨哈林 2 号" 项目框架下进行的。②

两大油气项目招商引资的成效明显。到 2010 年第一季度末，在 "萨

①　О. А. Арин. Стратегические контуры Восточной Азии вXXI веке. Россия：ни шаг вперед. М.：Альянс，2001，С. 145.

②　俄罗斯联邦驻中国大使馆：《用数字和事实说话的萨哈林州》，http：//www. russia. org. cn/chn/3019/31293319. html。

哈林 1 号"实施期间，共签订了 4900 份商品和服务合约，其中同俄罗斯企业签订的合约是 2601 份。具体到"萨哈林 2 号"项目，则分别是 37966 份商品和服务合约和 20823 份同俄罗斯企业签订的合约。[①]

2011 年，油气企业向萨哈林州政府上缴税款及其他必缴款 228 亿卢布，同比增长 30%。这既得益于"萨哈林 1 号"项目净利润的增长，又与全球油价高涨所带来的开采权使用费增加有关。[②] 2012 年 8 月，从普里戈罗德生产企业运走第 500 批液化天然气。[③] 2013 年，萨哈林能源投资公司提前收回成本，缴纳了首笔利润税，数额达 120 亿卢布。[④]

州长霍洛沙文在其任期内也强调：由于大陆架项目的落实，保证了萨哈林州占俄罗斯远东总产值的 40%、税收的 25%。[⑤]

萨哈林岛过去是俄罗斯远东石油工业的先行者，未来也将肩负这一重任。从油气资源潜力上看，俄罗斯远东陆上油气远景区面积达 46.77 万平方公里，500 米等深线以内的海域油气远景区面积达 71.43 万平方公里。油气的初始总资源量，陆上为 49 亿吨油当量，大陆架为 190 亿吨油当量。目前已发现 82 个油气田，其中 74 个在萨哈林州。[⑥] 俄罗斯远东的天然气探明储量也主要分布在萨哈林州和萨哈共和国（雅库特）。在萨哈林岛大陆架东北部发现的 15 个油气产地中，伦斯科耶、南基林斯基的储量独一无二。[⑦] 其石油工业的历史积淀，拉动萨哈林州经济增长的现实需要，满足当地居民的福利需求，都在使油气项目快马加鞭。

"萨哈林 1 号""萨哈林 2 号"技术水准的提升说明了"科学技术是第一生产力"的道理。"萨哈林 1 号"是俄罗斯吸引外国直接投资最大的项

---

① 俄罗斯联邦驻中国大使馆：《快速发展的油气业》，http：//www. russia. org. cn/chn/3019/ 31293307. print。
② 《俄远东萨哈林州油气企业 2011 年缴税额同比增长 30%》，http：//oil. xinhua08. com/a/ 20120228/909230. shtml。
③ История，http：//www. sakhalinenergy. ru/ru/company/history. wbp.
④ 《萨哈林能源公司 3 月将缴纳首笔利润税》，http：//rusnews. cn/eguoxinwen/eluosi _ caijing/20130105/43662823. html。
⑤ Хорошавин：Сахалин должен стать энергетическим центром мирового уровня，http：// ria. ru/interview/20130924/965440113. html.
⑥ 刘燕平编著《俄罗斯国土资源与产业管理》，地质出版社，2007，第 88 页。
⑦ Нефтегазовый форпост России//Нефть России，№6，2014，C. 28.

目之一，也是国际油气工业发展史上最具发展前景而又最为复杂的项目之一。① 它在开发过程中取得了如下成绩：用三维地震技术提高了勘探效率，用最先进的计算机模型算出了开采平台的冰载荷，开采设施的设计能够保护当地的野生动物，安全生产有保证，采用了分阶段开发策略和大型模块式"即插即用"方法，创造了大位移钻井技术，等等。② 这个项目留给俄罗斯石油公司的一大财富是对高级管理层的影响。波格丹奇科夫从萨哈林州来到莫斯科，他把在萨哈林海洋油气股份公司的核心团队成员安排到俄罗斯石油公司的高管位置上，这些人具有多年与美国石油公司共同经营油气项目的经验。

"萨哈林 2 号"必须在受地震活动影响的地区进行商业投资活动，所以要寻找和管道路线有关的综合解决方案。这些解决方案不仅包括预防地震灾害直接影响的安全监控，也包括地震间接的影响，如滑坡、雪崩、泥石流、塌陷等。

众所周知，萨哈林岛发生地震的可能性很高。2007 年 8 月，大地震使8000 人无家可归。"萨哈林 2 号"的设计和施工代表了工程学的成就。2008 年 2 月，萨哈林能源投资公司公布了穿越萨哈林岛地质断层铺设油气管道的计划。这条管道将萨哈林岛北部、南部正建液化天然气厂连通。俄罗斯第一个液化天然气厂用的是"萨哈林 2 号"提供的天然气。该厂是使用新技术设计，生产高利润产品的模范单位。液化天然气虽然是由天然气转化而成，但无论在工程学还是商业方面，都是一个完全不同的产品。通过壳牌集团，俄罗斯天然气工业公司拥有了一个良好的平台，能够培训开采、运输和营销方面的工程师和执行官，与具有先进知识的人员在一起工作。③

这两个项目的开发都需要破冰船、高性能钻机、油轮、冰上补给舰等设备，从而为萨哈林州积累了独特的开发经验。

---

① 〔俄〕В. Ю. 阿列克佩罗夫：《俄罗斯石油：过去、现在与未来》，石泽等译，人民出版社，2012，第 359 页。

② 《萨哈林 1 号项目荣获国际石油技术大会优秀奖》，http://www.cn - info. net/news/2008 - 12 - 04/1228383799d2468. html。

③ 〔美〕塞恩·古斯塔夫森：《财富轮转：俄罗斯石油、经济和国家的重塑》，朱玉犇等译，石油工业出版社，2014，第 401 页。

2006 年，"萨哈林 1 号"破冰船首次完成穿越鞑靼海峡的航行。"克拉辛"号和"马卡罗夫海军上将"号两艘破冰船从哈巴罗夫斯克边疆区的德卡斯特里港口拖拽出装满萨哈林石油的、载重量为 10.5 万吨的"尤里·先克维奇"号油轮。运输船队沿着延伸到距德卡斯特里港口 70 海里的冰面行驶了 5 个小时。油轮被拖拽至无冰地带，然后按指定路线行驶。

2011 年，"克拉辛"号和"马卡罗夫海军上将"将供应船"合作"号、冷藏船"希望彼岸"号拖到鄂霍次克海。

2012 年，"鄂毕河"号完成了世界首次北方航道液化天然气运输。它把挪威国家石油公司工厂的 66 吨液化天然气运到了日本。

2013 年，多功能冰上补给舰"维图斯·白令"号为萨哈林岛大陆架项目提供服务。

萨哈林岛孕育了众多科技"之最"，如世界上最长的"大位移"水平钻井，从岸基钻垫向大海延伸了十多公里。另一项核心创新是设计了混凝土地基和钻井平台上盖结构之间的特殊滚珠轴承，该项技术使钻井平台免受该地频发的地震影响。[①]

自 2003 年以来，"萨哈林 1 号"项目已经钻出了全球 10 个创纪录的大位移井中的 6 个。整个钻探过程都使用了特别设计的"鹰"钻机（见图 9-1）。2014 年，"萨哈林 1 号"再添"金鹰"石油开采平台。这座平台长 105 米，宽 60 米，包括基础在内高达 144 米，相当于一栋 50 层高的建筑。它还是世界上首先使用防震体系的石油开采平台。

萨哈林岛技术演练的一个重要方向是为俄罗斯的北极开发服务。俄罗斯不仅是拥有北极领土最多的国家，也是一个从事北极探险和地理发现活动历史十分悠久的国家。苏联解体后，俄罗斯经略北极呈现立体化的发展趋势。

首先，国家高度重视。从 20 世纪 90 年代起，俄罗斯不断拓展其北部港口的油气出口线路。进入 21 世纪以来，俄罗斯积极主张北极的领土所有权，分别在 2001 年和 2009 年两次向联合国大陆架界限委员会提交申请，要求对北冰洋 200 海里以外的部分大陆架行使主权权利。2007 年 8 月 3

---

① 〔美〕塞恩·古斯塔夫森：《财富轮转：俄罗斯石油、经济和国家的重塑》，朱玉犇等译，石油工业出版社，2014，第 431 页。

图 9 - 1　供萨哈林 1 号项目使用的"鹰"钻机，地点是柴沃

资料来源：В. В. Харахинов. Нефтегазовая геология Сахалинского региона. М. ：Научный мир，2010，С. 37。

日，俄罗斯北极探险家（同时也是国家杜马议会院副主席）阿尔图尔·奇林加罗夫在北极冰下海底插下了一面钛合金制造的俄罗斯国旗。当时，陪同奇林加罗夫的还有俄罗斯寡头政治家弗拉迪米尔·格鲁杰夫、一名瑞典企业家及一名阿拉伯酋长。俄罗斯的这一举动进一步点燃了外界对资源民族主义忧虑的火焰。2008 年底，梅德韦杰夫总统在俄罗斯安全会议上表示，俄罗斯的首要任务是将北极变为"俄罗斯 21 世纪的资源基地"。2009年 3 月，俄罗斯又出台了《2020 年前及更远的未来俄罗斯联邦在北极的国家政策原则》，其核心宗旨是全力参与北极领土和资源争夺，确保在北极能源开发及运输方面的竞争优势。2013 年，俄罗斯公布了《至 2020 年前北极地区发展战略》。俄罗斯新版海洋学说中最引人注目的是增加了大西洋和北极的战略分量。

其次，俄罗斯社会关于北极问题的讨论极为热烈。在可预见的将来，俄罗斯都需要资源立国。由于全球气候变暖，北极的资源开发更加具有价值。2013 年 7 月，俄罗斯地区发展部部长伊戈尔·斯柳尼亚耶夫在部务委员会主席团会议上指出，俄罗斯有 7 个联邦主体全部或部分位于北极。那里有 200多万人口，GDP 占全国的 15%，全国 80% 的天然气、90% 的铂族金属、

85% 以上的镍和钴、60% 的铜，还有绝大部分的钻石产自这些地区。①
2016 年圣彼得堡国际经济论坛期间首次举办了北极地区经济发展会议。

最后，俄罗斯"国"字号企业将北极列入经营范围。俄罗斯既是一个
亚欧大陆国家，也是一个面向海洋的国家。现在，各国掀起向海洋要资源
的热潮。世界上 25% ~33% 的石油和天然气蕴藏于海洋，大约 66% 的石油
贸易是通过海运来进行的，所以能源安全在很大程度上取决于海上安全。②
从地理位置上看，俄罗斯北临北冰洋，东临太平洋，西临波罗的海，南临
黑海。俄罗斯制定了积极的海洋发展战略和一系列配套文件，北极开发是
其中的一个重点，北方航道也开通了③。

萨哈林岛成为俄罗斯"国"字号企业积累海上作业经验的演练场。这
里拥有亚北极的气候条件，并且为俄罗斯展示破冰船实力提供了机会。北
极开发离开破冰船是无法想象的。为了延长北方航道的通航期，必须由破
冰船开道。在这方面，俄罗斯已经走在世界的前列。美国、加拿大和中国
也有破冰船，但只有俄罗斯在北极环境中使用核动力，有专门的实验室对
船上核反应堆的工作情况进行监督。俄罗斯计划到 2020 年建造三艘新一代
核动力破冰船，为北方航道运行提供更好的设备。2015 年，俄罗斯批准了
关于综合开发北方航道的计划。2016 年 5 月，俄罗斯又启动了提高北方航
道负荷程度的新项目。俄罗斯副总理德米特里·罗戈津在出席新西伯利亚

---

① 《俄制订北极发展纲要须先搞好基础设施建设》，http：//tsrus. cn/gongye/2013/07/08/
25843. html。北极的能源主要集中在俄罗斯这一侧，这个地区可为俄罗斯经济带来 12% ~
15% 的国内生产总值。Стент Анджела. Почему Америка и Россия не слышат друг друга？：
взгляд Вашингтона на новейшую историю российско － американских отношений. М.：
Манн，ИвановиФербер，2015，С. 248。

② 〔美〕盖尔·勒夫特、安妮·科林 编《21 世纪能源安全挑战》，裴文斌等译，石油工业
出版社，2013，第 34 页。

③ 中国学者曾预言：北极航道的解冻将使俄罗斯在历史上破天荒地面临来自"四面八方"
的安全压力。参见张文木《论中国海权》，海洋出版社，2010，第 192 ~193 页。北极
所蕴藏的能源可能占全球未探明油气储量的 25%，国际上对北极的关注愈演愈烈。再
加上由于全球气候日益变暖，北冰洋的海上运输期得以延长，巴伦支海的海运效益也将
因此恢复。这一切将使北冰洋丰富的能源资源的开发成为可能。正因为如此，在北冰洋
上爆发能源开采之战的那一天也将日益临近。四大北极成员国——美国、挪威、丹麦和
加拿大，以及北约－俄罗斯理事会的 27 个成员国，都将是这场潜在的资源大战中的直接
参与者和竞争对手。〔美〕盖尔·勒夫特、安妮·科林 编《21 世纪能源安全挑战》，
2013，第 288 ~289 页。

技术工业论坛时表示，到 2030 年俄罗斯针对北极开发的新研发工作将获得 13 亿卢布。他特别指出，目前俄罗斯在北极使用的科研设备中有 90% 是外国部件，因此近期政府将重点专注于进口替代及发展本国的技术。

随着世界各国日益重视北极开发，萨哈林岛的意义会继续上升。比如，挪威的运营商对阿拉斯加、萨哈林岛等地进行测试后证实，虽然对于工作人员来说环境非常恶劣、成本极高，但是无论是从技术上还是从经济上来说，在北极的陆地和海洋上开发油田都是可行的。①

对萨哈林州来说，"萨哈林 1 号"和"萨哈林 2 号"不是万能的，但没有它们是万万不能的。在俄罗斯人看来，由于这两个项目的实施，"将萨哈林州整体经济的创新能力提高了两倍，这使得当地经济的发展进入了一个新的阶段。本地区生产总值的增加，投资效益和劳动生产率的提高也来源于此。"②

石油工业具有"溢出效应"。"萨哈林 1 号""萨哈林 2 号"的推进需要大量的专业人才。比如，"萨哈林 2 号"运转起来需要从俄罗斯其他地方额外调来 1 万 ~1.2 万人来。服务业需要他们，学校、商店、医院需要他们。③

许多大型银行和保险公司，生产各种设备和工业产品的企业也纷纷前来建立分支机构。它们不仅需要工程、建筑、石油、天然气领域的专家，而且需要从事金融、保险、经济、文秘、外语等专业的人员。

任何成功的企业都需要拥有一支能创造附加值并带来创新理念、产品和服务的高技能人才队伍。为了满足这种需求，萨哈林国立大学开设了石油和天然气学院。这所大学成立于 1948 年，1998 年获得大学资质并且改为现名。截至 2015 年，学校共有学生 7000 多人，教师中有教授、博士 45 名，副教授、副博士 128 名。学校的主要专业有：应用数学和计算机科学、地理、化学、体育文化、自然资源利用、组织管理、技术与创业、地下作业安全、市政管理、言语障碍矫正、俄罗斯语言与文学、新闻学、翻译

① 〔英〕Robin. M. Mills：《石油危机大揭秘》，初英 译，石油工业出版社，2009，第 125 页。

② 俄罗斯联邦驻中国大使馆：《萨哈林州海岛新经济》，http://www.russia.org.cn/chn/3019/31293316.html。

③ В. А. Корзун. Интересы России в мировом океане в новых геополитических условиях. М.：Наука，2005，C. 341. 页下注。

学、法学、金融和信贷、教育学和小学教育方法、教育学和学前教育方法、教育学和心理学、社会文化服务和旅游业、物理和数学教育、水生物资源和水产养殖、生物学、生态与环境管理、技术教育、科学教育、历史、社会学、语言学教育、旅游、东方研究、石油事务、文学、管理等。

边开发、边建设是萨哈林岛油气开发过程中的重要特征。苏联时期开启了水运、铁路和石油管道三位一体的运输体系建设。萨哈林岛的运输主要靠铁路、公路和水运。与千岛群岛，以及州外的联系主要靠海运和航空运输。霍尔姆斯克、科尔萨科夫是本州最重要的港口。全州有 11 个指定航空港，与远东各地、莫斯科之间都有航线，州内之间也有航空联系。萨哈林州的港口同海参崴、纳霍德卡、瓦尼诺港口之间有定期航班。千岛群岛与萨哈林、堪察加、海参崴等地也有航班。萨哈林岛大陆架油气开发需要改造陈旧设施。

萨哈林州前副州长弗拉基米尔·沙波瓦尔指出："萨哈林 1 号""萨哈林 2 号"的资金对本州基础设施的改造发挥了重要作用。交通设施方面，他举了南萨哈林斯克硬路面的例子：以前，州府向南的硬路面、向北的柏油路都不长；现在，从南萨哈林斯克到诺格利基、南萨哈林斯克到奥哈的硬路面已经超过 100 公里。诺格利基机场近乎重建。对于社会基础设施建设，他谈到了南萨哈林斯克改建了儿童医院、肿瘤防治所等。南萨哈林岛的部分地区实现了天然气化。此外，奥哈市建成了岛上第一所可以承受 9 级地震的学校。①

2005 年，萨哈林州公布了 5 个机场现代化的改造计划。由此将使该州航空公司的服务基础设施更好地运作。萨哈林州政府新闻中心宣布，萨哈林州机场的现代化改造工作是按照联邦目标计划进行的，而直升机机场的建设工作将由萨哈林州预算承担费用。"北库里尔斯克"直升机机场的建设具有特别的意义，因为航空运输几乎是居民唯一的交通方式。

2007 年，"萨哈林－大陆"铁路桥项目再次被提出。苏联在 20 世纪 50 年代曾考虑在萨哈林岛与大陆之间修建隧道或者桥梁，但未能实现。目前，萨哈林州与俄罗斯大陆之间依靠"瓦尼诺－霍尔姆斯克"轮渡通航。货物经常因为天气状况或渡轮不足而在港口堆积。这个项目被列入俄罗斯铁路交通发展战略，以及《远东和外贝加尔 2025 年前社会经济发展战

---

① Остров Сахалин выплывает из моря проблем，http：//www. oilru. com/nr/140/2838/.

略》，其造价估计为 4000 亿卢布。

俄罗斯铁路公司准备支持连接萨哈林岛与俄罗斯本土大桥的建设项目。大桥将连接位于哈巴罗夫斯克州的"谢里津沃"火车站与位于萨哈林州的"内什"火车站，以提高萨哈林岛与俄罗斯本土的通行能力。

2008 年 4 月，俄罗斯铁路公司萨哈林铁路分公司宣布，将投资近 40 亿卢布改建萨哈林铁路。其中，13.478 亿卢布直接用于将铁轨改造为符合俄罗斯国家标准的 1520mm 轨距，1.916 亿卢布用于翻修中小桥梁，2.937亿卢布用于整修涅维尔斯克地区的铁路基础设施。公司上一年已经为此投资 15 亿卢布。

2012 年，俄罗斯远东发展部部长维克托·伊沙耶夫提出兴建贝阿铁路 2 号新铁路线的想法。贝阿铁路 2 号线有可能通过桥梁延伸至萨哈林州，然后成为通向韩国和中国的支线铁路，它可以使亚欧过境货物改道俄罗斯铁路而不再走绕过非洲的海上航线。

2014 年，俄罗斯 Trans Sahalin Invest 公司总经理安德烈·斯科谢廖夫表示，萨哈林通

图 9 - 2 《北萨哈林岛的钢铁干线》一书的封面。它是研究奥哈 - 诺格利基窄轨铁路的专著

资料来源：Болашенко С. Д. Стальная магистраль Северного Сахалина. Издательство：Железнодорожный，2006。

往欧洲的新运输走廊或可与丝绸之路竞争。这家公司是俄罗斯油气投资联盟公司与莫斯科国立交通大学，为落实跨西伯利亚铁路 - 2 项目联合创立的。这个项目是连接东部与欧洲 - 北西伯利亚铁路的新运输走廊建设项目。斯科谢廖夫说："项目的初步阶段包括更换通往萨哈林岛的铁轨，保证铁路直接连接萨哈林岛与哈巴罗夫斯克边疆区，以及岛屿南部的港口建设。之后计划将新轨道与跨西伯利亚铁路和贝阿铁路连通，进而接入苏尔古特。"他还指出："跨西伯利亚铁路 - 2 被列入上合组织实业家委员会批准项目中。该项目将有助于建设俄罗斯的交通基础设施，并确保俄罗斯远东和萨哈林岛的发展。"①

---

① 《萨哈林通往欧洲新运输走廊或可与丝绸之路竞争》，http：//sputniknews. cn/russia/20141205/44213841. html。

油气管道建设不可或缺。长期以来，东西伯利亚和远东的天然气消费量与其储量不成比例。这个地区占俄罗斯天然气总量的 30% 、石油总量的 18% ，但天然气在其燃料动力平衡中仅占 8% （全俄为 56%）。[1] 由于自然环境和地质条件恶劣，基础设施落后，东西伯利亚和远东尚未进行大规模的天然气开采，没有统一供气管网，只有局部输气管线向地方用户供气。

经济薄弱、与其他地区之间的运输不畅等，是俄罗斯远东面临的主要问题。解决办法在于加强基础设施的连接，包括运输、通信和能源供应系统。采取这些措施可以促进地区发展。目前，俄罗斯东西伯利亚和远东唯一投入使用的油气管道在萨哈林岛上。铺设"雅库特－哈巴罗夫斯克－海参崴"管道的目的是输送雅库特的天然气。它有望与已经完成的"萨哈林－哈巴罗夫斯克－海参崴"管道连接。

萨哈林州的社会生活随之改变。与油气开发打交道成为萨哈林人日常生活的一部分。

油气企业不仅要创造利润，还要兼顾应当担负的社会角色。它们不仅为建设医院、诊所、公路、桥梁、海港、机场，以及供电供水设施提供资金，还为当地的小区组织提供慈善捐款，用于医疗、青年、艺术和民政项目。萨哈林海洋油气股份公司在萨哈林岛、奥哈区、诺格利基区实施有意义的社会计划。在奥哈、诺格利基建成了体育健身设施，改造市区街道，修缮文化设施。公司领导为改善职工的生活投入了很大精力。[2] 埃克森美孚公司在实施油气项目期间对萨哈林州经济的投入达到 70 亿美元。"萨哈林 2 号"财团也确认，每年对萨哈林基础设施建设的投入数以亿计。[3] 从萨哈林岛大陆架取得的油气收益反过来贴补岛上的基础设施建设。

油气开发直接或间接地成为人们就业的媒介，油气项目不同寻常地扩张，使成千上万的个体——管理者、雇员、工人、矿工——他们的生活被推入了石油工业大旋涡。

---

[1] под общ. ред. и рук. А. В. Торкунова. Энергетические измерения международных отношений и безопасности в Восточной Азии. М. : МГИМО，2007，С. 15 – 16.

[2] На трудовой вахте，http：//sakhvesti. ru/? div = spec&id = 373.

[3] Владимир Тихомиров，Ольга Филина，Анастасия Шпилько. Бур и натиск//Огонек，№ 7，21 февраля 2011，С. 18.

所有这些人都需要吃、住、行。当地建成了新的通信交通体系和生活住宅楼。俄罗斯、日本和韩国主要的航空公司开设了到萨哈林州的定期航线，旅馆、办公大楼，以及不同等级的住宅在加紧建设中，当地的医疗机构也安装了现代化的设备。

油气企业的活动对劳动力市场产生了重大影响。进入 20 世纪 90 年代，苏联远东的人口大批外迁。当时出现了许多空城。1990~2002 年，萨哈林州流失人口占其人口的比重达到 18%。全州人口的数量变成 50 万，人口密度每平方公里 5.7 人（俄罗斯远东对应的数字分别为 670 万、1.1 人）。[①]俄罗斯政府试图用低价格土地等措施吸引人口，但效果并不明显。

2007 年，萨哈林州签发了 2.5767 万份工作许可，超过 2006 年同类指标的 9 倍。俄罗斯联邦移民局萨哈林州分局局长奥莉加·萨夫琴科说，外国劳务人员供职于大陆架石油开采、建筑、农业和其他经济行业。和以往一样，提供劳动力的国家仍然以菲律宾、土耳其、朝鲜、中国、英国和美国为主。而独联体国家劳务人员主要来自吉尔吉斯斯坦、乌兹别克斯坦和塔吉克斯坦。"许多萨哈林人并不急于谋求低收入职位。而来自独联体国家的客人却不嫌弃。"[②] 总体上看，萨哈林州的失业率正在下降，截至 2010 年还有超过 6000 个空缺的职位。[③]

萨哈林州普及天然气化涉及千家万户的利益。《2020 年前俄罗斯能源战略》规定，在萨哈林州、滨海边疆区、哈巴罗夫斯克边疆区，以及堪察加地区实现天然气化。

从苏联时期起，萨哈林州开发、利用天然气的进程即已开始。但是其

---

① Население России в XX веке. Исторические очерки. Том3. Книга3. 1991 – 2000 гг. М.：Российская политическая энциклопедия，2012，C. 275，353. 远东和西伯利亚地区人口减少始于苏联解体。在苏联存在的最后 10 年里，这些地区的人口增长速度曾高于整个俄罗斯联邦，这得益于当地政府的鼓励政策。在苏联解体之初的头 10 年，当这些政策不复存在时，当地人口的减少速度比俄罗斯联邦平均高 6 倍，约有 250 万人离开了北极和远东地区。其中，近 85 万人离开了远东地区，占到了该地区人口总量的 10%。〔俄〕德米特里·特列宁：《帝国之后：21 世纪俄罗斯的发展与转型》，韩凝译，新华出版社，2015，第 209 页。

② 《需求大俄罗斯萨哈林州去年大量引进外国劳动力》，http：//finance. stockstar. com/SS2008011830092593. shtml。

③ 俄罗斯联邦驻中国大使馆：《快速发展的油气业》，http：//www. russia. org. cn/chn/3019/31293307. print。

天然气储量与天然气化之间存在反差，表面上看，这是由于建造地方天然气网的钢管不足，实际上却是政府（不仅仅是地方政府）对启动这个提高居民生活质量的工程不够重视。① 因为苏联忙于同美国的冷战，政府优先考虑的是政治、战略问题。天然气开发、利用也不例外。

俄罗斯政府要在对外战略和地区发展之间寻求平衡。苏联解体后，保持东部地区的稳定对转轨中的俄罗斯更有实际意义。这当中包含了改善居民生活的内容。1991 年，MMM 财团（后来的萨哈林能源投资公司）在竞标"萨哈林 2 号"油气产地时获胜，主要是因为它许诺将从 1995 年起为俄罗斯远东输送天然气，并实现整个萨哈林州的天然气化。② 20 世纪 90 年代，俄罗斯远东的人口显著下降，经济没有像俄罗斯欧洲部分那样快速复苏。普及天然气，不仅可以维持足够的人口和经济活动，还可以确保对该地区的有效控制。③

萨哈林州加快使用天然气的呼声不绝于耳。在其 19 个市级区中，仅有 4 个区的 19 个居民点用上了天然气。居民们甚至发问："为什么哈巴罗夫斯克边疆区的居民能用萨哈林的天然气生活和工作，而我们萨哈林人却不能呢？"④ 俄罗斯《独立报》也指出："萨哈林州油气开发已经 15 年了，那里至今仍然主要用煤炭取暖，南萨哈林斯克 1 号热电站也没有改造，每年却有 200 万吨萨哈林石油运往日本和韩国。萨哈林州天然气化的水平只有 9%。"⑤

随着俄罗斯天然气工业公司、俄罗斯石油公司加快进军俄罗斯东部的步伐，从北向南供应萨哈林岛居民生活所需天然气的时机日益成熟。

俄罗斯天然气工业公司的作用最突出。自 2004 年以来，它在东西伯利亚和远东普及天然气方面的预算大幅度增加，它还把天然气化工作纳入俄罗斯东部天然气计划之中。

---

① Р. А. Белоусов. Экономическая история России：XX век. М：ИздАТ，2006，С. 85.

② 于晓丽：《俄产品分割协议机制发展态势分析》，《俄罗斯中亚东欧市场》2004 年第 2 期。

③ 〔韩〕白根旭：《中俄油气合作：现状与启示》，丁晖等译，石油工业出版社，2013，第 87 页。

④ 俄罗斯联邦驻中国大使馆：《快速发展的油气业》，http：//www. russia. org. cn/chn/3019/31293307. print.

⑤ Сергей Голубчиков. Битва за "Сахалин－2"，//Независимая газета，№214，9 октября 2007，С. 12.

2006 年，俄罗斯天然气工业公司与萨哈林州签署天然气化合同。据此，双方将联合制订和实施为萨哈林州实现天然气化的投资项目、地区能源储存计划，以及汽车、铁路、水路、空中运输工具和农业机械改用压缩及液化天然气的计划。①

萨哈林州的油气项目和天然气管道建设，为俄罗斯天然气工业公司履行合同提供了条件。公司希望通过谈判从"萨哈林 1 号"获得气源。其子公司俄罗斯天然气工业石油公司持有北萨哈林洛普霍夫斯克区块的勘探开发许可证。建设萨哈林 – 哈巴罗夫斯克 – 海参崴天然气管道的一个目的，就是推动俄罗斯远东燃料动力平衡结构的改造。公司的官方材料也显示了其决心。到 2012 年初，俄罗斯的天然气化率要达到 63.2%。在城市，这一指标要达到 70%；乡村要达到 46.8%。②

俄罗斯天然气工业公司已经完成了萨哈林州天然气供应总体方案的制定工作，并通过了州专项规划。据此，将会有 17 个市级地区能够用上天然气。到 2020 年，计划保证让大约 12 万名目前还没有中央供暖的人用上天然气，还将有 200 个锅炉改烧天然气。现在已经开始建设从主要的天然气管道、村与村之间的天然气管道的配气站抽取天然气的枢纽中心。普及天然气的主要方向是让南萨哈林斯克 1 号热电站改烧天然气。③

1976 年，南萨哈林斯克 1 号热电站工程启动。当时，苏联建成了 3 个使用褐煤的蒸汽动力涡轮。因为长期使用煤炭为主要燃料，南萨哈林斯克市烟雾笼罩。1988 年通过的远东能源发展纲要注意到了这一点。产品分成方案中也规定，有一部分能源要用于俄罗斯的设备上。它表明，苏联准备解决滨海、萨哈林、堪察加的能源问题。④

南萨哈林斯克 1 号热电站改烧天然气一举两得，既增加了发电站的效率，又减少了废弃物排放。在 2013 年"萨哈林石油和天然气国际大会"上，俄罗斯天然气工业公司的代表谈到了公司在萨哈林州天然气化中的积极作

---

① 《萨哈林政府和俄天然气公司签署燃气化协议》，http：//rusnews. cn/eguoxinwen/eluosi_caijing/20061116/41584124. html。

② Газификация всей россии？//Нефтегазовая Вертикаль，№6，2012，С. 64.

③ 俄罗斯联邦驻华大使馆：《快速发展的油气业》，http：//www. russia. org. cn/chn/3019/31293307. print。

④ В. А. Корзун. Интересы России в мировом океане в новых геополитических условиях. М. : Наука，2005，С. 337. 页下注 56。

用。一个证据是：由于 1 号热电站，南萨哈林斯克的天然气化将有害物的排放量减少了一半，2009 年有害物排放量是 1.45 万吨，2012 年变成 7200 吨。[①] 1 号热电站的经理也指出，这座电站在改烧天然气以前要消耗 100 万吨煤，现在只需 12 万 ~ 15 万吨。因此，颗粒废物只有原来的 1/5、灰尘是原来的 1/6。[②]

可以比较美国的情况。当前，美国对电力部门发电容量的投资已用在了天然气内燃轮机或联合循环设备上。此后，由于美国大部分煤电厂都有 20 ~ 50 年使用时间了，所以它们中的很多将可能被燃气发电取代。[③]

俄罗斯政府对其远东的天然气化也很重视。2013 年 7 月，普京对记者说："远东应该全部天然气化，用一次能源、煤、天然气保障它，包括燃料油，需要发展电力。这都是地区经济整体发展的组成部分。"[④] 现在，他们已经知道必须要建立起各种资源之间的联系，并合理地把它们整合起来，把煤炭、天然气和石油这三种碳氢化合物集中到几个大池子中，以便使它们能够相互转化生成对生活、工业，以及商业来说最佳的能源形式。在这个池子里，可以设法更充分地、更有效地分配这些能源。

如果说南萨哈林斯克 1 号热电站代表了环保的需要，"东方明珠"煤矿的浮沉则是萨哈林州石油工业发展势头胜过煤炭工业的典型事例。苏联解体前，这座煤矿叫多林斯克煤矿，是萨哈林州最大的煤矿。它的前身可以追溯到日本占领南萨哈林时期。苏联解体后，这座煤矿在私有化的浪潮中破产，并且转手卖给了个体老板，自此该矿每况愈下。

在俄罗斯天然气工业中，俄罗斯天然气工业公司稳居头把交椅，还持有西伯利亚和远东的天然气生产和出口权。诺瓦泰克公司、苏尔古特石油天然气公司和俄罗斯石油公司尾随其后。如果管道到位，俄罗斯石油公司也可以生产出数量可观的天然气，其中包括会随着石油从地下逸出的伴生

---

① А. Лашкаев. Предложение Газпрома выгодно всем//Советский Сахалин，№109，27 сентября 2013.

② Перевод на газ Южно – Сахалинской ТЭЦ – 1 дал первые положительные итоги，http：//skr. su/news/237801.

③ 〔美〕本杰明·索尔库、玛丽莲·布朗主编《能源和美国社会：谬误背后的真相》，锁箭等译，经济管理出版社，2014，第 30 ~ 31 页。

④ 《普京：远东应该全部煤气化并进入有前景的亚太市场》，http：//rusnews. cn/eguoxinwen/eluosi_ caijing/20130717/43815905. html。

气。俄罗斯天然气工业公司对经其管道输送的天然气有要求，不希望混入伴生气。2014 年，俄罗斯石油公司与美国埃克森美孚公司计划合资在萨哈林建设液化天然气厂。公司总裁谢钦向总理梅德韦杰夫提出申请，允许使用俄罗斯天然气工业公司的"萨哈林 2 号"天然气运输系统。此前，这个请求一直遭到拒绝①。

图 9 - 3　影集《我们的奥哈市：萨哈林北方之都 75 周年》

资料来源：А. В. Тарасов. Город мой Оха. Северной столице Сахалина 75. Издательство 《Сахалин - Приамурские ведомости》，2013。

城市硬件设施的改变，是经济发展的重要标志。前面，我们已经多次介绍过奥哈市。这座城市的特征取决于其主要从事的活动。石油开采需要数量众多的工人，因此在发现矿床的荒凉地带或者周围会出现城市化现象。

城市是一个不断发展的文化载体，它一经出现，其内涵也就在不断地发生变化。在萨哈林州石油工业迅猛发展之前，南萨哈林斯克是一座带有乡土气息的首府城市。1968 年，它的人口有 93000 人，比以前几年略有增加。南萨哈林斯克有铁路通到霍尔姆斯克，由此与西海岸铁路线相衔接；它在东海岸铁路线上，向南通到科尔萨科夫，向北则一直远达波罗乃斯克和提莫夫斯科耶。沿着这些铁路线还筑有一些公路。这座城市有机车和货

---

① 《俄罗斯石油公司拟在萨哈林建立液化天然气工厂》，http：//search. mofcom. gov. cn/swb/searchList. jsp#。

车修理厂、机器制造厂、胶鞋和皮鞋制造厂，还有家具制造厂、建筑材料厂、啤酒厂及酿酒厂。[①]

经济的繁荣改变了南萨哈林斯克的面貌。现在，萨哈林岛上生活着大约 50 万人，其中 1/3 的人口居住在州府。城市发展了，一流的人才就会来这里工作，特别是年轻人。对萨哈林人来说，南萨哈林斯克是自己的子孙后代将来出人头地的地方。在这里可以接受高等教育，医疗条件也是全州最出色的。岛上其他地方的人们主动支持首府，今后还会继续支持其发展。

南萨哈林斯克是俄罗斯远东最为国际化的城市，有"亚洲加里宁格勒"之称。油气项目的进展为它带来了世界各地的外国友人，更为南萨哈林斯克的人们带来了全新的饮食理念，人们开始接受并食用意大利面、咖喱鸡，还有寿司。位于契诃夫街 78 号的"西波利尼"是岛上最正宗的意大利餐厅。位于普尔卡耶夫街 39 号的印度餐厅"孟买之夜"是享用晚餐的最好选择。在此可以品尝到正宗的印度烤饼和咖喱鸡，再喝上一大口印度酸奶。[②]

萨哈林州居民的平均月收入为 34500 卢布，在俄罗斯远东各主体中居第三位。[③] 少数民族也分享到经济发展的成果。2013 年 11 月，索契冬奥委会火炬抵达南萨哈林斯克。在南萨哈林斯克机场，尼夫赫土著乐手身着民族服装，吹响了名为"卡尔尼"的长号角，迎接索契冬奥委会火炬（见图 9-4）。

---

① 〔英〕斯图尔特·柯尔比：《苏联的远东地区》，上海师范大学历史系地理系译，上海人民出版社，1976，第 246 页。苏联学者的记载有所不同：20 世纪 60 年代，一位游客在日本《朝日新闻》上写道："南萨哈林斯克，在我的记忆中是一些狭窄的街道，两旁立着破旧的小木房。现在这座城市到处是设备完善的多层砖砌楼房……城市现代化的文明面貌使人吃惊。跟我们在萨哈林生活的当时简直无法相比——变化实在太大了。"〔苏〕А. Б. 玛尔果林：《苏联远东》，东北师范大学外国问题研究所苏联问题研究室译，吉林人民出版社，1984，第 272 页。

② 阿贾伊·卡马拉卡兰：《南萨哈林斯克的纯美自然与精致美食》，http://tsrus.cn/lvyou/2013/07/07/25715.html；德米特里·谢瓦斯季亚诺夫：《从北冰洋到贝加尔湖：领略俄罗斯七大最美岛屿》，http://tsrus.cn/lvyou/2014/08/21/36437.html。

③ 俄罗斯联邦驻中国大使馆：《萨哈林州海岛新经济》，http://www.russia.org.cn/chn/3019/31293316.html。俄罗斯媒体将萨哈林岛称为"国家未来的'科威特岛'"，其油气资源可以使居民的人均收入达到西欧国家的水平（21900 美元）。Сахалин: будущий русский 《остров Кувейт》，http://ukrmonitor.ucoz.org/news/sakhalin_budushhij_russkij_ostrov_kuvejt/2011-06-06-9093。

图 9-4 尼夫赫土著乐手吹响"卡尔尼"的长号角

资料来源：AFP/East News。

对于任何城市来说，大公司的进驻都是件好事，特别是像俄罗斯石油公司这样的大公司。萨哈林海洋油气股份公司将其总办事处从奥哈市迁到了南萨哈林斯克，它可以为南萨哈林斯克带来工作岗位和年收入。

举办"萨哈林石油和天然气国际大会"，继续扩大南萨哈林斯克的知名度。作为俄罗斯远东地区石油、天然气工业的年度会议，萨哈林石油和天然气国际大会被视为分享经验、了解创新和实践方法的最佳平台，业内人士在大会上讨论最新动态，同时有多名专家进行主题发言。

2011 年的大会吸引了来自 20 多个国家的 400 多名代表参加。50 多位行业内最具影响力的决策者在大会上讨论商机和未来发展规划，并就如下问题交换看法。这些问题包括萨哈林州的油气项目，马加丹、堪察加、楚科奇和萨哈共和国的油气田项目，海参崴液化天然气厂项目，横贯远东的输油管道等。

萨哈林州在大会上推出自己的拳头产品。州长霍洛沙文在 2013 年大会上指出，1999~2013 年，本州的人均总产值增加了 55 倍，达到 120 万卢布。在列举了油气产量的具体资料后，他指出萨哈林州当前面临的任务是油气的深加工。这里说的是扩大液化天然气生产、已有液化天然气厂的第三条生产线建设，以及俄罗斯石油公司、埃克森美孚新建液化天然气厂。州长还强调本州利用天然气的一个重要方向是落实天然气化纲要，州政府将为此与俄罗斯天然气工业公司紧密合作。① 在 2014 年大会上，霍洛沙文指出本州在国内油气产量排行榜上的地位：天然气产量排名第三位、石油排第九位。②

2014 年，萨哈林州石油工业的形势喜忧参半。前者除了俄罗斯天然气工业公司的发现之外，还有得到鄂霍次克海 5.2 万平方公里的飞地。联合国大陆架界限委员会确认，这块飞地是俄罗斯大陆架的一部分。俄罗斯自然资源与生态部部长谢尔盖·东斯基指出："在那里发现的一切资源，将绝对在俄罗斯法律框架内进行开采。"他还说，根据地质专家估计，该区域发现的碳氢化合物总量超过 10 亿吨。③ 长期以来，美国不承认鄂霍次克海是俄罗斯的领海。坏消息是要经受国际油价下跌和西方制裁的考验。萨哈林州石油工业在世界油气领域的快速发展，背后是俄罗斯石油工业的不断壮大。如果从国家和企业层面上看，制裁是西方的政府行为，其影响将是长期性的；与之相比，西方能源企业的行动会有一个"滞差"，它们暂时没有削减对俄罗斯的投资，埃克森美孚、壳牌集团、道达尔等巨头甚至在"力挺"俄罗斯。

2014 年，萨哈林州生产了 1450 万吨石油和凝析油、280 亿立方米天然气，分别比 2013 年增长了 4.8%、2.9%。油气开采成为该州经济的"火车头"，州预算的 81% 以上来自油气领域的收入。2014 年，州政府从中得到进款 1347 亿卢布，比 2013 年增加了 590 亿卢布。2015 年初，萨哈林能源投资公司向市场投放新品牌的萨哈林轻质油。④

2015 年 3 月 4 日，警方突击搜查了萨哈林州的政府大楼，并将州长霍洛沙文押解至莫斯科。调查显示，他在签订建设当地中央热电厂合同时共收受 560 万美元贿赂。如此高级别官员被抓捕，在俄罗斯实属罕见。霍洛沙文成为自 2006 年以来第二位被逮捕的州长。

---

① ГубернаторАлександр Хорошавин открыл международную конференцию "Нефть и газ Сахалина – 2013"，http：//www. sakhalin. biz/news/business/86949/.

② Открыл международную конференцию "Нефть и газ Сахалина – 2014"，http：//sakhalinmedia. ru/news/economics/23. 09. 2014/388539/otkrilas – konferentsiya – neft – i – gaz – sahalina – 2014. html.

③ 《联合国委员会确认鄂霍次克海飞地是俄大陆架一部分》，http：//radiovr. com. cn/news/2014_ 03_ 15/269403242/.

④ Артем Владимиров. Для острова，страны и мира，http：//www. rg. ru/2015/10/06/forum. html.

3月25日，俄罗斯总统普京签署了远东及阿穆尔州人事变动命令。克里姆林宫网站发布了总统令，其相关内容是：由于萨哈林州州长霍洛沙文失去俄联邦总统信任而被解除职务，因此任命 O. H. 科热米亚科为萨哈林州代理州长直至该州民选州长上任，接受其根据个人愿望辞去阿穆尔州州长职务的请求。①

科热米亚科，1962年3月17日出生于滨海边疆区切尔尼戈夫卡村，1982年毕业于哈巴罗夫斯克安装技术学校，1992年毕业于远东商学院。他当过滨海国营地方发电站的技师，服过军役，创办过企业。2001年他进入滨海边疆区的立法会议，2002年成为其在联邦委员会的代表。2008年以来，他曾两度出任阿穆尔州州长之职。②

科热米亚科继续致力于推动萨哈林州的经济发展。2015年，中国商务部网站上发布了两则消息。一个是科热米亚科在梅德韦杰夫考察择捉岛时建议，赋予本州的科尔萨科夫市、霍尔姆斯克市和涅韦尔斯克市以自由港的地位，以提高客货流量，促进萨哈林岛、千岛群岛及周边地区经济发展。另一个是关于萨哈林州的免费分配土地。科热米亚科向首批获得1公顷土地的五家农场企业颁发证书，相关企业拥有5年土地使用权，计划开展饲料加工、养牛、土豆种植等，如5年内所分配土地被开发使用则给予所有权，如未按计划使用，则被收回。

油气开发对萨哈林州的重要性是不言而喻的。中国"昊客云台"网站报道：萨哈林州政府联合俄罗斯石油公司计划在北萨哈林岛建设炼油厂，双方将在第一届东方经济论坛签署协议。另一个消息是，9月，科热米亚科对外界公布：萨哈林州海上勘探的结果显示，又发现了7个新产地。本州今后油气产量的前景看好。据"世界能源新闻网"报道："萨哈林2号"液化天然气出口终端，将举行一次全国招标。

2015年"萨哈林石油和天然气国际大会"召开前，美国已经将南基林斯基油气田列入制裁名单。在大会上，"萨哈林2号"液化天然气厂的第三条生产线建设（年产能力500万吨）、"萨哈林3号"的开发依然是热点

---

① 《普京总统签署命令，任命科热米亚科为萨哈林州代理州长、科兹洛夫为阿州代理州长》，http://heilongjiang.mofcom.gov.cn/article/sjdixiansw/201503/20150300922914.shtml。

② Кожемяко, Олег Николаевичhttps://ru.wikipedia.org/wiki/Кожемяко,_Олег_Николаевич.

话题。与会者还问，萨哈林州作为本地区最大的油气供货商，为什么自己的汽油价格反而很贵？科热米亚科强调，萨哈林州政府正准备在北萨哈林岛建设小型炼油厂的计划。今后，市政汽车运输和农业机械将转用煤气发动机燃料。它的价格只有柴油机的 1/8。①

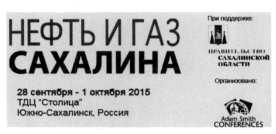

图 9 – 5　2015 年萨哈林石油和天然气国际大会宣传画
资料来源：http：//neftegaz. ru/news/view/139378。

2016 年 4 月 22 日，俄罗斯国家杜马通过了被称为"远东一公顷"的法案。根据这项法案，俄罗斯公民在萨哈林州等地可一次性免费获得最大面积为 1 公顷的土地。地块最初提供 5 年的使用权，到期后将无偿出租或划归个人所有，条件是地块在头 5 年必须得到开发。该法案的说明书写道，它的通过有利于吸引公民长期定居远东联邦区，减少当地居民外流，以及加快远东联邦区各联邦主体的社会经济发展。俄罗斯"瑞固姆"网站 6 月 6 日报道，萨哈林州政府表示，准备在 2016 年 10 月 1 日前完成这个划地方案。

另外，据俄罗斯塔斯社网站 2016 年 6 月 6 日的消息，萨哈林州政府拟投资开发萨哈林南部的天然气田。目前萨哈林岛南部的天然气供应不足，"萨哈林石油公司"（州政府全资控股）的天然气开采量不足，为此需要进行资源勘探、钻探新油井并维修现有油井。州长科热米亚科表示，掌握气田资料后，可吸引外资进行开发，韩国和日本企业已对此表现出兴趣。

9 月 30 日，萨哈林门户信息网发布消息，俄罗斯准备在"萨哈林石油和

---

① Конференция "Нефть и газ Сахалина – 2015" открылась в островной столице, http：//www. gtrk. ru/index. php? id =3&tx_ ttnews［year］= 2015&tx_ ttnews［month］ =09&tx_ ttnews［day］ =29&tx_ ttnews［tt_ news］ =9344&cHash = f7d74fce321137b05baeea2595ba5e14.

天然气国际大会"上提出开发波罗奈港的概念，建设物流中心和原油码头。①

　　萨哈林州还是要在油气开发的对外、对内维度之间寻求适度的平衡。其州政府对外界宣布："本地能源行业的导向定位为天然气，将天然气用于汽车加油，偏远地区自主供气，以及出口导向的天然气化学产品生产组织。"②

第二节　同一个海域

　　研究俄罗斯远东，是希望最终能发现它今后的发展趋势，而这显然又不能脱离它的历史。

　　从自然条件上看，海洋是俄罗斯远东的一个重要方面。它对这个地区有很大的意义。首先是这些海洋对沿岸地带的气候有显著的影响，使这个地带冬暖夏凉。其次是这里的渔业资源丰富，不仅能够满足国内的需要，还可以出口到附近的国家和地区。最后是海洋还可以用来进行交通运输。俄罗斯远东油气产业以萨哈林岛为起点逐步向其他地区伸展，港口城市在其中发挥了重要作用。直到"二战"结束以前，石油在岛上燃料开发中的地位尚不如煤炭。此后，油气开发的地位日益重要，现在仍然是进行时。它的前景也是可以乐观的。但是，除了可能遇到的增长限度外，油气产业与渔业的成长空间存在重合之处。

　　萨哈林州四周被大海包围，渔业资源丰富。1984年渔业产值占全州工业总产值的47%。③现在，它在俄罗斯海产品生产总量中占据11%～14%

---

① 《萨哈林港将建物流中心及原油码头》，http://sputniknews.cn/economics/201609301020862117/。

② 《俄萨哈林州提议与日本开展能源合作》，http://sputniknews.cn/economics/201612021021307406/。

③ 王小路：《俄罗斯远东岛屿——萨哈林州》，《东欧中亚研究》1993年第2期。萨哈林岛拖网渔船队总管理局设在涅韦尔斯克；远洋捕鱼和捕捉海兽船队总管理局设在霍尔姆斯克。这两个机构掌握了萨哈林全岛捕鱼量的70%。〔英〕斯图尔特·柯尔比：《苏联的远东地区》，上海师范大学历史系地理系译，上海人民出版社，1976，第241页；渔业产值占萨哈林岛国民经济总产值的1/3以上。但其捕获量主要不是在岸边近海内完成的，而是在大洋中完成的。20世纪60年代中期，萨哈林岛提供的鱼产品和海产品，是1913年整个远东全年产量的4倍。现在这里正在进行最珍贵的鱼种——鲑鱼的养殖工作。20多个鱼场每年放入海中的鲑鱼苗达5亿多尾。〔苏〕A.Б.玛尔果林：《苏联远东》，东北师范大学外国问题研究所苏联问题研究室译，吉林人民出版社，1984，第262～263、278页。

的份额。该州出口的产品中大约有 17% 是海产品。在萨哈林岛和千岛群岛海岸周边的水域中有珍贵的太平洋鲑鱼和其他鱼类，甲壳类和软体动物，以及藻类植物。[①]

石油管道、天然气管道线路从北到南纵穿萨哈林岛。前者长 800 公里，后者长 834 公里。这些线路经过 1000 多个水体，其中 58 个有很大的渔业价值。生态学家非常担心穿越皮利通湾、柴沃湾、诺比利湾、奈沃湾的海上管道，因为这里不仅有海狗、鲸栖息，还是珍贵鱼种的产卵区。[②]"萨哈林 2 号"的管道不但需要经过很多包括丘陵地带在内的各种复杂地形，还要横跨很多河流，而这些河流是大马哈鱼逆流而上产卵的必经之路。[③]

污染问题主要表现在油气泄漏上。俄罗斯政府并非对此疏于防范。2002 年，法尔胡特季诺夫州长甚至对"萨哈林 1 号"框架下沿萨哈林东海岸向日本修建水下天然气管道的计划感到担心。他甚至站到了渔民们的立场上，因为这条管道途经鲑鱼的放养、捕捞地带。[④]

目前重大的漏油事件主要是人为过失造成的，通过人员训练就能把这类事件的发生概率降至最低。2006 年，俄罗斯与日本海防部队在萨哈林岛附近海域举行联合演习，演练清理海上泄漏原油和石油产品的行动，这是俄日举行的第三次类似科目演习。

2006 年，"萨哈林 2 号"的施工地区出现了大量死鱼蟹。这一事件发生在阿尼瓦湾地区，这些死鱼蟹是退潮时被冲到 10 公里长海岸线区域内的。俄罗斯自然资源部因此决定撤销对该项目的正面生态鉴定。

此举在各界引起了不同的反应。生态学家指责萨哈林能源投资公司以野蛮的方式从事石油开采活动，渔业深受其害。它对鲸群产生了

---

① 俄罗斯联邦驻中国大使馆：《萨哈林州资源的海洋》，http：//www. russia. org. cn/chn/ 3019/31293316. html。

② Немировская И. А. Нефть в океане（загрязнение и природные потоки）. М.：Научный мир，2013，C. 381. 俄罗斯卫星网报道：2013 年，俄罗斯约有 40600 公顷土壤受到石油产品污染。设备磨损、交通事故和非法攫取石油是土壤受到石油产品污染的主要原因。http：//sputniknews. cn/russia/20140121/43961808. html。

③ 〔日〕木村泛：《普京的能源战略》，王炜译，社会科学文献出版社，2013，第 37 页。

④ Две большие разницы，//Советский Сахалин，№180，1 октября 2002.

不良影响，甚至导致其数量减少。从前富含鱼类和扇贝的阿尼瓦湾在管道铺设后已经不再具备捕捞价值。俄罗斯资源利用监督局萨哈林分局代理局长德米特里·别拉诺维奇指出，这个项目给渔业带来的经济损失估计达 1 亿美元。他强调，有可能吊销萨哈林能源投资公司的用水许可证。[①]

俄罗斯天然气工业公司与俄罗斯石油公司围绕天然气管道的争论，也拖延了环境问题的解决。2007 年，普京称，俄罗斯每年要燃烧 200 亿立方米的伴生气，因此必须停止燃烧伴生气。但是事态却在向更坏的方面发展。研究人员通过卫星成像报告发现，俄罗斯可能已经超过尼日利亚，成为世界上第一大伴生气燃烧国。据俄罗斯商务咨询网报道，为了鼓励企业高效回收和利用伴生气，减少浪费和环境污染，俄罗斯已经将"综合提炼及利用伴生气"纳入了其天然气工业发展战略。[②]

2008 年 5 月，俄罗斯资源利用监督局发布公告，表示可能撤销俄罗斯石油公司在"萨哈林 3 号"项目"维宁斯基"区块的开发许可证。因为在检查现场的过程中发现，污水排放超过允许排放标准、石油产品装载过程中造成泄漏。[③]

萨哈林州没有忘记发展渔业。取消渔业捕捞限制后，渔民的干劲大增。2009 年，捕到的红鱼将近 30 万吨，比 2007 年和 2008 年同期多了 1 倍。渔船也不再停工了。渔业上缴财政的税收总额超过了 13 亿卢布。[④] 每年 8 月是萨哈林岛的鱼汛期。海边有鱼类加工厂，在那里可以直接对鲑鱼进行加工、分离。当地居民的家中每年都会储存上百公斤的鱼子酱，可以免费供应给亲朋好友。但是，渔民担心开采石油会发生泄漏事故，担心他们的生活会受到威胁。现在为保护周边生态资源，沿海地区有专门的边防警卫。

---

① 《萨哈林能源公司愿意赔偿萨哈林 2 号专案损失》，http：//rusnews. cn/eguoxinwen/eluosi_huanjing/20061026/41568907. html。

② 〔英〕西蒙·皮拉尼：《普京领导下的俄罗斯：权力、金钱和人民》，姜睿等译，中国财政经济出版社，2013，第 63～64 页；《俄罗斯变废为宝加强伴生气利用》，http：//finance. chinanews. com/ny/2014/05－21/6196082. shtml。

③ 《资监局建议撤销俄石油公司萨哈林 3 号许可证》，http：//www. hljic. gov. cn/zehz/sszx/t20080514_307044. htm。

④ 俄罗斯联邦驻中国大使馆：《萨哈林州资源的海洋》，http：//www. russia. org. cn/chn/3019/31293316. html。

2010年，"萨哈林生态观察"组织发现，俄罗斯石油公司并未遵守环保要求。在其辖下的"中奥哈"油田，许多油井、油泵周围的土地上满是石油，油井的护堤遭到破坏或者根本没有护堤。夹杂着融水的石油顺坡流淌。奥哈河沿岸及其普罗梅斯洛夫卡河支流遭到石油的严重污染，河面上漂浮着大团石油。尽管第16号浮油回收池的现代化工作已经开始，但在调查时仍未采取改进的措施。[①]

图9-6　萨哈林州涅维尔斯克，志愿者们正在清理海边礁石上的油污
资料来源：http：//tsrus.cn/shiting/tupian－xinwen/2015/12/07/548595。

油气产业与渔业之间的冲突，说到底是经济发展和环境保护之间的关系问题。从表面来看，油气产业是萨哈林州出口收益比重最大的行业。但是从象征意义上来说，油气开发也是了解萨哈林州环境史和今日困局的一把钥匙。

能源安全还有一个环境维度。萨哈林州对能源的追求危害到了当地居民和生态系统的健康，包括油气管道泄漏，冷却水影响了水生生物等。这不利于该州实施产业多元化政策。

以萨哈林州发展旅游业为例。这里有大量的温泉和地热资源、泥疗场所、1000多个历史文化遗址，还建有数个面积很大的原生态野生动物保护区和很多绿色度假村。由于具备如此条件的旅游资源，萨哈林州可以推行建设国际性旅游胜地的战略，使当地发展各种形式的旅游项目，如生态游、疗养游、运动游、历史文化游和商务游。南萨哈林斯克的"高山气息"体育旅游中心吸引着喜欢冬季运动项目的游人到访。布尔什维克岛在山坡上安装了现代化升降机、铺设了雪道，这些雪道不仅适合经验丰富的滑雪者，同时也适合初学乍练的滑雪者和单板滑雪爱好者。油气产业如果忽视开发与环保之间的关系，旅游资源就会被一点一点地侵蚀掉。

图 9－7　即将出版的图文集《被称为北方的世界（萨哈林主题）》

资料来源：Человек，влюбленный в Сахалин，http：//www.sakhoil.ru/news_402.htm。

俄罗斯在油气产地推行产业多元化的措施并非局限于萨哈林州。亚马尔－涅涅茨自治区是另一个例子。其首府萨列哈尔德每年的霜雪持续200天之久。随着天然气工业的发展，大批工人涌入这里。但是捕鱼业仍是当地的支柱产业，而萨列哈尔德正规划成为北极旅游中心。

如何处理油气产业与渔业、周边环境之间的关系问题，对俄罗斯政府是一大考验。

萨哈林岛油气开发，还涉及俄罗斯远东的发展战略问题。但是人们对其有无成熟的发展思路、是否具有持续性仍然持保留态度。对此，我们可以进行一个简单的比较：与伏尔加－乌拉尔的油气开发相比，萨哈林岛没有广阔的腹地和发达的基础设施为支撑；俄罗斯远东的主要问题在于人口稀少、没有足够规模的内部地方市场且劳动力成本较高。人口的不断流失是一个长期难以解决的问题。如果不解决这些问题，即便俄罗斯政府有能力改善商业环境，招商引资也是相当困难的。西西伯利亚油气大开发是苏联出于冷战的战略需要所为，是计划经济体制优越性的突出表现。但是就是这样一个"孤岛"，萨哈林油气开发却能绵延百年之久，是值得寻味的，因为它是应急与有序发展措施的混合物。

第三节　千岛群岛的能源资源蓄势待发

萨哈林州是俄罗斯唯一完全坐落在岛屿之上的州，除了萨哈林岛外，还包括千岛群岛。它位于堪察加半岛与北海道岛之间，将西北太平洋和鄂霍次克海分隔开来。全长 1300 公里，由 56 个岛组成。其中，火山岛居多。

千岛群岛的战略地位重要。因为它有深水不冻港，以及具有能够在其上面建立俯视北太平洋的空军和海军基地的空间。此外，千岛群岛周围水域还有富饶的渔场。

千岛群岛包含着俄日有领土争议的南千岛群岛（日本称"北方四岛"）。双方都愿意继续就南千岛群岛的争议岛屿展开对话，但由于民族情感、政治因素等原因，两国都很难做出让步。

俄罗斯领导层自 2010 年以来频繁的登岛之举引发日本的强烈反响。梅德韦杰夫的表现最突出。2010 年，他以俄罗斯总统的身份首次到访千岛群岛。梅德韦杰夫视察了地热发电厂，参观了施工现场，并与岛屿居民聊天。日本首相菅直人称之为"不可原谅的骇人行径"。2012 年，梅德韦杰夫出任俄罗斯政府首脑时再次飞抵千岛群岛。

俄罗斯人与日本人在领土争执中也表现出了某种幽默。2011 年 2 月 19 日，继俄罗斯总统梅德韦杰夫等政要视察南千岛群岛后，日本官房长官枝野幸男乘日本海上保安厅的飞机到日俄边境，从空中远眺"北方四岛"。20 日，枝野幸男又在北海道根室市根室半岛的纳沙布岬一侧，从陆上眺望了"北方四岛"。对此，俄罗斯报刊诙谐地指出，俄罗斯不反对日本政治家"远眺"俄罗斯南千岛群岛的美丽风光。①

---

① 王宪举：《俄罗斯人性格探秘》，当代世界出版社，2011，第 87 页。俄罗斯主管国防工业的副总理德米特里·罗戈津经常语出惊人。最近的例子是，俄罗斯总理梅德维杰夫 8 月 22 日视察南千岛群岛之后，日本提出抗议。罗戈津 8 月 24 日在其推特网站账户上评论道："如果他们是真正的男人，就应该遵照传统切腹，然后就安静了。与此相反，他们却在发出噪音。"

　　萨哈林岛石油经济的繁荣，与千岛群岛经济的不发达形成鲜明对比。后者也是资源丰富的地方。除了渔业资源，其现已探明的天然气、石油、有色金属和商业矿石的储备也相当丰富，还盛产比黄金还要贵重的铼。

　　俄罗斯出台了一系列措施推动这块资源宝地的开发。1995 年，政府通过了两个区域社会经济发展联邦规划，其中一个就是萨哈林州的千岛群岛经济发展规划。2006 年，俄罗斯政府通过了《2007 年至 2015 年俄罗斯联邦千岛群岛社会经济发展规划》，总投资约为 180 亿卢布。规划分为 2007～2010 年、2011～2015 年两个阶段。该规划的核心内容包括发展交通基础设施、加快渔业加工业发展、解决能源供应、改善社会民生等。2015 年 7 月，俄罗斯远东发展部提交了《南千岛群岛 2016～2025 年社会发展规划》。它是根据俄罗斯政府 2014 年 12 月 17 日 2572 号令要求制订的。该规划旨在改善南千岛群岛居民的生活，保证当地的就业。

　　为此，俄罗斯将发展当地的旅游业、黄金开采，以及渔业加工。2016 年 6 月，俄罗斯远东发展部的官网上发布了一则消息。消息说："2016 年千岛群岛开始实施新的联邦专项计划，拨款额为 689 亿卢布（约合 10 亿美元）。最主要结果是为千岛群岛的经济稳定发展创造条件。"据称，俄罗斯 2016 年计划在千岛群岛建立超前发展区。

　　实际上，千岛群岛的能源资源潜力也很可观。它不仅有油气资源，还有天然气水合物。

　　关于油气资源，以下根据俄罗斯学者的文章介绍。20 世纪 80 年代初，在日本北海道的东海岸发现工业油气流。人们推测，千岛群岛及其大陆架也应当有类似的资源。苏联学者认为，中千岛群岛弯曲处"黑金"的地质储量有望达到 12 亿～18 亿吨标准燃料，库纳施尔凹地的储量是 5600 万～6000 万吨。如果加以开发，它们足以保障千岛群岛的能源自给。

　　1995 年，美国能源部的专家提出，南千岛群岛大陆架的石油储量非常丰富。

　　2003 年，对中千岛群岛的地震勘测表明，那里有巨大的碳氢化合物储层。主要前景区在中千岛群岛弯曲处，其东南发现 70 多处产地。

　　萨哈林州的石油以轻质石油以主，浅色石油产品不仅出产率高而且在加工过程中损失量小。专家们认为，考虑到千岛群岛的地质条件，对其产地的油气进行开发，甚至比萨哈林岛大陆架还要合算。

目前，千岛群岛既没有石油工作者到访，俄罗斯政府也不急于提供开发许可。① 原因之一是这里的自然条件。千岛群岛经常发生津浪、地震，由此投入巨大，而俄罗斯政府没有这方面的能力。千岛群岛与萨哈林岛，以及整个大陆之间缺乏稳定的交通联系也是一个重要原因。其结果就是千岛群岛社会经济发展规划项目落实不多。岛上居民流失严重，从1990年的11000人减少到2005年的6500人。

俄罗斯政府优先发展萨哈林岛的石油经济，对千岛群岛的政策是逐渐增加投资。加强千岛群岛与萨哈林岛、堪察加半岛，以及整个大陆之间的客运和货运交通，是政府增加投资的主要方向。专家们的建议是，加快油气开发才是推动千岛群岛经济发展的良方。② 萨哈林岛大陆架油气项目的成功，有可能推动能源公司勘测千岛群岛附近的油气储量。

天然气水合物被公认为一种资源潜力巨大的新型化石能源和具有良好商业开发前景的战略性接替能源。它的一个主要特征是在相应的温度和压力参数时，单位体积中浓缩了极高的气体。水合物转化成天然气的障碍是，它在自然界中是呈固体形态并广泛分布在深海环境中。③ 天然气水合物能提供的潜在能量将是全世界煤炭与石油之和的数倍。即使只有少部分的天然气水合物可以商业化生产，也可以成为全球重要的天然气新来源，为大多数沿海地区提供能源。④

俄罗斯的优势主要有两个。一是理论研究。在俄罗斯天然气水合物协会的组织协调下，近些年来俄罗斯在天然气水合物方面的理论研究取得了诸多进展，主要体现在：通过实验分析了天然气水合物的物理、化学等性质，探索从天然气水合物中开采天然气的新方法，研究天然气开采后的储存和运输新工艺，以及天然气水合物开采后可能带来的环境影响等。二是

---

① 2012年2月17日，俄罗斯紧急情况部的专家在南千岛群岛（日方称"北方四岛"）择捉岛沿岸发现搁浅油船的漏油油迹。

② Владимир Терещенко. На Курильских островах имеются огромные запасы《чёрного золота》，но их освоение пока откладывается，http：//www. oilru. com/nr/187/4411/.

③ 马可·科拉正格瑞：《海洋经济：海洋资源与海洋开发》，高健等译，上海财经大学出版社，2011，第61~62页。

④ 〔美〕罗伯特·海夫纳三世：《能源大转型》，马圆春等译，中信出版社，2013，第48页。

储量巨大。仅鄂霍次克海萨哈林岛东海岸的断裂带就含有天然气水合物的矿床达 50 多个，而该海域的千岛群岛地区的天然气水合物的资源量达 87×10^{12} 立方米，矿床深度为 3500 米。[1]

千岛群岛的天然气水合物，已经受到俄罗斯学术界、能源界的关注。他们对两大国字号企业提出希望。俄罗斯科学院远东地质研究所建议俄罗斯石油公司研究千岛群岛天然气水合物开采的可能性。俄罗斯能源部人士认为，对俄罗斯天然气工业公司来说，天然气水合物的威胁要比页岩气大。[2] 如果把这种资源与俄日领土之争联系起来，就能感觉到其中蕴含的战略意味。目前世界上能从水合物中生产天然气的国家仅限于俄罗斯和日本。

同时，日本一直在大力开发可燃冰等海洋能源资源，并且引起了美国的关注。美国曾提出要与日本结成"能源资源同盟"，加速将可燃冰从"未来的能源"转化为"现实的能源"。在太平洋两岸，西边日本是"可燃冰革命"，东边美国是页岩革命，日美的所谓"能源资源同盟"如果得到落实，不仅可能为日美两国的能源安全注入正能量，甚至可能对整个国际能源格局产生更大的影响[3]。

所以，在南千岛群岛问题上，俄罗斯对

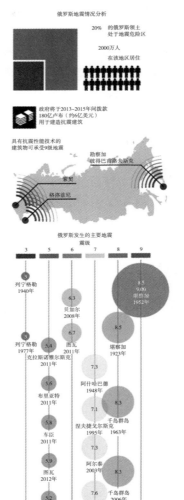

图 9 - 8　俄罗斯地震情况分析

资料来源：透视俄罗斯网站。

① 赵荣：《俄罗斯天然气水合物研究进展概述》，《青海师范大学学报（自然科学般）》2014 年第 2 期。
② 《"俄石油"或将开采千岛群岛海域天然气水合物》，http://tsrus.cn/caijing/2013/06/21/25281.html。
③ 冯昭奎：《能源安全与科技发展：以日本为案例》，中国社会科学出版社，2015，第 210 页。

日本寸步不让。

俄日领土之争，除了前面提到的，还有以下几个。

俄罗斯启动的"俄罗斯岛屿"项目，旨在为南千岛群岛附近的未命名岛屿命名。2017 年 2 月，俄罗斯命名了千岛群岛中的 5 个岛屿，名称分别为安德烈·葛罗米柯（苏联外交部部长）、伊戈尔·法尔胡特季诺夫（已故萨哈林州州长）、库兹马·杰烈维扬科（将军）、阿列克谢·格涅奇科（将军）和安娜·谢季尼娜（远洋船长）。该决定引发日本的抗议。[①]

2017 年 3 月 20 日，日本防卫大臣稻田朋美对俄罗斯在千岛群岛部署新师和反舰导弹表示抗议。作为回应，俄罗斯国防部长绍伊古表示，部署新师不针对任何国家，是为了保卫俄罗斯领土及边界。

俄罗斯学术界也有举动。学者希罗科拉德的新著以《千岛群岛：俄罗斯的盾牌和财富》[②] 为书名。此前，俄罗斯出版了文件集《俄罗斯的千岛群岛：历史和现实》[③]、专著《为了千岛群岛而战》[④]。

---

① 《俄为争议岛屿命名引日抗议》，《参考消息》2017 年 2 月 16 日第 3 版；《俄称有权为南千岛群岛附近的无名岛命名》，http://intl.ce.cn/qqss/201702/15/t20170215_20216577.shtml。

② Александр Широкорад. Курилы – щит и богатство России. М.：Вече，2017.

③ В. К. Зиланов. Русские Курилы. История и современность. Сборник документов. М.：Алгоритм，2015.

④ Павликов Валерий Павлович. Битва за Курилы. М.：Вече，2015.

结　语

不了解萨哈林岛石油工业的形成过程，就不可能了解俄罗斯远东油气开发的历史。

这是一个持续了百年之久的故事。它是从一个商人、一点运气开始的。帝俄地质委员会在"摸家底"上取得初步成果。苏联时期开启了工业化开发之门：不仅继续"摸家底"的工作，而且要考虑如何使用这些家底。一句话，有石油就是最大的政治。这段英雄史诗所代表的技术、人们的热情，使萨哈林岛这个昔日遥远的地方，现在变得不再陌生！萨哈林岛大陆架是当今俄罗斯远东油气产业的希望之星。"萨哈林1号""萨哈林2号"项目的油气出口，实现了俄罗斯就地开发、就近销售的历史夙愿。至此形成了包括油气勘探、开采、运输、出口、加工环节在内的完整产业链。它的一端服务于国家的战略调度，另一端肩负拉动地方经济的任务，贯穿中间的是保持俄罗斯远东的稳定。一个小岛屿也可以派上大用场。

萨哈林岛油气开发有两个突出的特点。一个是人与资源相结合不断突破气候、地质条件限制的动态过程。它不仅源于自然的资源恩赐，更融合了开发者的勇气和智慧，在这一动态过程中也出现了许多做出贡献的人物和群体。他们当中有商人、地质学家、政府官员、企业员工，甚至还有被动员起来的犯人。这些人的动机不一，既有前来投机的淘金者，也有准备控制更多资源份额的大公司，更有以国家利益为上的俄罗斯石油工作者。与西伯利亚不同，俄罗斯的"敛财大亨"很少到此光顾。

另一个是萨哈林岛油气开发受控于俄罗斯政府的时间远长于开放的时间。它与俄罗斯的集权传统和国力状况，以及开发逻辑有关。很大程度上，俄罗斯的发展史就是一部中央权力不断集中巩固和强化的历史。中央对地方的放权属于例外而并非常态。当国力不振时，外资进入俄罗斯油气开发领域较为容易；反之则限制较多。在油气开发逻辑上，俄罗斯政府要在鼓励私人投资与保持国家调控之间、对内与对外维度、求强与求富之间维持平衡，目的在于收益最大化。因此，萨哈林岛开发区一再出现"过热"与"紧缩"交替的场景。

石油工业是俄罗斯国力的重要组成部分。它在国家政治经济体制演变史上多次出现了盛与衰的循环，其再度崛起往往经历应急措施、有序发展直至扩张三个前后衔接的阶段。这些阶段又与俄罗斯的大国情结联系在一起。于是，油气开发的多元化成为必然选择。

萨哈林岛石油工业的形成，是帝俄、苏联、俄罗斯资源战略和地缘战略在其远东地区组合的结果。萨哈林岛石油租让、萨哈林岛大陆架油气产品分成，适逢世界石油工业步步走高之际，石油与俄罗斯的国际战略、地缘政治和实力紧密地交织在一起。这两种开发方式都是从与西方的合作中开始起步。双方形成了一定程度的相互依赖关系。人们经常谈论英国、美国的世界霸权历史，俄罗斯与这两个国家在石油领域却有一种难以割舍的联系，其中既有竞争又有合作。英、美也都参加了萨哈林岛的石油开发。一俟国内石油工业形势见好，俄罗斯就要实现退一步、进两步的战略设计，完成从应急措施到有序发展的政策调整。当地很少出现让一个外来国家长期独占油气开发的局面。萨哈林岛石油开发为俄罗斯外交中的大国制衡提供了机会，油气并举开发则为其外交多元化提供了筹码。利用与防范是俄罗斯对西方资源战略、地缘战略的正反两面；西方所担心的是俄罗斯石油扩张产生的地缘政治后果。为了平衡西方，俄罗斯需要面向东方。萨哈林岛大陆架许可开发地块也被一分为三：西方、俄罗斯、东方，俄罗斯占据主导地位。由此，俄罗斯用资源换取发展空间。

自帝俄时期至今，俄罗斯长周期地享受了油气开发的收益，目前仍试图穿越时空同帝俄、苏联时期相连接，实施"油气兴国"战略。萨哈林岛不仅确立了它在国家东部油气开发中的演练场地位，而且为俄罗斯提供了海洋想象空间。从历史上看，萨哈林岛石油工业的发展不仅是量的积累，而且伴随着质的提升。当石油的战略价值在"一战"中开始显露之时，它就适时地加快了石油开发进程。在国际社会关注清洁能源的利用，天然气日益成为一种首选的燃料的条件下，它的液化天然气项目取得了突破。作为欧亚之国，俄罗斯的强国之路在于从陆地走向海洋，并且保持两者的大体平衡。油气开发也不例外。如此则意味着，萨哈林岛石油工业不能仅仅停留在悠久的历史当中，而是需要从勇敢地面对未来中寻找定位。这个前景仍然有待书写。

附　录

1. 日本在北萨哈林岛的石油开采[①]

年　份	采油量（万吨）	在总开采量中的比重（％）
1927	7.7	100
1928	12.1	99.68
1929	15.0	85.2
1930	19.63	67
1931	20.0	58.8
1932	18.4	50.2
1933	19.55	49.3
1934	17.13	41.5
1935	15.78	39.8
1936	16.11	34.4
1937	12.73	28.1
1938	11.84	26.3
1939	5.74	13.5
1940	4.37	13
1941	5.17	13.4
1942	1.7	6

---

① Шалкус Г. А. Создание и деятельность японских концессий на Северном Сахалине в 1925 – 1944гг∥Сибирский торгово – экономический журнал. №7, 2008, С. 90.

2. 萨哈林岛①

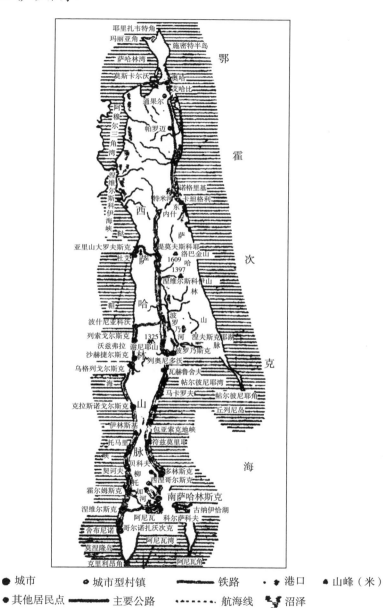

● 城市　　　◦ 城市型村镇　━━━ 铁路　　·⚓ 港口　　▲ 山峰（米）

· 其他居民点　━━━ 主要公路　·······航海线　　🌱 沼泽

① 〔苏〕А. Б. 玛尔果林：《苏联远东》，东北师范大学外国问题研究所苏联问题研究室译，
　吉林人民出版社，1984，第 261 页。图中的地名翻译，与本书中的地名翻译有差别。

3. 2005～2012 年俄罗斯石油公司在萨哈林岛大陆架的油气开采①

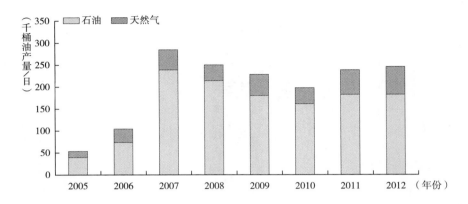

4. 2012 年俄罗斯东西伯利亚—太平洋输油管道出口情况②

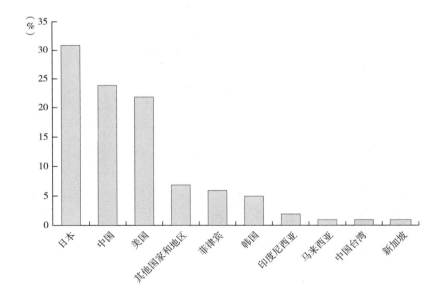

---

① Новая эра нефти. Президент ОАО《НК〈Роснефть〉Игорь Иванович Сечин. CERA Week 2013 Март 2013г.

② 《2012 年俄罗斯东西伯利亚—太平洋输油管道出口国家和地区》，http：//tsrus. cn/articles/2012/12/25/19953. html。

5. 谢钦掌管的俄罗斯石油公司的主要指标①

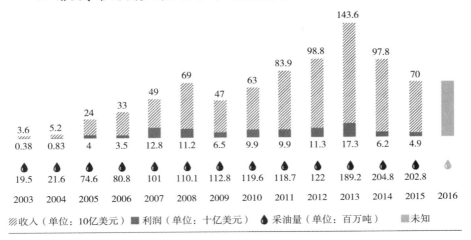

▨ 收入（单位：10亿美元）　■ 利润（单位：十亿美元）　● 采油量（单位：百万吨）　▨ 未知

6. 西西伯利亚大铁路②

西伯利亚大铁路历史、路线和经济指标

西伯利亚大铁路是世界上最长并横跨欧亚大陆的铁路线路，它将莫斯科与东西伯利亚及远东工业城市连结起来

①　Какменялась《Роснефть》приИгоре Сечине，http：//www. kommersant. ru/doc/3119385?utm_ source = kommersant&utm_ medium = all&utm_ campaign = spec.

②　《西伯利亚大铁路历史、线路和经济指标》，http：//tsrus. cn/shiting/tubiao – xinwen/2013/02/14/21071. html。

7. 日本液化天然气进口量的变化①

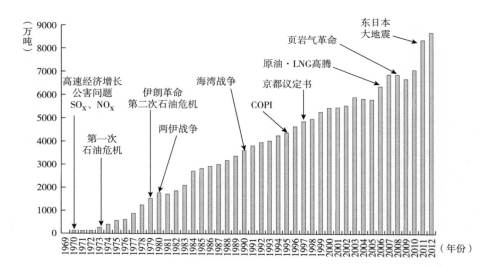

8. 全球的页岩油①

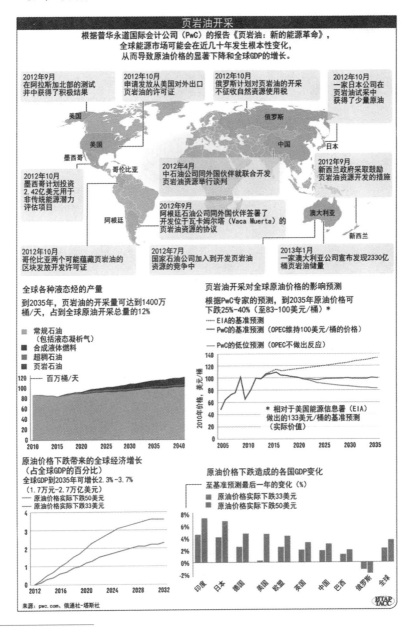

---

① 《全球页岩油开采现状与预测》，http：//tsrus.cn/shiting/tubiao－xinwen/2013/04/04/22725.html。

323

9. 1985~2015 年苏联和俄罗斯国力的变化①

项目	苏　联	俄罗斯
国土、人口	占地球面积的 1/6，有 2.76 亿人	占地球面积的 1/9，有 1.46 亿人
国际地位	拥有数十个盟国、卫星国的世界第二个超级大国，任何重大国际事务不经苏联同意无法解决	世界大国之一，西方国家经常无视俄罗斯在事关其安全问题上的立场
政治体制	苏联共产党（有 1900 万党员）一党制，共产主义意识形态深入国家和社会	有 76 个政党注册、4 个议会政党，最大政党的党员近 200 万人；没有统一的意识形态
安全带	从最靠近北约的国家（土耳其）到莫斯科有 1600 公里，导弹飞行时间 7~8 秒	从最靠近北约的国家（爱沙尼亚、拉脱维亚）到莫斯科有 600 公里，导弹飞行时间 4 秒以内
军事力量	500 万军人、坦克 6 万辆、战舰 1300 艘、飞机 9000 架、战略核弹头近 1 万枚	80 万军人、坦克 1.8 万辆、战舰 209 艘、飞机 1700 架、战略核弹头 1643 枚
经济	国内总产值位居世界第二位（9140 亿美元），人均国内总产值 3000 美元，占据世界工业 20% 的份额，油气收入在预算中所占的比重是 2%~3%	国内总产值位居世界第八位（近 2 万亿美元），人均国内总产值 14800 美元，占据世界工业 3.3% 的份额，油气收入在预算中所占的比重是 51%
商业活动	私人企业近乎没有，没有合法的富人	私人企业家数百万人，百万富翁、亿万富翁数万人
粮食生产	从国外购入 2680 万吨粮食	向国外出售 2200 万吨粮食
外汇管理	出售外汇属于刑事犯罪行为，汇率为 1 卢布 = 1.4 美元	自由出售外汇，汇率为 1 美元 = 50~55 卢布
轿车普及度	每 1000 名居民有 45 台车，几乎全部为国产	每 1000 名居民有 317 台车，半数为外国制造
民航	占据世界民航市场 25% 的份额	占据世界民航市场 1.5% 的份额
住房	无偿得到属于国家所有的住房，可能要等待数十年，公益事业支出占平均工资的 3%~5%	住房需要买卖，只有少数人出得起价，公益事业支出占平均工资的 10%~15%

---

① От СССР до России: как наша страна изменилась за тридцать лет, http://www.vz.ru/infographics/2015/6/22/752096.html.

项目	苏　联	俄罗斯
犯罪情况	每 10 万名居民中有 8 个杀人犯	每 10 万名居民中有 9.7 个杀人犯
吸食麻醉品/酗酒情况	吸食麻醉品者达到 3.5 万～5 万，每年的酒类消费是每人 14～22 升	吸食麻醉品者达到 250 万～300 万，每年的酒类消费是每人 13.5 升
大众传媒	全部国家所有、接受书刊检查，有 4 条全苏电视频道、大批发行的报纸，广告近乎没有	有数十个不同所有制的大众传媒，几个国家控制的电视频道，广告铺天盖地
贸易	国营商业占绝对优势，很多商品特别是进口商品短缺，需要排队	私营商业盛行，商品短缺、排队现象很少见
电影行业	电影的 60% 由莫斯科电影制片厂出品	电影的 17% 由莫斯科电影制片厂出品
出入境自由度	除非专门委员会认可，出境自由几乎不可能；外出受特工监视；出国 279 万人	出境自由，出国 4590 万人
主要国家节日	11 月 7 日（伟大的十月社会主义革命日）	6 月 12 日（俄罗斯日）

10. 俄罗斯与北约的军力对比①

项目	美国	北约其他国家	俄罗斯
2015 年军事预算（单位：10 亿美元）	577.1	245.8	60.4
军队数量（单位：百万人）	现役 1.4 后备役 1.1	现役 1.9 后备役 3.3	现役 0.766 后备役 2.5
海外军事基地（单位：个）	120～130	15～20	6
飞机（单位：架）	13892	6461	3429
直升机（单位：架）	6169	2782	1120
坦克（单位：辆）	8848	9464	15398
装甲运输车（单位：辆）	41062	48369	31298
各类火炮（单位：座）	4564	11582	14390
战略核力量（装药，单位：件）	1642	515	1643※
海军舰艇（单位：艘） 其中：核潜艇	473 72	1261 21	305 53

※根据美国军备控制协会提供的资料，美国目前拥有 7100 个核弹头，俄罗斯有 7300 个。俄罗斯的常规军事能力已经远远小于北约，但俄美的核均势继续保障了俄罗斯与美国近乎平等的军事超级大国地位。《加强战略核力量，中国不可患得患失》，《环球时报》2016 年 12 月 24 日第 7 版。

---

① Как соотносятся военные потенциалы России и НАТО，http：//www.vz.ru/infographics/ 2015/6/30/753692.html.

参考文献

Под ред. Е. Б. Ленчук. Внешнеэкономическое измерение новой индуст риализации России. СПБ. : Алет ейя, 2015.

Ст ент Анджела. Почему Америка и Россия не слышат друг друга ?: взгляд Вашингт она на новейшую историю российско - американских от ношений. М. : Манн, ИвановиФербер, 2015.

сост . Н. Н. Толст якова, Чен Ден Сук. Календарь знаменат ельных и памят ных дат по Сахалинской област и на 2015 год. Южно - Сахалинск: ОАО《Сахалин. обл. т ип.》, 2014.

Г. А. Ивашенцов, С. С. Корот еев, И. И. Меламед. Азиат ско - Тихоокеанский регион и Вост очные т еррит ории России: Прогнозы долгосрочного развит ия. М. : КРАСАНД, 2014.

В. Ю. Кат асонов. Экономическая война прот ив России и ст алинская индуст риализация. М. : Алгорит м, 2014.

А. И. Микоян. Так было. Размышления о минувшем. М. : ЗАО Издат ельст во Цент рполиграф, 2014.

А. К. Соколов. Совет ская нефт яное хозяйст во. 1921 – 1945 гг. М. , 2013.

Б. М. Шпот ов. Американский бизнес и Совет ский Союз в1920 – 1930 – е годы: Лабиринт ы экономическогосот рудничест ва. М. : Книжный дом 《ЛИБРОКОМ》, 2013.

авт . – сост : Г. А. Бут рина и др. Время и событ ия: календарь – справочник по Дальневост очному федераль – ному округу на 2013 г. Хабаровск: ДВГНБ, 2012.

А. Н. Панов и др. Современные российско – японские от ношения и перспект ивы их развит ия. М. : Спецкнига, 2012.

В. В. Харахинов. Нефт егазовая геология Сахалинского региона. М. : Научный мир, 2010.

А. А. Иголкин. Совет ская нефт яная полит ика в 1940 – м – 1950 – м годах. М. , 2009.

Золот ые ст раницы нефт егазового комплекса России: люди, событ ия, факт ы. М. : 《ИАЦ 《Энергия》, 2008.

А. А. Мат вейчук, И. Г. Фукс. Ист оки российской нефт и. Ист орические очерки. М. : Древохранилище, 2008.

В. М. Симчер. Развит ие экономики России за 100 лет , 1900 – 2000: ист . ряды, вековые т ренды, инст ит уциональные циклы. М. : Наука, 2006.

М. Е. Черныш. Развит ие нефт еперерабат ывающей промышленност и в Совет ском Союзе: фрагмент ы ист ории. М. : Наука, 2006.

И. А. Сенченко. Сахалин и Курилы: ист ория освоения и развит ия. М. : Моя Россия: Кучково поле, 2006.

Р. А. Белоусов. Экономическая ист ория России: XX век. М: ИздАТ, 2006.

В. А. Корзун. Инт ересы России в мировом океане в новых геополит ических условиях. М. : Наука, 2005.

А. А. Иголкин. Нефт яная полит ика СССР в 1928 – 1940 – м годах. М. , 2005.

И. А. Сенченко. Ист ория Сахалина и Курильских ост ровов: к проблеме русско – японских от ношений в XVII – XX веках. М. : Экслибрис – Пресс, 2005.

И. В. Маевский. Экономика русской промышленност и в условиях Первой мировой войны. М. : Дело, 2003.

О. А. Арин. Ст рат егические конт уры Вост очной Азии вXXI веке. Россия: ни шагу вперед. М. : Альянс, 2001.

А. А. Иголкин. Совет ская нефт яная промышленност ь в 1921 – 1928 годах. М. : РГГУ, 1999.

Remizovski Victor I. Ст раницы ист ории сахалинской нефт и. Revue des études slaves, Tome 71, fascicule 1, 1999.

Асланов С. Александр Серебровский（биографический очерк）. Баку. : Азернешр, 1974.

Нефтегазовый форпост России//Нефть России, № 6, 2014.

Л. А. Моисеева. Развитие инвестиционной привлекательности ДальнегоВостока как фактор интеграции России в АТР（1999 – 2011 гг.）//гуманитарные исследования в восточной сибири и на дальнем востоке, № 1, 2012.

М. С. Высоков, Е. Н. Лисицына. Принудительный труд в нефтяной промышленности Сахалина во второй половине 40 – х – начале50 – х гг XX в. //ВЕСТНИК ТОГУ, № 4, 2011.

Лукьянова Тамара. Нефтяные концессия на Сахалине: прошлое и настоящее. приложение к《Вестнику ДФО》,《Новый Дальний Восток》12 июня 2008.

Л. И. Вольф. Проблемы сахалинской нетфи（к пятилетию существования треста Сахалинефть）//Нефтяное хозяйство, № 8, 2005.

И. Ф. Панфилов. Вацлав Миллер//Вопросы истории, № 8, 1990.

И. Ф. Панфилов. Нефть Сахалина//Вопросы истории. № 8, 1977.

История проект Сахалин – 2//Советский Сахалин, № 120, 27 августа 2008.

Л. Пустовалова. Губератор области отвечает на вопросы "Советского Сахалина" //Советский Сахалин, № 50, 23 марта 2004.

И. Фархутдинов. Что же это такое – проекты "сахалин – 1" и "сахалин – 2"? Что они дают нашей области? //Советский Сахалин, № 98, 7 Июня 2003.

А. Бедняк. Сахалинморнефтегаз: вчера, сегодня, завтра//Советский Сахалин, № 158, 30 августа 2002.

А. Костанов. История сахалинской железной дороги//Советский Сахалин, No 142, 4 августа, 2001.

Шалкус Галина Анатольевна. История становления и развития нефтяной промышленности на Сахалине（1879 – 1945 гг.）, http: // www. disserr. com/contents/66235. html

М. С. Высоков. Сахалинская нефт ь, http：//ruskline. ru/monitoring _ smi/2000/08/01/sahalinskaya_ neft

В. И. Ремизовский. Хроника Сахалинской нефт и 1878 – 1940 гг, http：// okha – sakh. narod. ru/hronika. htm

《Керосин – вода》с ост рова, http：//sakhvesti. ru/? div = spec&id = 92

Трест 《Сахалиннефт ь》. Ст ановление, http：//sakhvesti. ru/? div = spec&id = 110

Пут ь к большой нефт ь, http：//sakhvesti. ru/? div = spec&id = 148

Рекордные шест идесят ые, http：//sakhvesti. ru/? div = spec&id = 224

На т рудовой вахт е, http：//sakhvesti. ru/? div = spec&id = 373

Нефт егорск： боль и мужест во, http：//sakhvesti. ru/? div = spec&id = 173

Курсом на шельф, http：//sakhvesti. ru/? div = spec&id = 356

Трудная нефт ь Сахалина – част ь1, http：//okha. sakh. com/news/ okha/83616/

Трудная нефт ь Сахалина – част ь2, http：//vtcsakhgu. ru/? page_ id = 710

Поздравляем с днём работ ников нефт яной и газовой промышленност и и 85 – лет ием начала промышленной добычи нефт и на Сахалине! http：// www. sakhoil. ru/article_ 300_ 31. htm

К 85 – лет ию ООО 《РН – Сахалинморнефт егаз》. Первая нефт ь т рест а, http：//www. sakhoil. ru/article_ 256_ 26. htm

Объединение Сахалиннефт ь 50 лет . 1978г, http：//sakhalin – znak. ru/ IMG_ 3278? search = васильев&description = true&imit = 100

Андре Кузьмин. Морской нефт егазовый комплекс Сахалина： прошлое и перспект ива, http：//www. sato. ru/kuzmin/200309. php

Евгений Жирнов. Инт ервенцию нельзя преврат ит ь в оккупацию, http：//www. kommersant. ru/Doc/2001474

Николай Глоба. Как концессионные соглашения помогли избежат ь нападения Японии на СССР, http：//bujet. ru/article/67916. php

Юрий Щукин, Эдуард Коблов. "Гозовая окраина" России, http：//

www. oilru. com/nr/139/2805/

Ст роит ельст во нефт епровода Оха – Софийск，http：//aleksandrovsk – sakh. ru/node/9367

Левина А. Ю. Ст олкновение нефт яных инт ересов США и Японии на Северном Сахалине （1918 – 1925 гг），http：//japanstudies. ru/index. php？option = com_ content&task = view&id = 483

Андрей Соколов. Вклад от ечест венной нефт яной промышленност и в победу над фашизмом в Великой От ечест венной войне，http：// www. oilru. com/nr/144/3002

Е. М. Малышева. Российская нефт ь и нефт яники в годы Великой От ечест венной войны，http：//economicarggu. ru/2008_ 4/10. shtml

Железнодорожная линия Оха – Москальво，http：//infojd. ru/19/ moskalvo. html

Ист ория сахалинской железной дороги，http：//xn – d1abacdejqdwcjba3a. xn – p1ai/istoriya_ magistraley/sahalinskaya

Ист ория проект а，http：//www. sakhalin – 1. ru/Sakhalin/Russia – Russian/ Upstream/about_ history. aspx

20 – лет ие компании，http：//www. sakhalinenergy. ru/ru/company/20th. wbp

俄罗斯联邦驻中国大使馆：《快速发展的油气业》，http：// www. russia. org. cn/chn/3019/31293307. print

俄罗斯联邦驻中国大使馆：《萨哈林州海岛新经济》，http：// www. russia. org. cn/chn/3019/31293316. html

达莉娅·冈萨雷斯：《涅夫捷戈尔斯克地震：当代俄罗斯破坏力最强的地震》，http：//tsrus. cn/shehui/2013/05/31/24561. html

〔美〕罗伯特·W. 科尔布：《天然气革命：页岩气掀起新能源之战》，杨帆译，机械工业出版社，2015 年。

〔俄〕德米特里·特列宁：《帝国之后：21 世纪俄罗斯的发展与转型》，韩凝译，新华出版社，2015 年。

〔苏〕Ф. Д. 沃尔科夫：《二战内幕（苏联观点）》，彭训厚、陈天喜、高洪山译，江苏人民出版社，2015 年。

〔美〕格雷戈里·祖克曼：《页岩革命：新能源亿万富翁背后的惊人故

事》，艾博译，中国人民大学出版社，2014年。

〔美〕塞恩·古斯塔夫森：《财富轮转：俄罗斯石油、经济和国家的重塑》，朱玉犇、王青译，石油工业出版社，2014年。

〔美〕弗拉季斯拉夫·祖博克：《失败的帝国：从斯大林到戈尔巴乔夫》，李晓江译，社会科学文献出版社，2014年。

〔美〕查尔斯·莫里斯：《掌控力：卡内基、洛克菲勒、古尔德和摩根创造美国超级经济》，刘清山译，石油工业出版社，2014年。

〔德〕库特·冯·蒂佩尔斯基希：《第二次世界大战史》，赖铭传译，解放军出版社，2014年。

〔日〕木村泛：《普京的能源战略》，王炜译，社会科学文献出版社，2013年。

〔韩〕白根旭：《中俄油气合作：现状与启示》，丁晖、赵娜译，石油工业出版社，2013年。

〔英〕西蒙·皮拉尼：《普京领导下的俄罗斯：权力、金钱和人民》，姜睿等译，中国财政经济出版社，2013年。

〔美〕盖尔·勒夫特、安妮·科林编《21世纪能源安全挑战》，裴文斌等译，石油工业出版社，2013年。

〔英〕尼尔·弗格森：《世界战争：二十世纪的冲突与西方的衰落》，喻春兰译，广东人民出版社，2013年。

〔美〕保罗·肯尼迪：《二战解密：盟军如何扭转战局并赢得胜利》，何卫宁译，新华出版社，2013年。

〔英〕杰弗里·罗伯逊：《斯大林的战争》，李晓江译，社会科学文献出版社，2013年。

〔英〕爱德华·钱塞勒：《金融投机史》，姜文波译，机械工业出版社，2013年。

〔俄〕В. Ю. 阿列克佩罗夫：《俄罗斯石油：过去、现在与未来》，石泽译审，人民出版社，2012年。

〔美〕丹尼尔·耶金：《能源重塑世界》，朱玉犇、阎志敏译，石油工业出版社，2012年。

〔英〕理查德·韦南：《20世纪欧洲社会史》，张敏等译，海南出版社，2012年。

〔英〕汤姆·鲍尔:《能源博弈:21 世纪的石油、金钱与贪婪》,杨汉峰译,石油工业出版社,2011 年。

马可·科拉正格瑞:《海洋经济:海洋资源与海洋开发》,高健等译,上海财经大学出版社,2011 年。

〔美〕迈克尔·伊科诺米迪斯、唐纳·马里·达里奥:《石油的优势:俄罗斯的石油政治之路》,徐洪峰等译,华夏出版社,2009 年。

〔加〕彼得·特扎基安:《每秒千桶——即将到来的能源转折点:挑战及对策》,李芳龄译,中国财政经济出版社,2009 年。

〔美〕迈克尔·克莱尔:《石油政治学》,孙芳译,海南出版社,2009 年。

〔俄〕亚·维·菲利波夫:《俄罗斯现代史(1945~2006 年)》,吴恩远等译,中国社会科学出版社,2009 年。

〔美〕威廉·恩道尔:《石油战争:石油政治决定世界新秩序》,赵刚等译,知识产权出版社,2008 年。

〔美〕丹尼尔·耶金:《石油大博弈》,艾平译,中信出版社,2008 年。

〔俄〕E. T. 盖达尔:《帝国的消亡:当代俄罗斯的教训》,王尊贤译,社会科学文献出版社,2008 年。

〔俄〕C. 3. 日兹宁:《俄罗斯能源外交》,王海运、石泽译审,人民出版社,2006 年。

〔英〕保罗·肯尼迪:《大国的兴衰》,陈景彪译,国际文化出版公司,2006 年。

〔英〕苏珊·斯特兰奇:《国家与市场》,杨宇光等译,上海人民出版社,2006 年。

〔苏〕B. C. 列利丘克:《苏联的工业化:历史、经验、问题》,闻一译,商务印书馆,2004 年。

〔英〕M. M. 波斯坦:《剑桥欧洲经济史》(第 6 卷),王春法译,经济科学出版社,2002 年。

〔瑞典〕H. 舒克、R. 索尔曼:《诺贝尔传》,闵任译,北京图书馆出版社,2001 年。

〔美〕小艾尔弗雷德·D. 钱德勒:《企业规模经济与范围经济:工业

资本主义的原动力》，张逸人等译，中国社会科学出版社，1999年。

〔苏〕А.Г.阿甘别吉扬、А.И.阿巴尔金：《苏联经济与改革：途径·问题·展望》，何剑等译，东北财经大学出版社，1989年。

苏联国防部军事历史研究所等编《第二次世界大战总结与教训》，张海麟等译，军事科学出版社，1988年。

苏联科学院经济研究所编《苏联社会主义经济史》（第五卷），周邦新等译，生活·读书·新知三联书店，1984年。

〔苏〕А.Б.玛尔果林：《苏联远东》，东北师范大学外国问题研究所苏联问题研究室译，吉林人民出版社，1984年。

〔美〕唐纳德·米切尔：《俄国与苏联海上力量史》，朱协译，商务印书馆，1983年。

〔苏〕康·契尔年科、米·斯米尔丘科夫：《苏联共产党和苏联政府经济问题决议汇编》（第6卷），周太忠译，中国人民大学出版社，1983年。

苏联科学院经济研究所编《苏联社会主义经济史》（第三卷），周邦新译，生活·读书·新知三联书店，1982年。

苏联科学院经济研究所编《苏联社会主义经济史》（第二卷），唐朱昌译，生活·读书·新知三联书店，1980年。

〔美〕А.С.萨顿：《西方技术与苏联经济的发展》，安冈译，中国社会科学出版社，1980年。

〔比〕让－雅克·贝雷比：《世界战略中的石油》，时波等译，新华出版社，1980年。

〔英〕斯图尔特·柯尔比：《苏联的远东地区》，上海师范大学历史系地理系译，上海人民出版社，1976年。

冯昭奎：《能源安全与科技发展：以日本为案例》，中国社会科学出版社，2015年。

王龙：《俄罗斯与东北亚能源合作多样化进程》，上海人民出版社，2014年。

严伟：《俄罗斯能源战略与中俄能源合作研究》，东北大学出版社，2013年。

陆南泉主编《俄罗斯经济二十年：1992～2011》，社会科学文献出版社，2013年。

王海运、许勤华：《能源外交概论》，社会科学文献出版社，2012 年。

段光达、马德义、宋涛、叶艳华：《中国新疆和俄罗斯东部石油业发展的历史与现状》，社会科学文献出版社，2012 年。

周琪等：《美国能源安全政策与美国对外战略》，中国社会科学出版社，2012 年。

徐建山等：《石油的轨迹：几个重要石油问题的探索》，石油工业出版社，2012 年。

曹艺：《〈苏日中立条约〉与二战时期的中国及远东》，社会科学文献出版社，2012 年。

尹晓亮：《战后日本能源政策》，社会科学文献出版社，2011 年。

王宪举：《俄罗斯人性格探秘》，当代世界出版社，2011 年。

米庆余：《日本近现代外交史》，世界知识出版社，2010 年。

王安建等：《能源与国家经济发展》，地质出版社，2008 年。

吴恩远：《苏联史论》，人民出版社，2007 年。

李凡：《日苏关系史（1917~1991）》，人民出版社，2005 年。

江红：《为石油而战：美国石油霸权的历史透视》，东方出版社，2002 年。

黄定天：《东北亚国际关系史》，黑龙江教育出版社，1999 年。

崔丕：《近代东北亚国际关系史研究》，东北师范大学出版社，1992 年。

于晓丽：《俄产品分割协议机制发展态势分析》，《俄罗斯中亚东欧市场》2004 年第 2 期。

王晓菊：《沙皇时代的西伯利亚流放》，《西伯利亚研究》2004 年第 3 期。

冯玉军等编译：《2020 年前俄罗斯能源战略》，《国际石油经济》2003 年第 9 期、第 10 期。

王小路：《俄罗斯远东岛屿——萨哈林州》，《东欧中亚研究》1993 年第 2 期。

网站

透视俄罗斯 http：//tsrus. cn/

俄罗斯卫星网（俄罗斯之声）http：//sputniknews. cn/

俄罗斯石油网站 http：//www. oilru. com/

萨哈林－千岛群岛网站 http：//sakhvesti. ru/

俄罗斯石油公司网站 https：//www. rosneft. ru/

环参网 http：//www. hqck. net/

参考消息网 http：//www. cankaoxiaoxi. com/

新华网 http：//www. xinhuanet. com/

中国经济网 http：//www. ce. cn/

中华人民共和国商务部网站 http：//www. mofcom. gov. cn/

致　谢

吉林大学东北亚研究院朱显平教授、张广翔教授的建议使我受益匪浅。

区域经济研究所的赵儒煜、廉晓梅、朴英爱、李天籽教授提供了修改意见。

历史研究所同事的敬业精神，鼓励我坚持下去。

没有吉林大学图书馆、吉林大学东北亚文献中心、吉林大学文学院历史系、吉林大学行政学院的资料支持，本书难以完成。

感谢杨翠红教授、许金秋博士、王乃时老师从俄罗斯搜集参考书。

感谢于潇教授等研究院领导支持出版。

本书的英文目录、英文摘要由内蒙古大学英语硕士陈小雪完成。

感谢社会科学文献出版社许秀江先生、孔庆梅女士、刘晓飞女士。

感谢两年来在日常生活中给予关照的朋友，他们是赵世舜和张素菊夫妇、高炳荣、李晶、田显峰、李兵、张晓龙，这个名单实在太长了……

书中如有疏漏及不当之处，责任在我。

图书在版编目（CIP）数据

渐进与突破：俄罗斯远东萨哈林地区的油气开发 /
王绍章著. -- 北京：社会科学文献出版社，2017.6
（东北亚研究丛书）
ISBN 978 - 7 - 5097 - 7869 - 2

Ⅰ.①渐… Ⅱ.①王… Ⅲ.①萨哈林岛 - 油气田开发
- 研究 Ⅳ.①TE3

中国版本图书馆 CIP 数据核字（2015）第 173296 号

·东北亚研究丛书·

渐进与突破
——俄罗斯远东萨哈林地区的油气开发

著　　者 / 王绍章

出 版 人 / 谢寿光
项目统筹 / 恽　薇　高　雁
责任编辑 / 许秀江　刘晓飞

出　　版 / 社会科学文献出版社·经济与管理分社（010）59367226
　　　　　　地址：北京市北三环中路甲 29 号院华龙大厦　邮编：100029
　　　　　　网址：www. ssap. com. cn
发　　行 / 市场营销中心（010）59367081　59367018
印　　装 / 三河市东方印刷有限公司

规　　格 / 开　本：787mm × 1092mm　1/16
　　　　　　印　张：22.25　字　数：365 千字
版　　次 / 2017 年 6 月第 1 版　2017 年 6 月第 1 次印刷
书　　号 / ISBN 978 - 7 - 5097 - 7869 - 2
定　　价 / 98.00 元